Vierpoltheorie und Frequenztransformation

Mathematische Hilfsmittel für systematische
Berechnungen und theoretische Untersuchungen
elektrischer Übertragungskreise

Von

Torbern Laurent

Teknologie Doktor, o. Professor für Telegraphie und Telephonie
an der kgl. Technischen Hochschule Stockholm, korresp. Mitglied
der Akademie der Wissenschaften und Literatur in Mainz, Mitglied der Akademie für Ingenieurswissenschaften in Stockholm

Aus dem Schwedischen übersetzt von

Dr. N. v. Korshenewsky

Stockholm

Mit 176 Abbildungen

Springer-Verlag

Berlin / Göttingen / Heidelberg

1956

ISBN-13: 978-3-642-92678-5   e-ISBN-13: 978-3-642-92677-8

DOI: 10.1007/978-3-642-92677-8

Vorwort zur deutschen Ausgabe.

Die im vorliegenden Buch behandelten Vierpoltheorien und Frequenztransformationen umfassen die wichtigsten mathematischen Hilfsmittel in der modernen Fernmeldetechnik. Sie haben somit eine fundamentale Bedeutung für das gesamte Gebiet der Telegraphie und Telephonie. Diese mathematischen Hilfsmittel, die auf dem Boden der Fernmeldetechnik entstanden und entwickelt worden sind, finden aber auch eine immer häufiger werdende Anwendung auf anderen, abseits der Elektrotechnik liegenden technischen Gebieten. In Betracht kommen nämlich alle diejenigen Fälle, wo es sich um die mathematische Behandlung solcher physikalischen Erscheinungen handelt, so insbesondere in der Akustik und Mechanik, die in ihrem Verlauf als analog zu den elektromagnetischen Vorgängen angesehen werden können.

Die Frequenztransformationen, durch die wertvolle Möglichkeiten für systematische Berechnungen und theoretische Untersuchungen von komplizierten elektrischen Übertragungskreisen eröffnet wurden, sind in einem Zeitraum von gut einem Jahrzehnt etappenweise entwickelt und in Fachzeitschriften publiziert worden.

Der eine Zweck des Buches, das in schwedischer Sprache bereits im Jahre 1948 erschienen ist, ist die Zusammenfassung der bisherigen Veröffentlichungen und Resultate in Form eines Handbuches für den in der Praxis stehenden Fachmann. Um die Orientierung nach Möglichkeit zu erleichtern, ist der Inhalt des Buches in eine große Anzahl von einzelnen, jeweils mit Überschriften versehenen Abschnitten unterteilt, von denen jeder eine besondere Erscheinung oder Anordnung betrifft.

Andererseits soll dieses Buch ein Lehrbuch sein, das die vollständigen Grundlagen und die wichtigsten praktischen Anwendungen der Vierpoltheorie und Frequenztransformationen im Rahmen der Elektrotechnik vermittelt. Der Inhalt des Buches entspricht sowohl in sachlicher wie in formeller Hinsicht den Vorlesungen, die der Verfasser an der Kgl. Techn. Hochschule in Stockholm über diese Materie hält. Es werden daher auch an den Leser in bezug auf seine mathematischen und technischen Vorkenntnisse keine größeren Anforderungen gestellt, als sie ein Student der Elektrotechnik oder technischen Physik, der an derartige Probleme herangekommen ist, erfüllen muß. Ohne die zu behandelnden Probleme einzuschränken, ist sogar absichtlich vermieden worden, Berechnungsmethoden zu verwenden, welche eingehendere Kenntnisse von besonderen Spezialgebieten der höheren Mathematik voraussetzen würden.

Was die Form der Darstellung anbelangt, so ist diese im wesentlichen auf die Denkungsweise des praktisch tätigen Ingenieurs abgestellt, der gewohnt ist, konkrete Anordnungen vor sich zu sehen, mit denen er operieren muß. Deshalb werden auch zum Ausgangspunkt der theoretischen Betrachtungen gedachte konkrete Anordnungen gewählt, an denen die verschiedenen Umwandlungen und Transformationen vorgenommen werden, um an solchen Musterbeispielen die Resultate zu studieren und Lehrsätze von allgemeinerer Gültigkeit abzuleiten. Die entwickelten und an den gegebenen Beispielen durchgeführten Verfahren dürften oft der Phantasie des schaffenden Ingenieurs Anregungen geben, die Methoden selbst und ihre Anwendungsmöglichkeiten zu erweitern und neuen Bedingungen anzupassen.

Ich möchte jedoch nicht unterlassen, darauf aufmerksam zu machen, daß der Umfang des Stoffes, der zu behandeln war und der im vorliegenden Buch der Vollständigkeit halber gebracht werden mußte, Einschränkungen in bezug auf die Ausführlichkeit in der Darstellung erforderlich machte. Demgemäß sind Text und mathematische Ableitung der Formeln meist in recht konzentrierter Form gehalten; Wiederholungen mußten vermieden werden, und Bezugnahmen auf vorherige Ausführungen konnten nur durch Nennung von Gleichungen und Abschnitten erfolgen. Dieser Umstand macht es notwendig, daß der Leser, der das Buch zum Studium benutzt, sich mit besonderer Aufmerksamkeit die in den einzelnen Abschnitten eines Kapitels gegebenen Definitionen und Lehrsätze zu eigen macht, bevor er zu den weiteren Kapiteln übergeht.

Die in letzter Zeit ausgearbeiteten Anwendungen der Vierpoltheorie und Frequenztransformationen zur Lösung besonders komplizierter Probleme in der Technik der Fernübertragung sind in diesem Buch, das sich hauptsächlich mit den Grundlagen der Verfahren befaßt, nicht berücksichtigt und sollen demnächst in einem besonderen Buch behandelt werden.

Abschließend will ich Dr. v. KORSHENEWSKY meinen besten Dank für die sachkundige, ganz in meinem Sinne ausgeführte Übersetzung aussprechen sowie für manche wertvollen Ratschläge, die zu Ergänzungen und Klarstellungen im Text und durch Fußnoten geführt haben. Bei der eingehenden Durchsicht der Korrektur leistete mir Dipl.-Ing. G. RÖSLER wertvolle Hilfe, wofür ich gleichfalls herzlich danke.

Mein Dank gebührt ferner dem Springer-Verlag, von dem die Anregung zur Herausgabe einer deutschen Auflage meines Buches ausgegangen ist, und der sich um eine sorgfältige Ausstattung desselben verdient gemacht hat.

Stockholm, im November 1955. **Torbern Laurent.**

Inhaltsverzeichnis.

Seite

6. Verstärker als Vierpolnetze 237

7. Kontinuierlich inhomogene Übertragungsleitungen als Vierpolnetze . . 264

1. Grundbegriffe und mathematische Hilfsmittel.

1.1. Mechanische Analogien zu elektrischen Erscheinungen.

Lit. 9.2033.

1.11. Die KIRCHHOFFschen Gesetze.

Ein elektrischer Strom in einem metallischen Leiter besteht aus einer Strömung von Elektronen durch das Atomgitter des Leiters. Die Elektronen sind Teilchen von verschwindend kleiner Masse mit einer negativen Elementarladung. Deshalb kann ein elektrischer Strom auch als Strom elektrischer Ladungen bezeichnet werden. Ein derartiger Ladungsstrom verläuft im großen und ganzen nach einer Gesetzmäßigkeit, die ihr Analogon in einem Wasserstrom in einer Rohrleitung findet. Die elektrischen und hydromechanischen Größen entsprechen einander gemäß folgendem Schema:

Elektrische Größen	Hydromechanische Größen
Ladung	Wassermenge
Stromstärke = Ladung per Zeiteinheit	Stromstärke = Wassermenge per Zeiteinheit
Spannung	Druck
Spannungsabfall	Druckabnahme
Leitungswiderstand	Reibungswiderstand
Leistung (Effekt) = Spannung × Stromstärke	Leistung (Effekt) = Druck × Stromstärke

Mit dieser Analogie lassen sich die KIRCHHOFFschen Gesetze leicht erläutern. Abb. 1.1.1 zeigt schematisch eine elektrische Leitung oder alternativ eine Wasserleitung mit zwei Abzweigungen. Längs der Leitung entstehen Spannungsabfälle oder alternativ Druckabnahmen u_1, u_2 und u_3. Es gilt dabei die Gleichung

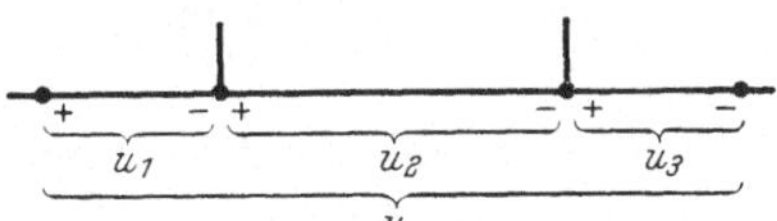

Abb. 1.1.1.
Elektrische Leitung, alternativ Wasserleitung mit zwei Abzweigungen.

$$u = u_1 + u_2 + u_3,$$

die besagt, daß der Spannungsabfall oder alternativ die Druckabnahme u

längs der ganzen Leitung gleich der Summe der Teilspannungsabfälle bzw. Teildruckabnahmen ist.

Für eine beliebige Anzahl hintereinanderliegender Spannungsabfälle u_ν ($\nu = 1, 2, 3, \ldots$) gilt generell das KIRCHHOFFsche Spannungsgesetz

$$u = \sum_\nu u_\nu \qquad (1.11.1)$$

Abb. 1.1.2 zeigt eine elektrische Leitung oder alternativ eine Wasserleitung mit einem Verzweigungspunkt, zu welchem ein elektrischer Strom oder alternativ ein Wasserstrom i hinströmt, und in die Zweigleitungen fließen dann die elektrischen bzw. Wasserströme i_1, i_2 und i_3. Hierbei gilt

$$i = i_1 + i_2 + i_3.$$

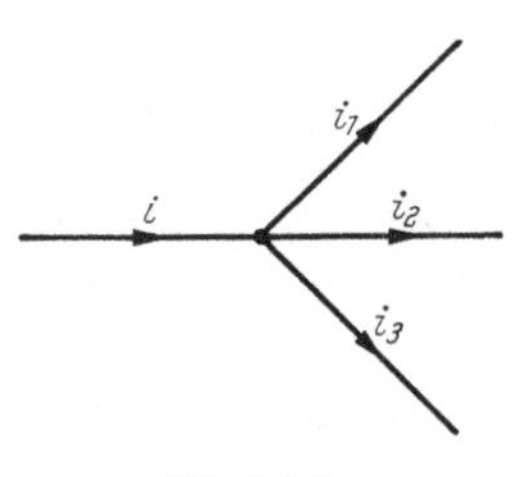

Abb. 1.1.2.
Elektrische Leitung,
alternativ Wasserleitung
mit einem Verzweigungspunkt.

Diese Beziehung besagt, daß keine Ansammlung von elektrischen Ladungen bzw. Wassermengen im Verzweigungspunkt stattfindet. Demgemäß lautet das KIRCHHOFFsche Stromgesetz generell

$$i = \sum_\nu i_\nu, \qquad (1.11.2)$$

1.12. Das OHMsche und das JOULEsche Gesetz.

Ein hydromechanisches Gegenstück zu einer Widerstandsleitung, wie sie in Abb. 1.1.3 oben schematisch dargestellt ist, bildet eine

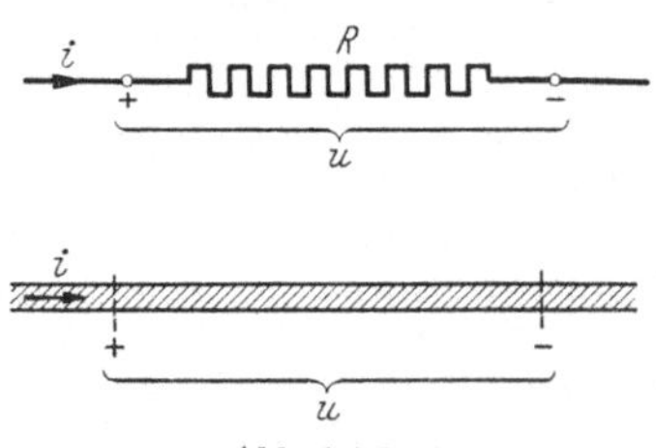

Abb. 1.1.3.
Hydromechanisches Gegenstück
zu einer Widerstandsleitung.

Wasserleitung mit Reibung, schematisch gezeigt in Abb. 1.1.3 unten. Die Druckabnahme u wächst mit zunehmender Rohrlänge, abnehmendem Rohrdurchmesser und steigender Stromstärke i. In analoger Weise verhält sich der Spannungsabfall u in der elektrischen Leitung Abb. 1.1.3 oben. Für eine lineare Leitung ist dieser Spannungsabfall proportional mit der Stromstärke i. Der Proportionalitätsfaktor u/i, der proportional zur Länge der Leitung und umgekehrt proportional zum Leitungsquerschnitt ist und ferner vom Leitungsmaterial und dessen Temperatur abhängt, wird „Resistanz" oder einfach Widerstand genannt, mit R bezeichnet und hat die Dimension Ohm (Ω).

Für die Widerstandsleitung (Abb. 1.1.3 oben) gilt folglich

$$u = R\,i. \qquad (1.12.1)$$

Diese Beziehung ist das „OHMsche Gesetz".

Der Widerstand verursacht einen elektrischen Leistungsverlust

$$p = u\,i = R\,i^2 = \frac{u^2}{R}.\qquad\qquad(1.12.2)$$

Diese Gleichung nennt man „JOULEsches Gesetz".

1.13. Das Influenzgesetz.

Das hydromechanische Gegenstück zu einem verlustfreien Kondensator, wie er in Abb. 1.1.4 oben dargestellt ist, zeigt schematisch Abb. 1.1.4 unten. Dieses besteht aus einem in eine Wasserleitung eingefügten Zylinder mit einem reibungslos beweglichen Kolben, der mittels vollelastischer Spiralfedern bei gleichgroßem Wasserdruck von beiden Seiten des Kolbens eine Mittellage einnimmt. Die Trägheit bei den Bewegungen der Wassermasse und des Kolbens sei als vernachlässigbar angenommen. Bei der Kolbenverschiebung s gemäß Abb. 1.1.4 unten steht dieser unter der Wirkung der Federkraft Ks, wobei K eine Konstante ist. Entsteht im Zeitpunkt $t = 0$ ein Druckunterschied u zwischen den Räumen I und II, so strömt Wasser

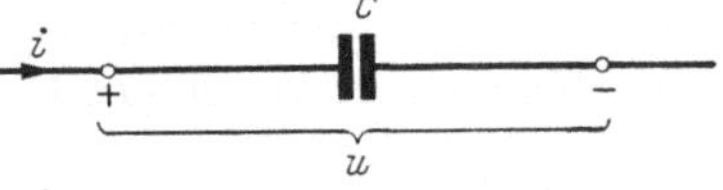

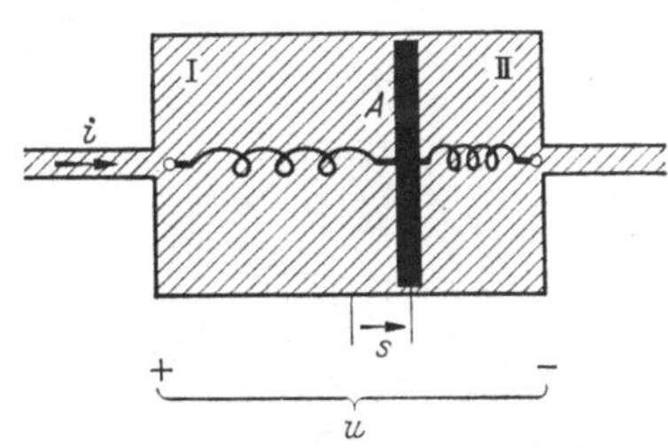

Abb. 1.1.4.
Hydromechanisches Gegenstück
zum Kondensator.

mit der Stromstärke i in den Raum I und II ein bzw. aus. Bei einer Kolbenfläche A erhält man

$$uA = Ks = \frac{K}{A}\cdot(\text{in Raum I eingeströmte Wassermenge}) = \frac{K}{A}\int_0^t i\,dt.$$

A^2/K entspricht der Kapazität des Kondensators, welche proportional der Fläche der Kondensatorbelegung und der Dielektrizitätskonstante der Isolationsschicht sowie umgekehrt proportional der Dicke dieser Schicht ist. Die Kapazität ist im Falle eines linearen Kondensators unabhängig von der angelegten Spannung, sie wird üblicherweise mit C bezeichnet und hat die Dimension Farad (F). Für den Kondensator Abb. 1.1.4 oben gilt somit

$$u = \frac{I}{C}\int_0^t i\,dt.\qquad\qquad(1.13.1)$$

Aus der hydromechanischen Analogie ist zu entnehmen, daß der Zylinder einen konstanten Wasserstrom nicht hindurchläßt, wohl aber einen, der seine Richtung periodisch wechselt. Dies entspricht der Tatsache, daß der Kondensator keinen Gleichstrom, jedoch Wechselstrom hindurchläßt. Ferner ist zu sehen, daß die hydromechanische

Anordnung keine Energie verbraucht, weil die Arbeit, die zur Spannung der Spiralfedern erforderlich ist, zurückgewonnen wird, wenn die Federn sich entspannen. Dasselbe gilt für den Kondensator, wobei die elastische Energie der Federn der elektrischen Energie in der Isolationsschicht entspricht.

1.14. Das Induktionsgesetz.

Ein hydromechanisches Gegenstück zu einer verlustfreien Spule, dargestellt in Abb. 1.1.5 oben, wird in dieser Abbildung unten gezeigt. Dieses besteht aus einer in eine Wasserleitung eingefügten unbelasteten Turbine, welche bei einem Druckunterschied u zwischen der Eingangsund Ausgangsröhre einen Wasserstrom der Stärke i hindurchläßt. Mit dem Wasser bewegt sich reibungslos ein mit zwei Schaufeln versehenes Turbinenrad, welches eine wasserundurchlässige Wand im Wege der Strömung bildet, ausgenommen beim Passieren der Wand K, wo die Schaufel sich in das Turbinenrad einschiebt. Die Trägheit bei der Bewegung der Wassermasse sei vernachlässigt.

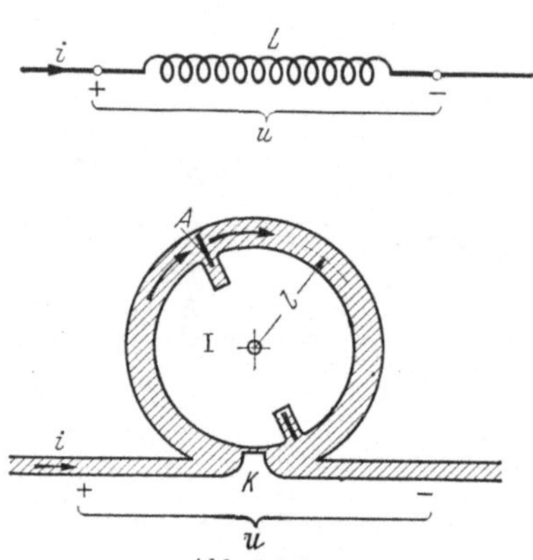
Abb. 1.1.5.
Hydromechanisches Gegenstück zur Spule.

Ist die Schaufeloberfläche gleich A und der Mittelabstand der Schaufel zur Achse gleich l, so wird offensichtlich das Turbinenrad vom Wasserstrom durch ein Drehmoment $A\,u\,l$ beeinflußt, so daß es eine Winkelgeschwindigkeit $i/A\,l$ erhält. Bezeichnet man das Trägheitsmoment des Turbinenrades mit I und die Zeit mit t, so wird die Bewegungsgleichung

$$A\,u\,l = I\,\frac{d}{dt}\left(\frac{i}{A\,l}\right) = \frac{I}{A\,l}\frac{di}{dt}.$$

$I/(A\,l)^2$ entspricht hierbei der Induktivität der Spule. Diese ist proportional der Permeabilität des Magnetkreises, dem Spulenquerschnitt, dem Quadrat der Windungszahl und umgekehrt proportional der mittleren Spulenlänge. Die Induktivität ist für eine lineare Spule unabhängig von der Stromstärke, sie wird üblicherweise mit L bezeichnet und hat die Dimension Henry (H). Für die Spule Abb. 1.1.5 oben gilt somit

$$u = L\,\frac{di}{dt}. \tag{1.14.1}$$

Aus der hydromechanischen Analogie geht hervor, daß die Turbine ungehindert einen konstanten Wasserstrom hindurchläßt, sie wirkt jedoch hemmend auf einen Strom, der periodisch seine Richtung ändert. Dies entspricht der Tatsache, daß eine Spule Gleichstrom unbehindert durchläßt, dagegen auf Wechselstrom eine Bremswirkung ausübt. Ferner sieht man, daß die Turbine keine Energie verbraucht, denn die Arbeit, die für die Beschleunigung des Turbinenrades aufgewendet wird, wird bei dessen Bremsung rückgewonnen. Das gleiche gilt für die Spule, wobei die Bewegungsenergie des Turbinenrades der magnetischen Energie im Magnetkreis der Spule entspricht.

1.15. Die gegenseitige Induktion.

Ein hydromechanisches Gegenstück zu einem fest gekoppelten verlustfreien Transformator gemäß Abb. 1.1.6 oben wird im untern Teil der Abbildung gezeigt. Dieses besteht aus zwei Turbinen der gleichen Art, wie in Abb. 1.1.5 unten gezeigt, jedoch mit trägheitsfreien Turbinenrädern, welche zusammen mittels eines aus trägheitsfreien Kegelzahnrädern bestehenden Planetengetriebes ein Schwungrad mit dem Trägheitsmoment I und der gleichen Rotationsachse wie das Turbinenrad treiben. Wenn die Ströme i_a und i_b in gleicher Richtung verlaufen, wie in Abb. 1.1.6 gezeigt, sollen sie bei der Magnetisierung der Spulen bzw. beim Antrieb des Schwungrades zusammenwirken.

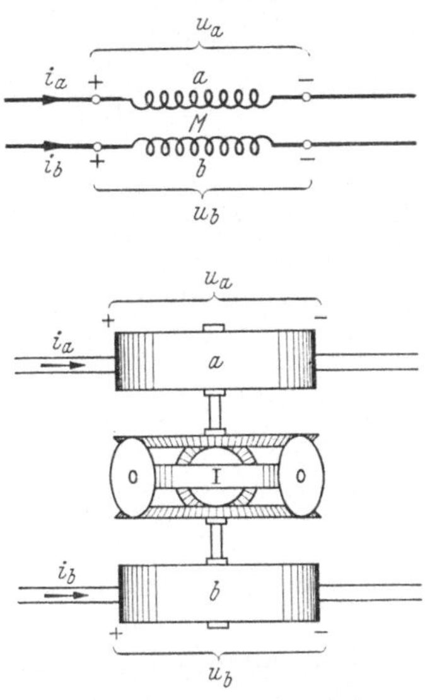

Das resultierende Drehmoment auf jedes Zahnrad muß gleich Null sein, woraus folgt, daß das Schwungrad von den Turbinen mit gleich großen Drehmomenten beeinflußt wird. Ferner muß die Geschwindigkeit des Schwungrades gleich

Abb. 1.1.6. Hydromechanisches Gegenstück zum Transformator.

dem arithmetischen Mittel der Turbinengeschwindigkeiten sein. Unter Anwendung der gleichen Bezeichnungen wie in Abb. 1.1.5 unten mit den Indizes a und b für die Turbinen a bzw. b wird somit die Bewegungsgleichung

$$A_a u_a l_a = A_b u_b l_b = \frac{1}{4} I \frac{d}{dt}\left(\frac{i_a}{A_a l_a} + \frac{i_b}{A_b l_b}\right),$$

und es folgt

$$u_a = \frac{1}{4} \frac{I}{(A_a l_a)^2} \frac{di_a}{dt} + \frac{1}{4} \frac{I}{A_a l_a A_b l_b} \frac{di_b}{dt},$$

$$u_b = \frac{1}{4} \frac{I}{(A_b l_b)^2} \frac{di_b}{dt} + \frac{1}{4} \frac{I}{A_a l_a A_b l_b} \frac{di_a}{dt},$$

$$\frac{u_b}{u_a} = \frac{A_a l_a}{A_b l_b}.$$

Die Ausdrücke

$$\frac{1}{4}\,\frac{I}{(A_a\,l_a)^2}\quad\text{und}\quad\frac{1}{4}\,\frac{I}{(A_b\,l_b)^2}$$

entsprechen den Transformatorinduktivitäten L_a und L_b. Diese können an den Spulen a bzw. b (Abb. 1.1.6 oben) gemessen werden, wenn die jeweilige andere Spulenleitung b bzw. a unterbrochen ist.

Der Ausdruck

$$\frac{1}{4}\,\frac{I}{A_a\,l_a\,A_b\,l_b}=\sqrt{\frac{1}{4}\,\frac{I}{(A_a\,l_a)^2}\cdot\frac{1}{4}\,\frac{I}{(A_b\,l_b)^2}}$$

entspricht der gegenseitigen Induktion des Transformators, wird üblicherweise mit M bezeichnet und hat die Dimension Henry (H).

Der Ausdruck

$$\frac{A_a\,l_a}{A_b\,l_b}=\sqrt{\frac{1}{4}\,\frac{I}{(A_b\,l_b)^2}:\frac{1}{4}\,\frac{I}{(A_a\,l_a)^2}}\,,$$

der, wie ersichtlich, unabhängig vom Trägheitsmoment I ist, entspricht dem Übersetzungsverhältnis m der Windungen des Transformators. Die den Bewegungsgleichungen entsprechenden Transformatorgleichungen für einen fest gekoppelten verlustfreien Transformator sind folglich

$$\left.\begin{aligned}
u_a &= L_a\,\frac{d\,i_a}{d\,t}+M\,\frac{d\,i_b}{d\,t}\,,\\[4pt]
u_b &= L_b\,\frac{d\,i_b}{d\,t}+M\,\frac{d\,i_a}{d\,t}\,,\\[4pt]
M &= \sqrt{L_a\,L_b}\,,\\[4pt]
\frac{u_b}{u_a} &= \sqrt{\frac{L_b}{L_a}}=m\,(\text{unabhängig von }M)\,.
\end{aligned}\right\}\qquad(1.15.1)$$

Für einen nicht fest gekoppelten Transformator ist jedoch

$$M<\sqrt{L_a\,L_b}\,.\qquad(1.15.2)$$

Für das hydromechanische Gegenstück (Abb. 1.1.6 unten) bedeutet dies, daß das Turbinenrad eine gewisse Trägheit besitzt.

1.16. Ideale Kopplung.

Wird das Trägheitsmoment I des Schwungrades (Abb. 1.1.6 unten) unendlich groß, so wird das Schwungrad unbeweglich. Das gleiche Resultat erhält man, wenn man statt dessen das Schwungrad in einer beliebigen Lage festhält. Die Ströme i_a und i_b werden dadurch gezwungen, in entgegengesetzten Richtungen zu fließen, da sie das Schwungrad nicht aus seiner Lage bringen können. Dieses würde dem Fall entsprechen, daß die gegenseitige Induktion M des Transformators (Abb. 1.1.6 oben) sowie dessen Induktivitäten L_a und L_b unendlich groß werden, während das Übersetzungsverhältnis der Windungen m endlich bleibt. Damit die Spannungen u_a und u_b in den Gl. (1.15.1) einen endlichen Wert beibehalten, muß folglich

$$\sqrt{L_a}\,\frac{d\,i_a}{d\,t} + \sqrt{L_b}\,\frac{d\,i_b}{d\,t} = 0$$

sein. Sieht man von einem eventuell vorhandenen Gleichstrom in den Transformatorwindungen ab, so kann der obige Ausdruck umgeformt werden in

$$\frac{i_b}{i_a} = - \sqrt{\frac{L_a}{L_b}}\,.$$

Es gilt folglich für einen fest gekoppelten verlustfreien Transformator mit unendlich großer gegenseitiger Induktion, der als ,,idealer Transformator'' bezeichnet wird,

$$\frac{u_b}{u_a} = - \frac{i_a}{i_b} = m\,. \tag{1.16.1}$$

1.17. Anmerkung.

Die angeführten Analogien zwischen den hydromechanischen und elektrischen Erscheinungen sollten die Bedeutung der Begriffe Widerstand, Kapazität, Induktivität, gegenseitige Induktion sowie ideale Kopplung veranschaulichen. Außerdem sollte damit gezeigt werden, daß zwischen mechanischen und elektrischen Erscheinungen bisweilen analoge Verhältnisse bestehen. Dies gilt nicht nur für die Fortpflanzung von Bewegungen in Flüssigkeiten, sondern auch in gasförmigen und festen Körpern, wie beispielsweise in der Akustik. Die mathematischen Hilfsmittel, welche in den Theorien über Vierpole und Frequenztransformationen enthalten sind, können daher in gleicher Weise auf mechanische und akustische Probleme wie auf die elektrischen angewendet werden. Eine besondere Bedeutung hat dies für die Elektroakustik. Ein Eingehen in die Anwendung der Vierpoltheorie auf akustische Probleme liegt jedoch außerhalb des Rahmens dieses Buches. Es sollten daher nur die bestehenden Möglichkeiten erwähnt werden.

1.2. Die Berechnung von Kapazitäten.

Lit. 9.05 und 9.192.

1.21. Der Plattenkondensator.

Die Abb. 1.2.1 zeigt schematisch einen Plattenkondensator, der aus zwei ebenen und zueinander parallelen Metallelektroden, die durch ein homogenes, isolierendes Medium getrennt sind, besteht. Führt man der oberen und der unteren Elektrode je eine elektrische Ladung $+q$ bzw. $-q$ zu, so entsteht zwischen den Elektroden eine elektrische Spannung u. Unter Berücksichtigung der Gl. (1.13.1) gilt für die Kapazität des Kondensators

$$C = \frac{q}{u}, \qquad q = \int\limits_0^t i\,dt. \Biggr\} \qquad (1.21.1)$$

Vernachlässigt man in der Betrachtung die Streuung des elektrischen Feldes an den Rändern der Elektroden, so bestehen die Äquipotentialflächen aus zu den Elektrodenoberflächen parallelen Ebenen, die im isolierenden Medium verlaufen. Die elektrischen Kraftlinien, welche senkrecht zu den Elektrodenoberflächen und den übrigen Äquipoten

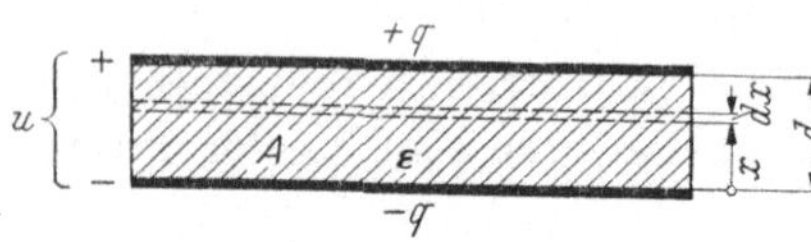

Abb. 1.2.1. Plattenkondensator.

tialflächen stehen, bilden gerade Linien. Die Kapazität des Kondensators ist

$$C = \frac{\varepsilon A}{d}\ \mathrm{pF} \qquad (p = 10^{-12}). \qquad (1.21.2)$$

A Elektrodenoberfläche in m²,
d Elektrodenabstand in m,
ε Dielektrizitätskonstante des isolierenden Mediums in pF/m,
$\varepsilon_0 = \dfrac{10^3}{36\,\pi}\ \mathrm{pF/m} = $ Wert von ε fürs Vakuum.

Gl. (1.21.2) gilt auch für einen kontinuierlich deformierten Plattenkondensator mit verschwindend kleinem Elektrodenabstand, da ein solcher als eine Parallelschaltung von kleinen Plattenkondensatoren betrachtet werden kann. Der Elektrodenabstand kann dabei auch längs der Elektrodenoberfläche kontinuierlich variieren, jedoch müssen dann die Kapazitäten für die kleinen Plattenkondensatoren jede für sich aus Gl. (1.21.2) berechnet und danach summiert werden.

Ein beliebiger Kondensator kann als eine Serienschaltung von gegebenenfalls deformierten Plattenkondensatoren mit verschwindend kleinem Elektrodenabstand angesehen werden, indem man sich das isolierende Medium als in eine große Anzahl in den Äquipotentialflächen liegende, unendlich dünne Metallelektroden unterteilt denkt, wobei jede dieser Elektroden für zwei aneinandergrenzende Teilkondensatoren gemeinsam ist. Die Kapazität eines derartigen Teilkondensators im Plattenkondensator in Abb. 1.2.1 ergibt sich nach Gl. (1.21.2) zu

$$C' = \frac{\varepsilon A}{d\,x},$$

und die resultierende Kapazität für die Serienschaltung wird dann in Übereinstimmung mit Gl. (1.21.2)

$$\frac{1}{C} = \int\limits_0^d \frac{d\,x}{\varepsilon A} = \frac{d}{\varepsilon A}.$$

1.22. Der Zylinderkondensator.

Die Abb. 1.2.2 zeigt schematisch einen Quer- und einen Längsschnitt eines Zylinderkondensators, der aus zwei konzentrisch angeordneten zylinderförmigen Metallelektroden, die durch ein homogenes isolierendes Medium getrennt sind, besteht. Unter der Voraussetzung, daß man die Streuung des elektrischen Feldes an den Elektrodenrändern vernachlässigen kann, stellen die Äquipotentialflächen zu den Elektrodenflächen aus Ähnlichkeitsgründen konzentrische Zylinderflächen dar. Die elektrischen Kraftlinien sind

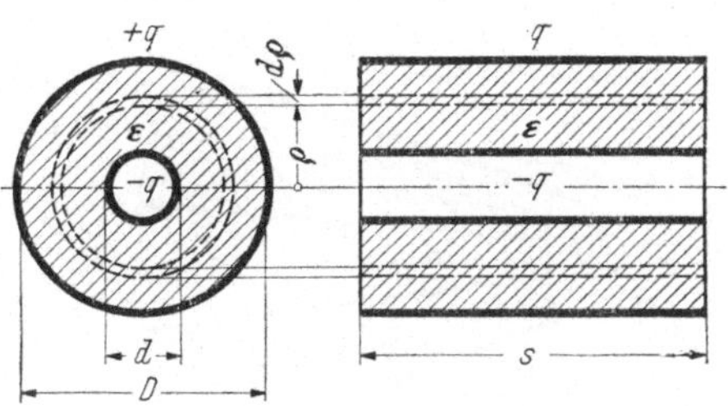

Abb. 1.2.2. Zylinderkondensator.

dann radial verlaufende gerade Linien. Die Kapazität des Kondensators ist

$$C = \frac{\varepsilon\, 2\pi\, s}{\ln \dfrac{D}{d}} \ \mathrm{pF}. \qquad (1.22.1)$$

D innerer Durchmesser der äußeren Elektrode in m,
d äußerer Durchmesser der inneren Elektrode in m,
s Länge der Elektroden in m,
ε Dielektrizitätskonstante des isolierenden Mediums in pF/m.

Der Kondensator kann offensichtlich als aus zylinderförmig gebogenen Plattenkondensatoren mit dem Radius ϱ und dem Elektrodenabstand $d\varrho$ bestehend betrachtet werden. Die Kapazität eines solchen Teilkondensators ist gemäß Gl. (1.21.2)

$$C' = \frac{\varepsilon\, 2\pi\, \varrho\, s}{d\varrho},$$

Die resultierende Kapazität für die Serienschaltung ergibt sich somit zu

$$\frac{1}{C} = \int\limits_{d/2}^{D/2} \frac{d\varrho}{\varepsilon\, 2\pi\, \varrho\, s} = \frac{1}{\varepsilon\, 2\pi\, s} \ln \frac{D}{d}$$

in Übereinstimmung mit Gl. (1.22.1).

1.23. Der Kegelkondensator.
Lit. 9.2034.

Abb. 1.2.3 zeigt schematisch einen Längsschnitt eines Kondensators, dessen Elektroden die Form von zwei konzentrisch angeordneten Kegelstumpfen mit zusammenfallenden Spitzen haben, wobei die Elektroden durch ein isolierendes homogenes Medium getrennt sind. Setzt man wie in den früheren Beispielen voraus, daß die Streuerscheinungen an den Elektrodenrändern vernachlässigbar sind, so ergeben sich als Äquipotentialflächen aus Ähnlichkeitsgründen zu den Elektrodenoberflächen konzentrische und in den Spitzen zusammenfallende Kegelstümpfe. Die elektrischen Kraftlinien bilden Kreisbogen in Ebenen, die durch die Kegelachse gehen, wobei das Zentrum für die Kreisbogen mit der Kegelspitze zusammenfällt. Die Kapazität des Kondensators wird dann

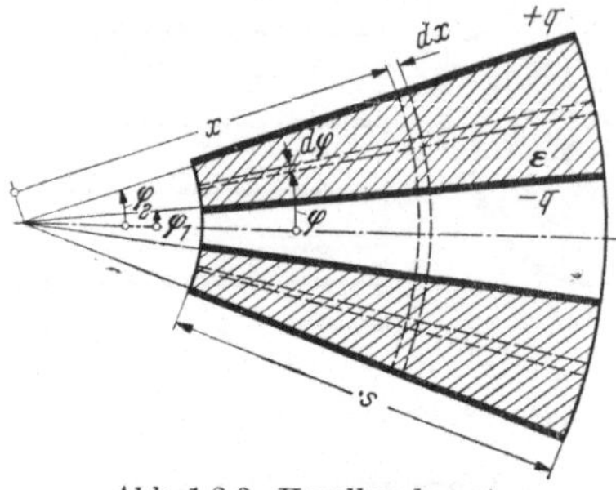

$$C = \frac{\varepsilon\,2\,\pi\,s}{\text{ar sinh cot } \varphi_1 - \text{ar sinh cot } \varphi_2}\ \text{pF.}$$

$$(1.23.1)$$

φ_1 halber Öffnungswinkel des Kegels der inneren Elektrodenfläche,

φ_2 halber Öffnungswinkel des Kegels der äußeren Elektrodenfläche,

s Länge der Erzeugenden der Elektrodenfläche in m,

Abb. 1.2.3. Kegelkondensator.

ε Dielektrizitätskonstante des isolierenden Mediums in pF/m.

Die Kapazität des Streckenelementes dx eines Teilkondensators mit dem Öffnungswinkel φ und dem Elektrodenabstand $x\,d\varphi$ wird nach Gl. 1.21.2

$$C'' = \frac{\varepsilon\,2\,\pi\,x\sin\varphi\,dx}{x\,d\varphi} = \frac{\varepsilon\,2\,\pi\sin\varphi}{d\varphi}\,dx,$$

und die Kapazität eines Teilkondensators von der Länge s wird folglich

$$C' = \frac{\varepsilon\,2\,\pi\,s\sin\varphi}{d\varphi}\,.$$

Die resultierende Kapazität für die Serienschaltung sämtlicher Teilkondensatoren erhält man aus dem Ausdruck

$$\frac{1}{C} = \int_{\varphi_1}^{\varphi_2} \frac{d\varphi}{\varepsilon\,2\,\pi\,s\sin\varphi} = \frac{1}{\varepsilon\,2\,\pi\,s}\left(\ln\operatorname{tg}\frac{\varphi_2}{2} - \ln\operatorname{tg}\frac{\varphi_1}{2}\right)$$

$$= \frac{1}{\varepsilon\,2\,\pi\,s}\,(\text{ar sinh cot } \varphi_1 - \text{ar sinh cot } \varphi_2)$$

in Übereinstimmung mit Gl. (1.23.1).

1.24. Der Doppelleitungskondensator.

Abb. 1.2.4 zeigt schematisch den Querschnitt eines Doppelleitungskondensators, dessen Elektroden aus zwei parallelen geraden Leitungsdrähten von kreisförmigem Querschnitt bestehen und die in einem homogenen isolierenden Medium angeordnet sind. Unter der Voraussetzung, daß die Streuerscheinungen an den Enden der Leitungsdrähte zu vernachlässigen und die Durchmesser der Drähte im Verhältnis zu ihrem gegenseitigen Abstand klein sind, ist die Kapazität dieses Kondensators

$$C = \frac{\varepsilon\,\pi\,s}{\ln\dfrac{2D}{\sqrt{d_1\,d_2}}}\ \text{pF}.\qquad D \gg \begin{cases} d_1 \\ d_2 \end{cases} \qquad (1.24.1)$$

D Abstand der Drähte in m,
d_1 Durchmesser des Drahtes 1 in m,
d_2 Durchmesser des Drahtes 2 in m,
s Drahtlänge in m,
ε Dielektrizitätskonstante des isolierenden Mediums in pF/m.

Dieses Resultat ergibt sich aus folgender Überlegung. Der Leiter 1 wird zunächst als innere Elektrode eines Zylinderkondensators betrachtet, dessen äußere Elektrode unendlich weit entfernt ist. Der inneren und äußeren Elektrode werden je eine elektrische Ladung $+q$ bzw. $-q$ zugeführt. Dabei wird angenommen, daß der Durchmesser d_2 des Leiters 2 so weit klein ist, daß er nicht nennenswert das vom Leiter 1 ausgehende elektrische Radialfeld deformiert. Der Zylinderkondensator wird nunmehr gedanklich in zwei Teilkondensatoren aufgeteilt mit einer unendlich dünnen Metallelektrode in der

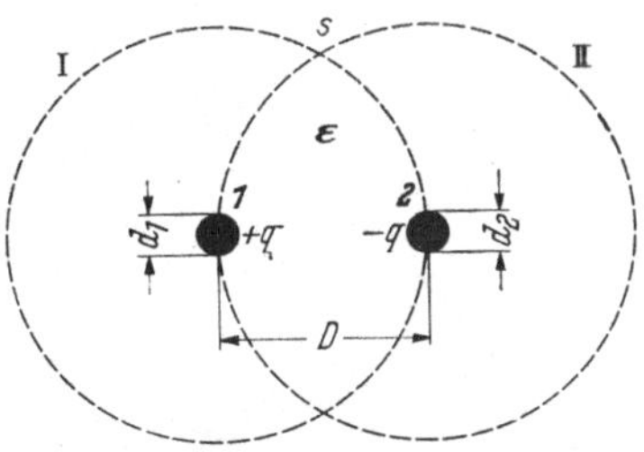

Abb. 1.2.4. Doppelleitungskondensator.

zylinderförmigen Äquipontentialfläche 1 vom Durchmesser $2D$. Die Kapazität des inneren Teilkondensators sowie die Spannung zwischen dessen Elektroden, die gleich der Spannung zwischen den Leitern 1 und 2 ist, ist folglich nach den Gl. 1.22.1 und 1.21.1

$$C_1 = \frac{\varepsilon\,2\,\pi\,s}{\ln\dfrac{2D}{d_1}}\,,$$

$$u_1 = \frac{q}{C_1} = \frac{q}{\varepsilon\,2\,\pi\,s}\ln\frac{2D}{d_1}\,.$$

Wird die gleiche Betrachtung für den Leiter 2 angestellt und diesem sowie der in der Unendlichkeit befindlichen andern Elektrode die elektrische Ladung $-q$ bzw. $+q$ zugeführt, so erhält man zwischen den Leitern 1 und 2 eine Spannung mit demselben Vorzeichen wie u_1, nämlich

$$u_2 = \frac{q}{\varepsilon\,2\,\pi\,s}\ln\frac{2D}{d_2}\,.$$

Werden schließlich die Aufladungen der Leiter 1 und 2 gleichzeitig vorgenommen, so neutralisieren sich die Ladungen in der Unendlichkeit, und die Spannung zwischen den beiden Leitern wird

$$u_1 + u_2 = \frac{q}{\varepsilon\,2\pi\,s}\left(\ln\frac{2D}{d_1} + \ln\frac{2D}{d_2}\right).$$

Hieraus ergibt sich in Übereinstimmung mit Gl. (1.24.1) für die Kapazität des Doppelleitungskondensators

$$C = \frac{q}{u_1 + u_2} = \frac{\varepsilon\,\pi\,s}{\ln\dfrac{2D}{\sqrt{d_1\,d_2}}}.$$

1.25. Der Phantomleitungskondensator.

Die Abb. 1.2.5 zeigt schematisch den Querschnitt eines Phantomleitungskondensators, der aus vier zueinander parallelen, geraden Leitungsdrähten mit kreisförmigem Querschnitt von gleichem Durchmesser besteht, wobei die Drähte längs der Kanten eines Prismas von quadratischem Querschnitt angeordnet sind. Die diagonal einander gegenüberliegenden Leiter sind metallisch miteinander verbunden und bilden je eine Kondensatorelektrode. Die beiden so gebildeten Elektroden befinden sich in einem homogenen, isolierenden Medium. Unter der Voraussetzung, daß die Streuerscheinungen an den Enden der Leitungsdrähte vernachlässigbar sind und daß der Drahtdurchmesser klein ist im Verhältnis zum gegenseitigen Abstand der Drähte, ist die Kapazität des Kondensators

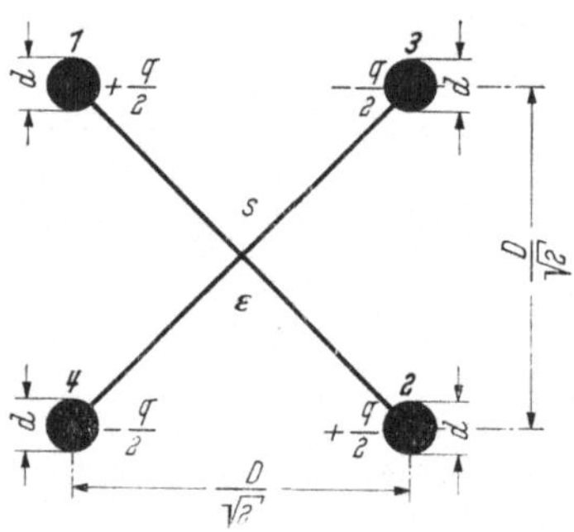

Abb. 1.2.5.
Phantomleitungskondensator.

$$C = \frac{\varepsilon\,2\pi\,s}{\ln\dfrac{D}{d}}\ \text{pF.}\qquad D \gg d \tag{1.25.1}$$

D Diagonalabstand in m,
d Durchmesser des Drahtes in m,
s Drahtlänge in m,
ε Dielektrizitätskonstante des isolierenden Mediums in pF/m.

Wird den Elektroden *1—2* und *3—4* in Abb. 1.2.5 eine elektrische Ladung $+q$ bzw. $-q$ zugeführt, so verteilt sich diese aus Symmetriegründen gleichmäßig zwischen den Leitern *1* und *2* bzw. *3* und *4*. Es entstehen zwischen den nebeneinanderliegenden Leitern gleiche Spannungen, die gleich der zwischen den Kondensatorelektroden bestehenden Spannung sind. Der Beitrag zu dieser Spannung (beispielsweise zwischen den Leitern *1* und *4*), der von den Ladungen auf diesen Leitern stammt, ist gemäß den Gl. (1.21.1) und (1.24.1)

$$u_1 = \frac{\frac{q}{2}}{\varepsilon \pi s} \ln \frac{2D}{\frac{\sqrt{2}}{d}} \, .$$

Derjenige Spannungsanteil, der von den Ladungen auf den Leitern 2 und 3 herrührt, ist zur Spannung u_1 entgegengesetzt gerichtet. Er errechnet sich als Spannung an zwei Teilkondensatoren, deren innere und äußere Elektrode die Durchmesser $2D\sqrt{2}$ bzw. $2D$ haben. Dieser Spannungsanteil wird also gemäß den Gl. (1.21.1) und (1.24.1)

$$u_2 = - \frac{\frac{q}{2}}{\varepsilon \pi s} \ln \frac{2D}{\frac{2D}{\sqrt{2}}} \, .$$

Die Kapazität des obigen Phantomleitungskondensators ist folglich

$$C = \frac{q}{u_1 + u_2} = \frac{\varepsilon \, 2 \pi \, s}{\ln \frac{D}{d}}$$

in Übereinstimmung mit Gl. (1.25.1).

1.3. Die Berechnung von Induktivitäten.
Lit. 9.05 und 9.192.

1.31. Die Toroidspule.

Abb. 1.3.1 zeigt schematisch eine Toroidspule, bestehend aus einem toroidförmigen, magnetisch homogenen, elektrisch nicht leitenden Kern, der gleichmäßig umwunden ist von dünnem isoliertem Leitungsdraht mit N Windungen. Werden die Windungen von einem Strom i durchflossen, so entsteht im Toroidkern ein ringförmiger magnetischer Fluß Φ. An den Klemmen der Spule bildet sich eine Gegenspannung

$$u = N \frac{d\Phi}{dt} \, . \qquad (1.31.1)$$

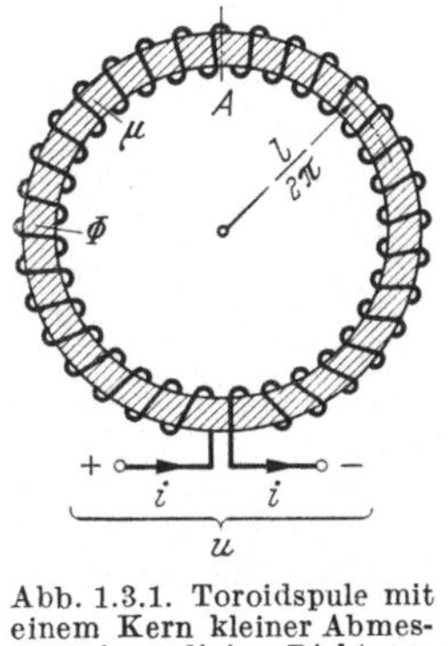

Gemäß Gl. (1.14.1) erhält man für die Induktivität der Spule

$$L = \frac{N\Phi}{i} \, , \qquad (1.31.2)$$

wenn $\Phi = 0$ für $i = 0$ ist.

Abb. 1.3.1. Toroidspule mit einem Kern kleiner Abmessung in radialer Richtung.

Unter der Voraussetzung, daß die radiale Ausdehnung des Toroidkerns klein im Verhältnis zum Radius des Toroids ist, ergibt sich für die Induktivität der Toroidspule

$$L = \frac{\mu A N^2}{l} \ \mu\text{H}. \qquad (\mu = 10^{-6}) \qquad (1.31.3)$$

A Querschnittsfläche des Kerns in m²,
l Mittellänge der magnetischen Kraftlinien in m,
N Windungszahl,
μ magnetische Permeabilität des Kerns in μ H/m,
$\mu_0 = 0{,}4\pi\ \mu$H/m = Wert von μ fürs Vakuum.

Gl. (1.31.3) kann auch angewendet werden für eine Toroidspule, deren Kern einen größeren Querschnitt hat, wie beispielsweise in Abb. 1.3.2 schematisch dargestellt. Für die Berechnung unterteilt man den Kern in konzentrische, zylinderförmige Teilkerne mit dem Toroidradius ϱ, der radialen Ausdehnung $d\varrho$ und der Breite b, die eine beliebige Funktion von ϱ sein kann. Jeder dieser Teilkerne liefert einen additiven Beitrag zur Induktivität, welche auf Grund der Gl. (1.31.3) berechnet werden kann. Die resultierende Induktivität wird also

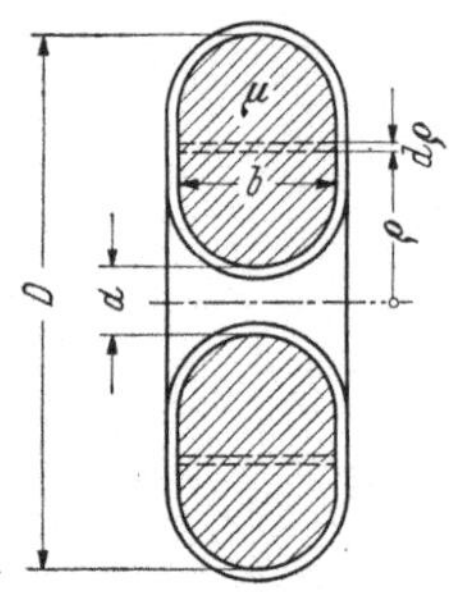

Abb. 1.3.2. Toroidspule mit grcßer radialer Ausdehnung des Kerns.

$$L = \frac{\mu N^2}{2\pi} \int_{d/2}^{D/2} \frac{b}{\varrho}\, d\varrho \ \mu\text{H}. \qquad (1.31.4)$$

b variable Breite des Kerns in m,
d innerer Durchmesser des Kerns in m,
D äußerer Durchmesser des Kerns in m.

Die verschiedenen Teile des Magnetflusses der Toroidspule können von einer ungleichen Anzahl von Windungen umfaßt werden. Wenn man die Induktivität gemäß Gl. (1.31.2) berechnet, muß man folglich

$$L = \frac{1}{i} \int_0^{\Phi_{\text{tot}}} N\, d\Phi$$

bilden oder

$$L = \frac{N_{\text{tot}}}{i} \int_0^{\Phi_{\text{tot}}} \frac{N\,i}{N_{\text{tot}}\,i}\, d\Phi. \qquad (1.31.5)$$

N Windungszahl in Abhängigkeit vom Magnetfluß,
N_{tot} totale Windungszahl,
Φ_{tot} totaler Magnetfluß.

Der von jedem Flußelement $d\Phi$ zum Wert der Induktivität gelieferte Beitrag ergibt sich also entsprechend der Strommenge $N\,i$, die dieses Flußelement umgibt.

1.32. Die Zylinderleitungsschleife.

Abb. 1.3.3 zeigt schematisch einen Längsschnitt einer Zylinderleitungsschleife, bestehend aus zwei konzentrischen Metallzylindern, die an einem Ende metallisch verbunden sind und im Innern ein magnetisch homogenes, elektrisch nicht leitendes Medium enthalten. Unter der Voraussetzung, daß der Magnetfluß in den Leitern vernachlässigbar ist und daß der Strom in den Leitern gleichmäßig verteilt ist, ergibt sich für die Induktivität der Zylinderschleife

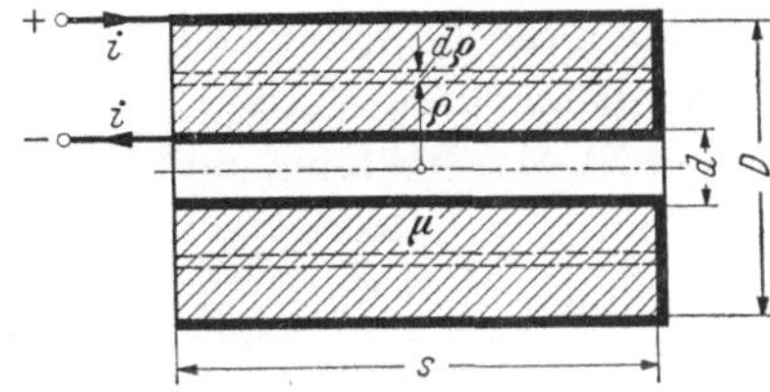

$$L = \frac{\mu\,s}{2\pi} \ln \frac{D}{d} \quad \mu\mathrm{H}. \qquad (1.32.1)$$

D innerer Durchmesser des äußeren Leiters in m,

d äußerer Durchmesser des inneren Leiters in m,

s Länge des Zylinders in m,

μ magnetische Permeabilität des eingeschlossenen Mediums in $\mu\mathrm{H/m}$.

Abb. 1.3.3.
Zylinderleitungsschleife.

Man kann nämlich die Zylinderleitungsschleife als eine Toroidspule mit einer Windung betrachten. Die Induktivität kann daher gemäß Gl. (1.31.4) als

$$L = \frac{\mu}{2\pi} \int\limits_{d/2}^{D/2} \frac{s}{\varrho}\, d\varrho = \frac{\mu\,s}{2\pi} \ln \frac{D}{d}$$

berechnet werden, was mit Gl. (1.32.1) übereinstimmt.

1.33. Die Kegelleitungsschleife.

Lit. 9.2034.

Abb. 1.3.4 zeigt schematisch einen Längsschnitt durch eine Kegelleitungsschleife, bestehend aus zwei konzentrischen Metallkegelstumpfen mit zusammenfallenden Spitzen. Diese Kegel sind an dem einen Endpunkt metallisch verbunden und enthalten im Innern ein magnetisch homogenes, elektrisch nicht leitendes Medium. Unter der Voraussetzung, daß der Magnetfluß in den Leitern vernachlässigbar und daß der Strom in diesen gleichmäßig verteilt ist, erhält man für die Induktivität der

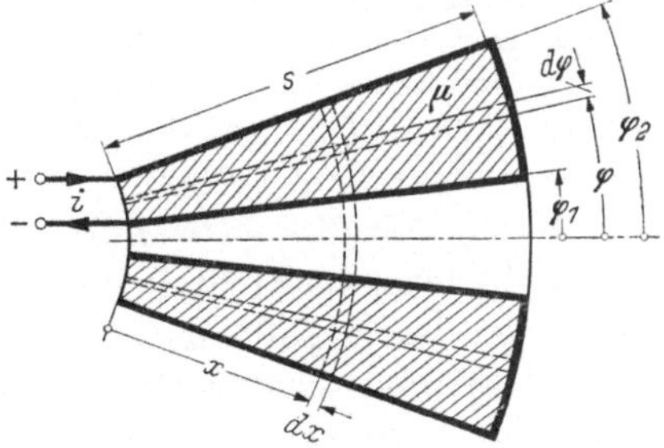

Abb. 1.3.4. Kegelleitungsschleife.

Kegelleitungsschleife

$$L = \frac{\mu\,s}{2\,\pi}\,(\text{ar sinh cot}\ \varphi_1 - \text{ar sinh cot}\ \varphi_2)\ \mu\text{H}. \qquad (1.33.1)$$

φ_1 halber Öffnungswinkel des inneren Leiters,
φ_2 halber Öffnungswinkel des äußeren Leiters,
s Länge der Erzeugenden der Leiterseitenflächen in m,
μ magnetische Permeabilität des ausfüllenden Mediums in μH/m.

Auch die Kegelleitungsschleife kann als Toroidspule mit einer Windung betrachtet werden. Deshalb läßt sich die Induktivität mittels Gl. (1.31.4) berechnen und ergibt in Übereinstimmung mit Gl. (1.33.1)

$$L = \frac{\mu}{2\,\pi}\int\limits_{\varphi_1}^{\varphi_2}\int\limits_{0}^{s} \frac{x\,d\varphi\,dx}{x\sin\varphi} = \frac{\mu\,s}{2\,\pi}\,(\text{ar sinh cot}\ \varphi_1 - \text{ar sinh cot}\ \varphi_2)\,.$$

1.34. Die Doppelleitungsschleife.

Abb. 1.3.5 zeigt perspektivisch eine Doppelleitungsschleife, bestehend aus zwei parallelen, geraden Leitungsdrähten von kreisförmigem Querschnitt, die an einem Ende metallisch miteinander verbunden und von einem magnetisch homogenen, elektrisch nicht leitenden Medium umgeben sind. Unter der Voraussetzung, daß die Drahtdurchmesser klein sind im Verhältnis zum Abstand der Drähte und daß der Strom in den Leitern sich gleichmäßig über den Querschnitt verteilt, wird die Induktivität der Doppelleitungsschleife

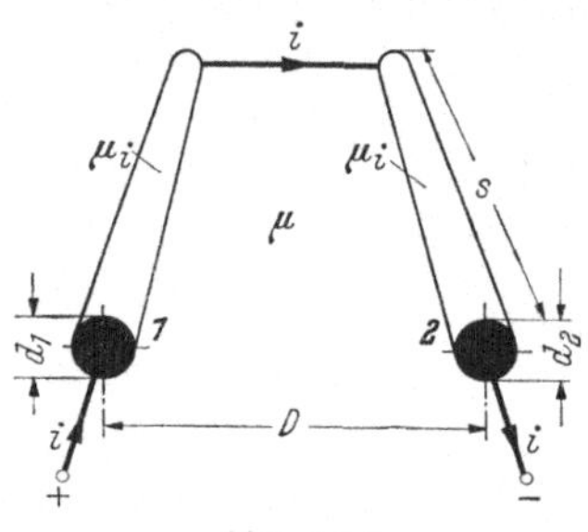
Abb. 1.3.5.
Doppelleitungsschleife.

$$L = \frac{s}{\pi}\left(\frac{\mu_i}{4} + \mu\ln\frac{2D}{\sqrt{d_1 d_2}}\right)\ \mu\text{H}. \qquad D \gg \begin{cases} d_1 \\ d_2 \end{cases}.$$

$$(1.34.1)$$

D Drahtabstand in m,
d_1 Durchmesser von Draht 1 in m,
d_2 Durchmesser von Draht 2 in m,
s Drahtlänge in m,
μ magnetische Permeabilität des umgebenden Mediums in μH/m,
μ_i magnetische Permeabilität des Leiters in μH/m.

Man erhält dieses Resultat durch folgende Überlegung. Der Leiter 1 wird zunächst betrachtet als der innere Leiter einer Zylinderleitungsschleife, deren äußerer Leiter sich in der Unendlichkeit befindet. Diese Leitungsschleife führe den Strom i. Der Durchmesser d_2 des Leiters 2 wird als so klein angenommen, daß er das um den Leiter 1 bestehende zirkuläre Magnetfeld nicht nennenswert deformiert. Der Magnetfluß zwischen den Leitern 1 und 2 wird dann gemäß den

Gl. (1.31.1) und (1.32.1)

$$\Phi_1 = i \,\frac{\mu\, s}{2\,\pi}\ln\frac{2\,D}{d_1}\,.$$

Der für die Induktivitätsberechnung ebenfalls zu berücksichtigende Magnetfluß im Leiter *1* wird unter Berücksichtigung, daß die im Leiter verlaufenden Teilflüsse nicht den gesamten Strom i umgeben, gemäß den Gl. (1.31.4) und (1.31.5)

$$\Phi_{1i} = \frac{\mu_i\, s}{2\,\pi}\int\limits_0^{d/2} i\left(\frac{2\,\varrho}{d}\right)^2\left(\frac{2\,\varrho}{d}\right)^2\frac{d\varrho}{\varrho} = i\,\frac{\mu_i\, s}{8\,\pi}\,.$$

Wird analog der obigen Überlegung statt dessen der Leiter *2* und der in der Unendlichkeit gedachte Leiter von einem Strom i in entgegengesetzter Richtung durchflossen, so erhält man für die Magnetflüsse zwischen den Leitern *1* und *2* sowie im Leiter *2* entsprechend

$$\Phi_2 = i\,\frac{\mu\, s}{2\,\pi}\ln\frac{2\,D}{d_2}\,,$$

$$\Phi_{2i} = i\,\frac{\mu_i\, s}{8\,\pi}\,.$$

Wenn beide Leiter *1* und *2* gleichzeitig Strom führen, so neutralisieren sich die Ströme in der Unendlichkeit, und der resultierende Magnetfluß

$$\Phi = \Phi_1 + \Phi_2 + \Phi_{1i} + \Phi_{2i}$$

ergibt in Übereinstimmung mit Gl. (1.34.1) die Induktivität der Doppelleitungsschleife

$$L = \frac{\Phi}{i} = \frac{s}{\pi}\left(\frac{\mu_i}{4} + \mu\ln\frac{2\,D}{\sqrt{d_1\,d_2}}\right).$$

1.35. Die Phantomleitungsschleife.

Abb. 1.3.6 zeigt perspektivisch eine Phantomleitungsschleife, bestehend aus vier zueinander parallelen, geraden Leitungsdrähten mit kreisförmigem Querschnitt von gleichem Durchmesser, wobei diese Leiter längs den Kanten eines Prismas von quadratischem Querschnitt angeordnet sind. Diagonal gegenüberstehende Leiter sind mit ihren Endpunkten metallisch verbunden und bilden zusammen einen Leitungszweig. Die beiden Leitungszweige, die an einem Endpunkt metallisch verbunden sind, sind von einem magnetisch homogenen und elektrisch nicht leitenden Medium umgeben.

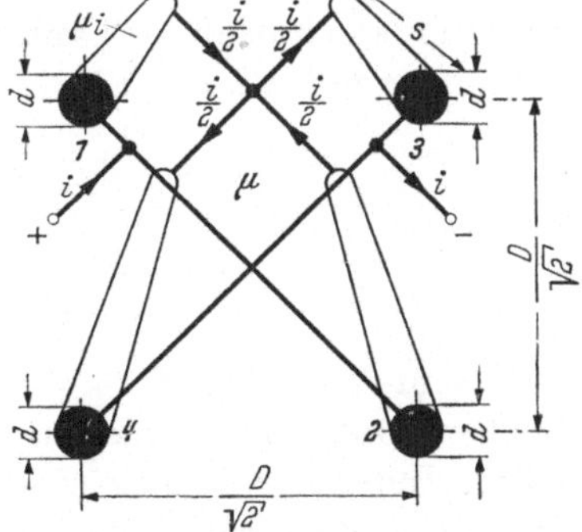

Abb. 1.3.6. Phantomleitungsschleife.

Unter der Voraussetzung, daß der Drahtdurchmesser klein ist im Verhältnis zum Drahtabstand und daß sich die Ströme in den Leitern gleichmäßig über den Querschnitt verteilen, wird die Induktivität der Phantomleitungsschleife

$$L = \frac{s}{2\pi}\left(\frac{\mu_i}{4} + \mu \ln\frac{D}{d}\right)\,\mu\text{H}. \qquad D \gg d \qquad (1.35.1)$$

D Diagonalabstand in m,
d Drahtdurchmesser in m,
s Drahtlänge in m,
μ magnetische Permeabilität des umgebenden Mediums in $\mu\text{H/m}$,
μ_i magnetische Permeabilität des Leitermaterials in $\mu\text{H/m}$.

Werden die Leitungszweige *1—2* und *3—4* in Abb. 1.3.6 von einem Strom i durchflossen, welcher sich aus Symmetriegründen gleichmäßig zwischen den Leitern *1* und *2* bzw. *3* und *4* verteilt, so entstehen einander gleiche Magnetflüsse Φ zwischen benachbarten Leitern, die die Induktivität der Leitungsschleife gemäß Gl. (1.31.2) bestimmen. Der Anteil an diesem Magnetfluß zwischen beispielsweise den Leitern *1* und *4*, der von den Strömen in diesen Leitern stammt, ist nach Gl. (1.31.2) und (1.34.1)

$$\Phi_1 = \frac{i}{2}\,\frac{s}{\pi}\left(\frac{\mu_i}{4} + \mu\ln\frac{\dfrac{2D}{\sqrt{2}}}{d}\right).$$

Der Anteil am Magnetfluß, der von den Strömen in den Leitern *2* und *3* herrührt, ist dem Magnetfluß Φ_1 entgegengerichtet und errechnet sich als Magnetfluß von zwei Toroidfeldern, deren innere und äußere Durchmesser $2D\sqrt{2}$ bzw. $2D$ sind. Dieser Anteil wird somit nach Gl. (1.31.2) und (1.34.1)

$$\Phi_2 = -\frac{i}{2}\,\frac{s}{\pi}\,\mu\ln\frac{2D}{\dfrac{2D}{\sqrt{2}}}.$$

Die Induktivität der Phantomleitungsschleife ist somit in Übereinstimmung mit Gl. (1.35.1)

$$L = \frac{\Phi_1 + \Phi_2}{i} = \frac{s}{2\pi}\left(\frac{\mu_i}{4} + \mu\ln\frac{D}{d}\right).$$

1.36. Anmerkung.

Die in den Abschnitten dieses und des vorigen Kapitels behandelten Größen OHMscher Widerstand, Kapazität, Induktivität und gegenseitige Induktion spielen eine entscheidende Rolle bei den Problemen der Wechselstromtechnik. Sind in einem Stromkreis Schaltelemente vorhanden, die eine oder mehrere der genannten Größen enthalten, so wird dadurch Spannung, Strom und Leistung in diesem Stromkreise beeinflußt, da diese Größen Gegenkräfte gegen die angelegte Spannung und den zugeführten Strom verursachen. Man kann in diesen Fällen generell von einer Widerstandswirkung sprechen.

Der in Abschnitt 1.12 betrachtete Ohmsche Widerstand stellt einen konstanten, von der Frequenz des in der Leitung fließenden Stromes unabhängigen Proportionalitätsfaktor zwischen Strom und Spannung dar. (Von den bei sehr hohen Frequenzen infolge des Skineffektes auftretenden Widerstandserhöhungen kann in diesem Zusammenhang abgesehen werden.)

Bei einem Stromkreis dagegen, der Kapazität oder Induktivität oder gegenseitige Induktion besitzt, ist der Proportionalitätsfaktor zwischen Spannung und Strom frequenzabhängig.

Ein stationärer Wechselstrom, der in einem Stromkreis mit rein Ohmschem Widerstand fließt, entspricht in seinem Zeitverlauf der an den Endpunkten dieses Stromkreises herrschenden Spannung.

Enthält aber der Stromkreis als Schaltungselemente Kondensatoren oder Spulen, so bewirkt deren Kapazität bzw. Induktivität eine zeitliche Verschiebung zwischen Strom und Spannung.

Trotz dieser genannten Verschiedenheiten lassen sich unter bestimmten Voraussetzungen, die in der Praxis häufig mit genügender Annäherung erfüllt sind, die erwähnten Widerstandswirkungen von Ohmschem Widerstand, Kapazität, Induktivität und gegenseitiger Induktion einheitlich behandeln. Dies wird dadurch ermöglicht, daß man in der Wechselstromtechnik einen verallgemeinerten Widerstandsbegriff eingeführt hat, den des „Scheinwiderstandes" oder der „Impedanz". Auf die dadurch gegebenen Möglichkeiten wird in den folgenden Kapiteln näher eingegangen.

An dieser Stelle soll nur vorausgeschickt werden, daß die Impedanz, welche den Ohmschen Widerstand als Spezialfall umfaßt, eine rechnerisch und experimentell feststellbare Größe ist, durch die das Verhalten von Strom und Spannung zwischen zwei Punkten eines Stromkreises, der aus einer beliebigen Zusammensetzung der vorher betrachteten Schaltungselemente besteht, eindeutig bestimmt werden kann.

Die Impedanz ist folglich für verschiedene Aufgaben der Elektrotechnik die maßgebliche Größe, um einen Stromkreis zu charakterisieren, und demgemäß verwendet man auch im Sprachgebrauch der Technik den Ausdruck „Impedanzkreis" an Stelle von Stromkreis mit einer Impedanz. Im entsprechenden Sinne werden Begriffe wie Impedanzzweig, Impedanzelement, Impedanznetz usw. benutzt.

1.4. Allgemeine Eigenschaften der linearen Impedanznetze[1].

Lit. 9.2033.

1.41. Die Unveränderlichkeit der Exponential- und Sinusform.

Ändert sich der Strom in den Gl. (1.12.1), (1.13.1) und (1.14.1) sinusförmig mit einer sich zeitlich exponentiell ändernden Amplitude gemäß dem Ausdruck

$$i = |i|\, e^{\varrho t} \sin\left(\omega t + \measuredangle i\right) \tag{1.41.1}$$

$|i|$ konstanter Strom,
$\measuredangle i$ konstanter Winkel (kann negativ sein),
t Zeit,
ω Winkelfrequenz,
ϱ Exponentfrequenz (auch Dämpfung genannt, kann negativ sein),

so werden die Spannungsabfälle der Gl. (1.12.1), (1.13.1) und (1.14.1)

$$\left.\begin{aligned}
u_R &= R\,|i|\, e^{\varrho t} \sin\left(\omega t + \measuredangle i\right), \\
u_C &= \frac{|i|\, e^{\varrho t}}{\sqrt{\varrho^2 + \omega^2}\, C} \sin\left(\omega t + \measuredangle i - \operatorname{arctg} \frac{\omega}{\varrho}\right), \\
u_L &= \sqrt{\varrho^2 + \omega^2}\, L\,|i|\, e^{\varrho t} \sin\left(\omega t + \measuredangle i + \operatorname{arctg} \frac{\omega}{\varrho}\right),
\end{aligned}\right\} \tag{1.41.2}$$

Die Integrationskonstante für den Spannungsabfall u_c, die eine Gleichspannung ist, wird als gleich Null angenommen. Wie ersichtlich, ändern sich die Spannungsabfälle auch sinusförmig mit exponentiell variierender Amplitude, wobei die Größen ω und ϱ die gleichen bleiben wie beim Strome. Das gleiche gilt natürlich auch für einen Spannungsabfall an einer gegenseitigen Induktion M gemäß Gl. (1.15.1).

Bei der Summation von Spannungen nach Gl. (1.11.1) oder von Strömen nach Gl. (1.11.2), welche sich sinusförmig und exponentiell

---

[1] Das in diesem Buch vielfach vorkommende Wort „Eigenschaft", wie z. B. Eigenschaft eines Vierpols oder Eigenschaft eines Impedanznetzes, ist nicht als ein Begriff aufzufassen, der einer nur qualitativen Beschreibung der Konstruktion oder des Zustandes oder der Wirkungsweise einer Schaltungsanordnung dient. Unter „Eigenschaft" wird vielmehr eine physikalisch definierte Größe verstanden, für die es einen eindeutigen mathematischen Ausdruck gibt. Eigenschaften in diesem Sinne sind z. B. die Induktivität einer Spule, das Dämpfungsmaß eines Netzes, der Wellenwiderstand einer Leitung. Eigenschaften eines linearen Impedanznetzes stellen, ganz allgemein betrachtet, Funktionen der Schaltungselemente und ihrer konstruktiven Anordnung sowie der Betriebsfrequenz dar. Die Benutzung des Wortes „Eigenschaft' als Sammelbegriff für eine Anzahl physikalischer Größen, die zur Charakterisierung eines Impedanznetzes in der Praxis verwendet werden, ist offensichtlich in denjenigen Fällen zweckmäßig, wenn Lehrsätze abgeleitet und Regeln aufgestellt werden, die sich nicht nur auf eine spezielle charakteristische Größe beziehen, sondern allgemeinere Gültigkeit haben.

mit den gleichen Frequenzen ω und ϱ ändern, ändern sich auch die resultierenden Spannungen bzw. Ströme sinusförmig und exponentiell mit den genannten Frequenzen ω und ϱ. Dies ist eine Folge der Beziehung

$$|a|\, e^{\varrho t} \sin\left(\omega t + \sphericalangle\underline{a}\right) \pm |b|\, e^{\varrho t} \sin\left(\omega t + \sphericalangle\underline{b}\right)$$

$$= \sqrt{|a|^2 + |b|^2 \pm 2\,|a|\,|b| \cos\left(\sphericalangle\underline{a} - \sphericalangle\underline{b}\right)}\; e^{\varrho t} \times \qquad (1.41.3)$$

$$\times \sin\left(\omega t + \operatorname{arc\,tg} \frac{|a|\sin\sphericalangle\underline{a} \pm |b|\sin\sphericalangle\underline{b}}{|a|\cos\sphericalangle\underline{a} \pm |b|\cos\sphericalangle\underline{b}}\right)$$

Das Gesagte dürfte zum Verständnis dessen genügen, daß alle Spannungen und Ströme in einem linearen Impedanznetz — d. h. in einer beliebigen Zusammenschaltung linearer Impedanzelemente, wie beispielsweise linearer Widerstandsleitungen, Kondensatoren, Spulen und Transformatoren — sich sinusförmig und exponentiell mit den gleichen Frequenzen ω und ϱ ändern, wenn zwischen zwei beliebigen Punkten des Netzes eine Spannung aufgedrückt wird, die sich sinusförmig und exponentiell mit den genannten Frequenzen ω und ϱ ändert. Dies gilt natürlich auch für die Spezialfälle $(\varrho = 0,\ \omega \neq 0)$ und $(\varrho \neq 0,\ \omega = 0)$, d. h. für einen rein sinusförmigen bzw. einen rein exponentiellen Verlauf.

1.42. Das Superpositionsprinzip.

Nimmt man an, daß die EMKe e', e'', e''' usw. nacheinander jede für sich in ein lineares Impedanznetz eingeführt werden, eventuell in verschiedene Zweige, und daß dadurch entsprechende Spannungen u', u'', u''' usw. und Ströme i', i'', i''' usw. in einem beliebig gewählten Zweige des Impedanznetzes entstehen, so besagt das Superpositionsprinzip, daß bei einer gleichzeitigen Einführung sämtlicher EMKe die Spannung bzw. der Strom in dem betreffenden Zweige

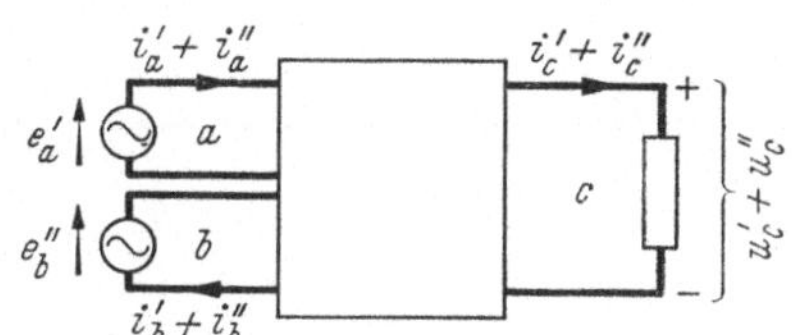

Abb. 1.4.1. Lineares Impedanznetz.

$$u' + u'' + u''' + \cdots \quad \text{bzw.}$$

$$i' + i'' + i''' + \cdots$$

ist.

Die Gesetze der Gl. (1.11.1), (1.11.2), (1.12.1), (1.13.1) und (1.14.1), die die Spannungen und Ströme bestimmen, gelten nämlich auch für die Summen, wenn sie für die Komponenten gelten, da

$$\sum_{\nu} u'_{\nu} + \sum_{\nu} u''_{\nu} + \sum_{\nu} u'''_{\nu} + \cdots = \sum_{\nu} (u'_{\nu} + u''_{\nu} + u'''_{\nu} + \cdots),$$

$$\sum_{\nu} i'_{\nu} + \sum_{\nu} i''_{\nu} + \sum_{\nu} i'''_{\nu} + \cdots = \sum_{\nu} (i'_{\nu} + i''_{\nu} + i'''_{\nu} + \cdots),$$

$$R\,i' + R\,i'' + R\,i''' + \cdots = R' (i' + i'' + i''' + \cdots),$$

$$\frac{1}{C}\int_0^t i'\,dt + \frac{1}{C}\int_0^t i''\,dt + \frac{1}{C}\int_0^t i'''\,dt + \cdots = \frac{1}{C}\int_0^t (i' + i'' + i''' + \cdots)\,dt,$$

$$L\frac{di'}{dt} + L\frac{di''}{di} + L\frac{di'''}{dt} + \cdots = L\frac{d}{dt}(i' + i'' + i''' + \cdots).$$

Das Superpositionsprinzip besteht folglich darin, daß man in einem
linearen Impedanznetz verschiedene Stromsysteme superponieren, d. h.
einander überlagern kann, ohne daß sie sich gegenseitig beeinflussen.
Dies wird in Abb. 1.4.1 veranschaulicht, wo ein lineares Impedanznetz dargestellt ist, welches beispielsweise die Zweige a, b und c enthält. Die ein-gestrichenen Größen gehören zu dem einen Stromsystem,
die zwei-gestrichenen zu dem andern. Die ersteren werden lediglich
durch die EMK e'_a und die letzteren nur durch die EMK e''_b bestimmt,
die in die Zweige a bzw. b eingeschaltet sind.

1.43. Das Verfahren von Thévenin.

Abb. 1.4.2 oben zeigt symbolisch ein lineares zweipoliges Impedanznetz, das von einem Strom i durchflossen wird, wodurch ein Spannungsabfall u entsteht. Der Spannungsabfall ist aber äquivalent einer ent-
entgegengesetzt gerichteten EMK von
der Größe u. Man kann somit dieses
Impedanznetz durch einen impedanzfreien
Generator ersetzen, wie in Abb. 1.4.2 Mitte
gezeigt ist, ohne daß der äußere elektrische Zustand dadurch eine Veränderung
erfährt. Daher sollen im weiteren Spannungsabfälle als Gegen-EMK betrachtet
werden, weshalb sie in den Schaltschemen
entsprechend der Abb. 1.4.2 unten dargestellt sind.

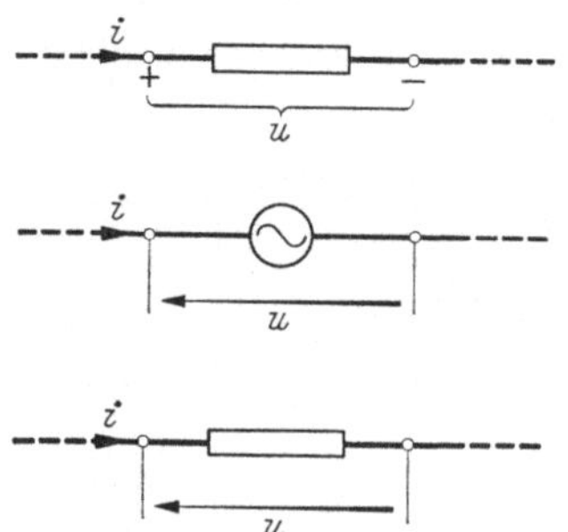

Abb. 1.4.2. Lineares Zweipolnetz.

Auf der Äquivalenz Spannungsabfall-
EMK beruht das Verfahren von Thévenin zur Ermittlung der Veränderungen des elektrischen Zustandes in einem linearen Impedanznetz bei
Hinzufügung oder bei Entfernung einer Impedanz im Netz. Diese Impedanzen können auch unendlich klein oder unendlich groß sein, was

physikalisch einem Kurzschluß oder einer Unterbrechung entspricht. Der Gedankengang des Verfahrens ist folgender: Im Falle der Hinzufügung einer Impedanz führt man gleichzeitig eine EMK ein, die die Wirkung der Impedanz aufhebt, d. h. deren äquivalente EMK kompensiert. Im Falle der Entfernung einer Impedanz dagegen ersetzt man diese zunächst durch eine äquivalente EMK. Das durch diese jeweils eingeführte EMK im Netz hervorgerufene Stromsystem wird nun untersucht. Wird schließlich die erwähnte EMK entfernt, so entsteht die gesuchte Veränderung des elektrischen Zustandes des Impedanznetzes, welche der Entfernung des genannten Stromsystems von den ursprünglichen Strömen entspricht.

1.44. Leistung und Effektivwerte.

Ist die Spannung am Zweipolnetz Abb. 1.4.2 und der durchfließende Strom rein sinusförmig, also ausgedrückt als

$$u = |u| \sin(\omega t + \measuredangle u) \atop i = |i| \sin(\omega t + \measuredangle i) \Bigg\} , \qquad (1.44.1)$$

so wird die vom Zweipolnetz absorbierte Leistung (Effekt) gemäß Gl. (1.12.2)

$$p = u\,i = |u| \sin(\omega t + \measuredangle u)\,|i| \sin(\omega t + \measuredangle i) =$$
$$= \frac{|u|\,|i|}{2} \left[\cos(\measuredangle u - \measuredangle i) - \cos(2\,\omega t + \measuredangle u + \measuredangle i)\right].$$

Der zweite Term in der eckigen Klammer variiert mit der Zeit und liefert periodisch gleich große positive wie negative Anteile zum Effekt, die sich im Mittelwert aufheben. Der Mittelwert der Leistung wird folglich

$$P = \frac{|u|\,|i|}{2} \cos(\measuredangle u - \measuredangle i). \qquad (1.44.2)$$

Im Falle $\measuredangle u - \measuredangle i = \pm \pi/2$, was für eine Spule oder einen Kondensator zutrifft, wie sich dies aus den Gl. (1.41.1) und (1.41.2) für $\varrho = 0$ ergibt, wird $P = 0$ in Übereinstimmung mit den Überlegungen in den Abschnitten 1.13 und 1.14. Im Falle $\measuredangle u - \measuredangle i = 0$, was für einen rein OHMschen Widerstand zutrifft, wird

$$P = \frac{|u|\,|i|}{2} = \frac{|u|}{\sqrt{2}}\,\frac{|i|}{\sqrt{2}},$$

was sich ebenfalls aus den Gl. (1.41.1) und (1.41.2) ergibt. Die gleichen Relationen, welche für die momentanen Leistungen gelten, gelten auch für den Mittelwert der Leistung, wenn Spannung und Strom durch ihre Effektivwerte ausgedrückt werden:

$$|U| = \frac{|u|}{\sqrt{2}}, \qquad |I| = \frac{|i|}{\sqrt{2}}. \qquad (1.44.3)$$

Mit diesen Effektivwerten und den Winkeln

$$\sphericalangle \underline{U} = \sphericalangle \underline{u} + \frac{\pi}{2}, \qquad \sphericalangle \underline{I} = \sphericalangle \underline{i} + \frac{\pi}{2} \qquad (1.44.4)$$

können die Gl. (1.44.1) und (1.44.2) folgendermaßen geschrieben werden:

$$\left.\begin{aligned} u &= \sqrt{2}\,|U|\cos(\omega t + \sphericalangle \underline{U}), \\ i &= \sqrt{2}\,|I|\cos(\omega t + \sphericalangle \underline{I}), \\ P &= |I|\,|U|\cos(\sphericalangle \underline{U} - \sphericalangle \underline{I}). \end{aligned}\right\} \qquad (1.44.5)$$

Auch der Sinusverlauf mit sich exponentiell ändernder Amplitude wird im folgenden mit den Effektivwerten nach Gl. (1.44.3) und den Winkeln nach Gl. (1.44.4) dargestellt durch

$$\left.\begin{aligned} u &= \sqrt{2}\,|U|\,e^{\varrho t}\cos(\omega t + \sphericalangle \underline{U}) \\ i &= \sqrt{2}\,|I|\,e^{\varrho t}\cos(\omega t + \sphericalangle \underline{I}) \end{aligned}\right\} \qquad (1.44.6)$$

1.5. Die spektrale Darstellung zeitlicher Vorgänge.

Lit. 9.2037.

1.51. Die Darstellung eines periodischen Verlaufs durch eine FOURIER-Reihe.

Der zeitliche Verlauf einer beliebigen, periodisch sich ändernden Größe, wie sie beispielsweise in Abb. 1.5.3 oben gezeigt wird, kann durch eine FOURIER-Reihe ausgedrückt werden als

$$p = \sum_{\nu}\left[A_\nu\cos\left(2\pi\nu\,\frac{t}{T}\right) + B_\nu\sin\left(2\pi\nu\,\frac{t}{T}\right)\right] \qquad (1.51.1)$$

p mit der Zeit sich periodisch ändernde Funktion,
A und B Konstanten,
ν ganzzahlige Summationsvariable ($\nu = 0, 1, 2, 3, \ldots$),
t Zeit,
T Periodendauer.

Die Konstanten A und B sind durch folgende Ausdrücke bestimmt

$$\left.\begin{aligned} A_0 &= \frac{1}{T}\int_0^T p\,dt, \\[2ex] A_\nu &= \frac{2}{T}\int_0^T p\cos\left(2\pi\nu\,\frac{t}{T}\right)dt, \quad\left.\right\}\nu \neq 0 \\[2ex] B_\nu &= \frac{2}{T}\int_0^T p\sin\left(2\pi\nu\,\frac{t}{T}\right)dt. \end{aligned}\right\} \qquad (1.51.2)$$

Ist die Funktion $p(t)$ nur als Kurve angegeben, so werden die Integrationen von Gl. (1.51.2) graphisch ausgeführt.

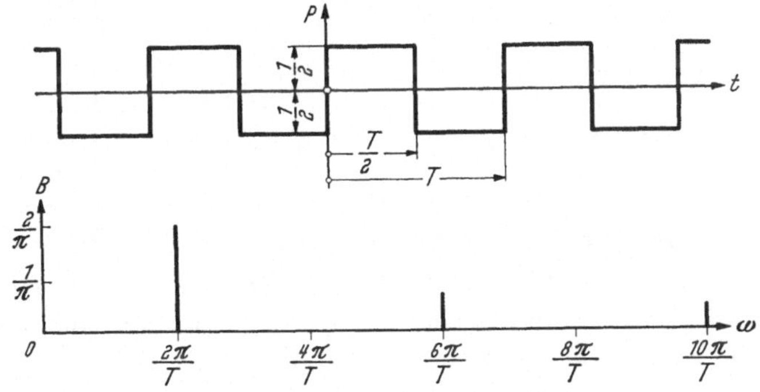

Abb. 1.5.1. Periodisch rechteckiger Verlauf.

Abb. 1.5.1 oben zeigt graphisch einen periodisch rechteckigen Zeitverlauf. Die Berechnung seiner Konstanten A und B mittels Gl. (1.51.2) erfolgt in folgender Weise:

$$A_0 = \frac{1}{T} \int_0^{T/2} \frac{1}{2}\, dt - \frac{1}{T} \int_{T/2}^{T} \frac{1}{2}\, dt = 0,$$

$$A_\nu = \frac{2}{T} \int_0^{T/2} \frac{1}{2} \cos\left(2\pi\, \nu\, \frac{t}{T}\right) dt - \frac{2}{T} \int_{T/2}^{T} \frac{1}{2} \cos\left(2\pi\, \nu\, \frac{t}{T}\right) dt = 0,$$

$$B_\nu = \frac{2}{T} \int_0^{T/2} \frac{1}{2} \sin\left(2\pi\, \nu\, \frac{t}{T}\right) dt - \frac{2}{T} \int_{T/2}^{T} \frac{1}{2} \sin\left(2\pi\, \nu\, \frac{t}{T}\right) dt$$

$$= \frac{1}{\pi \nu} \left[1 - \cos(\pi\, \nu)\right].$$

d. h.

$$B_1 = \frac{2}{\pi}, \qquad\qquad B_2 = 0,$$

$$B_3 = \frac{2}{3\pi}, \qquad\qquad B_4 = 0,$$

$$B_5 = \frac{2}{5\pi}, \qquad\qquad B_6 = 0.$$

usw.

Gemäß Gl. (1.51.1) kann also der periodisch rechteckige Zeitverlauf der Abb. 1.5.1 oben als eine unendliche Reihe

$$p = \frac{2}{\pi} \left[\sin\frac{2\pi t}{T} + \frac{1}{3} \sin\frac{6\pi t}{T} + \frac{1}{5} \sin\frac{10\pi t}{T} + \cdots \right] \qquad (1.51.3)$$

geschrieben werden, was durch das Amplitudenspektrum in Abb. 1.5.1 unten erläutert wird ($\omega = $ Winkelfrequenz).

Gl. (1.51.3) kann auch wie folgt geschrieben werden:

$$\left.\begin{aligned}
p &= \frac{1}{\pi} \sum_{\nu=0}^{\infty} \frac{\sin \omega t}{\omega} \delta\omega, \\
\delta\omega &= \frac{4\pi}{T}, \\
\omega &= \left(\frac{1}{2} + \nu\right)\delta\omega \quad (\nu = 0, 1, 2, 3, \ldots).
\end{aligned}\right\} \qquad (1.51.4)$$

1.52. Die Darstellung eines Rechteckimpulses durch ein Fourier-Integral.

Läßt man in der Fourier-Reihe Gl. 1.51.4 die Periodendauer ins Unendliche anwachsen, d. h.

$$T \to \infty,$$
$$\delta\omega \to d\omega,$$
$$-0 < \omega < \infty \quad \text{für} \quad \nu = \infty,$$

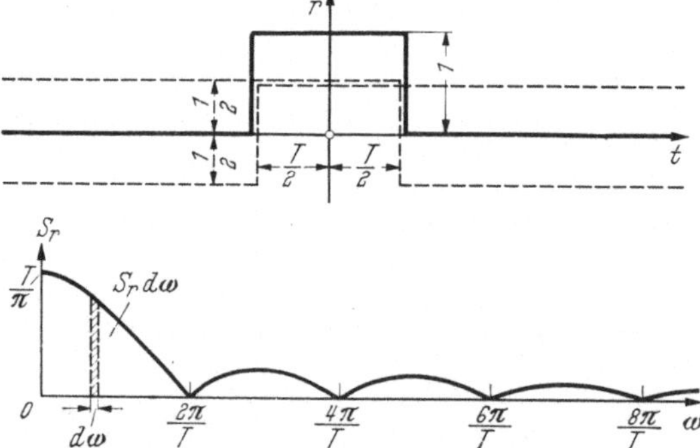

Abb. 1.5.2. Darstellung eines rechteckigen Impulses.

so geht die Summe über in ein Fourier-Integral

$$q = \frac{1}{\pi} \int_{0}^{\infty} \frac{\sin \omega t}{\omega} d\omega = \begin{cases} + \frac{1}{2} \\ - \frac{1}{2} \end{cases} \quad \text{für} \quad t \gtrless 0, \qquad (1.52.1)$$

welches eine einzige Sprungstelle für den Zeitpunkt $t = 0$ hat, wie aus der oberen Kurve in Abb. 1.5.2 zu ersehen ist. Mittels zweier solcher Sprungfunktionen kann man einen rechteckigen Impuls bilden, wie

Abb. 1.5.2 Mitte zeigt. Der mathematische Ausdruck für diesen Impuls ist

$$r = \frac{1}{\pi} \int_0^\infty \frac{\sin \omega\,(t + T/2)}{\omega}\, d\omega - \frac{1}{\pi} \int_0^\infty \frac{\sin \omega\,(t - T/2)}{\omega}\, d\omega$$

oder nach einer trigonometrischen Umformung [Gl. (1.73.2)]

$$r = \frac{2}{\pi} \int_0^\infty \frac{\sin \omega\, T/2}{\omega} \cos \omega\, t\, d\omega. \tag{1.52.2}$$

T Länge oder Dauer des Impulses (nicht Periodendauer)

Ein rechteckiger Impuls kann somit betrachtet werden als die Summe einer unendlichen Anzahl elementarer Sinusschwingungen mit

$$\begin{array}{ll} \omega & \text{Winkelfrequenz,} \\ S_r d\omega & \text{Amplitude.} \end{array} \qquad S_r = \frac{2}{\pi} \frac{|\sin \omega\, T/2|}{\omega}. \tag{1.52.3}$$

Man kann folglich sagen, daß der Rechtecksimpuls ein kontinuierliches Spektrum besitzt, charakterisiert durch die Funktion $S_r(\omega)$, die in Abb. 1.5.2 unten graphisch dargestellt ist. Die Amplituden der Schwingungen sind hierbei durch die Flächenelemente von der Höhe S_r und der Breite $d\omega$ gegeben.

1.53. Das Spektrum für einen beliebigen endlichen Verlauf.

Durch Bildung des Produktes $u = pr$ aus einer beliebigen Zeitfunktion, welche die Periodendauer T besitzt (Abb. 1.5.3 oben), und einem rechteckigen Impuls von der Dauer T (Abb. 1.5.3 Mitte) erhält man offensichtlich die beliebige Zeitfunktion von der endlichen Dauer T in Abb. 1.5.3 unten. Mit den Gl. (1.51.1) und (1.52.2) kann dieses Produkt wie folgt geschrieben werden:

$$u = \sum_\nu \left[A_\nu \cos\left(2\pi\, \nu\, \frac{t}{T}\right) + B_\nu \sin\left(2\pi\, \nu\, \frac{t}{T}\right) \right] \left[\frac{2}{\pi} \int_0^\infty \frac{\sin W\, T/2}{W} \cos W\, t\, dW \right].$$

Wird die Reihe unter das Integralzeichen gebracht und nach Gl. (1.73.2) eine trigonometrische Umformung vorgenommen, so erhält man

$$u = \frac{1}{\pi} \int_0^\infty \frac{\sin W\, T/2}{W} \sum_\nu \Bigg\{ A_\nu \left[\cos\left(\frac{2\pi\, \nu}{T} + W\right) t + \cos\left(\frac{2\pi\, \nu}{T} - W\right) t \right] +$$
$$+ B_\nu \left[\sin\left(\frac{2\pi\, \nu}{T} + W\right) t + \sin\left(\frac{2\pi\, \nu}{T} - W\right) t \right] \Bigg\} dW,$$

oder

$$u = \frac{1}{\pi} \int_{-\infty}^{+\infty} \frac{\sin W\, T/2}{W} \sum_\nu \left[A_\nu \cos\left(\frac{2\pi\, \nu}{T} + W\right) t + B_\nu \sin\left(\frac{2\pi\, \nu}{T} + W\right) t \right] dW.$$

Wird hierin das Summationszeichen vor das Integralzeichen gesetzt und die Substitution

$$\omega = \frac{2\pi v}{T} + W$$

vorgenommen, so ergibt sich

$$u = \frac{1}{\pi} \sum_v \int_{-\infty}^{+\infty} \frac{\sin(\omega T/2 - \pi v)}{\omega - \dfrac{2\pi v}{T}} [A_v \cos \omega t + B_v \sin \omega t] d\omega,$$

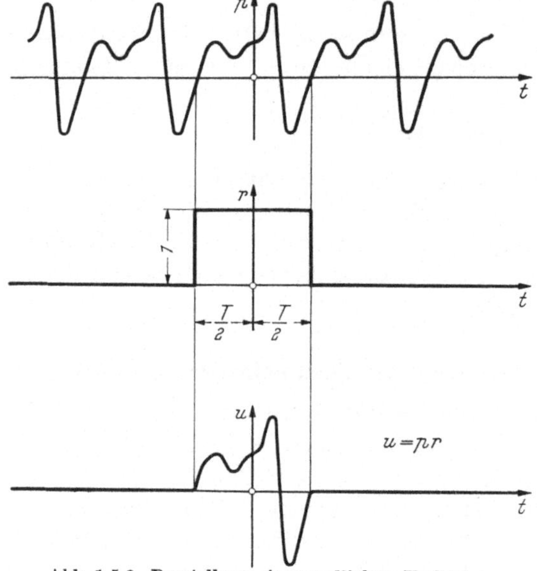

Abb. 1.5.3. Darstellung eines endlichen Verlaufes.

was auch wie folgt geschrieben werden kann:

$$u = \frac{1}{\pi} \sum_{\pm v} \int_0^{\infty} \frac{\sin(\omega T/2 - \pi v)}{\omega - \dfrac{2\pi v}{T}} [A_v \cos \omega t \pm B_v \sin \omega t] d\omega.$$

Diese Gleichung kann schließlich umgeformt werden zu

$$\left. \begin{aligned} u &= \int_0^{\infty} S \sin(\omega t + \varphi)\, d\omega, \\[2mm] S &= \frac{1}{\pi} \sqrt{H^2 + K^2}, \\[2mm] \varphi &= \operatorname{arctg} \frac{H}{K}, \end{aligned} \qquad \begin{aligned} H &= \sum_{\pm v} A_v \frac{\sin(\omega T/2 - \pi v)}{\omega - \dfrac{2\pi v}{T}}, \\[3mm] K &= \sum_{\pm v} \pm B_v \frac{\sin(\omega T/2 - \pi v)}{\omega - \dfrac{2\pi v}{T}}. \end{aligned} \right\} \quad (1.53.1)$$

Eine beliebige Zeitfunktion besitzt folglich ein kontinuierliches Spektrum, charakterisiert durch zwei Funktionen $S(\omega)$ und $\varphi(\omega)$, welche die Amplituden der Elementarschwingungen bzw. ihre gegenseitige Phasenlage bestimmen. In der Praxis interessiert meist nur die erstere dieser beiden Funktionen. Das Spektrum einer beliebigen Zeitfunktion kann, wie gezeigt, systematisch ermittelt werden durch eine FOURIER-Analyse nach Gl. (1.51.2) sowie durch Berechnungen nach Gl. (1.53.1).

1.54. Das Spektrum eines endlichen Wellenzuges.

Ein periodischer Verlauf von

$$p = B_n \sin \frac{2n\pi}{T}\, t + B_{2n} \sin \frac{4n\pi}{T}\, t$$

mit einem Amplitudenspektrum wie in Abb. 1.5.4 oben soll durch einen rechteckigen Impuls von der Dauer T auf n Perioden begrenzt

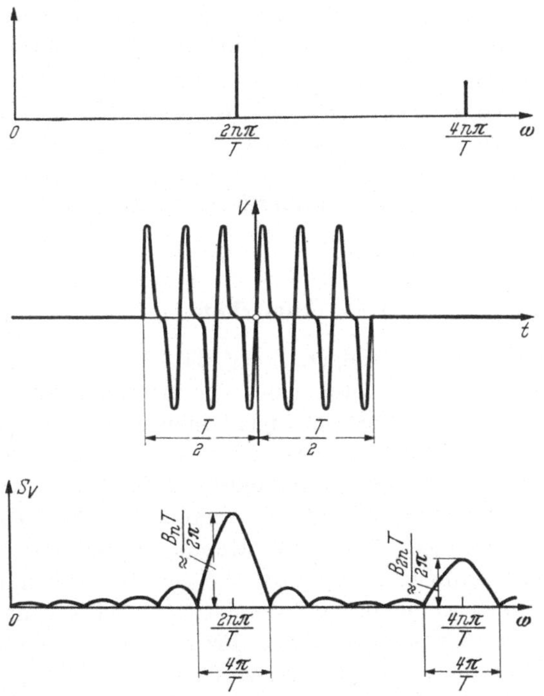

Abb. 1.5.4. Endlicher Wellenzug.

werden, wie dies in Abb. 1.5.4 Mitte für beispielsweise $n = 6$ gezeigt ist. Für die Berechnung des Spektrums des so erhaltenen Wellenzuges vereinfacht sich Gl. (1.53.1) zu

$$S_v = \frac{1}{\pi} K,$$

da $A = 0$ und folglich $H = 0$ ist. Ferner können die Termen in der Summe K der Gl. (1.53.1), die den negativen Werten von v entsprechen, wegen ihrer Kleinheit vernachlässigt werden. Mithin wird das Spektrum des Wellenzuges

$$S_v \approx \frac{1}{\pi} \left| B_n \frac{\sin(\omega\, T/2 - \pi\, n)}{\omega - \dfrac{2\pi\, n}{T}} + B_{2n} \frac{\sin(\omega\, T/2 - 2\pi\, n)}{\omega - \dfrac{4\pi\, n}{T}} \right|. \quad (1.54.1)$$

Mit Hilfe dieses Ausdruckes ist die Spektralkurve S_v des Wellenzuges in Abb. 1.5.4 unten berechnet. Das erzielte Resultat kann aufgefaßt werden als eine Modulation der Frequenzkomponenten $2n\,\pi/T$ und $4n\,\pi/T$ mit dem Frequenzspektrum S_r in Abb. 1.5.2 unten.

Mit zunehmender Dauer T bei gleichem Wert für das Verhältnis n/T nimmt die Spektralkurve S_v für die beiden Frequenzkomponenten $2n\,\pi/T$ und $4n\,\pi/T$ immer höhere und schmälere Spitzenwerte an. Für $T = \infty$ werden die Spitzen unendlich hoch und unendlich schmal. Die von diesen Spitzen eingeschlossenen Flächen, welche die Schwingungsamplituden darstellen, verbleiben jedoch endlich in Übereinstimmung mit dem Amplitudenspektrum nach Abb. 1.5.4. oben. Man erhält folglich für $T = \infty$ ein diskontinuierliches Spektrum, wie zu erwarten war.

1.55. Anmerkung.

Wenn eine EMK mit beliebigem Zeitverlauf in ein lineares Impedanznetz eingeführt wird, so entstehen in den verschiedenen Netzzweigen Ströme und Spannungen von im allgemeinen ungleichem Zeitverlauf. Um diese Ströme und Spannungen zu berechnen, kann man in folgender Weise vorgehen: Man zerlegt zunächst die EMK in ihre Frequenzkomponenten. Der Beitrag dieser Frequenzkomponenten zu den Strömen und Spannungen wird jeder für sich bestimmt, was infolge der Gültigkeit des Superpositionsprinzips zulässig ist. Die gesuchten Ströme und Spannungen erhält man dann durch Summierung, gegebenenfalls Integration der Beiträge der verschiedenen Frequenzkomponenten.

Diese Methode bietet den Vorteil, daß man die elektrischen Eigenschaften des Impedanznetzes lediglich als Funktionen der Frequenz bei einem sinusförmigen Wechselstrom zu ermitteln hat, was wegen der Unveränderlichkeit der Sinusform nach Gl. (1.41) eine erhebliche Vereinfachung bedeutet. Da also der beliebig gewählte Zeitverlauf eindeutig durch die genannten sinusförmigen Frequenzfunktionen dargestellt werden kann, bedeutet die Untersuchung mit stationärem Wechselstrom im Falle eines linearen Impedanznetzes keine Einschränkung.

1.6. Die symbolische Methode von Steinmetz in verallgemeinerter Form.

Lit. 9.2033 und 9.292.

1.61. Komplexe Frequenz und komplexe Effektivwerte.

Die Momentanwerte für eine sinusförmige Spannung und einen sinusförmigen Strom mit exponentiell variierender Amplitude können nach Gl. (1.44.6) wie folgt geschrieben werden:

$$u = \sqrt{2}\,|U|\,e^{\varrho t}\cos\!\left(\omega t + \angle\underline{U}\right),$$

$$i = \sqrt{2}\,|I|\,e^{\varrho t}\cos\!\left(\omega t + \angle\underline{I}\right).$$

t Zeit,	$|U|$ und $|I|$ Effektivwerte bei $t = 0$,
ω Winkelfrequenz,	$\angle\underline{U}$ und $\angle\underline{I}$ Phasenwinkel bei $t = 0$.
ϱ Exponentfrequenz,	

Mittels Gl. (1.72.3) können die Cosinusausdrücke in Exponentialform gebracht werden:

$$u = \frac{1}{\sqrt{2}}\,|U|\,e^{\varrho t}[e^{j\omega t + j\,\angle\underline{U}} + e^{-j\omega t - j\,\angle\underline{U}}],$$

$$i = \frac{1}{\sqrt{2}}\,|I|\,e^{\varrho t}[e^{j\omega t + j\,\angle\underline{I}} + e^{-j\omega t - j\,\angle\underline{I}}].$$

Unter Einführung der Begriffe „komplexe Winkelfrequenz"

$$W = -j\varrho + \omega, \qquad W^* = j\varrho + \omega \qquad\qquad (1.61.1)$$

sowie „komplexer Effektivwert"

$$\begin{aligned}
U &= |U|\,e^{j\,\angle\underline{U}}, & U^* &= |U|\,e^{-j\,\angle\underline{U}}, \\
I &= |I|\,e^{j\,\angle\underline{I}}, & I^* &= |I|\,e^{-j\,\angle\underline{I}}
\end{aligned} \qquad (1.61.2)$$

erhält man in vereinfachter Schreibweise

$$\begin{aligned}
u &= \frac{1}{\sqrt{2}}\,(U\,e^{jWt} + U^*\,e^{-jW^*t}), \\
i &= \frac{1}{\sqrt{2}}\,(I\,e^{jWt} + I^*\,e^{-jW^*t}).
\end{aligned} \qquad (1.61.3)$$

Die Momentanwerte in Gl. (1.61.3) sind, wie ersichtlich, als Summen von zwei konjugiert komplexen Größen ausgedrückt.

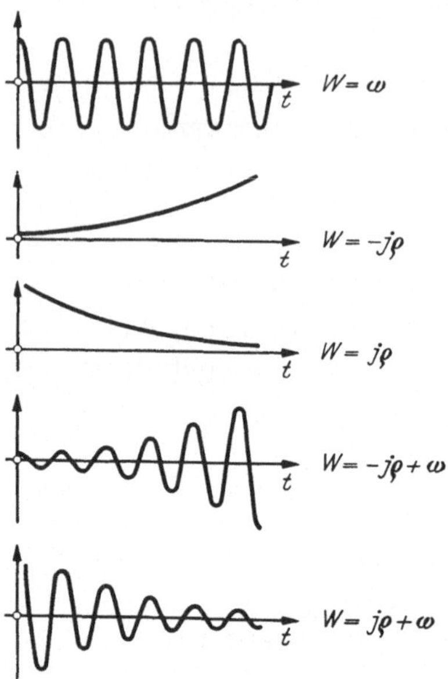

Abb. 1.6.1. Zeitverlauf für reelle, imaginäre und komplexe Winkelfrequenzen.

Die Abb. 1.6.1 zeigt graphisch den Zeitverlauf für verschiedene Fälle: oben für eine rein reelle Winkelfrequenz, in der Mitte für zwei rein imaginäre Winkelfrequenzen und unten für zwei komplexe Winkelfrequenzen. Man erhält, wie ersichtlich, einen steigenden oder einen fallenden Verlauf, je nachdem, ob der imaginäre Teil der Winkelfrequenz negativ oder positiv ist. Auch der reelle Teil einer Winkelfrequenz kann negativ sein, was eine Phasenverschiebung von π gegenüber einer reellen Winkelfrequenz, die als positiv bezeichnet ist, bedeutet.

1.62. Summierung von Spannungen und Strömen.

Bei der Summierung von Spannungen nach Gl. (1.11.1) und Strömen nach Gl. (1.11.2) mit der gleichen komplexen Winkelfrequenz W erhält man gemäß Gl. (1.61.3)

$$u = \sum_\nu u_\nu = \sum_\nu \frac{1}{\sqrt{2}} \left(U_\nu\, e^{j\,Wt} + U_\nu^*\, e^{-j\,W^*t} \right),$$

$$i = \sum_\nu i_\nu = \sum_\nu \frac{1}{\sqrt{2}} \left(I_\nu\, e^{j\,Wt} + I_\nu^*\, e^{-j\,W^*t} \right)$$

oder

$$u = \frac{1}{\sqrt{2}} \left[\left(\sum_\nu U_\nu \right) e^{j\,Wt} + \left(\sum_\nu U_\nu^* \right) e^{-j\,W^*t} \right],$$

$$i = \frac{1}{\sqrt{2}} \left(\sum_\nu I_\nu \right) e^{j\,Wt} + \left(\sum_\nu I_\nu^* \right) e^{-j\,W^*t} \right].$$

Berechnet man

$$U = \sum_\nu U_\nu, \quad I = \sum_\nu I_\nu, \tag{1.62.1}$$

aus denen man durch Einsetzung von $-j$ an Stelle von j

$$U^* = \sum_\nu U_\nu^*, \quad I^* = \sum_\nu I_\nu^*$$

erhält, so wird

$$u = \frac{1}{\sqrt{2}}\,(U\,e^{j\,Wt} + U^*\,e^{-j\,W^*t}),$$

$$i = \frac{1}{\sqrt{2}}\,(I\,e^{j\,Wt} + I^*\,e^{-j\,W^*t}).$$

Ein Vergleich mit Gl. (1.61.3) zeigt, daß die resultierenden Spannungen und die resultierenden Ströme den gleichen Verlauf mit der gleichen komplexen Winkelfrequenz W wie die Termen in den Summen Gl. (1.62.1) haben. Dies ist lediglich eine Folge davon, daß die Exponential- und Sinusform erhalten bleibt, wie schon in Gl. (1.41.3) gezeigt wurde.

1.63. Die Spannung an einem Widerstand, einem Kondensator und einer Spule.

Werden ein Widerstand, ein Kondensator und eine Spule von einem Strom mit der komplexen Winkelfrequenz W durchflossen, so bilden sich gemäß den Gl. (1.12.1), (1.13.1), (1.14.1) und (1.61.3) an den Klemmen jedes dieser Impedanzelemente folgende Spannungen:

$$u_R = R\,i = R\,\frac{1}{\sqrt{2}}\,[I\,e^{j\,Wt} + I^*\,e^{-j\,W^*t}],$$

$$u_C = \frac{1}{C}\int i\,dt = \frac{1}{C}\int \frac{1}{\sqrt{2}}\,[I\,e^{j\,Wt} + I^*\,e^{-j\,W^*t}]\,dt,$$

$$u_L = L\,\frac{di}{dt} = L\,\frac{d}{dt}\left[\frac{1}{\sqrt{2}}\,(I\,e^{j\,Wt} + I^*\,e^{-j\,W^*t})\right],$$

R OHMscher Widerstand, C Kapazität des Kondensators,
L Induktivität der Spule,

oder

$$u_R = \frac{1}{\sqrt{2}}\,[(RI,\,e^{j\,Wt} + (RI^*)\,e^{-j\,W^*t}],$$

$$u_C = \frac{1}{\sqrt{2}}\left[\left(\frac{I}{j\,WC}\right)e^{j\,Wt} + \left(\frac{I^*}{-j\,W^*C}\right)e^{-j\,W^*t}\right],$$

$$u_L = \frac{1}{\sqrt{2}}\,[(j\,WLI)\,e^{j\,Wt} + (-j\,W^*LI^*)\,e^{-j\,W^*t}].$$

Die Integrationskonstante in u_C, die eine Gleichspannung ist, ist als gleich Null angenommen worden.

Berechnet man nun

$$U_R = R\,I, \quad U_C = \frac{I}{j\,WC}, \quad U_L = j\,WLI \qquad (1.63.1)$$

und bildet man durch Einsetzen von $-j$ an Stelle von j

$$U_R^* = R I^*, \quad U_C^* = \frac{I^*}{-j\,W^*C}, \quad U_L^* = -j\,W^* L I^*,$$

so erhält man obige Spannungen in der Form

$$u = \frac{1}{\sqrt{2}}\,[U\,e^{j\,Wt} + U^*\,e^{-j\,W^*t}].$$

Ein Vergleich mit Gl. (1.61.3) zeigt, daß die Spannung den gleichen Verlauf mit der gleichen Winkelfrequenz W wie der dazugehörige Strom hat. Auch dies ist eine Folge der Erhaltung der Exponential- und Sinusform gemäß Gl. (1.41.2).

Da eine gegenseitige Induktion M [Gl. (1.15.1)] sich in mathematischer Hinsicht in gleicher Weise verhält wie eine Induktivität L, gilt das erhaltene Resultat auch für die in einem Transformator induzierte Spannung.

1.64. Die symbolische Methode.

Die Berechnungen mit den Gl. (1.62.1) und (1.63.1) in den Abschnitten 1.62 und 1.63 sind eine Anwendung der KIRCHHOFFschen Gesetze [Gl. (1.11.1) und (1.11.2)], des OHMschen Gesetzes [Gl. (1.12.1)] sowie des Influenz- und Induktionsgesetzes [Gl. (1.13.1) bzw. (1.14.1)]. Insbesondere für einen elektrischen Zeitverlauf, der einer komplexen Winkelfrequenz W entspricht, geben die Gl. (1.61.3), (1.62.1) und (1.63.1) die hinreichenden Grundlagen für die Entwicklung genereller mathematischer Methoden zur Behandlung linearer Impedanznetze.

In der Regel ist man nicht an den Momentanwerten der Spannungen und Ströme interessiert, sondern nur an deren relativen Effektivwerten und den gegenseitigen Phasenunterschieden. Da der Übergang von oder zu den Momentanwerten [(Gl. 1.61.3)] nicht notwendig ist zur Verknüpfung der verschiedenen Berechnungen, kann man diesen Übergang ganz vermeiden und die mathematische Behandlung auf die Zwischenstufen in den Berechnungen, d. h. auf die Gl. (1.62.1) und (1.63.1) beschränken. Man kommt auf diese Weise zu einer Art symbolischer Behandlung von linearen Impedanznetzen, die eine Generalisierung der symbolischen Methode von STEINMETZ darstellt.

Lineare Impedanznetze, die von sinusförmigen Strömen mit exponentiell variierender Amplitude durchflossen sind, werden durch Anwendung der generalisierten symbolischen Methode als stationäre Probleme behandelt, die von der Zeit unabhängig sind, d. h. wie Gleichstromprobleme. Es ist jedoch zu beachten, daß man hierbei nicht die absoluten komplexen Effektivwerte ermittelt, sondern diese lediglich relativ zu einem beliebig gewählten komplexen Effektivwert innerhalb des gleichen Impedanznetzes bestimmt. Dies ist jedoch völlig ausreichend, soweit es sich um lineare Impedanznetze handelt.

1.65. Die Kirchhoffschen Gesetze in symbolischer Form.

Unter dem Begriff „komplexe effektive Spannung" soll sowohl ein eine „komplexe effektive Gegen-EMK darstellender Spannungsabfall" (vgl. Abschnitt 1.43) wie auch eine „komplexe effektive *aktive*

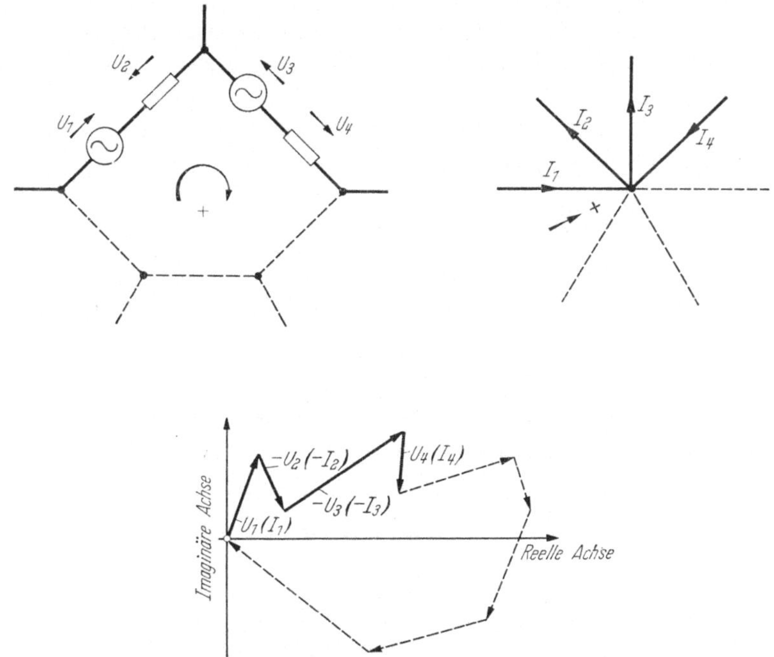

Abb. 1.6.2. Netzmasche und Knotenpunkt.

EMK" verstanden werden. Werden solche Spannungen längs der Konturen einer Netzmasche eines linearen Impedanznetzes (Abb. 1.6.2 oben links) summiert, so erhält man nach Gl. 1.62.1

$$U_1 - U_2 - U_3 + U_4 \ldots = 0.$$

Dabei sind die in Richtung des Uhrzeigerumlaufes orientierten Spannungen als positiv, die entgegengesetzt gerichteten als negativ gerechnet. Diese komplexe Summe kann generell geschrieben werden als

$$\sum_{\circ} U = 0. \tag{1.65.1}$$

Werden die komplexen effektiven Ströme in einem Knotenpunkt eines linearen Impedanznetzes (Abb. 1.6.2 oben rechts) summiert, wobei die Richtung zum Knotenpunkt als positiv, die vom Knotenpunkt als negativ gerechnet wird, ergibt sich nach Gl. 1.62.1

$$I_1 - I_2 - I_3 + I_4 \ldots = 0.$$

Diese komplexe Summe kann generell geschrieben werden

$$\sum_* I = 0. \tag{1.65.2}$$

Die Spannungen U und die Ströme I können dargestellt werden durch Zeiger (Vektoren) in einer komplexen Ebene. Die Summen in den Gl. (1.65.1) und (1.65.2) werden dann repräsentiert durch ein geschlossenes Zeigerpolygon, wie es Abb. 1.6.2 unten veranschaulicht.

1.66. Das Ohmsche Gesetz in symbolischer Form.

Gl. (1.63.1) kann auch geschrieben werden

$$\frac{U_R}{I} = R, \qquad \frac{U_C}{I} = \frac{1}{jWC}, \qquad \frac{U_L}{I} = jWL,$$

woraus zu entnehmen ist, daß $1/jWC$ und jWL als Proportionalitätsfaktor zwischen einer Spannung U und einem Strom I in analoger

Tabelle 1.66.1.

Definition	Benennung	Bezeichnung
$\dfrac{U}{I}$	Impedanz	Z
$\dfrac{\lvert U \rvert}{\lvert I \rvert}$	Amplitude der Impedanz	$\lvert Z \rvert$
$\angle U - \angle I$	Phasenwinkel der Impedanz	$\angle Z$
$\dfrac{\lvert U \rvert}{\lvert I \rvert} \cos\left(\angle U - \angle I\right)$	Reelle Komponente der Impedanz = Resistanz	re Z oder R
$\dfrac{\lvert U \rvert}{\lvert I \rvert} \sin\left(\angle U - \angle I\right)$	Imaginäre Komponente der Impedanz = Reaktanz	im Z oder X
$\dfrac{I}{U}$	Admittanz	Y
$\dfrac{\lvert I \rvert}{\lvert U \rvert}$	Amplitude der Admittanz	$\lvert Y \rvert$
$\angle I - \angle U$	Phasenwinkel der Admittanz	$\angle Y$
$\dfrac{\lvert I \rvert}{\lvert U \rvert} \cos\left(\angle I - \angle U\right)$	Reelle Komponente der Admittanz = Konduktanz	re Y oder G
$\dfrac{\lvert I \rvert}{\lvert U \rvert} \sin\left(\angle I - \angle U\right)$	Imaginäre Komponente der Admittanz = Suszeptanz	im Y oder B

Weise wie der Widerstand R auftreten. Das Ohmsche Gesetz in symbolischer Form kann deshalb auf Kondensatoren, Spulen und Transformatoren ausgedehnt werden, indem man mit einem verallgemeinerten Widerstand, den man als „Impedanz" bezeichnet, rechnet. Der Begriff „Impedanz", auch „Scheinwiderstand" genannt, umfaßt folg-

Tabelle 1.66.2.

$W =$	ω			$-j\varrho$		
Impedanz-element	R	C	L	R	C	L
Z	R	$\dfrac{1}{j\,\omega\,C}$	$j\,\omega\,L$	R	$\dfrac{1}{\varrho\,C}$	$\varrho\,L$
$\lvert Z\rvert$	R	$\dfrac{1}{\omega\,C}$	$\omega\,L$	R	$\dfrac{1}{\varrho\,C}$	$\varrho\,L$
$\measuredangle Z$	0	$-\dfrac{\pi}{2}$	$+\dfrac{\pi}{2}$	0	0	0
$\operatorname{re} Z$	R	0	0	R	$\dfrac{1}{\varrho\,C}$	$\varrho\,L$
$\operatorname{im} Z$	0	$-\dfrac{1}{\omega\,C}$	$\omega\,L$	0	0	0
Y	$\dfrac{1}{R}$	$j\,\omega\,C$	$\dfrac{1}{j\,\omega\,L}$	$\dfrac{1}{R}$	$\varrho\,C$	$\dfrac{1}{\varrho\,L}$
$\lvert Y\rvert$	$\dfrac{1}{R}$	$\omega\,C$	$\dfrac{1}{\omega\,L}$	$\dfrac{1}{R}$	$\varrho\,C$	$\dfrac{1}{\varrho\,L}$
$\measuredangle Y$	0	$+\dfrac{\pi}{2}$	$-\dfrac{\pi}{2}$	0	0	0
$\operatorname{re} Y$	$\dfrac{1}{R}$	0	0	$\dfrac{1}{R}$	$\varrho\,C$	$\dfrac{1}{\varrho\,L}$
$\operatorname{im} Y$	0	$\omega\,C$	$-\dfrac{1}{\omega\,L}$	0	0	0

lich außer den Ohmschen Widerständen auch die genannten, von W abhängigen Proportionalitätsfaktoren. Im allgemeinen Fall ist eine Impedanz das komplexe Verhältnis zwischen einer Spannung U und einem Strom I, welches abhängig ist von einer beliebig wählbaren Anzahl von Schaltungselementen, die Widerstände, Kapazitäten, Induktivitäten und gegenseitige Induktionen enthalten. Die Berechnung von zusammengesetzten Impedanzen geschieht algebraisch in gleicher Weise wie die Berechnung von zusammengesetzten Widerständen für Gleichstrom. Jedoch kommen gewisse Rechenoperationen hinzu für die Trennung von reellen und imaginären Komponenten.

Für Impedanzen und deren Komponenten werden die in Tab. 1.66.1 zusammengestellten Definitionen, Benennungen und Bezeichnungen angewendet.

Tab. 1.66.2 enthält eine Zusammenstellung der Impedanzkomponenten für einen OHMschen Widerstand R, einen Kondensator mit der Kapazität C und eine Spule mit der Induktivität L für eine positiv reelle und eine negativ imaginäre Winkelfrequenz.

Aus Tab. 1.66.2 ist zu entnehmen, daß bei der imaginären Winkelfrequenz nur rein reelle Impedanzen und somit keine Reaktanzen und Suszeptanzen vorkommen.

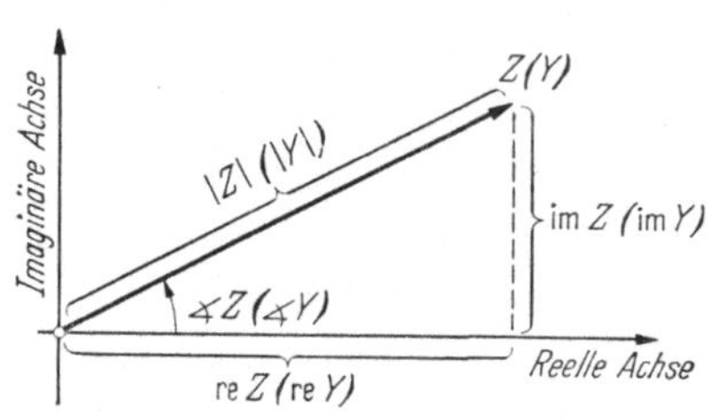

Abb. 1.6.3. Zeigerdarstellung einer Impedanz bzw. Admittanz.

Auch Impedanzen und Admittanzen können als Zeiger in der komplexen Ebene dargestellt werden, wie dies in Abb. 1.6.3 veranschaulicht ist.

1.7. Formeln für Exponential-, Kreis- und Hyperbelfunktionen.
Lit. 9.11, 9.15, 9.312 und 9.39.

1.71. Bezeichnungsweise für zwei Formelalternativen [1].

Um durch ein und denselben Formelausdruck zwei verschiedene

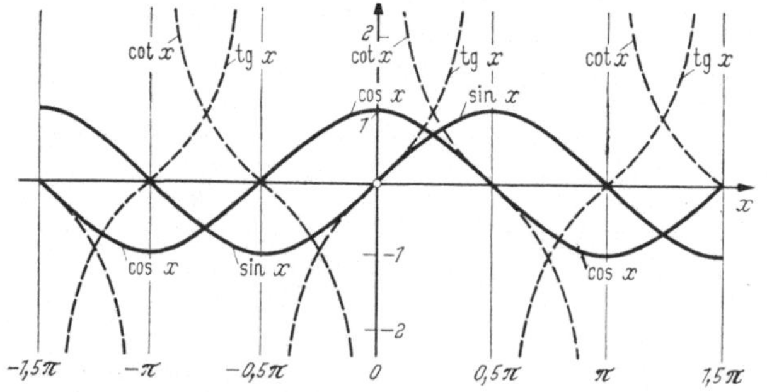

Abb. 1.7.1. Kreisfunktionen.

---

[1] Zum Verständnis der Anwendung der Formeln ist die in der ersten Reihe der nachstehenden Zusammenstellung gemachte Angabe, daß die Symbole der Formeln „Bezeichnungen" sind, sehr zu beachten. So ist z. B. sinh nicht ohne weiteres der Ausdruck für eine Hyperbelfunktion, sondern nur ein algebraisches Symbol, das aber für den Fall der ersten Alternative durch die mit ihm äußerlich identische Hyperbelfunktion zu ersetzen ist, während für die zweite Alternative die Bezeichnung sinh die Kreisfunktion sin bedeutet.

Formelalternativen darstellen zu können, wird nachstehendes Bezeichnungs- und Substitutionsverfahren angewendet:

Die Bezeichnung:	g	g^2	g^3	jg^3	$q = (\pm 1)^{\frac{1}{2}(1+g^2)}$
ist für die 1. Alternative:	1	1	1	j	± 1
ist für die 2. Alternative:	j	-1	$-j$	1	1
Die Bezeichnung:	sin	sinh[1]	arcsin	arsinh[1]	cos usw.
ist für die 1. Alternative:	sin	sinh	arcsin	arsinh	cos usw.
ist für die 2. Alternative:	sinh	sin	arsinh	arcsin	cosh usw.

1.72. Verschiedene Ausdrucksformen für einige Funktionen.

$$e^{g\,x} = \cosh x + g \sinh x$$

$$= 1 + g^2 \frac{x^2}{\underline{|2}} + \frac{x^4}{\underline{|4}} + g^2 \frac{x^6}{\underline{|6}} + \cdots + g\left[\frac{x}{\underline{|1}} + g^2 \frac{x^3}{\underline{|3}} + \frac{x^5}{\underline{|5}} + g^2 \frac{x^7}{\underline{|7}} + \cdots \right]$$

$$(1.72.1)$$

wobei $\underline{|n} = 1 \cdot 2 \cdot 3 \cdots n$

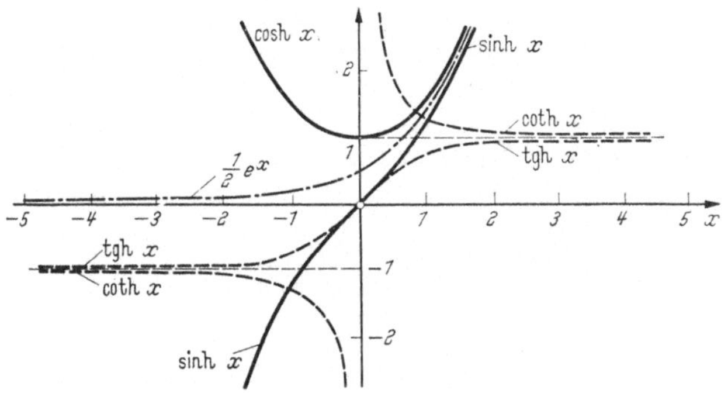

Abb. 1.7.2. Hyperbelfunktionen.

$$\sin x = -\sin(-x) = -j \sinh j x = \pm g \cos\left(x \mp g\,\frac{\pi}{2}\right) = -\sin(x \pm g\,\pi)$$

$$= \pm \sqrt{g^2(1 - \cos^2 x)} = q\,\frac{\operatorname{tg} x}{\sqrt{1 + g^2 \operatorname{tg}^2 x}} = \pm \frac{1}{\sqrt{\cot^2 x + g^2}}$$

$$= \pm \sqrt{g^2 \frac{1 - \cos 2x}{2}} = 2\sin\frac{x}{2}\cos\frac{x}{2} = \frac{2\operatorname{tg}\dfrac{x}{2}}{1 + g^2 \operatorname{tg}^2 \dfrac{x}{2}} = 3\sin\frac{x}{3} - g^2 \sin^3\frac{x}{3}$$

$$= \frac{e^{j g^3 x} - e^{-j g^3 x}}{2 j\,g^3} = \frac{x}{\underline{|1}} - g^2 \frac{x^3}{\underline{|3}} + \frac{x^5}{\underline{|5}} - g^2 \frac{x^7}{\underline{|7}} + \cdots$$

$$= x\left(1 - g^2 \frac{x^2}{\pi^2}\right)\left(1 - g^2 \frac{x^2}{4\pi^2}\right)\left(1 - g^2 \frac{x^2}{9\pi^2}\right) \cdots \qquad (1.72.2)$$

---

[1] sinh bedeutet Sinus Hyperbolicus, cosh Cosinus Hyperbolicus usw. arsinh bedeutet Area Sinus, arcosh Area Cosinus usw.

$$\cos x = \cos(-x) = \cosh(\pm j x) = \pm g^3 \sin\left(x \pm g\,\frac{\pi}{2}\right) = -\cos(x \pm g\pi)$$

$$= q\,\sqrt{1 - g^2 \sin^2 x} = q\,\frac{1}{\sqrt{1 + g^2 \operatorname{tg}^2 x}} = \pm\,\frac{\cot x}{\sqrt{\cot^2 x + g^2}}$$

$$= q\,\sqrt{\frac{1 + \cos 2x}{2}} = \cos^2\frac{x}{2} - g^2 \sin^2\frac{x}{2} = \frac{1 - g^2 \operatorname{tg}^2\frac{x}{2}}{1 + g^2 \operatorname{tg}^2\frac{x}{2}}$$

$$= 4\cos^3\frac{x}{3} - 3\cos\frac{x}{3} = \frac{e^{j g^3 x} + e^{-j g^3 x}}{2}$$

$$= 1 - g^2\,\frac{x^2}{\underline{|2}} + \frac{x^4}{\underline{|4}} - g^2\,\frac{x^6}{\underline{|6}} + \cdots$$

$$= \left(1 - g^2\,\frac{4\,x^2}{\pi^2}\right)\left(1 - g^2\,\frac{4\,x^2}{9\,\pi^2}\right)\left(1 - g^2\,\frac{4\,x^2}{25\,\pi^2}\right)\cdots \qquad (1.72.3)$$

$$\operatorname{tg} x = -\operatorname{tg}(-x) = -j\,\operatorname{tgh} j x = -g^2 \cot\left(x \pm g\,\frac{\pi}{2}\right) = \operatorname{tg}(x \pm g\pi)$$

$$= \frac{1}{\cot x} = \frac{\sin x}{\cos x} = q\,\frac{\sin x}{\sqrt{1 - g^2 \sin^2 x}} = \pm\,\frac{\sqrt{g^2(1 - \cos^2 x)}}{\cos x}$$

$$= \pm\,\sqrt{g^2\,\frac{1 - \cos 2x}{1 + \cos 2x}} = \frac{2}{\cot\frac{x}{2} - g^2 \operatorname{tg}\frac{x}{2}}$$

$$= \frac{2\operatorname{tg}\frac{x}{2}}{1 - g^2 \operatorname{tg}^2\frac{x}{2}} = \frac{3\operatorname{tg}\frac{x}{3} - g^2 \operatorname{tg}^3\frac{x}{3}}{1 - g^2\,3\operatorname{tg}^2\frac{x}{3}} = -j\,g\,\frac{e^{j g^3 x} - e^{-j g^3 x}}{e^{j g^3 x} + e^{-j g^3 x}}$$

$$= x + g^2\,\frac{x^3}{3} + \frac{2\,x^5}{15} + g^2\,\frac{17\,x^7}{315} + \cdots \qquad |x| < \frac{\pi}{2}$$

$$= 2x\left[\frac{1}{\dfrac{\pi^2}{4} - g^2\,x^2} + \frac{1}{\dfrac{9\,\pi^2}{4} - g^2\,x^2} + \frac{1}{\dfrac{25\,\pi^2}{4} - g^2\,x^2}\cdots\right] \qquad (1.72.4)$$

$$\cot x = -\cot(-x) = j\,\coth j x = -g^2 \operatorname{tg}\left(x \pm g\,\frac{\pi}{2}\right)$$

$$= \cot(x \pm g\pi) = \frac{1}{\operatorname{tg} x} = \frac{\cos x}{\sin x} = q\,\frac{\sqrt{1 - g^2 \sin^2 x}}{\sin x}$$

$$= \pm\,\frac{\cos x}{\sqrt{g^2(1 - \cos^2 x)}} = \pm\,\sqrt{g^2\,\frac{1 + \cos 2x}{1 - \cos 2x}} = \frac{\cot\frac{x}{2} - g^2 \operatorname{tg}\frac{x}{2}}{2}$$

$$\cot x = \frac{\cot^2 \dfrac{x}{2} - g^2}{2\cot \dfrac{x}{2}} = \frac{3\cot \dfrac{x}{3} - g^2 \cot^3 \dfrac{x}{3}}{1 - g^2\, 3\cot^2 \dfrac{x}{3}} = j\,g^3\,\frac{e^{j g^3 x} + e^{-j g^3 x}}{e^{j g^3 x} - e^{-j g^3 x}}$$

$$= \frac{1}{x} - g^2 \frac{x}{3} - \frac{x^3}{45} - g^2 \frac{2\,x^5}{945} - \cdots \quad |x| < \pi$$

$$= \frac{1}{x} + 2x \left[\frac{1}{x^2 - g^2\,\pi^2} + \frac{1}{x^2 - g^2\,4\pi^2} + \frac{1}{x^2 - g^2\,9\pi^2} \cdots \right] \qquad (1.72.5)$$

$$\arcsin x = -j\,\operatorname{arsinh} j\,x = -j\,g\,\ln\left[j\,g^3\,x + \sqrt{1 - g^2\,x^2} \right]$$

$$= x + \frac{g^2\,x^3}{2\cdot 3} + \frac{1\cdot 3\,x^5}{2\cdot 4\cdot 5} + \cdots \quad |x| < 1 \qquad (1.72.6)$$

$$\arccos x = \pm j\,\operatorname{arcosh} x = \pm j\,g^3 \ln\left[x + j\,g^3 \sqrt{g^2\,(1 - x^2)} \right]$$

$$= \pm \arcsin \sqrt{g^2\,(1 - x^2)} \qquad (1.72.7)$$

$$\operatorname{arctg} x = -j\,\operatorname{artgh} j\,x = \frac{1}{2}\,j\,g^3 \ln \frac{1 - j\,g\,x}{1 + j\,g\,x}$$

$$= x - g^2 \frac{x^3}{3} + \frac{x^5}{5} - g^2 \frac{x^7}{7} + \cdots \quad |x| < 1 \qquad (1.72.8)$$

$$\operatorname{arccot} x = j\,\operatorname{arcoth} j\,x = \frac{1}{2}\,j\,g^3 \ln \frac{x - j\,g}{x + j\,g}$$

$$= \frac{1}{x} - g^2 \frac{1}{3\,x^3} + \frac{1}{5\,x^5} - g^2 \frac{1}{7\,x^7} + \cdots \quad |x| > 1 \qquad (1.72.9)$$

1.73. Summen, Produkte und Potenzen.

$$\left.\begin{aligned}
\sin(x \pm y) &= \sin x \cos y \pm \cos x \sin y \\[4pt]
\cos(x \pm y) &= \cos x \cos y \mp g^2 \sin x \sin y \\[4pt]
\operatorname{tg}(x \pm y) &= \frac{\operatorname{tg} x \pm \operatorname{tg} y}{1 \mp g^2 \operatorname{tg} x \operatorname{tg} y} \\[4pt]
\cot(x \pm y) &= \frac{\cot x \cot y \mp g^2}{\cot x \pm \cot y}
\end{aligned}\right\} \qquad (1.73.1)$$

$$\left.\begin{aligned}
\sin x \pm \sin y &= 2\sin \frac{x \pm y}{2} \cos \frac{x \mp y}{2} \\[4pt]
\cos x + \cos y &= 2\cos \frac{x + y}{2} \cos \frac{x - y}{2} \\[4pt]
\cos x - \cos y &= -g^2\,2\sin \frac{x + y}{2} \sin \frac{x - y}{2} \\[4pt]
\operatorname{tg} x \pm \operatorname{tg} y &= \frac{\sin(x \pm y)}{\cos x \cos y} \\[4pt]
\cot x \pm \cot y &= \frac{\sin(y \pm x)}{\sin x \sin y} \\[4pt]
\cot x \pm \operatorname{tg} y &= \frac{\cos(x \mp g^2\,y)}{\sin x \cos y}
\end{aligned}\right\} \qquad (1.73.2)$$

$$\left.\begin{aligned}
\sin x \sin y &= -g^2 \frac{1}{2}\left[\cos(x+y) - \cos(x-y)\right] \\[2mm]
\cos x \cos y &= \frac{1}{2}\left[\cos(x+y) + \cos(x-y)\right] \\[2mm]
\sin x \cos y &= \frac{1}{2}\left[\sin(x+y) + \sin(x-y)\right]
\end{aligned}\right\} \qquad (1.73.3)$$

$$\left.\begin{aligned}
\arcsin x \pm \operatorname{arsin} y &= \arcsin\left[x \sqrt{1 - g^2 y^2} \pm y \sqrt{1 - g^2 x^2}\right] \\[2mm]
\arccos x \pm \arccos y &= \arccos\left[x\,y \mp g^2 \sqrt{(x^2 - 1)(y^2 - 1)}\right] \\[2mm]
\operatorname{arctg} x \pm \operatorname{arctg} y &= \operatorname{arctg} \frac{x \pm y}{1 \mp g^2\,x\,y} \\[2mm]
\operatorname{arccot} x \pm \operatorname{arccot} y &= \operatorname{arccot} \frac{x\,y \mp g^2}{y \pm x}
\end{aligned}\right\} \qquad (1.73.4)$$

$$\left.\begin{aligned}
\sin n\,x &= n \sin x \cos^{n-1} x - g^2 \binom{n}{3} \sin^3 x \cos^{n-3} x + \\[1mm]
&\quad + \binom{n}{5} \sin^5 x \cos^{n-5} x - g^2 \ldots \\[2mm]
\cos n\,x &= \cos^n x - g^2 \binom{n}{2} \sin^2 x \cos^{n-2} x + \\[1mm]
&\quad + \binom{n}{4} \sin^4 x \cos^{n-4} x - g^2 \ldots \\[2mm]
&\text{wobei } n = \text{ganze Zahl} \\[1mm]
&\text{und } \binom{n}{\nu} = \frac{n(n-1)(n-2)\ldots(n-\nu+1)}{1 \cdot 2 \cdot 3 \cdot 4 \ldots \nu}
\end{aligned}\right\} \qquad (1.73.5)$$

$$\sin^n x = \frac{(j\,g)^{n-1}}{2^{n-1}}\left[\sin n\,x - \binom{n}{1}\sin(n-2)x + \right.$$

$$\left. + \binom{n}{2}\sin(n-4)x - \cdots (-1)^{\frac{n-1}{2}} \binom{n}{\frac{n-1}{2}} \sin x\right]$$

für n ungerade

$$\sin^n x = \frac{(j\,g)^n}{2^{n-1}}\left[\cos n\,x - \binom{n}{1}\cos(n-2)x + \right.$$

$$\left. + \binom{n}{2}\cos(n-4)x - \cdots (-1)^{\frac{n-2}{2}} \binom{n}{\frac{n-2}{2}} \cos 2x\right] +$$

$$+ \binom{n}{\frac{n}{2}} \left(\frac{g}{2}\right)^n$$

für n gerade $\qquad (1.73.6)$

$$\cos^n x = \frac{1}{2^{n-1}}\left[\cos n x + \binom{n}{1}\cos(n-2)x +\right.$$

$$\left.+ \binom{n}{2}\cos(n-4)x + \cdots + \binom{n}{\frac{n-1}{2}}\cos x\right]$$

für n ungerade

$$\cos^n x = \frac{1}{2^{n-1}}\left[\cos n x + \binom{n}{1}\cos(n-2)x +\right.$$

$$+ \binom{n}{2}\cos(n-4)x + \cdots + \binom{n}{\frac{n-2}{2}}\cos 2x\right] +$$

$$+ \binom{n}{\frac{n}{2}}\left(\frac{1}{2}\right)^n$$

für n gerade

$$(\cos x \pm j g \sin x)^n = \cos n x \pm j g \sin n x \tag{1.73.7}$$

$$\ln(1 \pm x) = \pm x - \frac{x^2}{2} \pm \frac{x^3}{3} - \frac{x^4}{4} \pm \frac{x^5}{5} - \cdots \quad |x| < 1 \tag{1.73.8}$$

1.74. Komponenten von Funktionen eines komplexen Argumentes.

In diesem Abschnitt gelten die in Fettdruck geschriebenen Funktionen unverändert für beide Formelalternativen.

$$\left.\begin{aligned}
\ln(x \pm j y) &= \frac{1}{2}\ln(x^2 + y^2) \pm j\,\mathbf{arctg}\,\frac{y}{x} \\
\ln(\pm j) &= \pm j\,\frac{\pi}{2} \\
\ln(-1) &= \pm j\pi
\end{aligned}\right\} \tag{1.74.1}$$

$$\left.\begin{aligned}
\sin(x \pm j y) &= \sin x \cosh y \pm j \cos x \sinh y \\
&= \sqrt{\sin^2 x + \sinh^2 y}\;\angle \pm \mathbf{arctg}\left(\frac{\mathrm{tgh}\,y}{\mathrm{tg}\,x}\right) \\
\cos(x \pm j y) &= \cos x \cosh y \mp j g^2 \sin x \sinh y \\
&= \sqrt{\cos^2 x + g^2 \sinh^2 y}\;\angle \mp g^2\,\mathbf{arctg}\,(\mathrm{tg}\,x\,\mathrm{tgh}\,y) \\
\mathrm{tg}(x \pm j y) &= \frac{\sin 2x}{\cos 2x + \cosh 2y} \pm j\,\frac{\sinh 2y}{\cos 2x + \cosh 2y} \\
&= \sqrt{g^2\,\frac{-\cos 2x + \cosh 2y}{\cos 2x + \cosh 2y}}\;\angle \pm \mathbf{arctg}\left(\frac{\sinh 2y}{\sin 2x}\right) \\
\cot(x \pm j y) &= g^2\left[\frac{\sin 2x}{\cosh 2y - \cos 2x} \mp j\,\frac{\sinh 2y}{\cosh 2y - \cos 2x}\right] \\
&= \sqrt{g^2\,\frac{\cos 2x + \cosh 2y}{-\cos 2x + \cosh 2y}}\;\angle \mp \mathbf{arctg}\left(\frac{\sinh 2y}{\sin 2x}\right)
\end{aligned}\right\} \tag{1.74.2}$$

wobei $\quad \angle \alpha = e^{j a}$

$$\arcsin(g\,x \pm j\,g^3\,y)$$

$$= g\,\mathbf{arcsin}\,\frac{1}{2}\Big[\sqrt{(x+1)^2+y^2}+g^2\sqrt{(x-1)^2+y^2}\,\Big]\pm$$

$$\pm j\,g^3\,\mathbf{arcosh}\,\frac{1}{2}\Big[\sqrt{(x+1)^2+y^2}-g^2\sqrt{(x-1)^2+y^2}\,\Big]$$

$$\arccos(x \pm j\,y)$$

$$= \arccos\frac{1}{2}\Big[\sqrt{(x+1)^2+y^2}+\sqrt{(x-1)^2+y^2}\,\Big]\mp$$

$$\mp j\,g^2\,\mathrm{arcosh}\,\frac{1}{2}\Big[\sqrt{(x+1)^2+y^2}-\sqrt{(x-1)^2+y^2}\,\Big]\qquad(1.74.3)$$

$$\mathrm{arctg}(x \pm j\,y)$$

$$= \frac{1}{2}\,\mathrm{arctg}\,\frac{2\,x}{1-g^2\,(x^2+y^2)}\pm j\,\frac{1}{2}\,\mathrm{artgh}\,\frac{2\,y}{1+g^2\,(x^2+y^2)}$$

$$\mathrm{arccot}(x \pm j\,y)$$

$$= \frac{1}{2}\,\mathrm{arccot}\,\frac{1-g^2\,(x^2+y^2)}{2\,x}\pm j\,\frac{1}{2}\,\mathrm{arcoth}\,\frac{1+g^2\,(x^2+y^2)}{2\,y}$$

$$\mathrm{arctg}(x\,e^{\pm j\,y})=\frac{1}{2}\,\mathrm{arctg}\,\frac{2\,x\,\cos y}{1-g^2\,x^2}\pm j\,\frac{1}{2}\,\mathrm{artgh}\,\frac{2\,x\,\sin y}{1+g^2\,x^2}$$

$$\mathrm{arccot}(x\,e^{\pm j\,y})=\frac{1}{2}\,\mathrm{arccot}\,\frac{1-g^2\,x^2}{2\,x\,\cos y}\pm j\,\frac{1}{2}\,\mathrm{arcoth}\,\frac{1+g^2\,x^2}{2\,x\,\sin y}\qquad(1.74.4)$$

1.75. Ableitungen und Integrale.

$$\frac{d}{d\,x}\,e^{g\,x}=g\,e^{g\,x}\qquad\qquad\frac{d}{d\,x}\,\mathrm{tg}\,x=\frac{1}{\cos^2 x}$$

$$\frac{d}{d\,x}\,\sin x=\cos x\qquad\qquad\frac{d}{d\,x}\,\cot x=-\frac{1}{\sin^2 x}\qquad(1.75.1)$$

$$\frac{d}{d\,x}\,\cos x=-g^2\,\sin x$$

$$\frac{d}{d\,x}\,\ln g\,x=\frac{1}{x}\qquad\qquad\frac{d}{d\,x}\,\mathrm{arctg}\,x=\frac{1}{1+g^2\,x^2}$$

$$\frac{d}{d\,x}\,\arcsin x=\frac{1}{\sqrt{1-g^2\,x^2}}\qquad\frac{d}{d\,x}\,\mathrm{arccot}\,x=-\frac{1}{x^2+g^2}\qquad(1.75.2)$$

$$\frac{d}{d\,x}\,\arccos x=-g\,\frac{1}{\sqrt{1-x^2}}$$

$$\int e^{g\,x}\,dx=\frac{1}{g}\,e^{g\,x}\qquad\qquad\int \mathrm{tg}\,x\,dx=-g^2\,\ln\cos x$$

$$\int \sin x\,dx=-g^2\,\cos x\qquad\int \cot x\,dx=\ln\sin x\qquad(1.75.3)$$

$$\int \cos x\,dx=\sin x$$

$$\int \ln g\, x\, dx = x\,[\ln g\, x - 1]$$

$$\int \arcsin x\, dx = x \arcsin x + g^2\,\sqrt{1 - g^2\,x^2}$$

$$\int \arccos x\, dx = x \arccos x - g\,\sqrt{1 - x^2}$$

$$\int \operatorname{arctg} x\, dx = x \operatorname{arctg} x - g^2 \ln \sqrt{1 + g^2\,x^2}$$

$$\int \operatorname{arccot} x\, dx = x \operatorname{arccot} x + \ln \sqrt{1 + g^2\,x^2}$$

$$(1.75.4)$$

1.76. Spezielle Integrale.

Die Formelausdrücke in diesem Abschnitt gelten nur für eine Formelalternative.

$$\int e^{a\,x}\, dx = \frac{1}{a}\, e^{a\,x}$$

$$\int e^{a\,x} \sin b\, x\, dx = \frac{a \sin b\, x - b \cos b\, x}{a^2 + b^2}\, e^{a\,x}$$

$$\int e^{a\,x} \cos b\, x\, dx = \frac{a \cos b\, x + b \sin b\, x}{a^2 + b^2}\, e^{a\,x}$$

$$\int x^n \sin x\, dx = -x^n \cos x + n \int x^{n-1} \cos x\, dx$$

$$\int x^n \cos x\, dx = x^n \sin x - n \int x^{n-1} \sin x\, dx$$

$$(1.76.1)$$

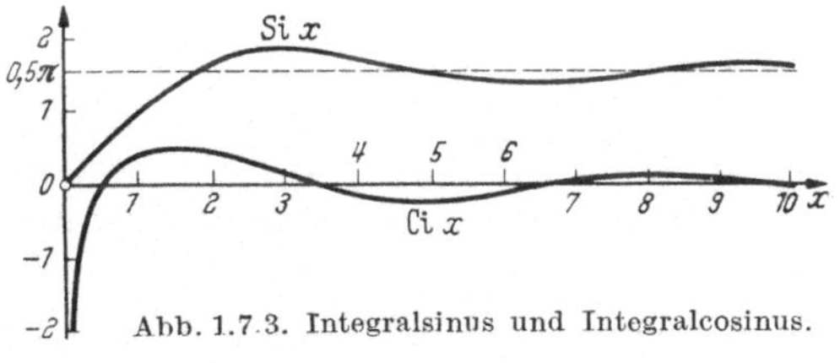

Abb. 1.7.3. Integralsinus und Integralcosinus.

$$\operatorname{Si} x = \int_0^x \frac{\sin x}{x}\, dx = \frac{\pi}{2} - \int_x^\infty \frac{\sin x}{x}\, dx = \text{Integralsinus } x$$

$$\operatorname{Ci} x = -\int_x^\infty \frac{\cos x}{x}\, dx = \text{Integralcosinus } x$$

$$\operatorname{Si} x = x - \frac{1}{3}\frac{x^3}{\lfloor 3} + \frac{1}{5}\frac{x^5}{\lfloor 5} - \cdots$$

$$\operatorname{Ci} x = 0{,}5772 + \frac{1}{4}\ln x^4 - \frac{1}{2}\frac{x^2}{\lfloor 2} + \frac{1}{4}\frac{x^4}{\lfloor 4} - \cdots$$

$$|x| \leq 17 \qquad (1.76.2)$$

$$\operatorname{Si} x = \frac{\pi}{2} - \frac{\cos x}{x}\left[1 - \frac{\lfloor 2}{x^2} + \frac{\lfloor 4}{x^4} - \cdots\right] - $$

$$- \frac{\sin x}{x}\left[\frac{1}{x} - \frac{\lfloor 3}{x^3} + \frac{\lfloor 5}{x^5} - \cdots\right]$$

$$\operatorname{Ci} x = \frac{\sin x}{x}\left[1 - \frac{\lfloor 2}{x^2} + \frac{\lfloor 4}{x^4} - \cdots\right] - $$

$$- \frac{\cos x}{x}\left[\frac{1}{x} - \frac{\lfloor 3}{x^3} + \frac{\lfloor 5}{x^5} - \cdots\right]$$

$$\left.\quad\right\} \quad |x| > 17$$

$$\operatorname{Si}\infty = \frac{\pi}{2} \qquad \operatorname{Ci}\infty = 0$$

2. Allgemeine Vierpoltheorie [1].

2.1. Netzreduktionen.

2.11. Das Netzäquivalent einer induktiven Kopplung.
Lit. 9.2015 und 9.2016.

Abb. 2.1.1 oben zeigt symbolisch eine induktive Kopplung, welche in ein beliebiges lineares Impedanznetz mit Strömen von komplexer Frequenz eingehen soll. Bei den in der Abbildung angegebenen Strom- und Spannungsrichtungen werden gemäß den Gl. (1.15.1), (1.15.2) und (1.63.1)

$$\left.\begin{aligned} U_a &= j\,W L_a I_a - j\,W M I_b \\ U_b &= -j\,W L_b I_b + j\,W M I_a \end{aligned}\right\} \qquad (2.11.1)$$

$\left.\begin{aligned} U_a \text{ und } U_b &\quad \text{Spannung} \\ I_a \text{ und } I_b &\quad \text{Strom} \\ L_a \text{ und } L_b &\quad \text{Induktivität} \end{aligned}\right\}$ am Klemmenpaar a bzw. b,

M gegenseitige Induktion,
W komplexe Winkelfrequenz.

Zwischen den unteren Polklemmen von a und b besteht außerdem ein nur vom äußeren Impedanznetz abhängiger Spannungsunterschied

$$U_a' - U_b'$$

Die induktive Kopplung ist äquivalent mit einem Impedanznetz, wie dies schematisch in Abb. 2.1.1 unten dargestellt ist. Gemäß den Gl. (1.63.1), (1.65.1) und (1.65.2) erhält man nämlich die drei

---

[1] Die bei der Behandlung von Vierpolnetzen in diesem Buch gewählte Nomenklatur lehnt sich zum Teil an die in der englischen und amerikanischen Fachliteratur gebräuchliche Bezeichnungsweise an. Sie soll dazu beitragen, eine einheitliche Klassifizierung von Anordnungen und Eigenschaften nach ihren wesentlichsten Merkmalen durchzuführen. Enthalten beispielsweise Eigenschaften eines Vierpolnetzes die Bezeichnung „Spiegel-", so sind damit diejenigen für das Netz charakteristischen Größen zusammengefaßt, welche von den jeweils an den Polpaaren vorhandenen Belastungen unabhängig sind. Ein anderes Beispiel ist die Unterteilung von Impedanzen und Kettengliedern in „Grund-" und „abgeleitete" Größen, je nach einer bestimmten Art ihrer Frequenzabhängigkeit.

Netzmaschengleichungen

$$U_a - Z I_a - j W (L_a - M) I_a - j W M (I_a - I_b) - (-Z) I_a = 0$$

$$j W M (I_a - I_b) - j W (L_b - M) I_b - U_b = 0$$

$$U_a' + (-Z) I_a - U_b' = 0$$

von denen die ersten beiden, wie ersichtlich, mit Gl. (2.11.1) identisch sind und die dritte die Dimensionierungsbedingung

$$Z = \frac{U_a' - U_b'}{I_a}$$

befriedigt.

Ist das äußere Impedanznetz linear, so müssen auch die Impedanzen Z und $-Z$ linear sein. Man kann folglich die induktive Kopplung mathematisch als ein lineares Impedanznetz behandeln. Inwieweit die Impedanzen physikalisch realisierbar sind, kann hierbei dahingestellt bleiben.

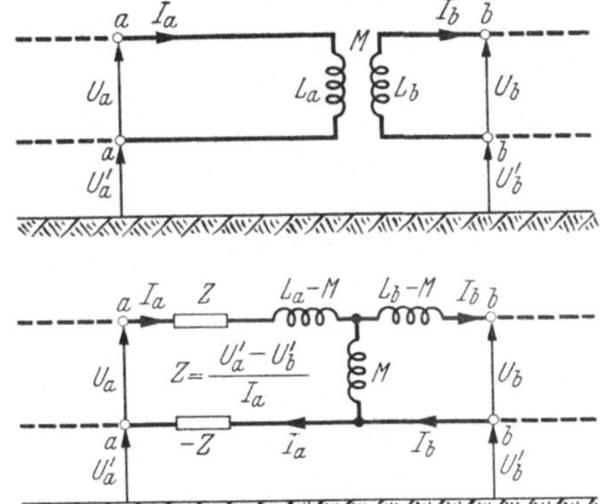

Abb. 2.1.1.
Das Netzäquivalent der induktiven Kopplung.

Die induktiven Kopplungen in einem linearen Impedanznetz schließen folglich nicht die Möglichkeit aus, Impedanznetze als solche von reiner Netzstruktur zu behandeln, und deshalb werden im folgenden sämtliche Impedanznetze als Impedanznetze von reiner Netzstruktur betrachtet werden.

2.12. Das dreipolige Äquivalent eines Vierpolnetzes.

Ein beliebig zusammengesetztes Impedanznetz mit zwei Pol- oder Klemmenpaaren wird als „Vierpolnetz" bezeichnet und durch ein Viereck N mit den Markierungen a' und b' für die zwei Klemmenpaare dargestellt, wie dies aus Abb. 2.1.2 zu ersehen ist. Bei der mathematischen Behandlung eines solchen Netzes betrachtet man in der Regel nur die Spannungen U_a und U_b

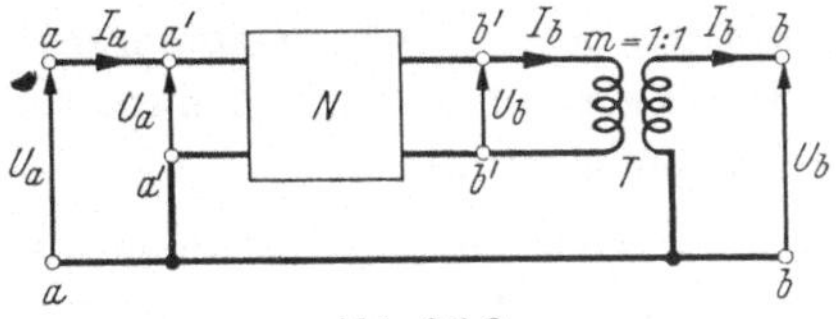

Abb. 2.1.2.
Das dreipolige Äquivalent des Vierpolnetzes.

und die Ströme I_a und I_b an den Polpaaren a' bzw. b' (Abb. 2.1.2), jedoch nicht die Spannungen zwischen a' und b'.

Wird an das Vierpolnetz ein idealer Transformator T (vgl. Abschnitt 1.16) mit dem Übersetzungsverhältnis $m = 1 : 1$ angeschlossen, so daß neue Polpaare a und b entstehen, wie Abb. 2.1.2 zeigt, werden die Spannungen und Ströme an den neuen Polpaaren die gleichen wie an den ursprünglichen. Das veränderte und das ursprüngliche Vierpolnetz besitzen somit äquivalente elektrische Eigenschaften. Die unteren Pole a und b sind jedoch direkt miteinander verbunden, und das veränderte Vierpolnetz ist daher strenggenommen ein dreipoliges Impedanznetz, obgleich es formell als ein Vierpolnetz behandelt wird.

Aus dem oben Gesagten und Abschnitt 2.11 dürfte deutlich hervorgehen, daß das formelle Vierpolnetz, welches aus einem dreipoligen Impedanznetz von reiner Netzstruktur besteht, bezüglich derjenigen elektrischen Eigenschaften, die von Interesse sind, als ein ganz allgemeines Vierpolnetz angesehen werden kann. Es bedeutet folglich keine Einschränkung, wenn man im folgenden die mathematische Behandlung auf ein formelles Vierpolnetz beschränkt, das mathematisch leichter zu bewältigen ist.

2.13. Die Stern-Polygon-Transformation.

Lit. 9.192.

Abb. 2.1.3 zeigt schematisch zwei Impedanznetze mit je einer gleichen Anzahl von Polen, wobei das linke ein Sternnetz und das rechte

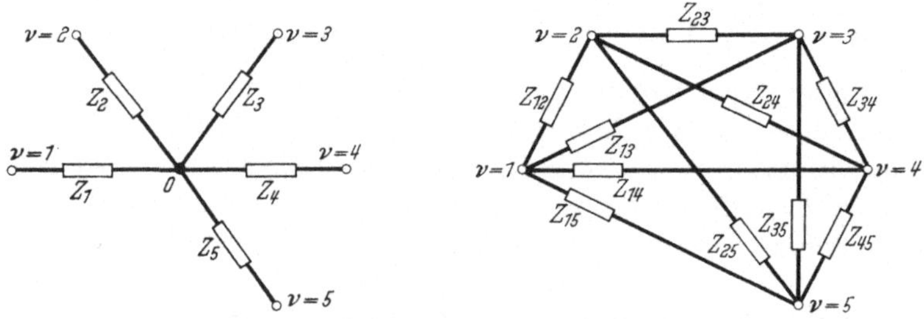

Abb. 2.1.3. Stern- und Polygonnetz.

ein Polygonnetz ist. In diesem Abschnitt soll gezeigt werden, wie ein Polygonnetz zu dimensionieren ist, um vollständig äquivalent einem Sternnetz zu werden. Zu diesem Zweck werden folgende Bezeichnungen eingeführt:

v v-ter Pol, zugleich Summationsvariable,
m Pol für $v = m$,
n Pol für $v = n$,
I_v bei v ankommender Strom,
U_v Spannung zwischen v und Erde,
O Knotenpunkt

U_0 Spannung zwischen O und Erde   im Sternnetz,
Z_v Impedanz zwischen v und O

Z_{nv} Impedanz zwischen n und v im Polygonnetz.
Z_{mn} Impedanz zwischen m und n

Für das Sternnetz erhält man gemäß den Gl. (1.65.1) und (1.65.2)

$$U_\nu - U_0 - I_\nu Z_\nu = 0 \left.\right\}$$
$$\sum_\nu I_\nu = 0 \left.\right\}$$

und damit wird

$$U_0 = Z_0 \sum_\nu \frac{U_\nu}{Z_\nu} \left.\right\}$$
$$\frac{1}{Z_0} = \sum_\nu \frac{1}{Z_\nu} \left.\right\}$$

Setzt man den Ausdruck von U_0 in die oberste Gleichung für $\nu = n$, so wird

$$I_n = \frac{1}{Z_n} \left[U_n - Z_0 \sum_\nu \frac{U_\nu}{Z_\nu} \right]$$

was man auch wie folgt schreiben kann:

$$I_n = \frac{U_n}{Z_n} \left[1 - \frac{Z_0}{Z_n} \right] - \frac{Z_0}{Z_n} \left[\sum_\nu \frac{U_\nu}{Z_\nu} - \frac{U_n}{Z_n} \right] \tag{2.13.1}$$

Für das Polygonnetz erhält man gemäß den Gl. (1.65.1) und (1.65.2)

$$I_n = \sum_\nu \frac{U_n - U_\nu}{Z_{n\nu}}$$

was auch wie folgt geschrieben werden kann:

$$I_n = U_n \sum_\nu \frac{1}{Z_{n\nu}} - \sum_\nu \frac{U_\nu}{Z_{n\nu}} \tag{2.13.2}$$

Die Bedingung für eine Äquivalenz zwischen dem Stern- und dem Polygonnetz besteht offensichtlich darin, daß die Koeffizienten für die entsprechenden Spannungen in den Gl. (2.13.1) und (2.13.2) einander gleich sein müssen. Folglich wird die Äquivalenzbedingung

$$\frac{1}{Z_n} \left[1 - \frac{Z_0}{Z_n} \right] = \sum_\nu \frac{1}{Z_{n\nu}} \left.\right\}$$
$$\frac{Z_0}{Z_n Z_\nu} = \frac{1}{Z_{n\nu}} \left.\right\}$$

Es ist aber

$$\frac{1}{Z_n} \left[1 - \frac{Z_0}{Z_n} \right] = \sum_{\substack{\nu \\ \nu \neq n}} \frac{Z_0}{Z_n Z_\nu} = \frac{Z_0}{Z_n} \left[\sum_\nu \frac{1}{Z_\nu} - \frac{1}{Z_n} \right] = \frac{1}{Z_n} \left[1 - \frac{Z_0}{Z_n} \right]$$

und die Gleichungen in dem obenstehenden Gleichungspaar sind folglich Identitäten. Wird der Ausdruck für Z_0 eingesetzt, so erhält man die vollständige Dimensionierungsbedingung für die Äquivalenz in der Form

$$Z_{mn} = Z_m Z_n \sum_\nu \frac{1}{Z_\nu} \tag{2.13.3}$$

2.14. Die Reduktion des Vierpolnetzes auf ein Impedanzdreieck.

Gemäß Abschnitt 2.12 kann ein ganz allgemeines Vierpolnetz durch ein dreipoliges Impedanznetz mit reiner Netzstruktur ersetzt werden, wobei außer den Polen selbst noch eine beliebige Anzahl von Knotenpunkten vorhanden sein kann. Man kann allgemein sagen, daß jeder Knotenpunkt mit allen übrigen über unterschiedliche Impedanzen verbunden ist. Eine fehlende Verbindung kann als eine Verbindung mit einer unendlich großen Impedanz angesehen werden.

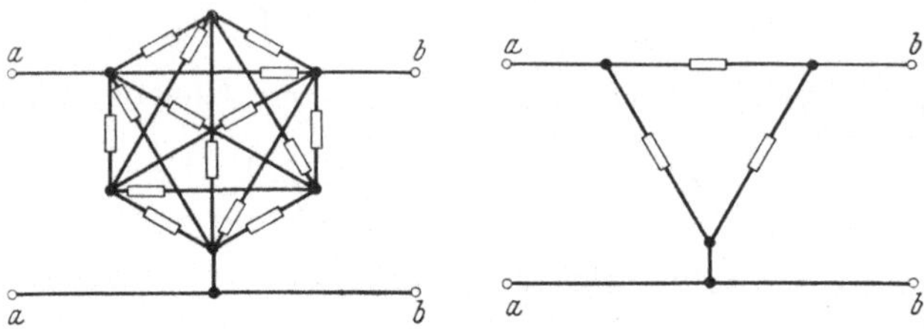

Abb. 2.1.4. Nichtreduziertes und reduziertes Vierpolnetz.

Abb. 2.1.4 zeigt schematisch links eine formelles Vierpolnetz mit sechs Knotenpunkten, von denen drei in den Polen liegen. Die übrigen drei werden als „freie Knotenpunkte" bezeichnet. Alle Impedanzen, welche von ein und demselben freien Knotenpunkt strahlenförmig ausgehen, bilden einen Impedanzstern. Durch Umwandlung desselben in ein äquivalentes Impedanzpolygon gemäß Abschnitt 2.13 verschwindet der freie Knotenpunkt, und die neu entstandenen Impedanzen, welche zu anderen parallel geschaltet erscheinen, können in diese eingerechnet werden. In dieser Weise kann man sukzessiv alle freien Knotenpunkte eliminieren, und das Endresultat wird ein Impedanzdreieck wie in Abb. 2.1.4 rechts.

Ein allgemeines Vierpolnetz kann folglich stets durch ein Impedanzdreieck ersetzt werden. Die Frage, ob diese Impedanzen in jedem Einzelfall physikalisch realisierbar sind, ist für die vorstehende Betrachtung ohne Bedeutung.

2.15. Das Reziprozitätstheorem von Rayleigh.

Eine Folge der Äquivalenz eines allgemeinen Vierpolnetzes mit einem Impedanzdreieck ist das Reziprozitätstheorem von Rayleigh, welches besagt: *Wird eine EMK E in einen Zweig eines beliebigen passiven (keine Energie erzeugenden) linearen Impedanznetzes eingeschaltet und entsteht dadurch ein Strom I in einem anderen Zweige, so kommt der gleiche Strom I in dem erstgenannten Zweige zustande, wenn die EMK statt dessen in den zweiten eingeschaltet wird.*

Unterbricht man eine Leitung in den Punkten, wo die EMK ein-geschaltet und wo der Strom I gemessen wird, und betrachtet man die freien Leitungsenden als Pole, so erhält man ein Vierpolnetz, das ge-mäß Abschnitt 2.14 als Impedanzdreieck dargestellt werden kann. Abb. 2.1.5 zeigt die beiden Schaltungsfälle mit einem Impedanzdreieck, bestehend aus den Impedanzen Z_1, Z_2 und Z_3. Unter der Voraussetzung, daß die Impedanzen Z_1 und Z_3 nicht gleich Null sind, wird die eine wegen des Kurzschlusses stromlos, während die andere die Klem-

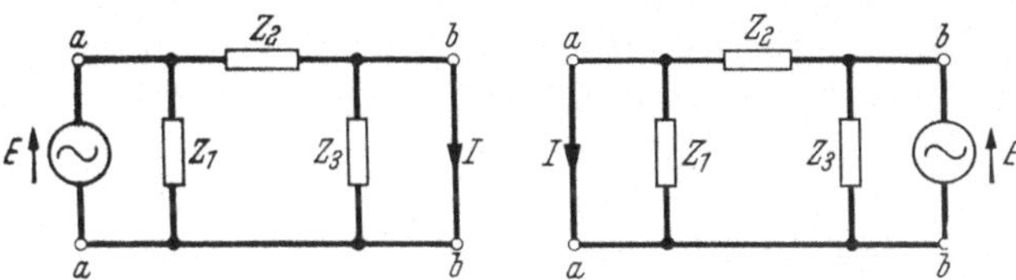

Abb. 2.1.5. Erläuterung des Reziprozitätstheorems an einem Vierpolnetz.

menspannung E erhält. Man ersieht daraus unmittelbar die Gültig-keit des Reziprozitätstheorems, denn in beiden Fällen wird der Strom

$$I = \frac{E}{Z_2} \tag{2.15.1}$$

2.2. Die Grundgleichungen.
2.21. Kurzschluß- und Leerlaufimpedanz.

Da ein allgemeines Vierpolnetz durch ein Impedanzdreieck dar-gestellt werden kann, müssen die elektrischen Eigenschaften des Netzes eindeutig durch drei komplexe Größen zu bestimmen sein. Im bisherigen sind diese Eigenschaften durch die drei Impedanzen Z_1, Z_2 und Z_3 aus-gedrückt worden (Abb. 2.1.5), diese können jedoch gegen die sogenannten Kurzschluß- und

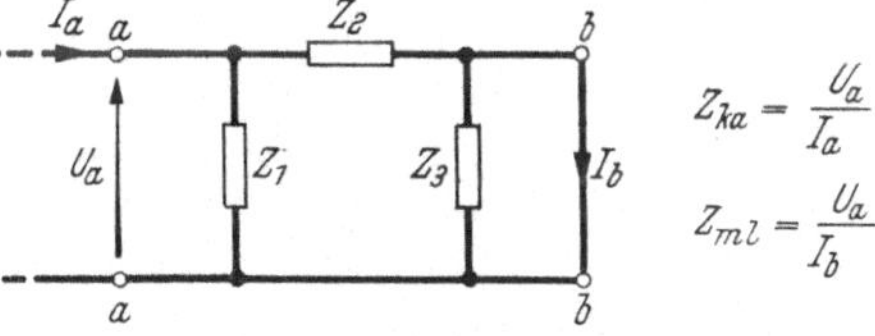

Abb. 2.2.1.
Am Polpaar b kurzgeschlossenes Vierpolnetz.

Leerlaufimpedanzen, die leichter meßbar sind, ausgetauscht werden.

Unter einer Kurzschluß- bzw. einer Leerlaufimpedanz versteht man die an einem Polpaar des Vierpolnetzes gemessene Impedanz, wenn das andere Polpaar kurzgeschlossen bzw. offen ist, wie dies Abb. 2.2.1 bzw. 2.2.2 zeigt. Ein jedes Vierpolnetz hat folglich zwei Kurzschluß-und zwei Leerlaufimpedanzen, welche wie folgt bezeichnet werden:

Z_{ka} Kurzschlußimpedanz, Z_{la} Leerlaufimpedanz, $\rbrace$ gemessen am Polpaar a,

Z_{kb} Kurzschlußimpedanz, Z_{lb} Leerlaufimpedanz, $\rbrace$ gemessen am Polpaar b.

4*

Mit Hilfe der Abb. 2.2.1 und 2.2.2 ersieht man unmittelbar, daß diese Impedanzen, ausgedrückt durch die Impedanzen Z_1, Z_2 und Z_3, wie folgt zu schreiben sind:

$$\left. \begin{aligned} Z_{ka} &= \frac{Z_1 Z_2}{Z_1 + Z_2} \qquad Z_{kb} = \frac{Z_2 Z_3}{Z_2 + Z_3} \\ Z_{la} &= \frac{Z_1(Z_2 + Z_3)}{Z_1 + Z_2 + Z_3} \quad Z_{lb} = \frac{Z_3(Z_1 + Z_2)}{Z_1 + Z_2 + Z_3} \end{aligned} \right\} \qquad (2.21.1)$$

Werden die Eigenschaften eines Vierpolnetzes durch diese Kurzschluß- und Leerlaufimpedanzen ausgedrückt, so muß eine der Impedanzen überflüssig sein, da drei komplexe Größen für die Darstellung ausreichen. Dies bedeutet, daß die obigen vier Impedanzen nicht unabhängig voneinander sein können. Ihre gegenseitige Abhängigkeit läßt sich wie folgt ausdrücken:

$$\frac{Z_{ka}}{Z_{la}} = \frac{Z_{kb}}{Z_{lb}} = \frac{Z_2(Z_1 + Z_2 + Z_3)}{(Z_1 + Z_2)(Z_2 + Z_3)} = \vartheta \qquad (2.21.2)$$

2.22. Gegenseitige Längs- und Querimpedanz.

Die durch das Reziprozitätstheorem formulierte allgemein gültige Beziehung in einem passiven linearen Impedanznetz kann für ein Vierpolnetz auch durch Impedanzeigenschaften gemäß nachstehenden Definitionen ausgedrückt werden.

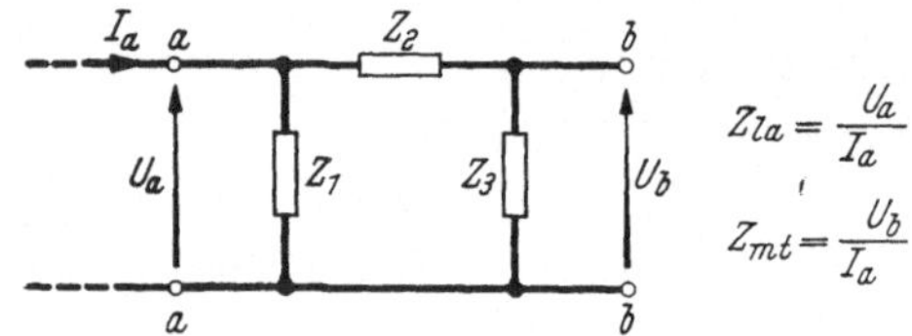

Abb. 2.2.2.
Am Polpaar b unterbrochenes Vierpolnetz.

$$Z_{la} = \frac{U_a}{I_a}$$

$$Z_{mt} = \frac{U_b}{I_a}$$

Beim Kurzschluß am Polpaar b (Abb. 2.2.1), wo ein Strom I_b in der Kurzschlußleitung auf Grund der Spannung U_a am Polpaar a entsteht, ergibt das Verhältnis $U_a : I_b$ einen Impedanzwert, den man „gegenseitige Längsimpedanz" nennt und mit Z_{ml} bezeichnet:

$$Z_{ml} = \frac{U_a}{I_b} = Z_2 \qquad (2.22.1)$$

Bei Unterbrechung am Polpaar b wie in Abb. 2.2.2 entsteht eine Klemmenspannung U_b als Folge des über die Klemmen a fließenden Stromes I_a. Das Verhältnis $U_b : I_a$ wird „gegenseitige Querimpedanz" genannt und mit Z_{mt} bezeichnet:

$$Z_{mt} = \frac{U_b}{I_a} = \frac{Z_1 Z_3}{Z_1 + Z_2 + Z_3} \qquad (2.22.2)$$

Die gegenseitigen Impedanzen bleiben die gleichen, wenn die Polpaare a und b ihre Rollen vertauschen, d. h., sie sind gleich für beide Übertragungsrichtungen.

Die Beziehungen zwischen den gegenseitigen Impedanzen und den Kurzschluß- und Leerlaufimpedanzen können auf Grund der Gl. (2.21.1), (2.21.2), (2.22.1) und (2.22.2) auf folgende Weise geschrieben werden:

$$\left. \begin{aligned} Z_{ml} Z_{mt} &= \frac{Z_1 Z_2 Z_3}{Z_1 + Z_2 + Z_3} = Z_{ka} Z_{lb} = Z_{la} Z_{kb} \\ \frac{Z_{ml}}{Z_{mt}} &= Z_2 \frac{Z_1 + Z_2 + Z_3}{Z_1 Z_3} = \frac{\vartheta}{1 - \vartheta} \end{aligned} \right\} \quad (2.22.3)$$

oder

$$\left. \begin{aligned} Z_{ml} &= \sqrt{\frac{Z_{ka} Z_{kb}}{1 - \vartheta}} \\ Z_{mt} &= \sqrt{Z_{la} Z_{lb}(1 - \vartheta)} \end{aligned} \right\} \quad (2.22.4)$$

2.23. Die Grundgleichungen des Vierpolnetzes.

Für die Spannungen U_a und U_b und die Ströme I_a und I_b an den Polpaaren a bzw. b erhält man gemäß Abb. 2.2.3 folgende Ausdrücke:

$$I_a = \frac{U_a}{Z_1} + \frac{U_a - U_b}{Z_2} = U_a \frac{Z_1 + Z_2}{Z_1 Z_2} - U_b \frac{1}{Z_2}$$

$$I_b = \frac{U_a - U_b}{Z_2} - \frac{U_b}{Z_3} = U_a \frac{1}{Z_2} - U_b \frac{Z_2 + Z_3}{Z_2 Z_3}$$

oder nach den Spannungen aufgelöst

$$U_a = I_a \frac{Z_1(Z_2 + Z_3)}{Z_1 + Z_2 + Z_3} - I_b \frac{Z_1 Z_3}{Z_1 + Z_2 + Z_3}$$

$$U_b = I_a \frac{Z_1 Z_3}{Z_1 + Z_2 + Z_3} - I_b \frac{Z_3(Z_1 + Z_2)}{Z_1 + Z_2 + Z_3}$$

Ein Vergleich der Koeffizienten der Spannungen und der Ströme mit den Größen in den Gl. (2.21.1), (2.22.1) und (2.22.2) ergibt die sogenannten ,,Grundgleichungen'' des Vierpolnetzes

$$\left. \begin{aligned} I_a &= U_a \frac{1}{Z_{ka}} - U_b \frac{1}{Z_{ml}} \\ I_b &= U_a \frac{1}{Z_{ml}} - U_b \frac{1}{Z_{kb}} \end{aligned} \right\} \quad (2.23.1)$$

$$\left. \begin{aligned} U_a &= I_a Z_{la} - I_b Z_{mt} \\ U_b &= I_a Z_{mt} - I_b Z_{lb} \end{aligned} \right\} \quad (2.23.2)$$

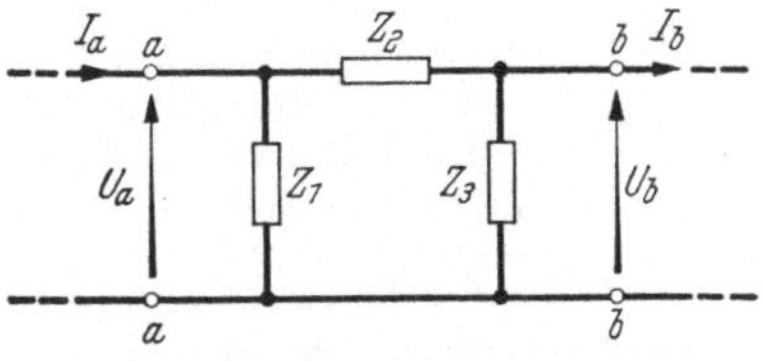

Abb. 2.2.3. In den Zug einer Leitung eingeschaltetes Vierpolnetz.

Diese Grundgleichungen sind also in der in Gl. (2.23.1) gegebenen Form am einfachsten ausgedrückt durch die Kurzschlußimpedanzen und die gegenseitigen Längsimpedanzen und im Falle Gl. (2.23.2) durch die Leerlaufimpedanzen und gegenseitigen Querimpedanzen.

2.3. Spiegeleigenschaften.
2.31. Kaskadenschaltung[1] von Vierpolnetzen.

Wenn man ein Vierpolnetz zur Lösung einer schwierigen und komplizierten technischen Aufgabe herzustellen hat, so wird naturgemäß ein solches Netz recht kompliziert sein müssen. Um ein derartiges Netz im Betriebe leichter beherrschen zu können, z. B. zwecks Justierung, Kontrolle, Lokalisierung von Fehlern, Reparatur usw., setzt man das Vierpolnetz aus einfachen Teilnetzen zusammen, von denen jedes für eine Teilaufgabe bestimmt und konstruiert ist und mechanisch und elektrisch separat behandelt werden kann.

Dasjenige Bauprinzip, das sich allen anderen gegenüber als überlegen erwiesen hat, besteht in der Ausbildung der Teilnetze als einfache Vierpolnetze, die dann durch eine Kaskadenschaltung zusammengesetzt werden. Die Abb. 2.3.1 erläutert schematisch, wie eine Anzahl Vierpolnetze $\dot{N}_1$, $N_2 \ldots N_m$ miteinander in Kaskade geschaltet

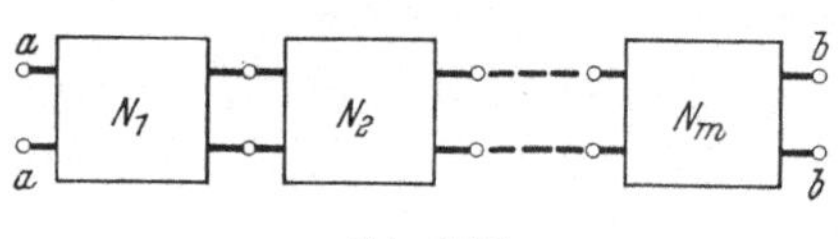

Abb. 2.3.1.
Kaskadenschaltung von Vierpolnetzen.

werden, so daß sie zusammen ein einziges Vierpolnetz mit den beiden Klemmenpaaren a und b bilden.

Um die Eigenschaften des resultierenden Vierpolnetzes leicht bestimmen zu können, wenn man die Eigenschaften eines Teilnetzes kennt, hat man den Begriff „Spiegeleigenschaften" eingeführt, der im nächsten Abschnitt 2.32 definiert und im weiteren physikalisch veranschaulicht werden soll.

2.32. Die Spiegeleigenschaften des Vierpolnetzes.

Ein beliebiges lineares Vierpolnetz hat drei komplexe „Spiegeleigenschaften", welche wie folgt bezeichnet und benannt werden[2]:

Z_a Spiegelimpedanz am Polpaar a,
Z_b Spiegelimpedanz am Polpaar b,
$\Gamma = A + jB$ komplexe Spiegeldämpfung,
A reeller Teil von Γ = Spiegeldämpfung (ausgedrückt in Neper),
B imaginärer Teil von Γ = Spiegelwinkel (ausgedrückt in Radianen).

---

[1] Der Ausdruck „Kaskadenschaltung' wird hier und im weiteren als eine Verallgemeinerung des Begriffes „Kettenschaltung" verwandt, und zwar in dem Sinne, daß man ganz von der Struktur des Kettennetzes, Anpassungsfragen usw. absieht.

[2] Die bisher gebräuchlicheren entsprechenden deutschen Fachausdrücke sind:
Z_a und Z_b Wellenwiderstand am Polpaar a bzw. b,
$\Gamma = A + jB$ Übertragungsmaß oder Wellenübertragungsmaß,
A räumliche Dämpfung oder Dämpfungsmaß oder Dämpfungskonstante,
B Winkelmaß oder Winkelkonstante oder Phasenmaß oder Phasenkonstante.

Ausgehend von den Kurzschluß- und Leerlaufimpedanzen gemäß den Gl. (2.21.1) und (2.21.2) werden die Spiegeleigenschaften durch nachstehende Beziehungen definiert:

$$Z_a = \sqrt{Z_{ka}Z_{la}} \qquad Z_b = \sqrt{Z_{kb}Z_{lb}} \qquad \Gamma = \operatorname{artgh}\sqrt{\vartheta} \qquad (2.32.1)$$

Andererseits erhält man die Kurzschluß- und Leerlaufimpedanzen sowie die gegenseitigen Impedanzen, ausgedrückt durch die Spiegeleigenschaften, auf Grund der Gl. (2.21.2), (2.22.4) und (2.32.1) in folgender Form:

$$\left.\begin{aligned}
Z_{ka} &= Z_a \operatorname{tgh}\Gamma & Z_{ml} &= \sqrt{Z_a Z_b}\,\sinh\Gamma \\
Z_{la} &= Z_a \coth\Gamma & Z_{mt} &= \sqrt{Z_a Z_b}\,\frac{1}{\sinh\Gamma} \\
Z_{kb} &= Z_b \operatorname{tgh}\Gamma & & \\
Z_{lb} &= Z_b \coth\Gamma & &
\end{aligned}\right\} \qquad (2.32.2)$$

Die Grundgleichungen (2.23.1) und (2.23.2) können nun mit Hilfe von Gl. (2.32.2) umgeformt werden zu

$$\left.\begin{aligned}
I_a &= U_a \frac{1}{Z_a}\coth\Gamma - U_b \frac{1}{\sqrt{Z_a Z_b}}\,\frac{1}{\sinh\Gamma} \\
I_b &= U_a \frac{1}{\sqrt{Z_a Z_b}}\,\frac{1}{\sinh\Gamma} - U_b \frac{1}{Z_b}\coth\Gamma
\end{aligned}\right\} \qquad (2.32.3)$$

$$\left.\begin{aligned}
U_a &= I_a Z_a \coth\Gamma - I_b \sqrt{Z_a Z_b}\,\frac{1}{\sinh\Gamma} \\
U_b &= I_a \sqrt{Z_a Z_b}\,\frac{1}{\sinh\Gamma} - I_b Z_b \coth\Gamma
\end{aligned}\right\} \qquad (2.32.4)$$

Die Bedeutung der Spiegeleigenschaften wird durch verschiedene Berechnungen mit Hilfe dieser Gleichungen erläutert werden.

2.33. Spiegelanpassung am Ausgangspolpaar.

Abb. 2.3.2 zeigt schematisch ein Vierpolnetz, dessen Polpaar a an einen Generator angeschlossen ist und dessen Pole b über eine passive Belastung miteinander verbunden sind. Das Polpaar a bzw. b wird Eingangs- bzw. Ausgangspolpaar genannt. Man bezeichnet die Polpaare häufig auch als Eingangs- bzw. Ausgangsklemmen. In Abb. 2.3.2 sind

Z_a, Z_b und Γ Spiegeleigenschaften des Vierpolnetzes,
I_a und I_b Strom $\left.\phantom{\begin{matrix}a\\b\end{matrix}}\right\}$ am Polpaar a bzw. b,
U_a und U_b Spannung
E und Z_A EMK des Generators bzw. dessen innerer Scheinwiderstand (Impedanz),
Z_B Impedanz der passiven Belastung,
Z_{ina} Eingangsimpedanz am Polpaar a,
Z_{aub} Ausgangsimpedanz am Polpaar b.

Die Eingangsimpedanz Z_{ina} ist diejenige Impedanz des Vierpolnetzes, die man an dem Eingangspolpaar a mißt, wenn die Ausgangspole b über die Impedanz Z_B geschlossen sind. Die Ausgangsimpedanz Z_{aub} ist

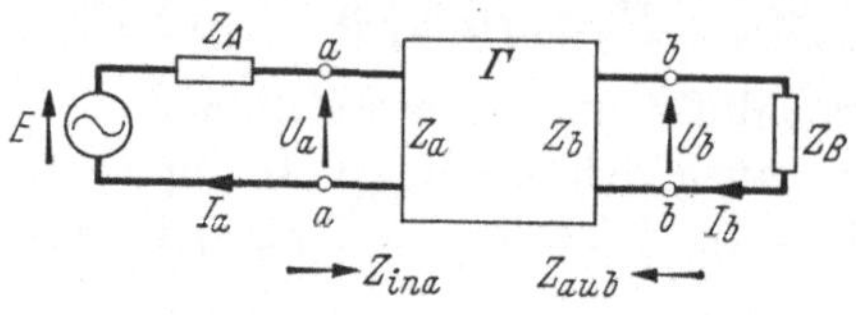

Abb. 2.3.2. Belastetes Vierpolnetz.

entsprechend die an den Ausgangsklemmen b gemessene Impedanz des Vierpolnetzes, wenn die Eingangspole über der Impedanz Z_A miteinander verbunden sind und $E = 0$ ist.

Man sagt, daß das Vierpolnetz am Polpaar a und am Polpaar b spiegelangepaßt ist, wenn

$$Z_A = Z_a \quad \text{bzw.} \quad Z_B = Z_b$$

In diesem Abschnitt soll die Impedanz des Vierpolnetzes für den Fall bestimmt werden, daß eine Spiegelanpassung am Ausgangspolpaar besteht. Aus dem Ausdruck für U_b in Gl. (2.32.4) erhält man für diesen Fall

$$U_b = I_b Z_B = I_b Z_b = I_a \sqrt{Z_a Z_b}\, \frac{1}{\sinh \Gamma} - I_b Z_b \coth \Gamma$$

oder

$$I_b = I_a \sqrt{\frac{Z_a}{Z_b}}\, \frac{1}{\sinh \Gamma + \cosh \Gamma}$$

Wird der Ausdruck für I_b in den Ausdruck für U_a der Gl. (2.32.4) eingesetzt, so erhält man nach entsprechender Umformung

$$\frac{U_a}{I_a} = Z_a$$

d. h.

$$Z_{\text{ina}} = Z_a \tag{2.33.1}$$

In Worten ausgedrückt besagt dieses Resultat: *Wird ein Vierpolnetz an dem Ausgangspolpaar mit einer Impedanz belastet, die gleich seiner Spiegelimpedanz an diesem Polpaar ist, so wird die Eingangsimpedanz am andern Polpaar gleich der Spiegelimpedanz an diesem andern Polpaar.*

2.34. Spiegelanpassung am Eingangspolpaar.

In diesem Abschnitt soll die zum Ausgangspolpaar überführte Generatorwirkung bestimmt werden für den Fall, daß am Eingangspolpaar eine Spiegelanpassung besteht, d. h.

$$Z_A = Z_a$$

ist. Die Aufgabe besteht darin, die vom Generator überführte Polspannung U_b für die genannte Bedingung, welche die obere Gl. (2.32.4) auf

$$E - I_a Z_a = I_a Z_a \coth \Gamma - I_b \sqrt{Z_a Z_b}\, \frac{1}{\sinh \Gamma}$$

einschränkt, zu bestimmen. Löst man diesen Ausdruck nach I_a auf, so erhält man

$$I_a = \left[\frac{E}{Z_a}\sinh\Gamma + I_b\sqrt{\frac{Z_b}{Z_a}}\right]e^{-\Gamma}$$

Wird dieser Ausdruck für I_a in den Ausdruck für U_b in Gl. (2.32.4) eingesetzt, so ergibt sich nach erfolgter Umformung

$$U_b = E\sqrt{\frac{Z_b}{Z_a}}\,e^{-\Gamma} - I_b Z_b \qquad\qquad (2.34.1)$$

Aus dieser Gleichung geht hervor, daß

$$E\sqrt{\frac{Z_b}{Z_a}}\,e^{-\Gamma}\ \text{die übertragene EMK des Generators}$$

und

$$Z_b\ \text{die übertragene innere Impedanz des Generators}$$

ist. Das erhaltene Ergebnis besagt: *Wenn an dem einen Polpaar eines Vierpolnetzes eine Spiegelanpassung an einen Generator besteht, so stellt sich die auf das andere Polpaar übertragene Generatorwirkung so dar, als ob sie von einem Generator an diesem Polpaar stammen würde, dessen innerer Scheinwiderstand gleich der Spiegelimpedanz an diesem Polpaar ist und dessen EMK aus der EMK des ursprünglichen Generators durch Herabdämpfung derselben mit der komplexen Spiegeldämpfung des Vierpolnetzes und Multiplikation mit der Wurzel aus dem Quotienten der Spiegelimpedanz am Ausgangspolpaar und der Spiegelimpedanz am Eingangspolpaar entsteht.*

Wird in Gl. (2.34.1) $E = 0$ gesetzt, wobei U_b eine aktive (energieerzeugende) Spannung sein soll, wird die Ausgangsimpedanz am Polpaar b

$$Z_{\mathrm{aub}} = \frac{-U_b}{I_b} = Z_b$$

was das Resultat in Abschnitt 2.33 bestätigt.

2.35. Spiegelanpassung an beiden Polpaaren.

Im Falle einer Spiegelanpassung sowohl am Eingangs- wie am Ausgangspolpaar ist nach den Gl. (2.33.1) und (2.34.1)

$$Z_A = Z_a = Z_{\mathrm{ina}}$$
$$Z_B = Z_b = Z_{\mathrm{aub}}$$

woraus folgt, daß

$$U_a = I_a Z_a = \frac{1}{2}E$$
$$U_b = I_b Z_b$$

Gl. (2.34.1) ergibt damit die Spannungs- und Strombeziehungen

$$\left.\begin{aligned} U_b &= U_a \sqrt{\frac{Z_b}{Z_a}}\, e^{-\Gamma} \\[2mm] I_b &= I_a \sqrt{\frac{Z_a}{Z_b}}\, e^{-\Gamma} \end{aligned}\right\} \tag{2.35.1}$$

Dieses Resultat besagt: *Wenn ein Vierpolnetz an dem einen Polpaar an einen Generator, an dem andern Polpaar an eine passive Belastung spiegelangepaßt ist, so werden die Spannungen bzw. Ströme an dem Ausgangspolpaar im Vergleich zu denen am Eingangspolpaar durch die komplexe Spiegeldämpfung des Vierpolnetzes herabgedämpft und sind dabei zugleich mit der Wurzel aus dem Quotienten der Spiegelimpedanzen an den Ausgangs- und Eingangspolpaaren bzw. Eingangs- und Ausgangspolpaaren zu multiplizieren.*

Aus Gl. (2.35.1) erhält man schließlich den fundamentalen Ausdruck für die komplexe Spiegeldämpfung

$$\Gamma = \frac{1}{2} \ln \frac{U_a}{U_b}\frac{I_a}{I_b} \tag{2.35.2}$$

Aus dieser Gleichung geht der physikalische Inhalt der Spiegeldämpfung hervor. Der aus Gl. (2.35.2) zu entnehmende Ausdruck

$$\frac{U_b I_b}{U_a I_a}$$

wird mit Scheinleistungsübersetzung bezeichnet.

2.36. Spiegelkopplung.

Abb. 2.3.3 zeigt schematisch eine beliebige Anzahl von in Kaskadenkopplung angeordneten Vierpolnetzen, wobei das Eingangspolpaar a des ersten Vierpolnetzes an den Generator spiegelangepaßt und das Ausgangspolpaar μ des letzten Vierpolnetzes an eine passive Belastung spiegelangepaßt sind. An jeder Zusammenschaltungsstelle

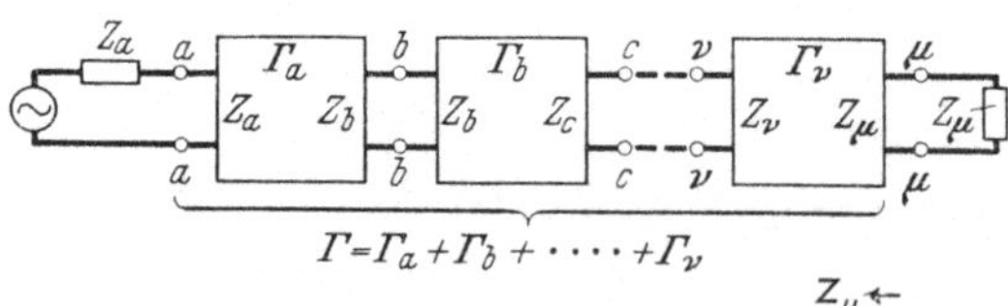

Abb. 2.3.3.
Spiegelangepaßte Kaskadenkopplung von Vierpolnetzen.

zwischen zwei Vierpolnetzen sollen die Spiegelimpedanzen der beiden Netze einander gleich sein, und man bezeichnet sie in diesem Falle als miteinander spiegelgekoppelt.

Da die Vierpolnetze an jeder Zusammenschaltungsstelle spiegelgekoppelt sind, folgt aus den Gl. (2.33.1) und (2.34.1), daß für jedes Vierpolnetz eine Spiegelanpassung an beiden Polpaaren besteht.

Eine Berechnung der Spannung und des Stromes an dem Ausgangspolpaar μ des resultierenden Vierpolnetzes kann offensichtlich nach Gl. (2.35.1) wie folgt ausgeführt werden:

oder

$$\left.\begin{aligned}
U_\mu &= U_a \sqrt{\frac{Z_b}{Z_a}}\, e^{-\Gamma_a} \sqrt{\frac{Z_c}{Z_b}}\, e^{-\Gamma_b} \cdots \sqrt{\frac{Z_\mu}{Z_\nu}}\, e^{-\Gamma_\nu} \\[2mm]
I_\mu &= I_a \sqrt{\frac{Z_a}{Z_b}}\, e^{-\Gamma_a} \sqrt{\frac{Z_b}{Z_c}}\, e^{-\Gamma_b} \cdots \sqrt{\frac{Z_\nu}{Z_\mu}}\, e^{-\Gamma_\nu} \\[4mm]
U_\mu &= U_a \sqrt{\frac{Z_\mu}{Z_a}}\, e^{-(\Gamma_a + \Gamma_b + \cdots \Gamma_\nu)} \\[2mm]
I_\mu &= I_a \sqrt{\frac{Z_a}{Z_\mu}}\, e^{-(\Gamma_a + \Gamma_b + \cdots \Gamma_\nu)}
\end{aligned}\right\} \qquad (2.36.1)$$

Ein Vergleich zwischen den Gl. (2.35.1) und (2.36.1) zeigt, daß das resultierende Vierpolnetz an seinem Eingangs- und Ausgangspolpaar a bzw. μ folgende Spiegeleigenschaften besitzt:

$$\left.\begin{aligned}
&Z_a \text{ Spiegelimpedanz am Eingangspolpaar } a, \\
&Z_\mu \text{ Spiegelimpedanz am Ausgangspolpaar } \mu, \\
&\Gamma_a + \Gamma_b + \cdots \Gamma_\nu \text{ komplexe Spiegeldämpfung.}
\end{aligned}\right\} \qquad (2.36.2)$$

Bei einer Spiegelkopplung von mehreren Vierpolnetzen gilt für das resultierende Vierpolnetz: Die Spiegelimpedanz am Eingangspolpaar ist gleich der Spiegelimpedanz des ersten Vierpolnetzes an dessen Eingangspolpaar, und die Spiegelimpedanz des Ausgangspolpaars ist gleich der Spiegelimpedanz des letzten Vierpolnetzes an dessen Ausgangspolpaar, während die komplexe Spiegeldämpfung gleich der Summe der komplexen Spiegeldämpfungen der einzelnen Vierpolnetze ist.

2.37. Beliebige Kaskadenkopplung.

Abb. 2.3.4 oben zeigt schematisch zwei kaskadengekoppelte Vierpolnetze mit den Eigenschaften

$$\left.\begin{aligned} Z_{la} \\ Z_{kb} \\ Z_{lb} \end{aligned}\right\} \quad \text{und} \quad \left.\begin{aligned} Z_{kc} \\ Z_{lc} \\ Z_{ld} \end{aligned}\right\}$$

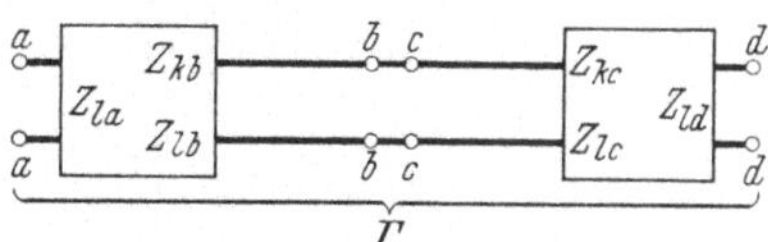

Es liegt hier also keine Spiegelkopplung vor, was nach Gl. (2.32.1) und Abschnitt 2.36 bedeutet, daß

$$\sqrt{Z_{kb} Z_{lb}} \neq \sqrt{Z_{kc} Z_{lc}} .$$

Werden, wie Abb. 2.3.4 unten zeigt, zwei Längsimpedanzen Z_x und $-Z_x$ eingeführt, so kompen-

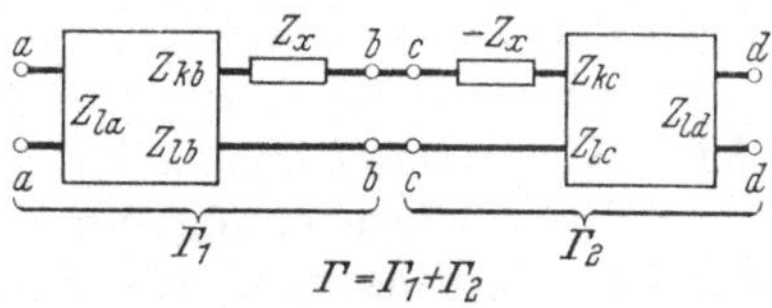

Abb. 2.3.4.
Kaskadengekoppeltes Vierpolnetz ohne und mit einem Längsimpedanzpaar.

sieren sich diese Impedanzen offensichtlich gegenseitig, so daß die Eigenschaften des resultierenden Vierpolnetzes unverändert bleiben. Die Eigenschaften der einzelnen Vierpolnetze ändern sich jedoch zu

$$\left.\begin{aligned} Z'_{la} &= Z_{la} \\ Z'_{kb} &= Z_{kb} + Z_x \\ Z'_{lb} &= Z_{lb} + Z_x \end{aligned}\right\} \quad \text{und} \quad \left.\begin{aligned} Z'_{kc} &= Z_{kc} - Z_x \\ Z'_{lc} &= Z_{lc} - Z_x \\ Z'_{ld} &= Z_{ld} \end{aligned}\right\}$$

Die Impedanz Z_x wird nun so gewählt, daß die beiden Vierpolnetze miteinander spiegelgekoppelt werden, d. h. entsprechend Gl. (2.32.1) muß die Gleichung

$$\sqrt{(Z_{kb} + Z_x)(Z_{lb} + Z_x)} = \sqrt{(Z_{kc} - Z_x)(Z_{lc} - Z_x)}$$

erfüllt werden; folglich ist

$$Z_x = \frac{Z_{kc} Z_{lc} - Z_{kb} Z_{lb}}{Z_{kb} + Z_{lb} + Z_{kc} + Z_{lc}} \tag{2.37.1}$$

Gemäß den Gl. (2.21.2) und (2.32.1) werden dann die Spiegeleigenschaften der abgeänderten Vierpolnetze

$$\left.\begin{aligned} Z_a &= Z_{la} \sqrt{\frac{Z_{kb} + Z_x}{Z_{lb} + Z_x}} \\ Z_b &= \sqrt{(Z_{kb} + Z_x)(Z_{lb} + Z_x)} \\ \Gamma_1 &= \operatorname{artgh}\sqrt{\frac{Z_{kb} + Z_x}{Z_{lb} + Z_x}} \end{aligned}\right\} \quad \text{und} \quad \left.\begin{aligned} Z_b &= \sqrt{(Z_{kc} - Z_x)(Z_{lc} - Z_x)} \\ Z_d &= Z_{ld} \sqrt{\frac{Z_{kc} - Z_x}{Z_{lc} - Z_x}} \\ \Gamma_2 &= \operatorname{artgh}\sqrt{\frac{Z_{kc} - Z_x}{Z_{lc} - Z_x}} \end{aligned}\right\}$$

und damit werden nach Abschnitt 2.36 die Spiegeleigenschaften des resultierenden Vierpolnetzes

$$\left.\begin{aligned} Z_a &= Z_{la} \sqrt{\frac{Z_{kb} + Z_x}{Z_{lb} + Z_x}} \\ Z_d &= Z_{ld} \sqrt{\frac{Z_{kc} - Z_x}{Z_{lc} - Z_x}} \\ \Gamma &= \operatorname{artgh}\sqrt{\frac{Z_{kb} + Z_x}{Z_{lb} + Z_x}} + \operatorname{artgh}\sqrt{\frac{Z_{kc} - Z_x}{Z_{lc} - Z_x}} \end{aligned}\right\} \tag{2.37.2}$$

Aus dieser Berechnung geht also hervor, *daß eine beliebige Kaskadenkopplung von Vierpolnetzen mathematisch immer als eine Spiegelkopplung betrachtet werden kann und folglich die Berechnungsmethode mittels der Spiegeleigenschaften keiner Beschränkung unterliegt.*

Bei der Umrechnung der einzelnen Vierpolnetze kann man statt der Längsimpedanzen, wie in dem obigen Beispiel, genausogut auch Querimpedanzen (die zu den Polen parallel geschaltet sind) verwenden.

In der Regel ist allerdings der Verlauf der praktischen Berechnungen der, daß man zunächst eine Reihe von spiegelgekoppelten Vierpolnetzen so dimensioniert, daß bestimmte geforderte elektrische Eigenschaften des resultierenden Vierpolnetzes erfüllt werden. Danach werden durch Einführung von Längs- oder Querimpedanzen gegebenenfalls Veränderungen vorgenommen, um konstruktive Vereinfachungen zu erhalten, die gewöhnlich in einer Reduzierung der Anzahl an Impedanzelementen im Netz bestehen. Die Einfügung eines Impedanzpaares ist in diesen Fällen gleichbedeutend mit einer Verschmelzung von zwei Impedanzelementen zu einem einzigen, was später näher erläutert werden soll.

2.4. Betriebseigenschaften.
Lit. 9.2036 und 9.293.
2.41. Der Reflexionsbegriff.

Abb. 2.4.1 oben zeigt schematisch zwei kaskadengekoppelte Vierpolnetze, wobei das eine an einen Generator am Polpaar a spiegelangepaßt angeschlossen und das andere zur passiven Belastung am Polpaar d spiegelangepaßt ist. Im Gegensatz hierzu besteht keine Spiegelanpassung zwischen den beiden Vierpolnetzen an den miteinander verbundenen Polpaaren b und c, weil deren Spiegelimpedanzen

$$Z_b \neq Z_c$$

vorausgesetzt sein sollen.

Gemäß den Gl. (2.33.1) und (2.34.1) bilden die Polpaare b und c die Verbindungspunkte zwischen einem Generator und einer passiven Belastung, wie Abb. 2.4.1 Mitte zeigt, wobei

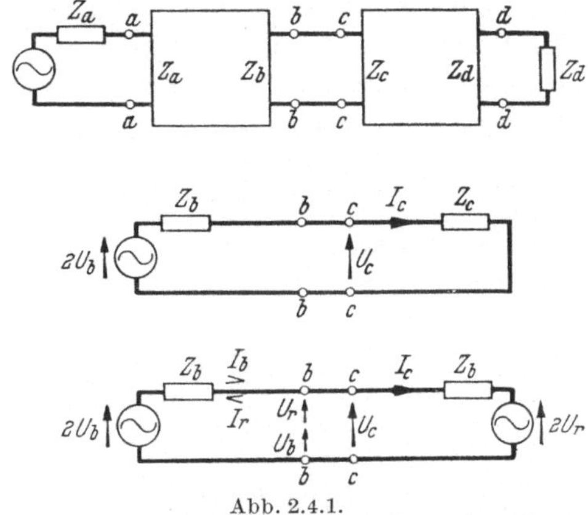

Abb. 2.4.1.
Schemata zur Erläuterung des Reflexionsbegriffes.

U_b Generatorspannung bei Spiegelanpassung,
$2U_b$ EMK des Generators,
Z_b innere Impedanz des Generators,
Z_c Impedanz der passiven Belastung.

Spannung und Strom an den Verbindungspunkten sind dann

$$
\begin{aligned}
U_c &= U_b \frac{2Z_c}{Z_c + Z_b} \\
I_c &= U_b \frac{2}{Z_c + Z_b}
\end{aligned}
\right\}
$$

$$(2.41.1)$$

Ein Teil der Impedanz Z_c kann nach dem Verfahren von THEVENIN (Abschnitt 1.43) durch eine EMK

$$2\,U_r = I_c(Z_c - Z_b) \tag{2.41.2}$$

ersetzt werden, wodurch an Stelle von Z_c die Impedanz Z_b übrigbleibt, wie Abb. 2.4.1 unten zeigt. Hierdurch entsteht eine Spiegelanpassung an den Verbindungspunkten; es sind jedoch nunmehr zwei EMKe $2\,U_b$ und $2\,U_r$ in den Kreis eingeschaltet, die gemäß dem Superpositionsprinzip nach Abschnitt 1.42 je eine Strom-Spannungswelle

$$I_b = \frac{U_b}{Z_b} \left.\right\} \quad \text{bzw.} \quad I_r = \frac{U_r}{Z_b} \left.\right\} \tag{2.41.3}$$
$$U_b \qquad\qquad\qquad U_r$$

unabhängig voneinander in entgegengesetzten Richtungen aussenden. Der resultierende Strom und die resultierende Spannung werden dann

$$\begin{aligned} I_c &= I_b - I_r \\ U_c &= U_b + U_r \end{aligned} \left.\right\} \tag{2.41.4}$$

Da der von der EMK $2\,U_r$ ausgesandte Effekt ursprünglich von der EMK $2\,U_b$ herkommt, ist die zweite Welle in Gl. (2.41.3) in Wirklichkeit eine reflektierte Welle, woraus folgt, daß

U_b und I_b zu den Verbindungspunkten ankommende(r)   } Spannung
U_r und I_r an den Verbingungspunkten reflektierte(r)   } bzw.
U_c und I_c von den Verbindungspunkten fortlaufende(r)   } Strom.

Gemäß den Gl. (2.41.1) bis (2.41.4) bestehen zwischen diesen Spannungen und Strömen folgende Beziehungen:

$$\left. \begin{array}{l} U_c = U_b\,\dfrac{2Z_c}{Z_c + Z_b} \\[2mm] I_c = I_b\,\dfrac{2Z_b}{Z_c + Z_b} \end{array} \right\} \text{fortlaufende Welle,} \\[4mm] \left. \begin{array}{l} U_r = U_b\,\dfrac{Z_c - Z_b}{Z_c + Z_b} \\[2mm] -I_r = I_b\,\dfrac{Z_b - Z_c}{Z_b + Z_c} \end{array} \right\} \text{reflektierte Welle.} \quad\quad\right\} \tag{2.41.5}$$

Wenn man als passive Belastung den Fall des Kurzschlusses oder des Leerlaufs hat, ergibt sich aus Gl. (2.41.5) unter Anwendung von Gl. (1.74.1)

$$\left. \begin{aligned} Z_c &= 0 \\ U_c &= 0 \\ I_c &= 2I_b \\ U_r &= -U_b = U_b\,e^{j\pi} \\ -I_r &= I_b \end{aligned} \right\} \quad \text{bzw.} \quad \left. \begin{aligned} Z_c &= \infty \\ U_c &= 2\,U_b \\ I_c &= 0 \\ U_r &= U_b \\ -I_r &= -I_b = I_b\,e^{j\pi} \end{aligned} \right\} \tag{2.41.6}$$

Bis auf einen Phasenunterschied von π ist die reflektierte Strom-Spannungswelle in den beiden Fällen die gleiche und gleich der an den Verbindungspunkten ankommenden Welle. Dies bedeutet in beiden Fällen eine Totalreflexion.

2.42. Die Betriebsdämpfungsgleichung.

Häufig ist ein Vierpolnetz weder am Eingangs- noch am Ausgangspolpaar spiegelangepaßt. In diesem Abschnitt soll gezeigt werden, wie man in diesem Falle das Verhalten zwischen den Strömen und Spannungen an den genannten Polpaaren ermittelt.

Abb. 2.4.2 zeigt schematisch ein an beiden Polpaaren fehlangepaßtes Vierpolnetz, d. h.

$$Z_A \neq Z_a \quad \text{und} \quad \cdot Z_B \neq Z_b.$$

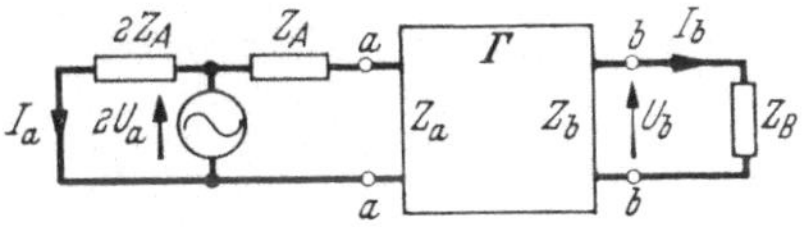

Die Strom-Spannungswelle

Abb. 2.4.2. Zu den Endbelastungen beliebig angepaßtes Vierpolnetz.

$$I_a = \frac{U_a}{Z_A} \left.\right\} \quad \text{bzw.} \quad I_b = \frac{U_b}{Z_B} \left.\right\} \qquad (2.42.1)$$
$$U_a \left.\phantom{\frac{U_a}{Z_A}}\right\} \qquad\qquad U_b \left.\phantom{\frac{U_b}{Z_B}}\right\}$$

geht vom Generator an dem Eingangspolpaar a aus bzw. kommt am Ausgangspolpaar b bei der passiven Belastung an (U_a ist hierbei gemäß Abschnitt 2.41 gleich der halben EMK des Generators). Es entstehen in einem solchen Fall Reflexionen an beiden Polpaaren, und zwischen den Polpaaren bilden sich daher unendlich viele hin- und zurückgehenden Strom-Spannungswellen aus. Die Berechnung der Spannung U_b nach den Gl. (2.35.1) und (2.41.5) ergibt

$$U_b = U_a \frac{2Z_a}{Z_A + Z_a} \sqrt{\frac{Z_b}{Z_a}}\, e^{-\Gamma} \frac{2Z_B}{Z_B + Z_b} + U_a \frac{2Z_a}{Z_A + Z_a} \sqrt{\frac{Z_b}{Z_a}}\, e^{-\Gamma} \frac{Z_B - Z_b}{Z_B + Z_b} \times$$

$$\times \sqrt{\frac{Z_a}{Z_b}}\, e^{-\Gamma} \frac{Z_A - Z_a}{Z_A + Z_a} \sqrt{\frac{Z_b}{Z_a}}\, e^{-\Gamma} \frac{2Z_B}{Z_B + Z_b} + U_a \frac{2Z_a}{Z_A + Z_a} \sqrt{\frac{Z_b}{Z_a}}\, e^{-\Gamma} \times$$

$$\times \frac{Z_B - Z_b}{Z_B + Z_b} \sqrt{\frac{Z_a}{Z_b}}\, e^{-\Gamma} \frac{Z_A - Z_a}{Z_A + Z_a} \sqrt{\frac{Z_b}{Z_a}}\, e^{-\Gamma} \frac{Z_B - Z_b}{Z_B + Z_b} \sqrt{\frac{Z_a}{Z_b}}\, e^{-\Gamma} \frac{Z_A - Z_a}{Z_A + Z_a} \times$$

$$\times \sqrt{\frac{Z_b}{Z_a}}\, e^{-\Gamma} \frac{2Z_B}{Z_B + Z_b} + \cdots$$

oder

$$U_b = U_a \frac{2Z_a}{Z_A + Z_a} \frac{2Z_B}{Z_B + Z_b} \sqrt{\frac{Z_b}{Z_a}}\, e^{-\Gamma} \left[1 + \frac{Z_A - Z_a}{Z_A + Z_a} \frac{Z_B - Z_b}{Z_B + Z_b}\, e^{-2\Gamma} + \right.$$

$$\left. + \left(\frac{Z_A - Z_a}{Z_A + Z_a} \frac{Z_B - Z_b}{Z_B - Z_b}\, e^{-2\Gamma}\right)^2 + \left(\frac{Z_A - Z_a}{Z_A + Z_a} \frac{Z_B - Z_b}{Z_B + Z_b}\, e^{-2\Gamma}\right)^3 + \cdots \right]$$

Das Resultat ist eine unendliche geometrische Reihe mit der Summe:

$$U_b = U_a \frac{2Z_a}{Z_A + Z_a} \frac{2Z_B}{Z_B + Z_b} \sqrt{\frac{Z_b}{Z_a}}\, e^{-\Gamma}\, \frac{1}{1 - \dfrac{Z_A - Z_a}{Z_A + Z_a} \dfrac{Z_B - Z_b}{Z_B + Z_b} e^{-2\Gamma}} \tag{2.42.2}$$

Aus den Gl. (2.42.1) und (2.42.2) erhält man unmittelbar

$$I_b = I_a \frac{2Z_A}{Z_A + Z_a} \frac{2Z_b}{Z_B + Z_b} \sqrt{\frac{Z_a}{Z_b}}\, e^{-\Gamma}\, \frac{1}{1 - \dfrac{Z_A - Z_a}{Z_A + Z_a} \dfrac{Z_B - Z_b}{Z_B + Z_b} e^{-2\Gamma}} \tag{2.42.3}$$

In Analogie mit der komplexen Spiegeldämpfung nach Gl. (2.35.2) definiert man als „komplexe Betriebsdämpfung" den Ausdruck

$$\Gamma_d = \frac{1}{2} \ln \frac{U_a I_a}{U_b I_b} \tag{2.42.4}$$

Setzt man das Spannungs- und Stromverhältnis der Gl. (2.42.2) bzw. (2.42.3) in Gl. (2.42.4) ein, so erhält man die Betriebsdämpfungsgleichung

$$\Gamma_d = \Gamma + \ln \frac{Z_A + Z_a}{2\sqrt{Z_A Z_a}} + \ln \frac{Z_B + Z_b}{2\sqrt{Z_B Z_b}} + \ln \left[1 - \frac{Z_A - Z_a}{Z_A + Z_a} \frac{Z_B - Z_b}{Z_B + Z_b} e^{-2\Gamma} \right].$$
$$\tag{2.42.5}$$

Die komplexe Betriebsdämpfung besteht somit aus der komplexen Spiegeldämpfung und drei von den Reflexionen abhängigen Korrektionstermen, welche wie folgt bezeichnet und benannt werden:

$$\left. \begin{aligned} \Gamma_{ta} &= \ln \frac{Z_A + Z_a}{2\sqrt{Z_A Z_a}} = \\ \Gamma_{tb} &= \ln \frac{Z_B + Z_b}{2\sqrt{Z_B Z_b}} = \end{aligned} \right\} \begin{array}{l} \text{komplexe Übergangs-} \\ \text{dämpfung am Polpaar} \end{array} \left. \begin{aligned} & a \\ & b \end{aligned} \right\} \tag{2.42.6}$$

$$\Gamma_{ri} = \ln \left[1 - \frac{Z_A - Z_a}{Z_A + Z_a} \frac{Z_B - Z_b}{Z_B + Z_b} e^{-2\Gamma} \right] = \begin{array}{l} \text{komplexe Rück-} \\ \text{wirkungsdämpfung.} \end{array}$$

Gewöhnlich ist

$$\Gamma_{ri} \approx - \frac{Z_A - Z_a}{Z_A + Z_a} \frac{Z_B - Z_b}{Z_B + Z_b} e^{-2\Gamma}. \tag{2.42.7}$$

Bei tabellarischen Berechnungen werden zweckmäßig die reellen Größen x, y und k gemäß nachstehenden Ausdrücken eingeführt:

$$\left. \begin{aligned} x_a + j\, y_a &= \pm \ln \frac{Z_A}{Z_a}, \quad \text{so daß} \quad x_a \geqq 0 \\[2mm] x_b + j\, y_b &= \pm \ln \frac{Z_B}{Z_b}, \quad \text{so daß} \quad x_b \geqq 0 \\[2mm] k = \begin{cases} 1 & \text{für } |Z_A| \gtrless |Z_a|, \quad \text{wenn} \quad |Z_B| \gtrless |Z_b| \\ 0 & \text{für } |Z_A| \gtrless |Z_a|, \quad \text{wenn} \quad |Z_B| \lessgtr |Z_b| \end{cases} \end{aligned} \right\}. \tag{2.42.8}$$

Unter Verwendung der Gl. (1.72.3), (1.72.4) und (1.74.1) kann dann Gl. (2.42.6) umgeformt werden zu

$$\left.\begin{aligned}
\Gamma_{ta} &= \ln \cosh \frac{x_a + j\,y_a}{2} \\[2mm]
\Gamma_{tb} &= \ln \cosh \frac{x_b + j\,y_b}{2} \\[2mm]
\Gamma_{ri} &= \ln \left[1 + \operatorname{tgh} \frac{x_a + j\,y_a}{2} \operatorname{tgh} \frac{x_b + j\,y_b}{2}\, e^{-2\,\Gamma + j\,k\,\pi} \right]
\end{aligned}\right\} \qquad (2.42.9)$$

2.43. Berechnung der Übergangsdämpfung.

Nach den Gl. (2.42.8) und (2.42.9) kann die komplexe Übergangsdämpfung wie folgt geschrieben werden:

$$\Gamma_t = \ln \cosh \frac{x + j\,y}{2}, \qquad (2.43.1)$$

wobei x und y die Fehlanpassung an einem Polpaar ausdrücken. Nach Gl. (1.74.2) kann Gl. (2.43.1) auch als

$$\Gamma_t = \frac{1}{2} \ln \left[\cosh^2 \frac{x}{2} - \sin^2 \frac{y}{2} \right] + j \operatorname{arctg} \left[\operatorname{tgh} \frac{x}{2} \operatorname{tg} \frac{y}{2} \right]$$

dargestellt werden oder nach den Gl. (1.72.2) und (1.72.3) als

$$\left.\begin{aligned}
\Gamma_t &= A_t + j\,B_t \\[2mm]
A_t &= \frac{1}{2} \ln \frac{1}{2} \left[\cosh x + \cos y \right] = \text{Übergangsdämpfung in Neper} \\[2mm]
B_t &= \operatorname{arctg} \left[\operatorname{tgh} \frac{x}{2} \operatorname{tg} \frac{y}{2} \right] = \text{Übergangswinkel in Radianen}
\end{aligned}\right\} \quad (2.43.2)$$

2.44. Berechnung der Reflexionsdämpfung.

Ein Schritt in der Berechnung der komplexen Rückwirkungsdämpfung besteht in der Berechnung der komplexen Reflexionsdämpfung, welche durch den Ausdruck

$$\Gamma_r = \ln \coth \frac{x + j\,y}{2} \qquad (2.44.1)$$

definiert ist. x und y geben die Fehlanpassung an einem Polpaar entsprechend Gl. (2.42.8) an. Eine Umformung von Gl. (2.44.1) mit Hilfe von Gl. (1.74.2) ergibt

$$\Gamma_r = \frac{1}{2} \ln \frac{\cosh x + \cos y}{\cosh x - \cos y} - j \operatorname{arctg} \left(\frac{\sin y}{\sinh x} \right)$$

oder nach Gl. (1.72.8)

$$\left.\begin{aligned}
\Gamma_r &= A_r + j\,B_r \\[2mm]
A_r &= \operatorname{artgh} \left(\frac{\cos y}{\cosh x} \right) = \text{Reflexionsdämpfung in Neper} \\[2mm]
B_r &= -\operatorname{arctg} \left(\frac{\sin y}{\sinh x} \right) = \text{Reflexionswinkel in Radianen}
\end{aligned}\right\} \quad (2.44.2)$$

Die Reflexionsdämpfung ist also ein Dämpfungsmaß für das Verhältnis von der an einer Reflexionsstelle ankommenden Welle zu der von dieser Stelle reflektierten Welle.

2.45. Berechnung der Rückwirkungsdämpfung.

Aus den Gl. (2.42.9) und (2.44.1) geht hervor, daß die komplexe Rückwirkungsdämpfung dargestellt werden kann als

$$\left.\begin{aligned} \Gamma_{ri} &= \ln[1 + e^{-(p+jq)}] \\ p + jq &= \Gamma_{ra} + \Gamma_{rb} + 2\Gamma - jk\pi \end{aligned}\right\} \qquad (2.45.1)$$

Gemäß Abschnitt 2.32 und Gl. (2.44.2) wird dann

$$\left.\begin{aligned} p &= A_{ra} + A_{rb} + 2A \quad \text{Neper} \\ q &= B_{ra} + B_{rb} + 2B - k\pi \quad \text{Radianen} \end{aligned}\right\} \qquad (2.45.2)$$

Gl. (2.45.1) kann auf Grund von Gl. (1.72.3) auch als

$$\Gamma_{ri} = \ln 2 \cosh \frac{p+jq}{2} - \frac{p+jq}{2}$$

geschrieben werden oder entsprechend Abschnitt 2.43 als

$$\left.\begin{aligned} \Gamma_{ri} &= A_{ri} + j\,B_{ri} \\ A_{ri} &= \frac{1}{2}\ln 2\,[\cosh p + \cos q] - \frac{p}{2} = \text{Rückwirkungsdämpfung} \\ & \qquad\qquad\qquad\qquad\qquad\qquad\qquad\quad \text{in Neper} \\ B_{ri} &= \operatorname{arctg}\left[\operatorname{tgh}\frac{p}{2}\operatorname{tg}\frac{q}{2}\right] - \frac{q}{2} = \text{Rückwirkungswinkel} \\ & \qquad\qquad\qquad\qquad\qquad\qquad\qquad\quad \text{in Radianen} \end{aligned}\right\} \qquad (2.45.3)$$

2.46. Die Rückwirkungsdämpfung in Fourier-Reihenentwicklung.

Wenn man die komplexe Rückwirkungsdämpfung [Gl. (2.45.1)] als Reihe mit Hilfe von Gl. (1.73.8) entwickelt, ergibt sich

$$\Gamma_{ri} = e^{-(p+jq)} - \frac{1}{2}e^{-2(p+jq)} + \frac{1}{3}e^{-3(p+jq)} - \cdots$$

oder nach Gl. (1.72.1)

$$\Gamma_{ri} = e^{-p}(\cos q - j\sin q) - \frac{1}{2}e^{-2p}(\cos 2q - j\sin 2q) + \cdots$$

womit

$$\left.\begin{aligned} A_{ri} &= e^{-p}\cos q - \frac{1}{2}e^{-2p}\cos 2q + \frac{1}{3}e^{-3p}\cos 3q - \cdots \\ B_{ri} &= -e^{-p}\sin q + \frac{1}{2}e^{-2p}\sin 2q - \frac{1}{3}e^{-3p}\sin 3q + \cdots \end{aligned}\right\} \qquad (2.46.1)$$

Für große Werte von p vereinfacht sich Gl. (2.46.1) zu

$$\left.\begin{aligned}
A_{ri} &\approx e^{-p}\cos q = \text{Rückwirkungsdämpfung in Neper} \\
B_{ri} &\approx -\,e^{-p}\sin q = \text{Rückwirkungswinkel in Radianen}
\end{aligned}\right\} \quad (2.46.2)$$

Vgl. Gl. (2.42.7).

2.47. Berechnung der Betriebsdämpfung.

Aus den Gl. (2.42.5), (2.42.6.), (2.43.1) und (2.45.1) ergibt sich die komplexe Betriebsdämpfung zu

$$\Gamma_d = \Gamma + \Gamma_{ta} + \Gamma_{tb} + \Gamma_{ri} \quad (2.47.1)$$

oder gemäß Abschnitt 2.42 und den Gl. (2.43.2) und (2.45.3) zu

$$\left.\begin{aligned}
\Gamma_d &= A_d + j\,B_d \\
A_d &= A + A_{ta} + A_{tb} + A_{ri} = \text{Betriebsdämpfung in Neper} \\
B_d &= B + B_{ta} + B_{tb} + B_{ri} = \text{Betriebswinkel in Radianen}
\end{aligned}\right\} \quad (2.47.2)$$

Die Betriebsdämpfung und der Betriebswinkel können somit durch Gl. (2.47.2) ermittelt werden, nachdem man die Berechnungen der Gl. (2.42.8), (2.43.2), (2.44.2) und von einer der Gl. (2.45.3), (2.46.1) oder (2.46.2) ausgeführt hat.

Aus den Gl. (2.42.6) und (2.45.2) erhält man als Spezialfälle:

$$\left.\begin{aligned}
&\text{Ist } Z_A = Z_a, \quad \text{dann wird} \quad A_{ta} = B_{ta} = A_{ri} = B_{ri} = 0 \\
&\text{Ist } Z_B = Z_b, \quad \text{dann wird} \quad A_{tb} = B_{tb} = A_{ri} = B_{ri} = 0 \\
&\text{Ist } \quad p \geqq 4 \text{ Neper}, \qquad \text{dann wird} \qquad A_{ri} \approx B_{ri} \approx 0
\end{aligned}\right\} \quad (2.47.3)$$

Wenn eine Fehlanpassung nur an einem Polpaar vorliegt, wenn die Spiegeldämpfung groß ist oder/und wenn die Fehlanpassungen klein sind, vereinfachen sich somit die Betriebsdämpfungsberechnungen erheblich.

2.48. Berechnungsbeispiel.

Die Betriebsdämpfungsberechnungen sollen in diesem Abschnitt durch ein Zahlenbeispiel erläutert werden. Nachstehende Angaben sollen als gegeben vorausgesetzt werden:

$$A = 0{,}500 \text{ Neper} \qquad\qquad B = 0{,}500 \text{ Radianen}$$
$$|Z_a| = |Z_b| = 1000 \text{ Ohm} \qquad \sphericalangle Z_a = \sphericalangle Z_b = -\,0{,}100 \text{ Rad.}$$
$$|Z_A| = |Z_B| = 500 \text{ Ohm} \qquad \sphericalangle Z_A = \sphericalangle Z_B = 0{,}000 \text{ Rad.}$$

Nach Gl. (2.42.8) wird

$$x_a + j\,y_a = x_b + j\,y_b = \ln \frac{1000}{500}\, e^{-j\,0{,}100} = 0{,}693 - j\,0{,}100 .$$

Also

$$x_a = x_b = \quad 0{,}693$$
$$y_a = y_b = -0{,}100$$
$$k = 1 \, .$$

Aus Gl. (2.43.2) erhält man

$$A_{ta} = A_{tb} = \frac{1}{2}\ln\frac{1}{2}\left[\cosh 0{,}693 + \cos 0{,}100\right] = 0{,}058 \text{ Nep.}$$

$$B_{ta} = B_{tb} = -\arctg\left[\operatorname{tgh} 0{,}3465 \, \operatorname{tg} 0{,}050\right] = -0{,}017 \text{ Rad.}$$

Aus Gl. (2.44.2) erhält man

$$A_{ra} = A_{rb} = \operatorname{artgh}\left(\frac{\cos 0{,}100}{\cosh 0{,}693}\right) = 1{,}088 \text{ Nep.}$$

$$B_{ra} = B_{rb} = \arctg\left(\frac{\sin 0{,}100}{\sinh 0{,}693}\right) = 0{,}132 \text{ Rad.}$$

Aus Gl. (2.45.2) erhält man

$$p = 1{,}088 + 1{,}088 + 1{,}000 = 3{,}176 \text{ Nep.}$$

$$q = 0{,}132 + 0{,}132 + 1{,}000 - \pi = -1{,}878 \text{ Rad.}$$

Dies eingesetzt in Gl. (2.45.3) ergibt

$$A_{ri} = \frac{1}{2}\ln 2\left[\cosh 3{,}176 + \cos 1{,}878\right] - 1{,}588 = -0{,}013 \text{ Nep}$$

$$B_{ri} = -\arctg\left[\operatorname{tgh} 1{,}588 \, \operatorname{tg} 0{,}939\right] + 0{,}939 = 0{,}041 \text{ Rad.}$$

oder in Gl. (2.46.2) eingesetzt

$$A_{ri} \approx e^{-3{,}176}\cos 1{,}878 = -0{,}013 \text{ Nep.}$$

$$B_{ri} \approx e^{-3{,}176}\sin 1{,}878 = 0{,}040 \text{ Rad.}$$

Aus Gl. (2.47.2) erhält man schließlich

$$A_d = 0{,}500 + 0{,}058 + 0{,}058 - 0{,}013 = \mathbf{0{,}603 \text{ Nep.}}$$

$$B_d = 0{,}500 - 0{,}017 - 0{,}017 + 0{,}041 = \mathbf{0{,}507 \text{ Rad.}}$$

Man ersieht aus diesem Beispiel, daß recht große Fehlanpassungen bestehen können, bevor sich die Reflexionen in der Betriebsdämpfung geltend machen. Es ist daher vorteilhaft, die Betriebsdämpfung als eine Korrektion der Spiegeldämpfung gemäß dem angeführten Verfahren zu berechnen.

2.5. Übliche Gliederstrukturen.

2.51. Das Kettennetz.

Lit. 9.401, 9.402 und 9.403.

Im vorhergehenden ist gezeigt worden, daß ein kompliziertes Vierpolnetz, das aus einzelnen spiegelgekoppelten Teilnetzen besteht, mathematisch leicht gemeistert werden kann, da die einzelnen Teilnetze individuell behandelt werden können. Ein in der beschriebenen Weise zusammengesetztes Vierpolnetz nennt man „Kettennetz", auch „Kettenleiter" oder einfach „Kette", die Teilnetze werden als „Glieder" bezeichnet. Die verschiedenen Glieder haben üblicherweise verschiedene Funktionen, z. B. die Einführung von Spiegeldämpfung oder Spiegelwinkeln von gewünschter Frequenzabhängigkeit oder die Bewirkung einer vorgegebenen Frequenzfilterung usw. im Kettennetz. Häufig jedoch erfordert die Erfüllung einer solchen Funktion nicht nur ein Glied, sondern eine Reihe von Gliedern, namentlich bei komplizierten Filteraufgaben.

Man kann natürlich komplizierte Vierpolnetze in verschiedenster Weise herstellen, das Kettennetz ist jedoch die einzige Ausführungsform, welche die in Abschnitt 2.31 hervorgehobenen praktischen Anforderungen zufriedenstellend erfüllt. In Abschnitt 2.83 wird die Überlegenheit des Kettennetzes weiterhin beleuchtet werden, insbesondere in Hinblick auf seine Anwendung als elektrisches Filter.

Das Studium eines Kettennetzes macht offensichtlich die Untersuchung der Glieder des Netzes erforderlich, worauf in den folgenden Abschnitten eingegangen wird. Es werden jedoch nur die einfachsten und besonders üblichen Gliedertypen behandelt.

2.52. Das zweiarmige Glied.

Das einfachste Glied ist das zweiarmige, welches als „L-Glied" bezeichnet wird und dessen Aufbau aus Abb. 2.5.1 zu ersehen ist. Es besteht aus einem „Längsarm" mit der Impedanz Z_1 und einem „Querarm" mit der Impedanz Z_2. Seine Kurzschluß- und Leerlaufimpedanzen sind offensichtlich

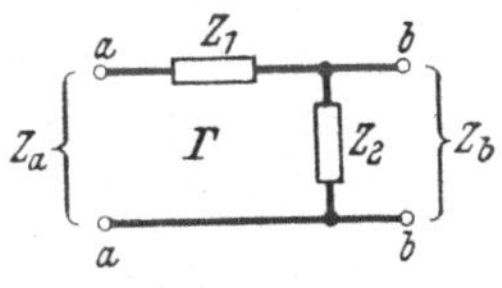

$$\left. \begin{aligned} Z_{ka} &= Z_1 \\ Z_{la} &= Z_1 + Z_2 \end{aligned} \right| \quad \left. \begin{aligned} Z_{lb} &= Z_2 \\ Z_{kb} &= \frac{Z_1 Z_2}{Z_1 + Z_2} \end{aligned} \right| \quad (2.52.1)$$

Abb. 2.5.1.
Zweiarmiges Glied.

Gemäß den Gl. (1.72.4), (2.21.2) und (2.32.1) werden die Spiegeleigenschaften

$$\left. \begin{aligned} Z_a &= \sqrt{Z_1(Z_1 + Z_2)} \\ Z_b &= Z_2 \sqrt{\frac{Z_1}{Z_1 + Z_2}} \\ \Gamma &= \operatorname{artgh} \sqrt{\frac{Z_1}{Z_1 + Z_2}} = \operatorname{arsinh} \sqrt{\frac{Z_1}{Z_2}} \end{aligned} \right\} \quad (2.52.2)$$

Aus Gl. (2.52.2) kann man den Ausdruck

$$\operatorname{tgh} \Gamma = \frac{Z_b}{Z_2} = \frac{Z_1}{Z_a}$$

bilden, woraus sich die Dimensionierungsformeln

ergeben.
$$Z_1 = Z_a \operatorname{tgh} \Gamma, \qquad Z_2 = Z_b \coth \Gamma \qquad (2.52.3)$$

Da die drei Spiegeleigenschaften von Gl. (2.52.2) lediglich durch zwei Impedanzen bestimmt werden, müssen diese voneinander abhängig sein. Durch Einsetzen der Ausdrücke von Z_1 und Z_2 der Gl. (2.52.3) in den Ausdruck für Γ in Gl. (2.52.2) ergibt sich die Abhängigkeit in der Form

$$\sqrt{\frac{Z_a}{Z_b}} = \cosh \Gamma. \qquad (2.52.4)$$

Mit Hilfe der Gl. (1.72.2) und (2.52.4) können die Dimensionierungsformeln [Gl. (2.52.3)] umgeformt werden zu

$$Z_1 = \frac{1}{2} Z_b \sinh 2\Gamma, \qquad Z_2 = 2 Z_a \frac{1}{\sinh 2\Gamma}. \qquad (2.52.5)$$

2.53. Symmetrische dreiarmige Glieder.

Man kann offenbar zwei L-Glieder mit ihren Quer- oder Längsarmen miteinander spiegelkoppeln, wie dies Abb. 2.5.2 links schematisch zeigt. Durch Verschmelzung der Querarme bzw. Längsarme erhält

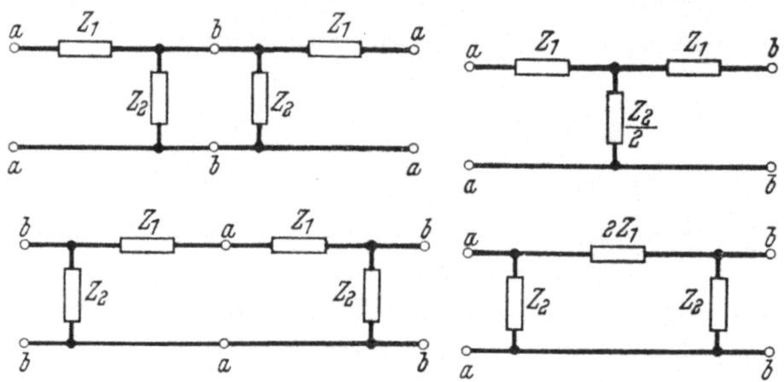

Abb. 2.5.2. Symmetrische dreiarmige Glieder.

man symmetrische dreiarmige Glieder, wie sie in Abb. 2.5.2 rechts dargestellt sind. Diese Glieder werden als „T-Glied" bzw. „Π-Glied" bezeichnet.

Nach den Gl. (2.36.1) und (2.52.2) erhält man für die komplexe Spiegeldämpfung dieser beiden Glieder

$$\Gamma = 2 \operatorname{arsinh} \sqrt{\frac{Z_1}{Z_2}} \qquad (2.53.1)$$

und die Spiegelimpedanzen dieser Glieder sind

$$\left. \begin{aligned} &Z = \sqrt{Z_1(Z_1 + Z_2)} \quad \text{für das } T\text{-Glied} \\ &Z = Z_2 \sqrt{\frac{Z_1}{Z_1 + Z_2}} \quad \text{für das } \Pi\text{-Glied} \\ &Z = Z_a = Z_b. \end{aligned} \right\} \qquad (2.53.2)$$

2.54. Ausbalancierte Glieder.

Die Längsarme werden häufig gleichmäßig auf die zwei Leitungszweige verteilt, wie dies in Abb. 2.5.3 oben für ein L-Glied, in der Mitte
für ein T-Glied und unten für ein Π-Glied ge-
zeigt ist. Die dargestellten Glieder wie auch
andere, welche in Hinsicht auf die Leitungszweige symmetrisch sind, nennt man „ausbalancierte Glieder". Die nach Abb. 2.5.3
vorgenommene Aufteilung der Längsarme verursacht keine Änderung der Spiegeleigenschaften
der Glieder, wovon man sich leicht überzeugen
kann, indem man die Kurzschluß- und Leerlaufimpedanzen dieser Glieder bestimmt.

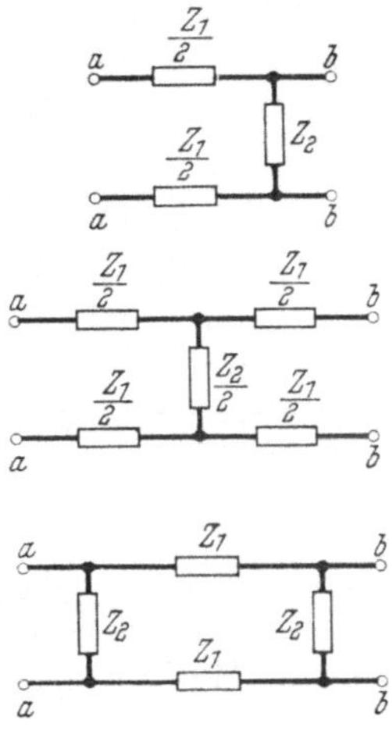

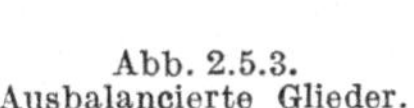

2.55. Das Gegen- und Mitspannungsverfahren.

Ein beliebiges symmetrisches Vierpolnetz
kann nach Abschnitt 2.14 stets durch ein Π-
Glied (Abb. 2.5.4) dargestellt werden. Für die
mathematische Behandlung derartiger Netze
ist es häufig besonders einfach und zweckmäßig, das sogenannte Gegen- und Mitspan-

Abb. 2.5.3.
Ausbalancierte Glieder.

nungsverfahren anzuwenden. Der Ausdruck „Mitspannung" wird hier als
Analogon zur „Gegenspannung" eingeführt und bedeutet nichts anderes, als daß es sich um eine Spannung handelt, die gleichsinnig mit
einer im Stromkreis vorhandenen anderen Spannung wirkt. Nach dem
genannten Verfahren bestimmt
man das Verhältnis von Spannung und Strom an den Polpaaren, wenn an diesen gleich
große Spannungen U aufgedrückt werden, und zwar einmal,
wenn diese Spannungen einander entgegenwirken (Abbildung 2.5.4 oben), und zum andern, wenn sie gleichsinnig zusammenwirken (Abb. 2.5.4 unten), um einen Stromfluß durch

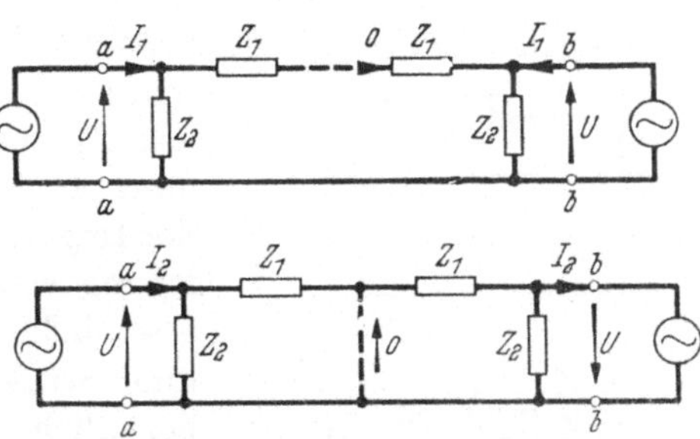

Abb. 2.5.4. Symmetrische Vierpolnetze, oben unter
Gegenspannung, unten unter Mitspannung.

die Längsarme zu erzeugen. Im ersteren Fall sagt man, daß dem Vierpolnetz „Gegenspannung", im letzteren Fall, daß ihm „Mitspannung"
aufgedrückt ist.

Bei Gegen- bzw. Mitspannung wird aus Symmetriegründen der
Strom in den Längsarmen bzw. die Spannung im Mittelpunkt des

Netzes gleich Null. Man kann deshalb das Netz an seinen Mittelpunkten unterbrechen bzw. kurzschließen, wie dies durch die gestrichelten Linien in Abb. 2.5.4 oben bzw. unten angedeutet ist, ohne daß dadurch die Spannungen an den Polpaaren und die Ströme verändert werden. Hieraus folgt unmittelbar, daß

$$\left.\begin{aligned}\frac{U}{I_1} &= Z_2 = Z_{l\frac{1}{2}} \quad \text{bei Gegenspannung} \\[2mm]\frac{U}{I_2} &= \frac{Z_1 Z_2}{Z_1 + Z_2} = Z_{k\frac{1}{2}} \quad \text{bei Mitspannung}\end{aligned}\right\} \tag{2.55.1}$$

wo $Z_{k\frac{1}{2}}$ und $Z_{l\frac{1}{2}}$ die Kurzschluß- bzw. Leerlaufimpedanzen für das halbe Vierpolnetz darstellen. Die Spiegeleigenschaften des symmetrischen Vierpolnetzes können folglich nach den Gl. (2.21.2) und (2.32.1) geschrieben werden als

$$Z = \sqrt{Z_{k\frac{1}{2}} Z_{l\frac{1}{2}}}, \quad \Gamma = 2 \operatorname{artgh} \sqrt{\frac{Z_{k\frac{1}{2}}}{Z_{l\frac{1}{2}}}} . \tag{2.55.2}$$

Man kann dazu natürlich bemerken, daß das gleiche Resultat in ebenso einfacher Weise dadurch erzielt werden kann, daß man das Glied in zwei gleiche Hälften spaltet und an einer derartigen Hälfte direkt die Kurzschluß- und Leerlaufimpedanz für das halbe Vierpolnetz bestimmt. In den nächstfolgenden Abschnitten wird jedoch gezeigt werden, daß es symmetrische Glieder gibt, die sich nicht ohne weiteres in zwei gleiche Vierpolnetze spalten lassen, auf die aber trotzdem das Gegen- und Mitspannungsverfahren anwendbar ist, weil sie äquivalent mit einem Π-Glied sind.

2.56. Das überbrückte Glied.

Überbrückte Glieder von der in Abb. 2.5.5 oben gezeigten Struktur bezeichnet man als „überbrücktes T-Glied". Solche Glieder bestehen

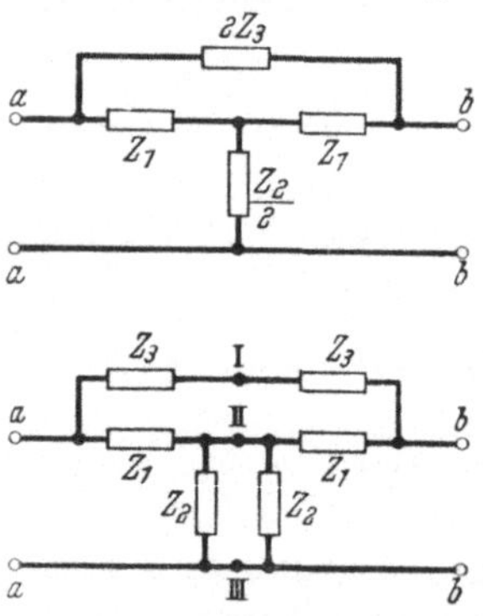

aus zwei „Längsarmen" mit den Impedanzen Z_1, einem „Querarm" mit der Impedanz $Z_2/2$ und einem „Brückenarm" mit der Impedanz $2\,Z_3$. Um das Resultat bei Anlegung von Gegen- und Mitspannung besser überblicken zu können, werden die Quer- und Brückenarme in zwei gleiche Hälften bezüglich der Admittanz bzw. Impedanz aufgeteilt, wie Abb. 2.5.5 unten zeigt. Bei Gegen- bzw. Mitspannung werden dann die Ströme in den Leitungsmittelpunkten I, II und III bzw. die Spannungen zwischen diesen Mittelpunkten gleich Null. Daher

Abb. 2.5.5. Überbrücktes Glied.

kann man die Leitungen in den Punkten I, II und III unterbrechen bzw. untereinander kurzschließen, ohne daß sich die Spannungen und Ströme an den Polpaaren ändern. Nach Gl. (2.55.1) wird dann

$$Z_{l\frac{1}{2}} = Z_1 + Z_2, \quad Z_{k\frac{1}{2}} = \frac{Z_1 Z_3}{Z_1 + Z_3}. \tag{2.56.1}$$

und mit den Gl. (2.55.2) und (2.56.1) werden dann die Spiegeleigenschaften

$$\left.\begin{aligned} Z &= \sqrt{Z_1 Z_3} \sqrt{\frac{Z_1 + Z_2}{Z_1 + Z_3}}, \\ \Gamma &= 2\,\mathrm{artgh}\,\sqrt{\frac{Z_1 Z_3}{(Z_1 + Z_2)(Z_1 + Z_3)}} \end{aligned}\right\} \tag{2.56.2}$$

2.57. Das Kreuzglied.

Das Kreuzglied, welches als „X-Glied" bezeichnet wird und dessen Struktur aus Abb. 2.5.6 zu entnehmen ist, besteht aus zwei „Längsarmen" mit der Impedanz Z_1 und zwei „Kreuzarmen" mit der Impedanz Z_2. Bei Gegen- bzw. Mitspannung werden aus Symmetriegründen die Längs- bzw. Kreuzarme stromlos. Nach Gl. (2.55.1) werden dann

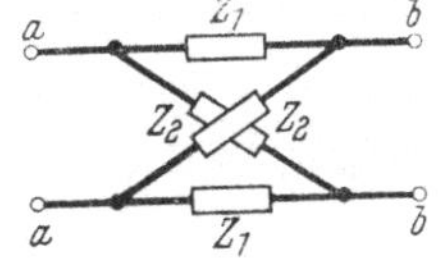
Abb. 2.5.6. Kreuzglied.

$$\left.\begin{aligned} Z_{l\frac{1}{2}} &= Z_2 \\ Z_{k\frac{1}{2}} &= Z_1 \end{aligned}\right\} \tag{2.57.1}$$

Gemäß den Gl. (2.55.2) und (2.57.1) werden somit die Spiegeleigenschaften des Kreuzglieds

$$\left.\begin{aligned} Z &= \sqrt{Z_1 Z_2} \\ \Gamma &= 2\,\mathrm{artgh}\,\sqrt{\frac{Z_1}{Z_2}} \end{aligned}\right\} \tag{2.57.2}$$

und aus Gl. (2.57.2) erhält man die Dimensionierungsformeln

$$\left.\begin{aligned} Z_1 &= Z\,\mathrm{tgh}\,\frac{\Gamma}{2} \\ Z_2 &= Z\,\mathrm{coth}\,\frac{\Gamma}{2} \end{aligned}\right\} \tag{2.57.3}$$

2.58. Differentialglieder.

Lit. 9.17.

Abb. 2.5.7 zeigt schematisch zwei Glieder, welche eine ideale Differentialdrossel D enthalten, d. h. eine verlust- und kapazitätsfreie Drossel mit Mittelpunktsanzapfung, deren Induktivität unendlich ist und deren Windungshälften miteinander fest gekoppelt sind. Das Glied in Abb. 2.5.7 oben, welches als „T-Differentialglied" bezeichnet wird, hat zwei Arme, nämlich einen „Querarm" mit der Impedanz $Z_2/2$ und einen „Brückenarm" mit der Impedanz $2Z_1$. Das Glied in Abb. 2.5.7 unten, welches man als „Differentialglied" bezeichnet, hat auch zwei Arme, einen „Längsarm" mit der Impedanz $2Z_1$ und einen „Kreuzarm" mit der Impedanz $2Z_2$. Obgleich dies aus dem Schema nicht ohne weiteres ersichtlich ist, handelt es sich auch hierbei um ein symmetrisches Glied. Es ergibt sich nämlich, daß

$$Z_{ka} = Z_{kb} = 2\,\frac{Z_1 Z_2}{Z_1 + Z_2}\,.\qquad(2.58.1)$$

Bei Gegen- bzw. Mitspannung wird aus Symmetriegründen der Brückenarm bzw. der Querarm im T-Differentialglied sowie der Längsarm bzw. der Kreuzarm im Differentialglied stromlos. Nach Gl. (2.55.1) werden dann für beide Glieder

$$Z_{l\frac{1}{2}} = Z_2,\quad Z_{k\frac{1}{2}} = Z_1.\qquad(2.58.2)$$

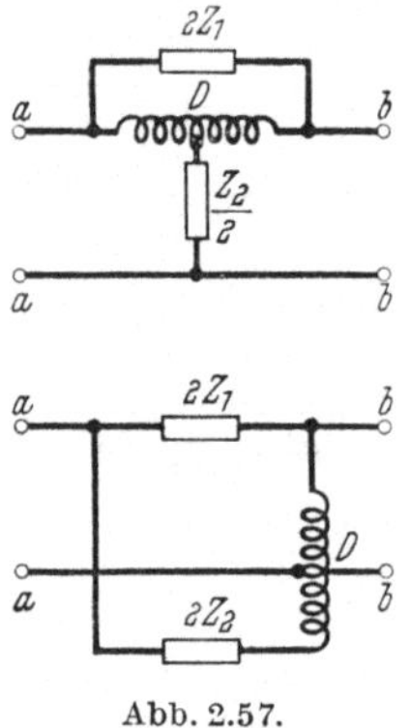

Abb. 2.57.
Differentialglieder.

Ein Vergleich zwischen Gl. (2.57.1) und (2.58.2) zeigt, daß das X-Glied, das T-Differentialglied und das Differentialglied für gleiche Impedanzwerte Z_1 und Z_2 einander äquivalent sind (siehe dazu Abschnitt 2.73). Sämtliche drei Glieder haben folglich die Spiegeleigenschaften nach Gl. (2.57.2) und können für vorgegebene Spiegeleigenschaften mittels Gl. (2.57.3) dimensioniert werden.

2.6. Funktionen der Glieder.

2.61. Das Widerstandsglied.

Lit. 9.18.

Sämtliche beschriebenen Gliederarten können dazu verwendet werden, um in die komplexe Dämpfung eines Kettennetzes einen im Hinblick auf die Frequenz konstanten zusätzlichen reellen Anteil einzuführen. In diesem Fall müssen die Zweige der Glieder aus reinen Widerständen bestehen. Man bezeichnet demgemäß ein derartiges Glied als „Widerstandsglied". Als Rechenbeispiel sollen ein Widerstands-T-Glied und ein Widerstands-X-Glied für die Spiegeleigenschaften

$$Z = 1000\ \text{Ohm},\quad \Gamma = A = 2\ \text{Neper}$$

dimensioniert werden.

Bei der Dimensionierung des T-Gliedes berechnet man zunächst ein L-Glied mit den Spiegeleigenschaften

$$Z_a = 1000\ \text{Ohm},\quad \Gamma = A = 1\ \text{Neper}.$$

Mit den Gl. (2.52.3) und (2.52.5) werden dann

$$Z_1 = 1000\,\mathrm{tgh}\,1 = 762\,\mathrm{Ohm},$$

$$Z_2 = \frac{2000}{\sinh 2} = 552\,\mathrm{Ohm}.$$

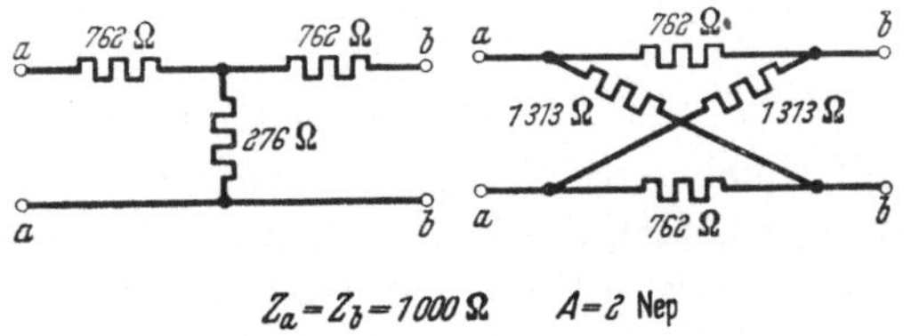

762 Ω · 762 Ω · 276 Ω · 762 Ω · 1313 Ω · 1313 Ω · 762 Ω · $Z_a = Z_b = 1000\,\Omega$ · $A = 2$ Nep

Abb. 2.6.1. Widerstandsglieder.

Entsprechend Abb. 2.5.2 oben rechts erhält dann das T-Glied die in Abb. 2.6.1 links angegebene Dimensionierung.

Bei der Dimensionierung des X-Gliedes kann man die Berechnungen mittels Gl. (2.57.3) ausführen:

$$Z_1 = 1000\,\mathrm{tgh}\,1 = 762\,\mathrm{Ohm}.$$

$$Z_2 = 1000\,\mathrm{coth}\,1 = 1313\,\mathrm{Ohm}.$$

Entsprechend Abb. 2.5.6 erhält das X-Glied dann die in Abb. 2.6.1 rechts angegebene Dimensionierung.

2.62. Das Korrektionsglied.
Lit. 9.2011 und 9.413.

Sämtliche beschriebenen Gliederarten können auch zur Korrektion der Frequenzabhängigkeit der Dämpfung in einem Kettennetz angewendet werden. Ein derartiges Glied bezeichnet man als „Korrektionsglied". Im folgenden soll die Wirkungsweise und Dimensionierung eines Korrektionsgliedes an Hand des in Abb. 2.6.2 oben links gezeichneten überbrückten T-Gliedes erläutert werden.

Wie ersichtlich, besteht der Brückenarm dieses Gliedes aus einer Kapazität $C/2$, und in den Querarm ist eine Induktivität $L/2$ eingefügt. Für die Winkelfrequenz Null wirkt die Kapazität als Unterbrechung und die Induktivität als Kurzschluß. Das Glied wirkt dann wie das Widerstandsglied, das in dem gestrichelten Viereck enthalten ist und das die nachstehenden resistiven Spiegeleigenschaften besitzt:

$$\left.\begin{aligned} Z &= Z_0 = \sqrt{Z_{0k\frac{1}{2}} Z_{0l\frac{1}{2}}} \\ \Gamma &= A_0 = 2\,\mathrm{artgh}\sqrt{\frac{Z_{0k\frac{1}{2}}}{Z_{0l\frac{1}{2}}}} \\ \omega &= 0 \end{aligned}\right\} \qquad (2.62.1)$$

$Z_{0k\frac{1}{2}}$ Kurzschlußwiderstand des halben T-Gliedes,

$Z_{0l\frac{1}{2}}$ Leerlaufwiderstand des halben T-Gliedes,

Für eine unendliche Winkelfrequenz wirkt dagegen die Kapazität als Kurzschluß und die Induktivität als Unterbrechung, wodurch das Widerstandsglied gleichsam ausgeschaltet ist. Die komplexe Spiegeldämpfung des Korrektionsgliedes wird dann:

$$\left.\begin{array}{l} \varGamma = 0 \\ \omega = \infty \end{array}\right\} \tag{2.62.2}$$

Wenn die Winkelfrequenz von Null bis Unendlich ansteigt, muß dementsprechend die Spiegeldämpfung vom Werte A_0 bis O abnehmen, wie dies die in Abb. 2.6.2 Mitte angegebene Kurve zeigt.

Nach dem Gegen- und Mitspannungsverfahren (Abschnitt 2.55)

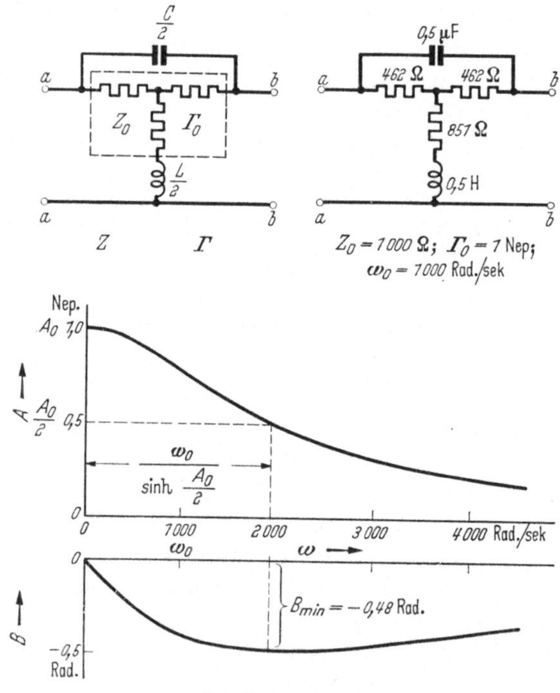

Abb 2.6.2. Korrektionsglied.

werden für eine beliebige Winkelfrequenz die Kurzschluß- und Leerlaufimpedanz für das halbe Korrektionsglied

$$Z_{k\frac{1}{2}} = \frac{1}{1/Z_{0k\frac{1}{2}} + j\,\omega\,C}\,, \qquad Z_{l\frac{1}{2}} = Z_{0l\frac{1}{2}} + j\,\omega\,L\,. \tag{2.62.3}$$

Führt man als Dimensionierungsbedingung

$$Z_0 = \sqrt{\frac{L}{C}} \tag{2.62.4}$$

ein, so erhält man aus Gl. (2.62.3)

$$Z_{k\frac{1}{2}} Z_{l\frac{1}{2}} = Z_{0k\frac{1}{2}} Z_{0l\frac{1}{2}} \frac{1 + j\,\omega\,L/Z_{0l\frac{1}{2}}}{1 + j\,\omega\,C\,Z_{0k\frac{1}{2}}} = Z_{0k\frac{1}{2}} Z_{0l\frac{1}{2}}$$

oder
$$Z = Z_0. \tag{2.62.5}$$

Die Dimensionierungsbedingung in Gl. (2.62.4) besagt somit, daß die Spiegelimpedanz des Korrektionsgliedes reell und frequenzunabhängig ist.

Aus den Gl. (2.62.3) und (2.62.4) erhält man ferner

$$\frac{Z_{l\frac{1}{2}}}{Z_{k\frac{1}{2}}} = [Z_{0l\frac{1}{2}} + j\,\omega\,L]\,[1/Z_{0k\frac{1}{2}} + j\,\omega\,C] = \frac{Z_{0l\frac{1}{2}}}{Z_{0k\frac{1}{2}}} \left[1 + j\,\omega\,\sqrt{LC}\,\sqrt{\frac{Z_{0k\frac{1}{2}}}{Z_{0l\frac{1}{2}}}} \right]^2$$

oder
$$\sqrt{\frac{Z_{l\frac{1}{2}}}{Z_{k\frac{1}{2}}}} = \sqrt{\frac{Z_{0l\frac{1}{2}}}{Z_{0k\frac{1}{2}}}} + j\,\omega\,\sqrt{LC}\,. \tag{2.62.6}$$

Nach den Gl. (2.55.2) und (2.62.6) wird damit

$$\left.\begin{aligned} \Gamma &= 2\,\mathrm{arcoth}\left[\coth\frac{A_0}{2} + j\,\frac{\omega}{\omega_0} \right] \\[2mm] \omega_0 &= \frac{1}{\sqrt{LC}} \end{aligned}\right\} \tag{2.62.7}$$

und gemäß Gl. (1.74.3) werden die Komponenten

$$\left.\begin{aligned} A &= \mathrm{arcoth}\,\frac{1}{2}\left\{ \coth\frac{A_0}{2} + \left[1 + \left(\frac{\omega}{\omega_0}\right)^2 \right] \mathrm{tgh}\,\frac{A_0}{2} \right\} \\[2mm] B &= -\mathrm{arccot}\,\frac{1}{2}\left\{ \frac{\omega_0}{\omega}\,\frac{1}{\sinh^2\frac{A_0}{2}} + \frac{\omega}{\omega_0} \right\} \end{aligned}\right\} \tag{2.62.8}$$

Aus Gl. (2.62.8) läßt sich leicht folgender interessanter Spezialfall ableiten:

$$\left.\begin{aligned} A &= \frac{A_0}{2} \\[2mm] B &= B_{\min} = -\arctan\sinh\frac{A_0}{2} \\[2mm] \omega &= \frac{\omega_0}{\sinh\frac{A_0}{2}} \end{aligned}\right\} \tag{2.62.9}$$

Die Dimensionierung des Korrektionsgliedes soll an einem Zahlenbeispiel erläutert werden, wobei folgende Werte als gegeben angenommen sind:

$$Z_0 = 1000\ \mathrm{Ohm}$$
$$A_0 = 1\ \mathrm{Neper}$$
$$\omega_0 = 1000\ \mathrm{Rad/sek}$$

Diese Werte entsprechen der in Abb. 2.6.2 Mitte gezeigten Spiegeldämpfungskurve, die aus Gl. (2.62.8) berechnet worden ist. Nach
Gl. (2.62.4) und (2.62.7) wird dann

$$L = \frac{Z_0}{\omega_0} = \frac{1000}{1000} = 1\,\mathrm{H}$$

$$C = \frac{1}{\omega_0 Z_0} = 10^{-6} = 1\,uF.$$

Aus den Gl. (2.52.3) und (2.52.5) erhält man ferner

$$Z_1 = 1000\,\mathrm{tgh}\,0{,}5 = 462\,\mathrm{Ohm}$$

$$Z_2 = 2000\,\frac{1}{\sinh 1} = 1702\,\mathrm{Ohm}.$$

Die Dimensionierung wird mithin so, wie sie in Abb. 2.6.2 oben rechts
angegeben ist.

Abb. 2.6.2 unten zeigt die Spiegelwinkelkurve des Korrektionsgliedes, die aus den Gl. (2.62.8) und (2.62.9) berechnet ist.

2.63. Das Phasenglied.

Nur mit dem überbrückten Glied, dem Kreuzglied und den Differen-
tialgliedern ist es möglich, einen rein imaginären Beitrag zur komplexen
Dämpfung eines Kettennetzes innerhalb des gesamten reellen Frequenzbereichs zu erhalten. Ein Glied mit einer solchen Funktion hat rein
reaktive Arme von spezieller Zusammensetzung und Dimensionierung
und wird als „Phasenglied" bezeichnet. Im folgenden soll die Wirkungsweise und Dimensionierung des Phasengliedes an Hand der in
Abb. 2.6.3 oben links schematisch dargestellten Glieder erläutert werden.

Wie ersichtlich, ist das eine Glied ein X-Glied, dessen Längsarme die Induktivität L und dessen Kreuzarme die Kapazität C
besitzen. Das andere ist ein Differentialglied, dessen Längsarm die
Induktivität $2L$ und dessen Kreuzarm die Kapazität $C/2$ hat.

Nach Gl. (2.57.2) und Abschnitt 2.58 besitzen die beiden Glieder
folgende Spiegeleigenschaften:

oder

$$Z = \sqrt{j\,\omega L\,\frac{1}{j\omega C}}, \quad \Gamma = 2\,\mathrm{artgh}\sqrt{j\,\omega L \cdot j\,\omega C}$$

$$\left.\begin{aligned}
Z &= \sqrt{\frac{L}{C}}, \quad B = 2\,\mathrm{arctg}\,\frac{\omega}{\omega_{11}} = \frac{\Gamma}{j} \\
A &= 0, \quad \omega_{11} = \frac{1}{\sqrt{LC}}
\end{aligned}\right\} \qquad (2.63.1)$$

welche offensichtlich die oben genannte Funktion eines Phasengliedes
erfüllen. Gl. (2.63.1) zeigt, daß beim Ansteigen der Winkelfrequenz

von Null bis Unendlich der Spiegelwinkel von 0 bis π zunimmt in Übereinstimmung mit der Kurve in Abb. 2.6.3 unten. Ein interessanter Spezialfall ist

$$B = \frac{\pi}{2}, \quad \omega = \omega_{11} \quad (2.63.2)$$

Die Dimensionierung des Phasengliedes soll an einem Zahlenbeispiel erläutert werden, wobei folgende Werte als gegeben angenommen sind:

$$Z = 800 \text{ Ohm},$$

$$\omega_{11} = 1600 \text{ Rad/sek}$$

welche der Spiegelwinkelkurve in Abb. 2.6.3 unten entsprechen. Nach Gl. (2.63.1) wird dann

$$L = \frac{Z}{\omega_{11}} = \frac{800}{1600} = 0,5\,\mathrm{H}$$

$$C = \frac{1}{\omega_{11} Z} = \frac{1}{1600 \cdot 800}$$

$$= 0,782\,\mu F.$$

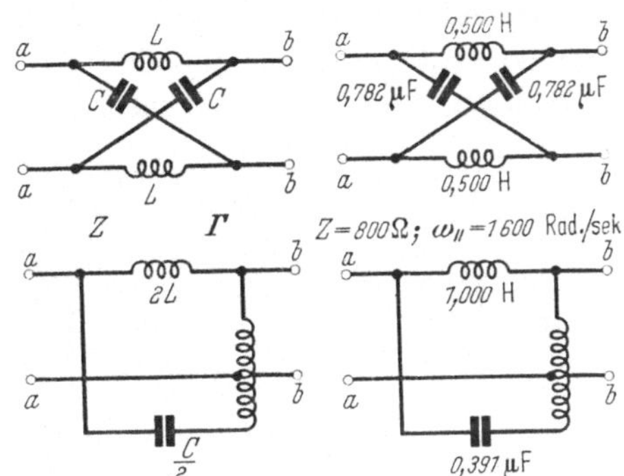

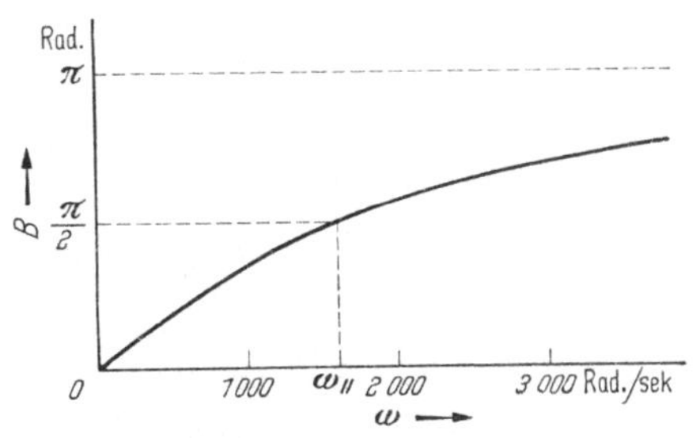

Abb. 2.6.3. Phasenglieder.

Die Glieder erhalten damit entsprechend den Abb. 2.5.6 und 2.5.7 die in Abb. 2.6.3 oben rechts angegebene Dimensionierung.

2.64. Das Filterglied.

Lit. 9.402 und 9.403.

Sämtliche beschriebenen Gliedertypen können zur Frequenzfilterung verwendet werden. Ein Glied mit einer solchen Funktion wird „Filterglied" genannt. Im folgenden soll die Wirkungsweise und Dimensionierung eines Filtergliedes an Hand des

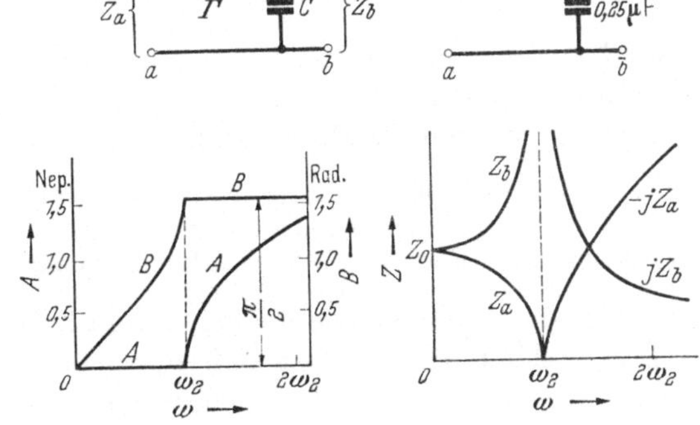

Abb. 2.6.4. Tiefpaßglied.

in Abb. 2.6.4 oben links schematisch gezeigten L-Gliedes, das ein sogenanntes „Tiefpaßglied" ist, erläutert werden.

Wie ersichtlich, besitzt der Längsarm des Tiefpaßgliedes die Induktivität L und der Querarm die Kapazität C. Gemäß Gl. (2.52.2) sind dann seine Spiegeleigenschaften

$$Z_a = \sqrt{j\,\omega\,L\left(j\,w\,L + \frac{1}{j\,\omega\,C}\right)}$$

$$Z_b = \frac{1}{j\,\omega\,C}\sqrt{\frac{j\,\omega\,L}{j\,\omega\,L + \frac{1}{j\,\omega\,C}}}$$

$$\Gamma = \operatorname{arsinh}\sqrt{\frac{j\,\omega\,L}{\frac{1}{j\,\omega\,C}}}$$

oder

$$
\left.
\begin{array}{ll}
& \omega < \omega_2 \qquad\qquad\qquad \omega > \omega_2 \\[2mm]
Z_a = Z_0\sqrt{1 - \left(\frac{\omega}{\omega_2}\right)^2} = j\,Z_0\sqrt{\left(\frac{\omega}{\omega_2}\right)^2 - 1} \\[4mm]
Z_b = Z_0\dfrac{1}{\sqrt{1 - \left(\frac{\omega}{\omega_2}\right)^2}} = -\,j\,Z_0\dfrac{1}{\sqrt{\left(\frac{\omega}{\omega_2}\right)^2 - 1}} \\[4mm]
\Gamma = j\arcsin\frac{\omega}{\omega_2} \qquad = \operatorname{arcosh}\frac{\omega}{\omega_2} + j\,\frac{\pi}{2}
\end{array}
\right\}
\qquad (2.64.1)
$$

wo

$$Z_0 = \sqrt{\frac{L}{C}}\,, \qquad \omega_2 = \frac{1}{\sqrt{L\,C}} \qquad\qquad (2.64.2)$$

In Abb. 2.6.4 unten sind die mit Gl. (2.64.1) berechneten Kurven über die Spiegeleigenschaften als Funktionen der Winkelfrequenz ω dargestellt. Aus diesen Kurven ist zu entnehmen, daß die Spiegeldämpfung

$$
\begin{array}{lll}
A = 0 & \text{für} & \omega = 0 \cdots \omega_2 \\
A > 0 & \text{für} & \omega = \omega_2 \cdots \infty
\end{array}
$$

ist, d. h. Ströme von Winkelfrequenzen unter ω_2 werden ungehindert hindurchgelassen, während Ströme von höheren Frequenzen als ω_2 gedämpft werden. Deshalb nennt man

$$
\begin{array}{ll}
0 \text{ bis } \omega_2 & \text{„Paßband" oder „Durchlaßfrequenzbereich"} \\
\omega_2 & \text{„Grenzwinkelfrequenz"} \\
\omega_2 \text{ bis } \infty & \text{„Sperrband" oder „Sperrfrequenzbereich"}
\end{array}
$$

Aus den Kurven geht weiter hervor, daß die Spiegelimpedanzen stark frequenzabhängig sind und daß sie innerhalb des Paßbandes reell und innerhalb des Sperrbandes imaginär sind.

Die Dimensionierung soll an einem Zahlenbeispiel erläutert werden, wobei folgende Werte als gegeben angenommen sind:

$$Z_0 = 200 \text{ Ohm} \qquad \omega_2 = 20000 \text{ Rad/sek}.$$

Gemäß Gl. (2.64.2) wird hiermit

$$L = \frac{Z_0}{\omega_2} = \frac{200}{20000} = 10 \text{ m H}$$

$$C = \frac{1}{Z_0 \, \omega_2} = \frac{1}{200 \cdot 20000} = 0{,}25 \, \mu \text{ F}$$

wie Abb. 2.6.4 oben rechts zeigt.

2.65. Anmerkung.

Das Widerstandsglied, das Korrektionsglied und das Phasenglied können leicht miteinander spiegelgekoppelt und zu einem Widerstand spiegelangepaßt werden, da nämlich ihre Spiegelimpedanzen reell und frequenzunabhängig sind. Anders verhält es sich mit dem Filterglied, das jedoch mit anderen Filtergliedern spiegelgekoppelt werden kann. Später soll aber gezeigt werden, daß ein Filterglied zumindest annähernd an einen Widerstand innerhalb des Paßbandes spiegelangepaßt werden kann, was in der Regel ausreichend ist.

Dadurch, daß man in bestimmter Weise die Reaktanzelemente in den in den Abschnitten 2.62, 2.63 und 2.64 gezeigten Gliedern gegen andere einfache oder zusammengesetzte Reaktanzelemente austauscht, erhält man neue Glieder, deren Spiegeleigenschaften einen andern Frequenzverlauf als den der dargestellten Glieder aufweisen. Auf diese Weise lassen sich Filterglieder herstellen, deren Paßband oberhalb des Sperrbandes liegt oder die je ein Sperrband zu beiden Seiten eines Paßbandes oder die je ein Paßband zu beiden Seiten eines Sperrbandes haben. Derartige Glieder bezeichnet man als „Hochpaßglied", „Bandpaßglied" und „Bandsperrglied".

Bevor auf die Darstellung dieser Glieder näher eingegangen wird, sollen zunächst einige allgemeine Eigenschaften von Impedanzen, insbesondere Reaktanzen, erklärt werden.

2.7. Allgemeine Impedanzeigenschaften.
2.71. Das Reaktanztheorem von FOSTER.

Lit. 9.09.

In diesem Abschnitt soll die Gesetzmäßigkeit der Eigenschaften einer reinen Reaktanz behandelt werden. Hierbei kann man zunächst feststellen, daß eine Reaktanz nach Tab. 1.66.2 nur bei reellen Winkelfrequenzen besteht. Diese Tabelle zeigt auch, daß die Reaktanzen für einen verlustfreien Kondensator und eine verlustfreie Spule

$$X = \begin{cases} -\dfrac{1}{\omega C} \\[2mm] \omega L \end{cases} \qquad (2.71.1)$$

sind; daraus folgt

$$\frac{dX}{d\omega} = \begin{cases} \dfrac{1}{\omega^2 C} \\[2mm] L \end{cases} \qquad (2.71.2)$$

Aus den Gl. (2.71.1) und (2.71.2) ergeben sich nachstehende Beziehungen, die — wie später gezeigt werden wird — für jede beliebige Reaktanz gültig sind. Bei Änderung des Vorzeichens der Winkelfrequenz gilt

$$X(-\omega) = -X(\omega) \qquad (2.71.3)$$

Ferner gilt sowohl für die induktive wie die kapazitive Reaktanz

$$\frac{dX}{d\omega} > 0 \qquad (2.71.4)$$

Endlich ergibt sich, daß

$$\begin{aligned} X &= \pm 0 \quad \text{oder} \quad = \pm \infty \\ \text{für} \quad \omega &= \pm 0 \quad \text{und} \quad = \pm \infty \end{aligned} \Bigg\} \qquad (2.71.5)$$

Ein zweipoliges Impedanznetz, das ausschließlich aus verlustfreien Kondensatoren und verlustfreien Spulen zusammengesetzt ist, wirkt als reine Reaktanz. Das Kennzeichen für reine Reaktanzen, nämlich daß sie keine Energie absorbieren, muß auch für die ganze Kombination gelten, wenn es für die einzelnen Bestandteile erfüllt ist. Zum gleichen Resultat gelangt man durch Berechnung einer zusammengesetzten Reaktanz mittels der Sternpolygontransformation nach Gl. (2.13.3) und den Formeln für Serien- und Parallelschaltung

$$\left. \begin{aligned} Z_{mn} &= j\,X_m\, j\,X_n \sum_\nu \frac{1}{j\,X_\nu} = j\,X_m\, X_n \sum_\nu \frac{1}{X_\nu} \\ Z_{mn} &= j\,X_m + j\,X_n = j(X_m + X_n) \\ Z_{mn} &= \frac{j\,X_m\, j\,X_n}{j\,X_m + j\,X_n} = j\,\frac{X_m\, X_n}{X_m + X_n} \end{aligned} \right\} \qquad (2.71.6)$$

d. h., jede Summierung von Reaktanzen besteht aus reellen Rechenoperationen und ergibt eine neue Reaktanz.

Wenn sämtliche Teilreaktanzen in den Gl. (2.71.6) ihr Vorzeichen wechseln, ändert sich offensichtlich auch das Vorzeichen der resultierenden Reaktanz, die aber im übrigen unverändert bleibt. Gl. (2.71.3) muß folglich auch für eine beliebig zusammengesetzte Reaktanz gültig sein.

Wenn sämtliche einzelnen Reaktanzen in einer zusammengesetzten Reaktanz mit zunehmender Frequenz wachsen, muß auch die resultierende Reaktanz wachsen, was durch folgende Überlegung erläutert werden kann: X sei eine beliebige einzelne Reaktanz in einem zweipoligen Reaktanznetz, das nach den Ausführungen in Abschnitt 2.14 durch drei Reaktanzen X_1, X_2 und X_3, wie in Abb. 2.7.1 schematisch gezeigt, dargestellt werden kann. Ferner werde zunächst vorausgesetzt, daß die Reaktanzen X_1, X_2 und X_3 konstante Werte besitzen. Wenn nun X wächst, müssen auch die Zusammenschaltungen dieser Reaktanz, zuerst mit der Reaktanz X_3, dann mit der Reaktanz X_2 und schließlich mit der Reaktanz X_1, in einer steigenden Reaktanz resultieren. Da somit die resultierende Reaktanz wächst, wenn die Einzelreaktanzen nacheinander anwachsen, so muß auch eine Zunahme eintreten, wenn alle Einzelreaktanzen gleichzeitig wachsen. Nach Gl. (2.71.2) muß also Gl. (2.71.4) auch für eine beliebig zusammengesetzte Reaktanz gültig sein.

Falls jede einzelne Reaktanz in einem zweipoligen Reaktanznetz entweder Null ist oder unendlich ist, muß dies je nach der Struktur des Reaktanznetzes entweder einen Kurzschluß oder eine Unterbrechung zwischen den Polen bedingen. Gl. (2.71.5) muß demnach für ein völlig beliebig zusammengesetztes Reaktanznetz gültig sein.

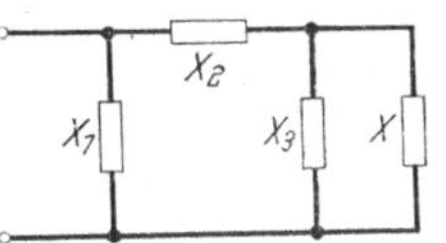

Abb. 2.7.1. Zweipolnetz zur Erläuterung des Reaktanztheorems.

Aus den Gl. (2.71.1) und (2.71.6) geht hervor, daß eine beliebige Reaktanz im Hinblick auf die Winkelfrequenz ω eine rationale Funktion sein muß, welche die Werte 0 und ∞ bei endlichen Winkelfrequenzen, den sogenannten „Resonanzwinkelfrequenzen", annehmen kann. Man sagt dann, daß für die Reaktanz Serien- bzw. Parallelresonanz vorliegt. Mit Berücksichtigung der Bedingungen der Gl. (2.71.3) und (2.71.5) kann der algebraische Ausdruck für eine Reaktanz geschrieben werden als

$$X = \begin{cases} -\dfrac{1}{WC} \\[2mm] WL \end{cases}$$

$$W = \omega\,\frac{1 + K_2\,\omega^2 + K_4\,\omega^4 + \cdots}{1 + K_1\,\omega^2 + K_3\,\omega^4 + \cdots} \qquad\qquad (2.71.7)$$

und mit Rücksicht auf die Bedingung Gl. (2.71.4) müssen die Konstanten K so beschaffen sein, daß

$$W = \omega\,\frac{\left[1 - \left(\dfrac{\omega}{\omega_2}\right)^2\right]\left[1 - \left(\dfrac{\omega}{\omega_4}\right)^2\right]\cdots}{\left[1 - \left(\dfrac{\omega}{\omega_1}\right)^2\right]\left[1 - \left(\dfrac{\omega}{\omega_3}\right)^2\right]\cdots} \qquad\qquad (2.71.8)$$

$$0 < \omega_1 < \omega_2 < \omega_3 \cdots$$

$$\omega_1,\, \omega_2,\, \omega_3,\, \omega_4,\, \cdots = \text{Resonanzwinkelfrequenzen}$$

W hat dann einen Frequenzverlauf, wie ihn die Kurve in Abb. 2.7.2 unten zeigt. Diese Kurve ist für die in Abb. 2.7.2 oben schematisch dargestellten Reaktanznetze berechnet.

Die angegebenen Beziehungen faßt man allgemein unter der Bezeichnung „Reaktanztheorem" wie folgt zusammen: *Eine beliebige Reaktanz wächst ständig mit zunehmender Frequenz und springt eventuell*

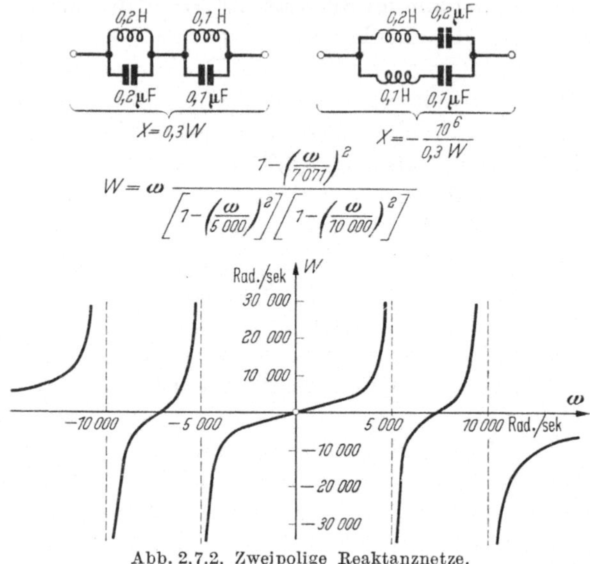

Abb. 2.7.2. Zweipolige Reaktanznetze.

für bestimmte Frequenzen von $+\infty$ zu $-\infty$. Bei den Frequenzen 0 und ∞ ist die Reaktanz $-\infty$ oder 0 bzw. 0 oder $+\infty$. Der Frequenzverlauf einer Reaktanz ist eindeutig bestimmt durch eine Kapazität oder eine Induktivität sowie durch ihre Resonanzwinkelfrequenzen.

Die Anzahl der Resonanzwinkelfrequenzen (im Beispiel Abb. 2.7.2 sind es drei) ist abhängig von der Anzahl der Reaktanzelemente im Netz. *Für jeden Kurvenzweig der W-Kurve, die positive oder negative Reaktanzwerte innerhalb des positiv reellen Winkelfrequenzbereiches darstellt, ist eine Spule bzw. ein Kondensator erforderlich. Die Anzahl der notwendigen Reaktanzelemente ist folglich gleich der Anzahl der Resonanzwinkelfrequenzen plus Eins.* Ein zweipoliges Impedanznetz kann jedoch auch aus mehr Reaktanzelementen bestehen, als zur Erzielung der Resonanzen des Netzes erforderlich ist.

2.72. Das Resistanztheorem.

Aus der Tab. 1.66.2 geht hervor, daß bei negativ imaginären Winkelfrequenzen nur positiv reelle Impedanzen vorkommen können. Gemäß den Gl. (2.71.7) und (2.71.8) kann hiermit die Impedanz für ein zweipoliges Impedanznetz, das beliebig nur aus verlustfreien Kondensatoren und Spulen zusammengesetzt ist, wie folgt ausgedrückt werden:

$$Z = \begin{cases} \dfrac{1}{j\,W\,C} \\[2mm] j\,W\,L \end{cases}$$

$$j\,W = \varrho\,\frac{\left[1 + \left(\dfrac{\varrho}{\omega_2}\right)^2\right]\left[1 + \left(\dfrac{\varrho}{\omega_4}\right)^2\right]\cdots}{\left[1 + \left(\dfrac{\varrho}{\omega_1}\right)^2\right]\left[1 + \left(\dfrac{\varrho}{\omega_3}\right)^2\right]\cdots} \tag{2.72.1}$$

jW hat dann einen Frequenzverlauf, wie ihn die Kurve in Abb. 2.7.3 darstellt. Diese Kurve ist für die in Abb. 2.7.2 oben schematisch dargestellten Reaktanznetze berechnet.

Aus Gl. (2.72.1) ergeben sich folgende Beziehungen, die als „Resistanztheorem" bezeichnet werden: *Die Impedanz eines zweipoligen Impedanznetzes aus verlustfreien Kondensatoren und Spulen ist positiv reell sowie endlich und kontinuierlich innerhalb des negativ imaginären Winkelfrequenzbereiches (ausgenommen bei den Winkelfrequenzen 0 und ∞, wo die Impedanz 0 oder ∞ wird), wenn die Anzahl der Resonanzwinkelfrequenzen endlich ist. Der Frequenzverlauf der Resistanz ist eindeutig bestimmt durch eine Kapazität oder eine Induktivität sowie durch die Resonanzwinkelfrequenzen des Netzes.*

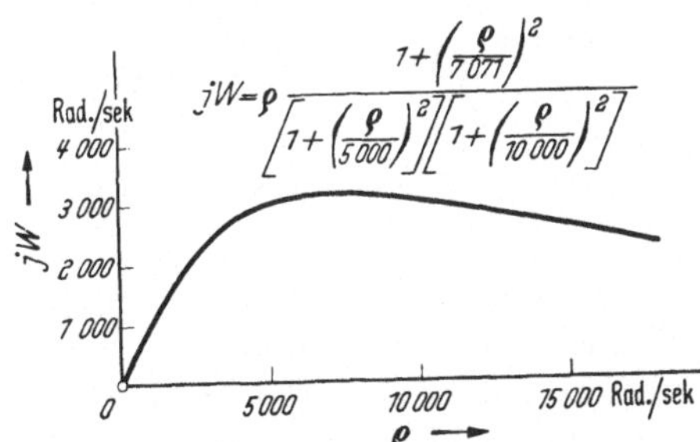

Abb. 2.7.3. jW-Kurve für negativ imaginäre Winkelfrequenzen.

Wird in das Impedanznetz ein Ohmscher Widerstand eingeführt, so verbleibt die Impedanz positiv reell sowie endlich und kontinuierlich innerhalb des negativ imaginären Winkelfrequenzbereiches (aber in diesem Fall im allgemeinen auch bei den Winkelfrequenzen 0 und ∞).

2.73. Äquivalente Reaktanznetze.

Lit. 9.341.

Zwei oder mehrere Reaktanznetze, d. h. in der folgenden Betrachtung zweipolige Impedanznetze, die nur aus verlustfreien Kondensatoren und Spulen bestehen, können verschiedene Netzstruktur und Dimensionierung besitzen, aber dennoch denselben Reaktanzwert haben. Solche Netze bezeichnet man als äquivalent. Wenn es gilt, ein Reaktanznetz zu ermitteln und zu dimensionieren, das einem gegebenen äquivalent sein soll, bringt man den Ausdruck für die Reaktanzen in die Form von Gl. (2.71.7) oder (2.71.8). Werden die Konstanten des einen Reaktanznetzes mit eingestrichelten und die des anderen mit zweigestrichelten Buchstaben bezeichnet, so sind die Dimensionierungsbedingungen

$$C' = C'' \quad \text{oder} \quad L' = L''$$

$$\left.\begin{array}{l} K_1' = K_1'' \\ K_2' = K_2'' \\ K_3' = K_3'' \\ \text{usw.} \end{array}\right\} \quad \text{oder} \quad \left.\begin{array}{l} \omega_1' = \omega_1'' \\ \omega_2' = \omega_2'' \\ \omega_3' = \omega_3'' \\ \text{usw.} \end{array}\right\} \qquad (2.73.1)$$

Damit ein Reaktanznetz so dimensioniert werden kann, daß es zu einem gegebenen äquivalent ist, ist es erforderlich, daß das Reaktanznetz bei Unterbrechung oder Kurzschluß die gleiche Auswirkung wie das gegebene bei den Winkelfrequenzen Null und unendlich zeigt. Dies kann leicht festgestellt werden an den Schaltungsschemen der Reaktanznetze durch Leitungsunterbrechung an allen Kondensatoren und Kurzschließen aller Spulen bzw. durch Kurzschluß aller Kondensatoren und Unterbrechung an allen Spulen, weil die beiden Reaktanznetze das gleiche Resultat geben sollen, d. h. Unterbrechung oder Kurzschluß. Außerdem ist erforderlich, daß die Anzahl der Reaktanzelemente des gesuchten Netzes mindestens gleich der Anzahl der Resonanzwinkelfrequenzen des gegebenen Netzes plus Eins ist.

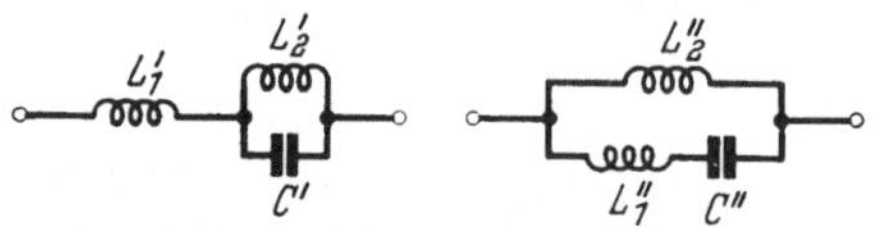

Abb. 2.7.4. Äquivalente Reaktanznetze.

Die Äquivalenzdimensionierung soll an folgendem Beispiel erläutert werden. Die in Abb. 2.7.4 schematisch dargestellten Reaktanznetze wirken beide als Kurzschluß für Gleichstrom und als Unterbrechung für die Frequenz ∞. Sie besitzen die gleiche Anzahl von Reaktanzelementen. Die für die Äquivalenzdimensionierung erforderlichen Voraussetzungen dürften deshalb erfüllt sein. Für die Impedanzen der Reaktanznetze erhält man

$$Z' = j\,\omega\,L_1' + \frac{j\,\omega\,L_2' \dfrac{1}{j\,\omega\,C'}}{j\,\omega\,L_2' + \dfrac{1}{j\,\omega\,C'}} = j\,\omega(L_1' + L_2')\,\frac{1 - \omega^2\,\dfrac{L_1'\,L_2'}{L_1' + L_2'}\,C'}{1 - \omega^2\,L_2'\,C'}$$

$$Z'' = j\,\omega\,L_2'' \,\frac{j\,\omega\,L_1'' + \dfrac{1}{j\,\omega\,C''}}{j\,\omega\,L_1'' + j\,\omega\,L_2'' + \dfrac{1}{j\,\omega\,C''}} = j\,\omega\,L_2'' \,\frac{1 - \omega^2\,L_1''\,C''}{1 - \omega^2(L_1'' + L_2'')\,C''}$$

Die Äquivalenzbedingungen werden somit nach Gl. (2.73.1)

$$\left.\begin{aligned} L_1' + L_2' &= L_2'' \\ \frac{L_1' L_2'}{L_1' + L_2'}\, C' &= L_1'' C'' \\ L_2' C' &= (L_1'' + L_2'')\, C'' \end{aligned}\right\} \qquad (2.73.2)$$

Aus Gl. (2.73.2) erhält man die Dimensionierungsbedingungen

$$C' = \left(1 + \frac{L_1''}{L_2''}\right)^2 C'', \qquad \left.\begin{aligned} L_1' &= \frac{L_1'' L_2''}{L_1'' + L_2''} \\ L_2' &= \frac{L_2''^2}{L_1'' + L_2''} \end{aligned}\right\} \qquad (2.73.3)$$

oder

$$C'' = \frac{C'}{\left(1 + \frac{L_1'}{L_2'}\right)^2}, \qquad \left.\begin{aligned} L_2'' &= L_1' + L_2' \\ L_1'' &= \left(1 + \frac{L_1'}{L_2'}\right) L_1' \end{aligned}\right\} \qquad (2.73.4)$$

2.74. Reaktanznetze mit unendlicher Anzahl von Reaktanzelementen.
Lit. 9.2020.

In diesem Abschnitt sollen ein paar Beispiele von Reaktanznetzen mit einer unendlichen Anzahl von Reaktanzelementen gezeigt werden. Gemäß den Gl. (1.72.2), (1.72.3) und (1.72.4) kann man schreiben

$$\operatorname{tg} x = \frac{\sin x}{\cos x} = \frac{x\left[1 - \left(\frac{x}{\pi}\right)^2\right]\left[1 - \left(\frac{x}{2\pi}\right)^2\right]\cdots}{\left[1 - \left(\frac{2x}{\pi}\right)^2\right]\left[1 - \left(\frac{2x}{3\pi}\right)^2\right]\left[1 - \left(\frac{2x}{5\pi}\right)^2\right]\cdots} \qquad (2.74.1)$$

Aus Gl. (2.74.1) kann offensichtlich ein W-Ausdruck [Gl. (2.71.8)] gebildet werden, indem man

$$x = \pi\,\frac{\omega}{\omega_0} \qquad (2.74.2)$$

setzt, womit

$$W = \frac{\omega_0}{\pi}\operatorname{tg}\frac{\pi\,\omega}{\omega_0} = \omega\,\frac{\left[1 - \left(\frac{\omega}{\omega_0}\right)^2\right]\left[1 - \left(\frac{\omega}{2\omega_0}\right)^2\right]\cdots}{\left[1 - \left(\frac{2\omega}{\omega_0}\right)^2\right]\left[1 - \left(\frac{2\omega}{3\omega_0}\right)^2\right]\cdots} \qquad (2.74.3)$$

Als Resonanzwinkelfrequenzen erhält man somit

$$\omega_1 = \frac{1}{2}\,\omega_0 \quad \omega_2 = \omega_0 \quad \omega_3 = \frac{3}{2}\,\omega_0 \quad \omega_4 = 2\,\omega_0 \quad \text{usw.} \qquad (2.74.4)$$

Aus den Gl. (2.71.7) und (2.74.3) erhält man die Impedanzen

$$\left.\begin{array}{l} j\,W\,L = j\,\dfrac{\omega_0 L}{\pi}\,\mathrm{tg}\,\dfrac{\pi\,\omega}{\omega_0} \\[3mm] \dfrac{1}{j\,W\,C} = \dfrac{\pi}{j\,\omega_0\,C} : \mathrm{tg}\,\dfrac{\pi\,\omega}{\omega_0} \end{array}\right\} \qquad (2.74.5)$$

oder gemäß Gl. (1.72.4)

$$j\,W\,L = \frac{j\,\omega\left(\dfrac{8L}{\pi^2}\right)}{1 - \omega^2\left(\dfrac{8L}{\pi^2}\right)\left(\dfrac{\pi^2}{2\,\omega_0^2\,L}\right)} + \frac{j\,\omega\left(\dfrac{8L}{9\pi^2}\right)}{1 - \omega^2\left(\dfrac{8L}{9\pi^2}\right)\left(\dfrac{\pi^2}{2\,\omega_0^2\,L}\right)} + \cdots$$

$$(2.74.6)$$

$$\frac{1}{j\,W\,C} = 1 : \left[\frac{j\,\omega\left(\dfrac{8C}{\pi^2}\right)}{1 - \omega^2\left(\dfrac{8C}{\pi^2}\right)\left(\dfrac{\pi^2}{2\,\omega_0^2\,C}\right)} + \frac{j\,\omega\left(\dfrac{8C}{9\pi^2}\right)}{1 - \omega^2\left(\dfrac{8C}{9\pi^2}\right)\left(\dfrac{\pi^2}{2\,\omega_0^2\,C}\right)} + \cdots \right]$$

Eine nähere Betrachtung der Impedanzen der Gl. (2.74.6) zeigt, daß diese den Impedanzen der in Abb. 2.7.5 schematisch dargestellten Reaktanznetze bei unendlicher Anzahl von Reaktanzelementen entsprechen.

Für negativ imaginäre Winkelfrequenzen erhält man aus Gleichung (2.74.5) die Impedanzen

$$j\,W\,L = j\,\frac{\omega_0 L}{\pi}\,\mathrm{tg}\,\frac{\pi(-\,j\,\varrho)}{\omega_0}$$

$$\frac{1}{j\,W\,C} = \frac{\pi}{j\,\omega_0\,C}\,\cot\frac{\pi(-\,j\,\varrho)}{\omega_0}$$

oder

$$j\,W\,L = \frac{\omega_0 L}{\pi}\,\mathrm{tgh}\,\frac{\pi\,\varrho}{\omega_0}$$

$$\frac{1}{j\,W\,C} = \frac{\pi}{\omega_0\,C}\,\coth\frac{\pi\,\varrho}{\omega_0} \qquad (2.74.7)$$

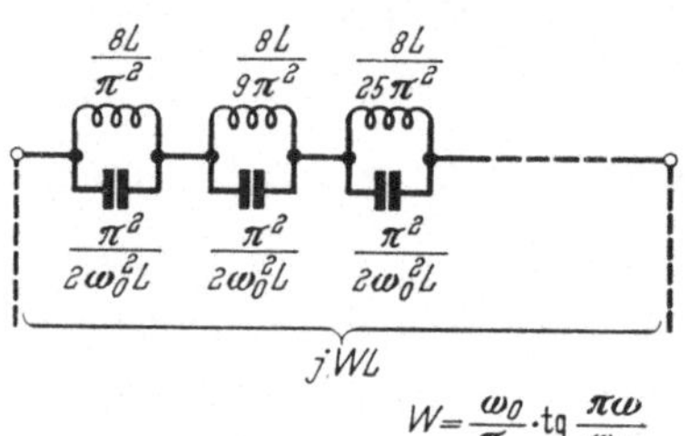

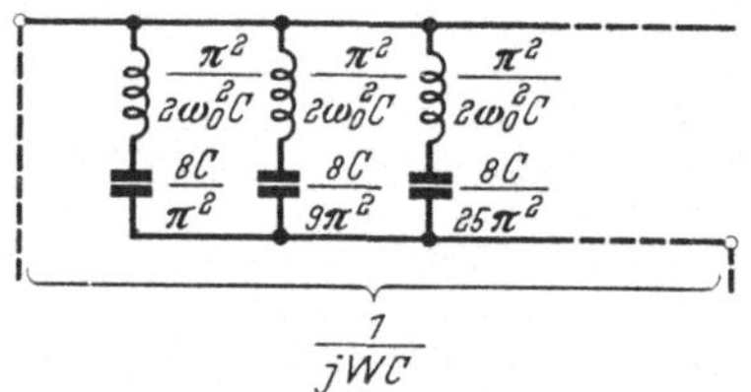

Abb. 2.7.5. Reaktanznetze mit unendlicher Anzahl von Reaktanzelementen.

Im besonderen wird

$$j\,W\,L = \frac{\omega_0 L}{\pi} \qquad \frac{1}{j\,W\,C} = \frac{\pi}{\omega_0\,C} \qquad \text{für } \varrho = \infty \qquad (2.74.8)$$

d. h., die Impedanzen sind endlich bei unendlicher negativ imaginärer Winkelfrequenz.

2.75. Die Stern-Dreieck-Transformation.

Lit. 9.414.

In der Regel ist eine Stern-Polygon-Transformation nicht umkehrbar, d. h., ein beliebiges Polygonnetz kann nicht in ein Sternnetz umgerechnet werden. Eine Ausnahme von dieser Regel bildet jedoch die Stern-Dreieck-Transformation, wobei die Impedanznetze dreipolig sind, wie Abb. 2.7.6 oben schematisch zeigt. Nach Gl. (2.13.3) wird die Dimensionierung des Dreiecknetzes:

$$Z_{12} = Z_1 + Z_2 + \frac{Z_1 Z_2}{Z_3} \qquad Z_{13} = Z_1 + Z_3 + \frac{Z_1 Z_3}{Z_2}$$
$$Z_{23} = Z_2 + Z_3 + \frac{Z_2 Z_3}{Z_1} \right\} \qquad (2.75.1)$$

oder bei umgekehrter Transformation die Dimensionierung des Sternnetzes

$$Z_1 = \frac{Z_{12} Z_{13}}{Z_{12} + Z_{13} + Z_{23}} \qquad Z_2 = \frac{Z_{12} Z_{23}}{Z_{12} + Z_{13} + Z_{23}}$$
$$Z_3 = \frac{Z_{13} Z_{23}}{Z_{12} + Z_{13} + Z_{23}} \right\} \qquad (2.75.2)$$

Aus den Gl. (2.75.1) und (2.75.2) folgt: Haben alle drei Impedanzen in dem einen Impedanznetz den gleichen Phasenwinkel, d. h.

sind die Impedanzen rein resistiv, rein kapazitiv oder rein induktiv, so haben sämtliche Impedanzen in dem andern Impedanznetz ebenfalls den gleichen Phasenwinkel. Wenn unter solchen Umständen das eine Impedanznetz physikalisch realisierbar ist, so muß dies auch für das andere Impedanznetz gelten.

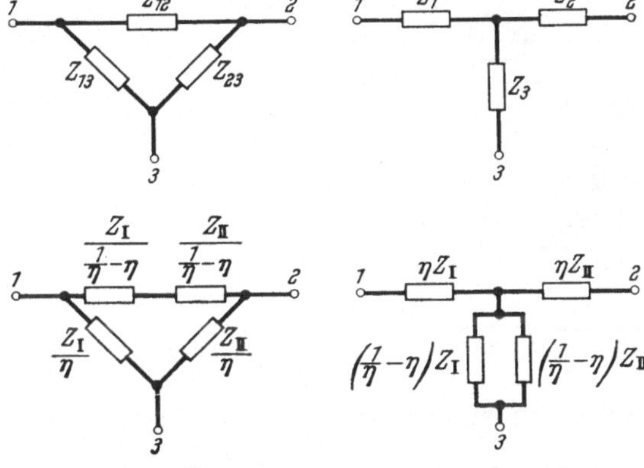

Abb. 2.7.6. Äquivalente dreipolige Impedanznetze.

Haben dagegen die drei Impedanzen in dem einen Impedanznetz ungleiche Phasenwinkel, so ist man hinsichtlich der physikalischen Realisierbarkeit an die in Abb. 2.7.6 unten angegebene Dimensionierung gebunden, was leicht mit Gl. (2.75.1) oder (2.75.2) kontrolliert werden kann. Hierbei ist

Z_I beliebige Impedanz, $\qquad$ η dimensionslose Konstante
Z_{II} andere beliebige Impedanz, $\qquad$ $1 > \eta > 0$

Abb. 2.7.7 zeigt ein Beispiel für die Vereinfachung eines Reaktanznetzes mittels sukzessiver Stern-Dreieck-Transformationen. Das ursprüngliche und das vereinfachte Reaktanznetz sind schematisch in Abb. 2.7.7 zu oberst bzw. zu unterst dargestellt, während die dazwischenliegenden Schemata die verschiedenen Umwandlungsstadien zeigen.

Abb. 2.7.7 zeigt rechts außerdem Beispiele von Stern-Dreieck-Transformationen für die in den Abbildungen eingerahmten Impedanzen sowohl bei gleichen wie auch bei ungleichen Phasenwinkeln.

Ein anderes Beispiel erhält man durch Ersatz der Induktivität L_1 im ursprünglichen Reaktanznetz mit einem Widerstand R_1, wobei die Induktivität L in dem vereinfachten Reaktanznetz durch einen Widerstand

$$R = (1 - \eta^2)^2\, R_1$$

zu ersetzen ist, während die Kapazitäten K und C beibehalten werden. Die Stern-Dreieck-Transformation ist somit nicht nur auf Reaktanznetze beschränkt.

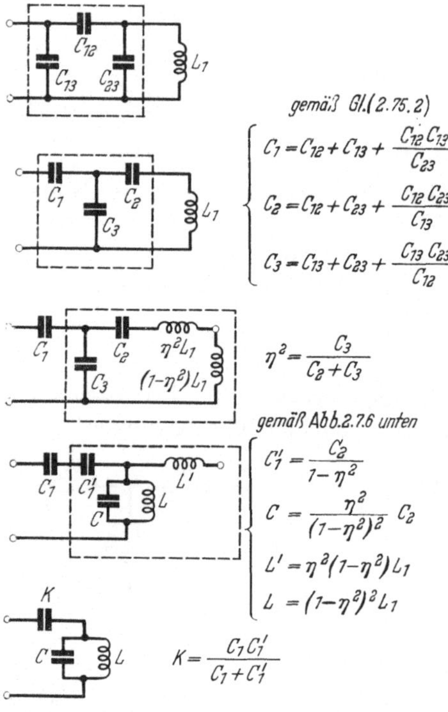

Abb. 2.7.7.
Impedanznetze zur Erläuterung der Netzreduktion durch Stern-Dreieck-Transformationen.

2.76.
Die Inverstransformation.

Zwei Impedanzen Z_I und Z_II werden als „invers" oder „widerstandsreziprok" bezeichnet, wenn

$$\left.\begin{aligned}\sqrt{Z_\mathrm{I}\, Z_\mathrm{II}} &= R = |R| \\ R &= \text{„Inversionskonstante"}\end{aligned}\right\} \qquad (2.76.1)$$

Die einfachsten Fälle von inversen Impedanzen sind

$$\left.\begin{aligned}Z_\mathrm{I} &= j\,\omega\,L & Z_\mathrm{II} &= \frac{1}{j\,\omega\,C} & R &= \sqrt{\frac{L}{C}} \\[2mm] Z_\mathrm{I} &= R_1 = |R_1| & Z_\mathrm{II} &= R_2 = |R_2| & R &= \sqrt{R_1\,R_2} \\[2mm] \left.\begin{aligned}Z_\mathrm{I} &= Z_\mathrm{I}' + Z_\mathrm{II}' \\ \frac{1}{Z_\mathrm{II}} &= \frac{1}{Z_\mathrm{I}''} + \frac{1}{Z_\mathrm{II}''}\end{aligned}\right\} & \multicolumn{3}{l}{\sqrt{Z_\mathrm{I}'\,Z_\mathrm{I}''} = \sqrt{Z_\mathrm{II}'\,Z_\mathrm{II}''} = R} \\[3mm] R = \sqrt{\dfrac{Z_\mathrm{I}' + Z_\mathrm{II}'}{\dfrac{1}{Z_\mathrm{I}''} + \dfrac{1}{Z_\mathrm{II}''}}}\end{aligned}\right\} \qquad (2.76.2)$$

Zwei inverse zweipolige Impedanznetze, d. h. solche, deren Impedanzen zwischen den Polen invers mit einer Inversionskonstante R sind, können somit auf folgende Weise zusammengesetzt und dimensioniert werden. Eine Kapazität C in dem einen Netz entspricht einer Induktivität L in dem andern mit der Dimensionierung $\sqrt{L/C} = R$, ein Widerstand R_1 in dem einen Netz entspricht einem Widerstand R_2 in dem andern mit der Dimensionierung $\sqrt{R_1 R_2} = R$, und eine Serienkopplung in dem einen Netz entspricht einer Parallelkopplung in dem andern. Im Hinblick auf die Frequenzabhängigkeit verhalten sich dabei die Impedanzen in dem einen Netz so wie die Admittanzen in dem andern und umgekehrt.

Abb. 2.7.8 oben zeigt ein noch allgemeineres Konstruktionsprinzip für zwei inverse Impedanznetze I und II, die aus Impedanzelementen mit den Impedanzen Z_1, Z_2, Z_3 und Z_4 bzw. den Admittanzen Y_1, Y_2, Y_3 und Y_4 bestehen, welche entsprechend

$$\sqrt{\frac{Z_1}{Y_1}} = \sqrt{\frac{Z_2}{Y_2}}$$

$$= \sqrt{\frac{Z_3}{Y_3}} = \sqrt{\frac{Z_4}{Y_4}} = R$$

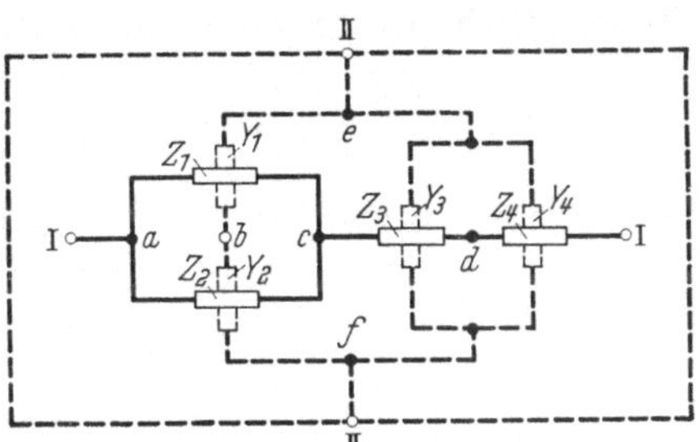

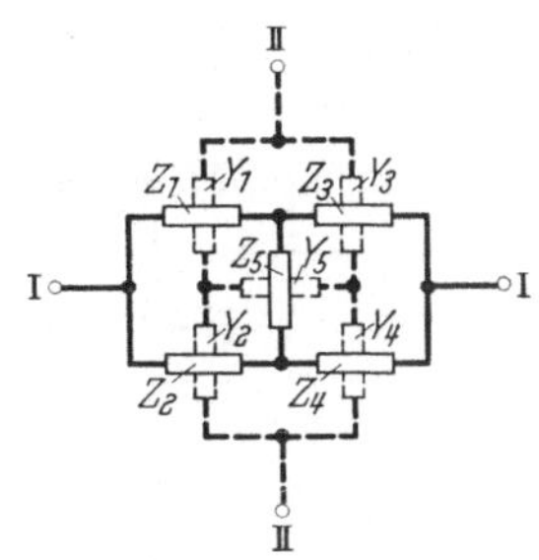

Abb. 2.7.8. Inverse Impedanznetze.

dimensioniert sind. Die Impedanznetze werden schematisch so aufgezeichnet, daß die Impedanz Z_1 die Admittanz Y_1 kreuzt, die Impedanz Z_2 die Admittanz Y_2 kreuzt usw. Darauf erfolgt die Zusammenschaltung in der Weise, daß der Knotenpunkt a zwischen den Impedanzen Z_1 und Z_2 von einem Kreis aus den Admittanzen Y_1 und Y_2 sowie einer Kurzschlußverbindung zwischen den Polen II eingeschlossen ist. Der Knotenpunkt b zwischen den Admittanzen Y_1 und Y_2 wird in einen Kreis aus den Impedanzen Z_1 und Z_2 eingeschlossen. Der Knotenpunkt c zwischen den Impedanzen Z_1, Z_2 und Z_3 ist in einem Kreis aus den Admittanzen Y_1, Y_2 und Y_3 einzuschließen usw. Mathematisch betrachtet entsprechen die Spannungen in dem einen Netz den Strömen in dem andern Netz und umgekehrt, wodurch die Ausdrücke Gl. (1.65.1) für die Spannungen längs den Netzmaschen des einen Netzes den Ausdrücken Gl. (1.65.2) für die Ströme an den Knotenpunkten im andern Netz entsprechen und umgekehrt.

Abb. 2.7.8 unten veranschaulicht die Anwendung dieses Konstruktionsprinzips auf zwei Impedanznetze, deren Aufbau nicht aus Parallel- und Serienkopplungen besteht, weshalb auch die Anwendung des erstgenannten Konstruktionsprinzips für diesen Fall nicht möglich ist.

Zwei Reaktanznetze mit gleichem W-Ausdruck Gl. (2.71.7) sind offensichtlich invers. Generell kann für zwei inverse Impedanznetze

$$Z_{\mathrm{I}} = j\,W\,L \qquad Z_{\mathrm{II}} = \frac{1}{j\,W\,C} \qquad R = \sqrt{\frac{L}{C}} \qquad (2.76.3)$$

geschrieben werden, wo unter W ganz allgemein auch komplexe Funktionen von ω verstanden werden sollen. Die Umwandlung eines Impedanznetzes in sein inverses Gegenstück nennt man „Inverstransformation".

2.77. Resistiv wirkende Netze mit Reaktanzelementen.

Ein zweipoliges Impedanznetz, das Reaktanzelemente enthält, kann eine rein resistive und frequenzunabhängige Impedanz innerhalb

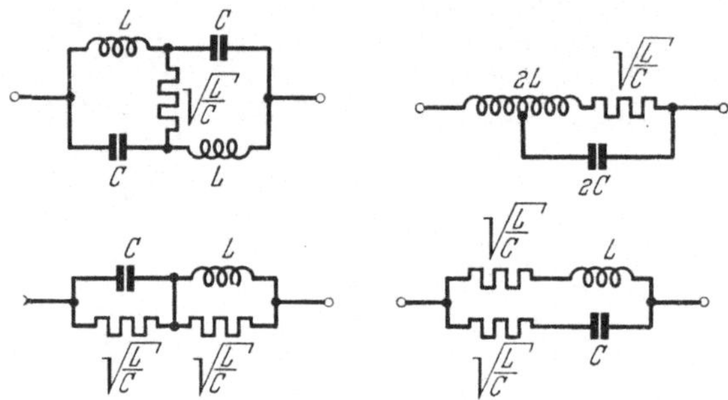

Abb. 2.7.9. Zweipolige Impedanznetze mit der Impedanz $\sqrt{\dfrac{L}{C}}$.

des ganzen reellen Winkelfrequenzbereiches besitzen. Abb. 2.7.9 zeigt schematisch einige Beispiele von derartigen Impedanznetzen mit der Impedanz $\sqrt{L/C}$.

Die Impedanznetze in Abb. 2.7.9 oben können als Phasenglieder betrachtet werden, die an einen resistiven Widerstand $\sqrt{L/C}$ spiegelangepaßt sind. Das Glied links ist ein X-Glied und das rechts ein T-Differentialglied, dessen Brückenarm mit der Induktivität $2L$ in die Differentialdrossel einbezogen ist. Gemäß Gl. (2.33.1) sind die Impedanzen der beiden Netze gleich der Spiegelimpedanz der Glieder, die $\sqrt{L/C}$ und folglich reell und frequenzunabhängig ist.

Die Impedanznetze in Abb. 2.7.9 unten sind offensichtlich invers mit der Inversionskonstanten $\sqrt{L/C}$. Da das linke Impedanznetz die Impedanz

$$Z = \frac{\dfrac{1}{j\omega C}\sqrt{\dfrac{L}{C}}}{\dfrac{1}{j\omega C} + \sqrt{\dfrac{L}{C}}} + \frac{j\omega L\sqrt{\dfrac{L}{C}}}{j\omega L + \sqrt{\dfrac{L}{C}}} = \sqrt{\dfrac{L}{C}}$$

besitzt, muß auch das rechte Impedanznetz die gleiche Impedanz haben.

2.8. Komplizierte Filter.

2.81. Untersuchung der Filtereigenschaften mit dem Reaktanztheorem.
Lit. 9.061, 9.10 und 9.16.

Im Abschnitt 2.6 sind verschiedene einfache Funktionen von Gliedern gezeigt worden. Mit Hilfe des Reaktanztheorems sollen nun kompliziertere Funktionen erläutert werden, und als Beispiel sei das Differentialglied Abb. 2.5.7 unten in der Verwendung als Bandpaßfilterglied gewählt.

Die Impedanzen im Längs- und Kreuzarm des Differentialgliedes seien rein reaktiv angenommen

$$2Z_1 = j\,2X_1,$$

$$2Z_2 = j\,2X_2 \qquad (2.81.1)$$

wobei die Reaktanzen $2X_1$ und $2X_2$ beispielsweise durch parallelgeschaltete Serienresonanzkreise mit dazu parallel liegender Spule gebildet werden, wie dies Abb. 2.8.1 oben schematisch zeigt. Nach den Gl. (1.72.8),

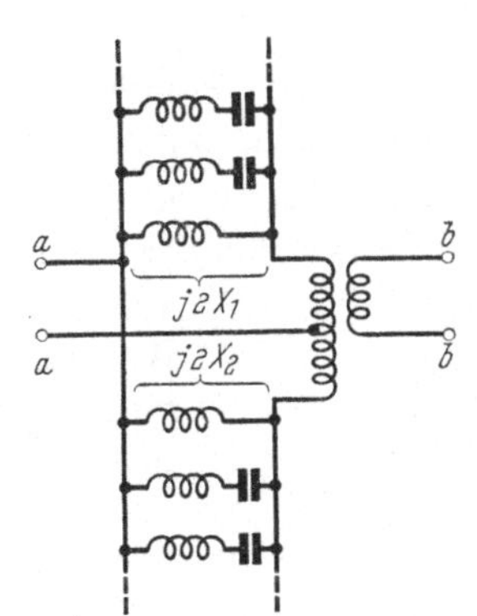

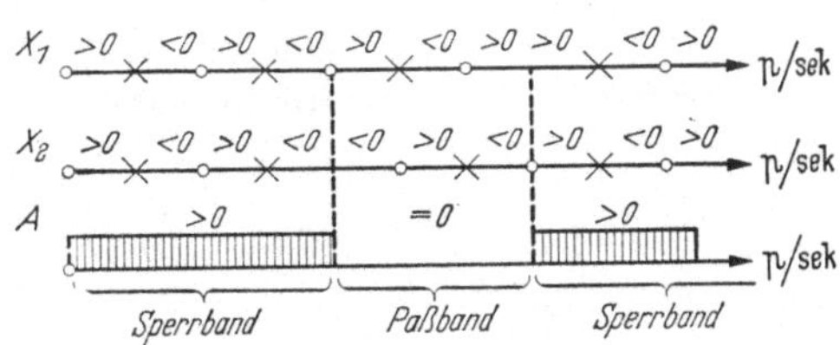

Abb. 2.8.1. Differentialfilter.

(2.57.2) und (2.81.1) ist die komplexe Spiegeldämpfung des Gliedes

$$\Gamma = 2\,\mathrm{artgh}\sqrt{\frac{X_1}{X_2}} = 2j\,\mathrm{arctg}\sqrt{-\frac{X_1}{X_2}} \qquad (2.81.2)$$

d. h.

$$\left.\begin{array}{l} A > 0 \quad \text{für} \quad X_1 \gtrless 0, \quad \text{wenn} \quad X_2 \gtrless 0 \\ A = 0 \quad \text{für} \quad X_1 \gtrless 0, \quad \text{wenn} \quad X_2 \lessgtr 0 \end{array}\right\} \qquad (2.81.3)$$

Die Parallelschaltung der Spule in den Reaktanznetzen bewirkt, daß die Reaktanzen $2X_1$ und $2X_2$ bei der Frequenz Null den Wert Null annehmen. Nach dem Reaktanztheorem müssen diese Reaktanzen den Wert Null folglich auch für die zweite, vierte, sechste usw. Resonanzfrequenz annehmen, während sie unendlich groß für die erste, dritte, fünfte usw. Resonanzfrequenz werden. Mit der in Abb. 2.8.1 unten graphisch dargestellten Verteilung der Null- und Unendlichkeitswerte der Reaktanzen in der Frequenzskala, die durch Ringe bzw. Kreuze markiert sind, erhält man gemäß Gl. (2.81.3) eine Bandpaßfilterwirkung, d. h. ein Paßband zwischen zwei Sperrbändern.

Die Spiegelimpedanz des Differentialgliedes wird nach Gl.(2.57.2)

$$Z = \pm j \sqrt{X_1 X_2} = \sqrt{-X_1 X_2} \qquad (2.81.4)$$

Sie ist also imaginär innerhalb des Sperrbandes und reell innerhalb des Paßbandes.

2.82. Steigerung der Filterwirkung.

Abb. 2.8.2 oben zeigt schematisch ein Differentialfilter, dessen Reaktanznetz aus zwei gleichen, durch Vierecke symbolisch dargestellten Filtern mit der komplexen Dämpfung Γ' besteht, wobei die Reaktanz des Längs- und Kreuzarmes die Kurzschlußreaktanz in dem einen bzw. die Leerlaufreaktanz in dem andern Filter an deren Polpaaren mit der Spiegelimpedanz $2Z$ darstellt. Nach Gl. (2.32.2) sind ihre Reaktanzen

$$-j\,2Z\,\mathrm{tgh}\,\Gamma' \qquad -j\,2Z\,\mathrm{coth}\,\Gamma' \qquad (2.82.1)$$

und nach Gl. (2.81.2) wird die komplexe Spiegeldämpfung des Differentialfilters mit den Reaktanzen Gl. (2.82.1)

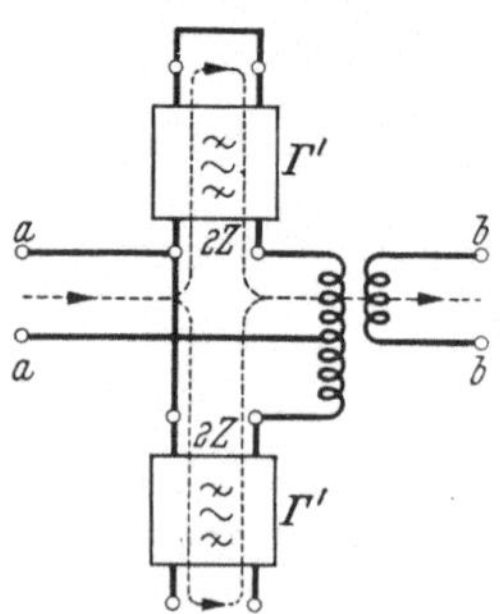

oder
$$\Gamma = 2\,\mathrm{artgh}\,\sqrt{\frac{\mathrm{tgh}\,\Gamma'}{\mathrm{coth}\,\Gamma'}}$$

$$\Gamma = 2\,\Gamma' \qquad (2.82.2)$$

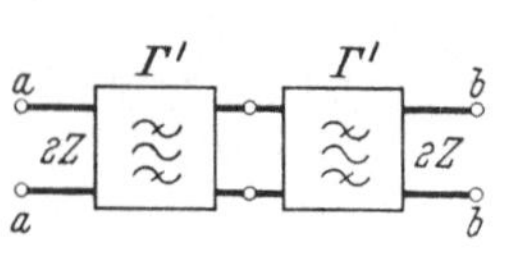

Abb. 2.8.2.
Zusammenkopplung von zwei Filtern zu einem Glied (oben) bzw. zu zwei Gliedern (unten).

Das Resultat kann durch folgende Überlegung veranschaulicht werden. Eine ankommende Strom-Spannungswelle kann vom Polpaar a (Abb. 2.8.2 oben) nicht direkt zum Polpaar b gelangen, weil die Differentialdrossel (abgesehen von den Reflexionen an den freien Polpaaren) mit den gleichen Spiegelimpedanzen $2Z$ ausbalanciert ist. Die Strom-Spannungswelle teilt sich daher gleichmäßig zwischen den Filtern auf und pflanzt sich zu den freien Polpaaren fort. An diesen erfolgt Totalreflexion; da jedoch das eine Polpaar kurzgeschlossen, das andere unterbrochen ist, entsteht gemäß Gl. (2.41.6) zwischen den reflektierten Teilwellen eine Phasendifferenz von π. Wenn die Teilwellen an der Differentialdrossel wieder zusammentreffen, verschmelzen sie zu einer Strom-Spannungswelle, welche sich zum Polpaar b fortpflanzt. Diese Welle hat somit auf dem Wege zwischen den Polpaaren a und b die Filter zweimal passiert und ist dabei jedesmal mit der komplexen Dämpfung Γ'' gedämpft worden. Die komplexe Spiegeldämpfung des Differentialfilters muß folglich $2\Gamma''$ sein in Übereinstimmung mit Gl. (2.82.2).

Das Differentialfilter hat somit innerhalb des Sperrbandes eine doppelt so große Dämpfung als die die Reaktanz bildenden Filter. Dies bedeutet eine Steigerung der Filterwirkung, aber auch eine Verdoppelung der Anzahl der Reaktanzelemente. Durch Anwendung von zwei gleichen Differentialfiltern der in Abb. 2.8.2 oben dargestellten Art als reaktanzbildende Filter in einem neuen Differentialglied kann man die Effektivität der Filterwirkung weiterhin steigern, wobei die Kompliziertheit des Differentialfilters zunimmt. Dieses Verfahren kann unbegrenzt oft wiederholt werden. Die Reaktanzen werden dabei immer komplizierter, d. h. die Anzahl ihrer Resonanzfrequenzen nimmt zu.

Man kann das aus Gl. (2.82.2) ersichtliche Resultat aber auch dadurch erzielen, daß man die reaktanzbildenden Filter in normaler Weise verwendet und sie in Kaskade schaltet, wie dies aus Abb. 2.8.2 unten zu entnehmen ist. Die Effektivität der Filterwirkung steigt dann mit der Anzahl der in Kaskade gekoppelten Filter, wobei aber natürlich auch die Anzahl der Reaktanzelemente in dem resultierenden Filter genau so zunimmt wie bei dem vorher beschriebenen Verfahren.

2.83. Die praktische Bedeutung des Kettenfilters.

Bei der konstruktiven Ausbildung eines komplizierten Filters kann man, wie in Abschnitt 2.82 gezeigt, die ganze Filterwirkung entweder in ein einziges kompliziertes Glied („Eingliedfilter") konzentrieren oder sie auf eine Reihe von spiegelgekoppelten, weniger komplizierten Gliedern („Filterkette") verteilen.

Als Vorteil eines Eingliedfilters kann geltend gemacht werden, daß seine Konzentration die Anwendung von Netzstrukturen ermöglicht, bei denen Reaktanzelemente eingespart werden können. Das Eingliedfilter besitzt jedoch einen entscheidenden Nachteil, der an Hand der Überlegung, die in Abschnitt 2.82 betreffs der Wirkungsweise des Differentialfiltergliedes angestellt worden ist, erläutert werden soll.

Da man aus ökonomischen Gründen mit Herstellungstoleranzen für Spulen und Kondensatoren rechnen muß, werden die beiden Filter, welche die Reaktanzen im Differentialglied nach Abb. 2.8.2 oben darstellen, einander nicht exakt gleich sein. Dies hat zur Folge, daß eine Strom-Spannungswelle entsteht, welche sich direkt zwischen den Polpaaren a und b fortpflanzt und welche folglich nicht der komplexen Dämpfung $2\Gamma''$ des reaktanzbildenden Filters unterliegt. Diese Welle ist zwar an sich schwach ausgebildet, sie kann aber doch innerhalb des Sperrbandes über die stark gedämpften Wellen, welche durch die Filter hindurchgegangen sind, dominieren. Dadurch wird die Sperrwirkung des Differentialfilters weitgehend aufgehoben.

Filter mit großer Sperrdämpfung müssen deshalb als Filterketten, deren Glieder eine relativ kleine Sperrdämpfung besitzen, ausgebildet werden, um dadurch zu verhindern, daß die ankommenden Strom-Spannungswellen auf unerwünschten Wegen zur Ausgangsseite des Filters gelangen. Dies ist auch mit Rücksicht auf die Justierbarkeit des Filters notwendig. Die Theorien für Kettennetze haben daher eine große Bedeutung für die Berechnungen von Filtern.

3. Frequenztransformationen[1].

3.1. Grundprinzip und Anwendungsbereich.

3.11. Frequenzsubstitution.

Lit. 9.061, 9.2010 und 9.36.

Ein Impedanznetz kann in der Weise umgewandelt werden, daß die Winkelfrequenz ω in den Impedanzausdrücken der Impedanzelemente des Netzes gegen eine Funktion $W(\omega)$ mit der Dimension einer Winkelfrequenz ausgetauscht wird, wonach die so erhaltenen Impedanzen dadurch dargestellt werden, daß man die betreffenden Impedanzelemente durch neue einfache oder zusammengesetzte ersetzt. Das Verfahren soll an einem Beispiel erläutert werden.

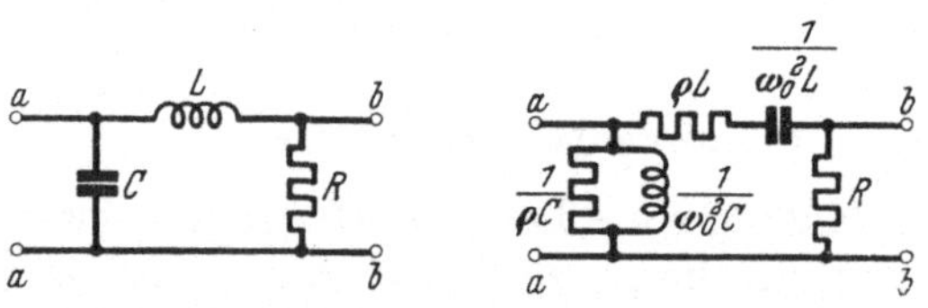

Abb. 3.1.1. Umwandlung eines Vierpolnetzes durch Frequenzsubstitution.

---

[1] Um Mißdeutungen vorzubeugen, sei darauf hingewiesen, daß der Begriff „Frequenztransformation", den der Verfasser für die von ihm entwickelten Verfahren für das Studium und den Bau von Impedanznetzen eingeführt hat, eine Berechnungsmethode ist, nicht aber eine physikalische Umwandlung einer Betriebsfrequenz, wie z. B. die in der Hochfrequenztechnik gebräuchliche Frequenzvervielfachung, bedeutet.

Die Impedanzausdrücke für die Impedanzelemente im Vierpolnetz Abb. 3.1.1 links sind:

$$\frac{1}{j\,\omega\,C} \qquad j\,\omega\,L \qquad R \tag{3.11.1}$$

Wird die Winkelfrequenz ω in Gl. (3.11.1) durch

$$\left.\begin{aligned} W &= -\left(j\varrho + \frac{\omega_0^2}{\omega}\right) \\[2mm] \left.\begin{aligned} \varrho \\ \omega_0 \end{aligned}\right\} &\ \text{positiv reelle Konstanten} \end{aligned}\right\} \tag{3.11.2}$$

ersetzt, so erhält man

$$\left.\begin{aligned} \frac{1}{j\,W\,C} &= \frac{1}{\varrho\,C + \dfrac{\omega_0^2\,C}{j\,\omega}} \\[3mm] j\,W\,L &= \varrho\,L + \frac{\omega_0^2\,L}{j\,\omega} \\[2mm] R &= R \end{aligned}\right\} \tag{3.11.3}$$

Diese Impedanzen können offensichtlich nachgebildet werden durch die in Abb. 3.1.1 rechts gezeigte Anordnung von Impedanzbelastungen. Das Vierpolnetz in Abb. 3.1.1 links ist also durch die Frequenzsubstitution in das Vierpolnetz Abb. 3.1.1 rechts umgewandelt worden.

Von wesentlicher Bedeutung ist dabei, daß bei der Umwandlung eines Impedanznetzes mittels Frequenzsubstitution auch die komplexen Ausdrücke für die Eigenschaften des Netzes mit der gleichen Frequenzsubstitution umgewandelt werden. Daß dies der Fall sein muß, ersieht man daraus, daß die Ausdrücke für die Eigenschaften des Netzes nur aus den Impedanzausdrücken für die Impedanzelemente des Netzes, an denen die Frequenzsubstitution auszuführen ist, zusammengesetzt sind.

Wenn folglich

$$f(\omega)$$

eine komplexe Eigenschaft des Vierpolnetzes Abb. 3.1.1 links ist, so muß die entsprechende Eigenschaft des Vierpolnetzes Abb. 3.1.1 rechts

$$f(W) = f\left(-j\varrho - \frac{\omega_0^2}{\omega}\right) \tag{3.11.4}$$

sein.

3.12. Impedanzmultiplikation.

Lit. 9.2014.

Ein Impedanznetz kann aber auch auf solche Weise umgewandelt werden, daß der Impedanzausdruck eines jeden Armes des Netzes mit ein und derselben dimensionslosen Funktion $\psi(\omega)$ multipliziert wird, wonach die so erhaltenen Impedanzen dadurch dargestellt werden, daß man die betreffenden Netzarme durch neue einfache oder zusammengesetzte ersetzt. Das Verfahren soll durch ein Beispiel erläutert werden.

Die Impedanzausdrücke für die Arme des Vierpolnetzes in Abb. 3.1.2 links sind

$$R, \quad \frac{1}{G+j\omega C}, \quad j\omega L \tag{3.12.1}$$

Werden diese Ausdrücke mit

$$\psi = 1 + \frac{G}{j\omega C} \tag{3.12.2}$$

multipliziert, so erhält man

$$\left. \psi R = R + \frac{1}{j\omega\dfrac{C}{RG}} \qquad \psi\frac{1}{G+j\omega C} = \frac{1}{j\omega C} \atop \psi j\omega L = j\omega L + G\frac{L}{C} \right\} \tag{3.12.3}$$

Diese Impedanzen können offensichtlich mittels der in Abb. 3.1.2 rechts dargestellten Impedanzarme verifiziert werden. Das Vierpolnetz Abb. 3.1.2 links ist somit in das Vierpolnetz Abb. 3.1.2 rechts durch Impedanzmultiplikation umgewandelt worden.

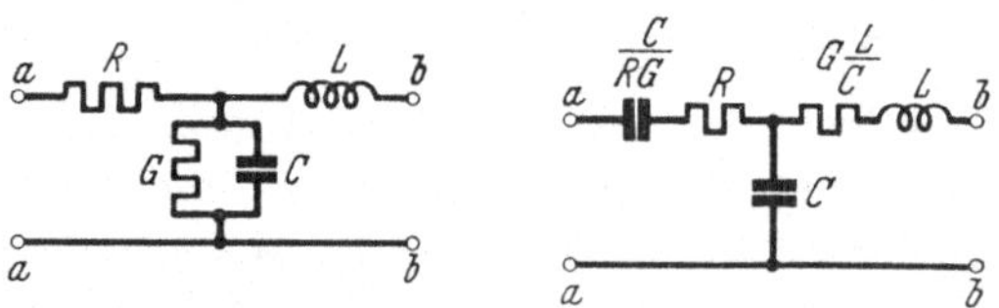

Abb. 3.1.2. Umwandlung eines Vierpolnetzes durch Impedanzmultiplikation.

Von wesentlicher Bedeutung ist dabei, daß bei Umwandlung eines Impedanznetzes durch Impedanzmultiplikation diejenigen Eigenschaften, die eine eindeutige Funktion des Verhältnisses zweier Ströme oder zweier Spannungen im Netz sind, d. h. die Dämpfungseigenschaften, keine Veränderung erfahren. Diejenigen Eigenschaften jedoch, die ein Verhältnis zwischen einer Spannung und einem Strom im Netz darstellen, d. h. die Impedanzeigenschaften, werden mit der betreffenden Funktion $\psi(\omega)$ multipliziert. Daß dies der Fall sein muß, ersieht man aus folgender Überlegung.

Die Berechnung der Impedanzeigenschaften des umgewandelten Netzes aus den Impedanzen der Netzarme kann stets durch die

Stern-Polygon-Transformation nach Gl. (2.13.3), durch die Bildung der Ausdrücke für die Serien- und Parallelschaltung sowie des Ausdrucks für den geometrischen Mittelwert ausgeführt werden:

$$
\begin{aligned}
Z_{mn} &= \psi Z_m\, \psi Z_n \sum_\nu \frac{1}{\psi Z_\nu} = \psi \left(Z_m Z_n \sum_\nu \frac{1}{Z_\nu} \right) \\
Z_{mn} &= \psi Z_m + \psi Z_n = \psi (Z_m + Z_n) \\
Z_{mn} &= \frac{\psi Z_m\, \psi Z_n}{\psi Z_m + \psi Z_n} = \psi\, \frac{Z_m Z_n}{Z_m + Z_n} \\
Z_{mn} &= \sqrt{\psi Z_m\, \psi Z_n} = \psi \sqrt{Z_m Z_n}
\end{aligned}
\qquad (3.12.4)
$$

d. h. jede Zusammenrechnung von mit ψ multiplizierten Impedanzen wird gleich der mit ψ multiplizierten Zusammenrechnung der ursprünglichen (ψ-losen) Impedanzen.

Ein Strom- oder Spannungsverhältnis in dem umgewandelten Netz kann stets unter Hinzunahme einer beliebigen Spannung bzw. eines beliebigen Stromes im Netz als ein Verhältnis von Impedanzen angesehen werden:

$$
\frac{I_m}{I_n} = \frac{I_m U}{U I_n} = \frac{\psi Z_n}{\psi Z_m} = \frac{Z_n}{Z_m}
\qquad
\frac{U_m}{U_n} = \frac{U_m I}{I U_n} = \frac{\psi Z_m}{\psi Z_n} = \frac{Z_m}{Z_n}
\qquad (3.12.5)
$$

U beliebige Spannung,
I beliebiger Strom

In diesen Verhältnissen kürzt sich also das ψ heraus, und sie werden folglich von der Impedanzmultiplikation nicht berührt.

3.13. Das Grundprinzip der Frequenztransformationen.

Lit. 9.2010, 9.2014, 9.2015 und 9.2016.

Um ein Impedanznetz mittels Frequenzsubstitution oder mittels Impedanzmultiplikation in ein neues, physikalisch realisierbares Impedanznetz umzuwandeln, muß die Funktion $W(\omega)$ bzw. $\psi(\omega)$ ein bestimmter rationaler Ausdruck sein. Wenn aber eine Frequenzsubstitution gleichzeitig mit einer Impedanzmultiplikation ausgeführt werden soll, können die Funktionen $W(\omega)$ und $\psi(\omega)$ auch bestimmte irrationale Ausdrücke darstellen. Dadurch entsteht eine große Anzahl verschiedenartiger Umwandlungsmöglichkeiten, welche alle unter den Begriff „Frequenztransformation" fallen.

Eine Frequenztransformation durch direkte Frequenzsubstitution ohne Anwendung einer Impedanzmultiplikation nennt man „Direkttransformation". Eine Frequenztransformation dagegen, bei der mit der Frequenzsubstitution zugleich eine Impedanzmultiplikation erforderlich ist, um ein physikalisch realisierbares Resultat zu geben, nennt man „Indirekttransformation".

Man unterscheidet ferner zwei wesentlich verschiedene Typen von Frequenztransformationen, nämlich ,,einfache Transformationen'' und ,,komplexe Transformationen''. Bei der einfachen Transformation sind die Funktionen $W(\omega)$ und $\psi(\omega)$ positiv oder negativ reelle oder imaginäre Größen. Bei den komplexen Transformationen dagegen ist mindestens die Funktion $W(\omega)$, im allgemeinen auch $\psi(\omega)$, eine komplexe Größe.

Die Bezeichnung ,,Frequenztransformation'' wird gleichermaßen für die Umwandlung des Impedanznetzes selbst als auch seiner Eigenschaften angewandt.

3.14. Die praktische Bedeutung der Frequenztransformationen.

Lit. 9.2027.

In Abschnitt 1.55 ist gezeigt worden, daß die elektrischen Eigenschaften eines linearen Impedanznetzes eindeutig durch Frequenzfunktionen ausgedrückt werden können. In Abschnitt 2.6 sind die mathematischen Ausdrücke für eine Anzahl solcher Frequenzfunktionen abgeleitet worden. Mit diesen sind die Kurven in Abb. 2.6.2, 2.6.3 und 2.6.4 unten berechnet worden, und zwar für ein Korrektionsglied bzw. ein Phasenglied bzw. ein Tiefpaßglied. Die Kurven sind bestimmt durch höchstens zwei von der Dimensionierung der Glieder abhängige Parameter. Daher können sie leicht den gegebenen Bedingungen angepaßt werden, sofern dies mit den in Frage kommenden Kurventypen möglich ist.

Im allgemeinen gehen in den Ausdruck einer Eigenschaft mehr als zwei Parameter ein, und es ist dann schwer, den Ausdruck als Funktion der Frequenz zu bewerten. Muß außerdem die Größe der Parameter so gewählt werden, daß die Frequenzfunktion dem Verlauf einer bestimmten gegebenen Kurve folgt, so steht man in der Regel vor einem komplizierten und schwer übersehbaren Problem, das sich kaum anders als mittels gewisser Kunstgriffe behandeln läßt.

In den Frequenztransformationen hat man nun ein universell anwendbares Hilfsmittel sowohl für das Studium der Frequenzabhängigkeit bei komplizierten Ausdrücken der Eigenschaften des Netzes wie auch für die Berechnung von deren Parametern, damit die Frequenzfunktionen nach bestimmten gegebenen Kurven verlaufen. Hierbei wendet man Frequenztransformationen an, um in bestimmter vorgegebener Weise den Komplikationsgrad eines einfachen Impedanznetzes, des sogenannten ,,Originalnetzes'', dessen Eigenschaften leicht zu übersehen sind, zu erhöhen. Die komplizierteren Eigenschaften des frequenztransformierten Netzes können dann dadurch ermittelt werden, daß man die des Originalnetzes mit Hilfe der in den Abschnitten 3.11 und 3.12 angegebenen Transformationsregeln umwandelt. Man hat mit dem Verfahren folglich die Möglichkeit, Eigenschaften von komplizierten Impedanznetzen zu untersuchen.

Die praktische Anwendbarkeit des oben im Prinzip beschriebenen Verfahrens ist jedoch in hohem Maße davon abhängig, inwieweit sich die Umwandlung der Eigenschaften leicht und übersichtlich ausführen läßt. Im Hinblick hierauf können verschiedene Möglichkeiten von Frequenztransformationen als für die Praxis weniger interessant oder uninteressant ausgeschaltet werden. Nachstehend werden nur solche Frequenztransformationen behandelt, die eine praktische Bedeutung erlangt haben. Dies sind die einfachen Transformationen, und zwar sowohl Direkt- wie auch Indirekttransformationen, sowie ein bestimmter Typ von komplexen Indirekttransformationen.

3.2. Regeln für die einfachen Transformationen [1].
3.21. Einfache Transformationen mit einem Parameter.

Lit. 9.081, 9.2010, 9.2014, 9.2015, 9.2016 und 9.30.

Für die einfachen Transformationen wird die Frequenzfunktion W lediglich aus acht einfachen Funktionen ausgewählt, nämlich aus vier sogenannten „Direktfunktionen“, die mit $\omega_I b$, $\omega_I d$, $\omega_I em$ und $\omega_I en$ bezeichnet werden, sowie aus vier sogenannten „Indirektfunktionen“, die man mit $\omega_I bm$, $\omega_I dm$, $\omega_I bn$ und $\omega_I dn$ bezeichnet. ω_I ist eine positiv reelle Konstante von der Dimension einer Winkelfrequenz und wird „Transformationswinkelfrequenz“ genannt. b, d, em, en, bm, dm, bn und dn sind dimensionslose einfache Funktionen der Winkelfrequenz ω, die außer ω nur ω_I enthalten. Jeder Indirektfunktion entsprechen zwei mögliche Frequenzfunktionen ψ, die einfache Funktionen von ω sind und außer ω nur ω_I enthalten.

Tab. 3.21.1 zeigt die mathematischen Ausdrücke für verschiedene einfache Funktionen W und ψ sowie die diesen entsprechenden Darstellungen von Reaktanzelementen. Frequenzunabhängige Resistanzen bleiben nach Abschn. 3.11 und 3.12 bei einfachen Transformationen mit Direktfunktionen unverändert, bei einfachen Transformationen mit Indirektfunktionen werden sie jedoch mit ψ multipliziert.

Ein Vergleich zwischen den in Tab. 3.21.1 dargestellten Reaktanzelementen, die den Direkt- und den Indirektfunktionen entsprechen, zeigt, daß eine Indirektfunktion W ein Zwischending zwischen einer $\omega_I b$- oder $\omega_I d$-Funktion und einer $\omega_I em$- oder $\omega_I en$-Funktion ist, wie dies auch in der Wahl der Bezeichnung der Indirektfunktionen zum Ausdruck gebracht worden ist.

---

[1] Der Ausdruck „einfach“ zur Bezeichnung von Größen, Funktionen oder Transformationen wird hier und im folgenden als Gegensatz zu „komplex“ gebraucht.

Tabelle 3.21.1.

Gruppe	W-Type	Einfache Funktionen — Mathematischer Ausdruck: W	ψ	Entsprechende Reaktanselemente: $jW\psi L$	ψ/jWC
Direkte Funktionen	$\omega_I b$	ω	1	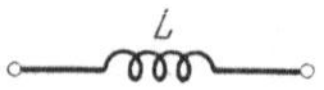 L	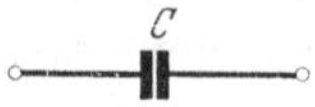 C
	$\omega_I d$	$-\dfrac{\omega_I^2}{\omega}$	1	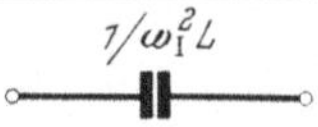 $1/\omega_I^2 L$	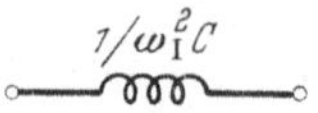 $1/\omega_I^2 C$
	$\omega_I em$	$\omega\left[1-\left(\dfrac{\omega_I}{\omega}\right)^2\right]$	1	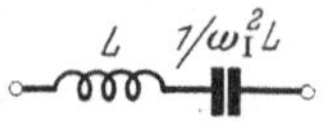 L, $1/\omega_I^2 L$	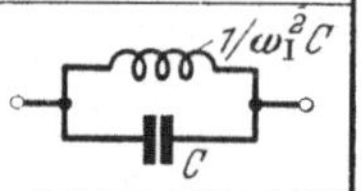 $1/\omega_I^2 C$, C
	$\omega_I en$	$-\dfrac{\omega_I^2}{\omega}\cdot\dfrac{1}{1-\left(\dfrac{\omega_I}{\omega}\right)^2}$	1	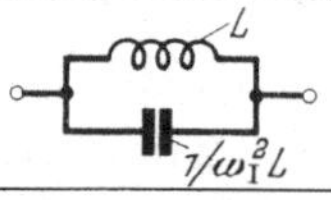 L, $1/\omega_I^2 L$	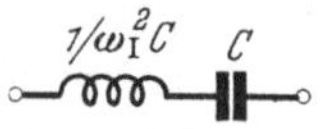 $1/\omega_I^2 C$, C
Indirekte Funktionen	$\omega_I bm$	$\omega\sqrt{1-\left(\dfrac{\omega_I}{\omega}\right)^2}$	$\sqrt{1-\left(\dfrac{\omega_I}{\omega}\right)^2}$	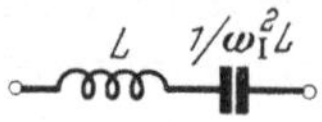 L, $1/\omega_I^2 L$	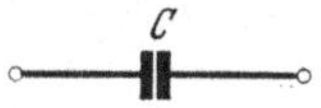 C
			$\dfrac{1}{\sqrt{1-\left(\dfrac{\omega_I}{\omega}\right)^2}}$	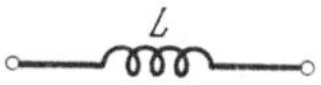 L	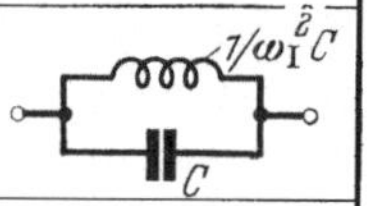 $1/\omega_I^2 C$, C
	$\omega_I dm$	$-\dfrac{\omega_I^2}{\omega}\sqrt{1-\left(\dfrac{\omega}{\omega_I}\right)^2}$	$\sqrt{1-\left(\dfrac{\omega}{\omega_I}\right)^2}$	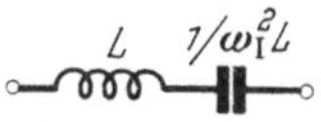 L, $1/\omega_I^2 L$	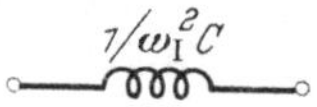 $1/\omega_I^2 C$
			$\dfrac{1}{\sqrt{1-\left(\dfrac{\omega}{\omega_I}\right)^2}}$	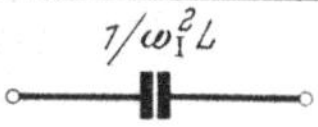 $1/\omega_I^2 L$	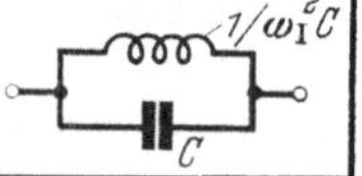 $1/\omega_I^2 C$, C
	$\omega_I bn$	$\omega\,\dfrac{1}{\sqrt{1-\left(\dfrac{\omega}{\omega_I}\right)^2}}$	$\sqrt{1-\left(\dfrac{\omega}{\omega_I}\right)^2}$	 L	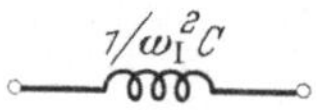 $1/\omega_I^2 C$
			$\dfrac{1}{\sqrt{1-\left(\dfrac{\omega}{\omega_I}\right)^2}}$	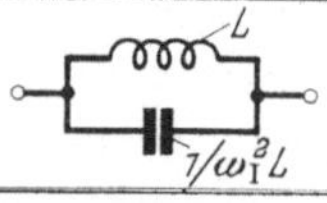 L, $1/\omega_I^2 L$	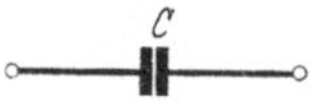 C
	$\omega_I dn$	$-\dfrac{\omega_I^2}{\omega}\cdot\dfrac{1}{\sqrt{1-\left(\dfrac{\omega_I}{\omega}\right)^2}}$	$\sqrt{1-\left(\dfrac{\omega_I}{\omega}\right)^2}$	 $1/\omega_I^2 L$	$1/\omega_I^2 C$, C
			$\dfrac{1}{\sqrt{1-\left(\dfrac{\omega_I}{\omega}\right)^2}}$	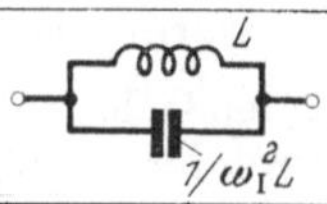 L, $1/\omega_I^2 L$	$1/\omega_I^2 C$

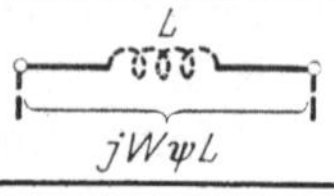

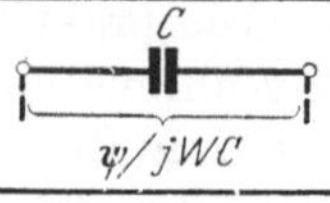

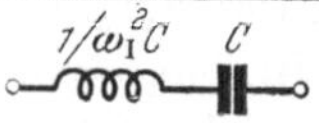

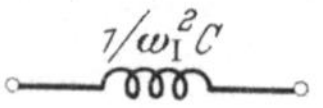

Tab. 3.21.2 zeigt die mathematischen Ausdrücke für die zu den acht einfachen Funktionen W inversen Funktionen. Wie ersichtlich, sind diese mit den gleichen Buchstaben wie die entsprechenden W-Funktionen bezeichnet, bei Bezeichnungen mit zwei Buchstaben sind diese jedoch miteinander vertauscht.

Es wird dem Leser empfohlen, durch Nachrechnen die Ausdrücke in den Tab. 3.21.1 und 3.21.2 zu kontrollieren und den Sinn der Funktionsbezeichnungen durchzudenken, um mit den Funktionen W und ψ ganz vertraut zu werden. Dadurch wird das Verständnis für die folgenden Darstellungen erleichtert.

Aus den Tab. 3.21.1 und 3.21.2 kann man das sogenannte „Zeichentheorem" entnehmen, welches besagt, *daß bei einem Wechsel des Vorzeichens von ω sämtliche einfachen Funktionen W ihre Vorzeichen ändern, während demgegenüber alle einfachen Funktionen ψ unverändert bleiben.*

Tabelle 3.21.2.

Gruppe	W-Typ	Inverse einfache Funktionen	
		ω-Bezeichnung	Mathematischer Ausdruck ω
Direktfunktionen	$\omega_\mathrm{I}\, b$	$\omega_\mathrm{I}\, b$	W
	$\omega_\mathrm{I}\, d$	$\omega_\mathrm{I}\left(-\dfrac{1}{d}\right)$	$-\dfrac{\omega_\mathrm{I}^2}{W}$
	$\omega_\mathrm{I}\, e\, m$	$\omega_\mathrm{I}\, m\, e$	$\dfrac{W}{2}\left[1 \pm \sqrt{1 + 4\left(\dfrac{\omega_\mathrm{I}}{W}\right)^2}\right]$
	$\omega_\mathrm{I}\, e\, n$	$\omega_\mathrm{I}\, n\, e$	$-\dfrac{\omega_\mathrm{I}^2}{2W}\left[1 \pm \sqrt{1 + 4\left(\dfrac{W}{\omega_\mathrm{I}}\right)^2}\right]$
Indirektfunktionen	$\omega_\mathrm{I}\, b\, m$	$\omega_\mathrm{I}\, m\, b$	$W\sqrt{1 + \left(\dfrac{\omega_\mathrm{I}}{W}\right)^2}$
	$\omega_\mathrm{I}\, d\, m$	$\omega_\mathrm{I}\, m\, d$	$-\dfrac{\omega_\mathrm{I}^2}{W}\dfrac{1}{\sqrt{1 + \left(\dfrac{\omega_\mathrm{I}}{W}\right)^2}}$
	$\omega_\mathrm{I}\, b\, n$	$\omega_\mathrm{I}\, n\, b$	$W\dfrac{1}{\sqrt{1 + \left(\dfrac{\omega_\mathrm{I}}{W}\right)^2}}$
	$\omega_\mathrm{I}\, d\, n$	$\omega_\mathrm{I}\, n\, d$	$-\dfrac{\omega_\mathrm{I}^2}{W}\sqrt{1 + \left(\dfrac{W}{\omega_\mathrm{I}}\right)^2}$

Abb. 3.2.1 veranschaulicht in Kurvenform verschiedene Ausdrücke W/ω_I als Funktionen von ω/ω_I für sowohl reelle wie imaginäre

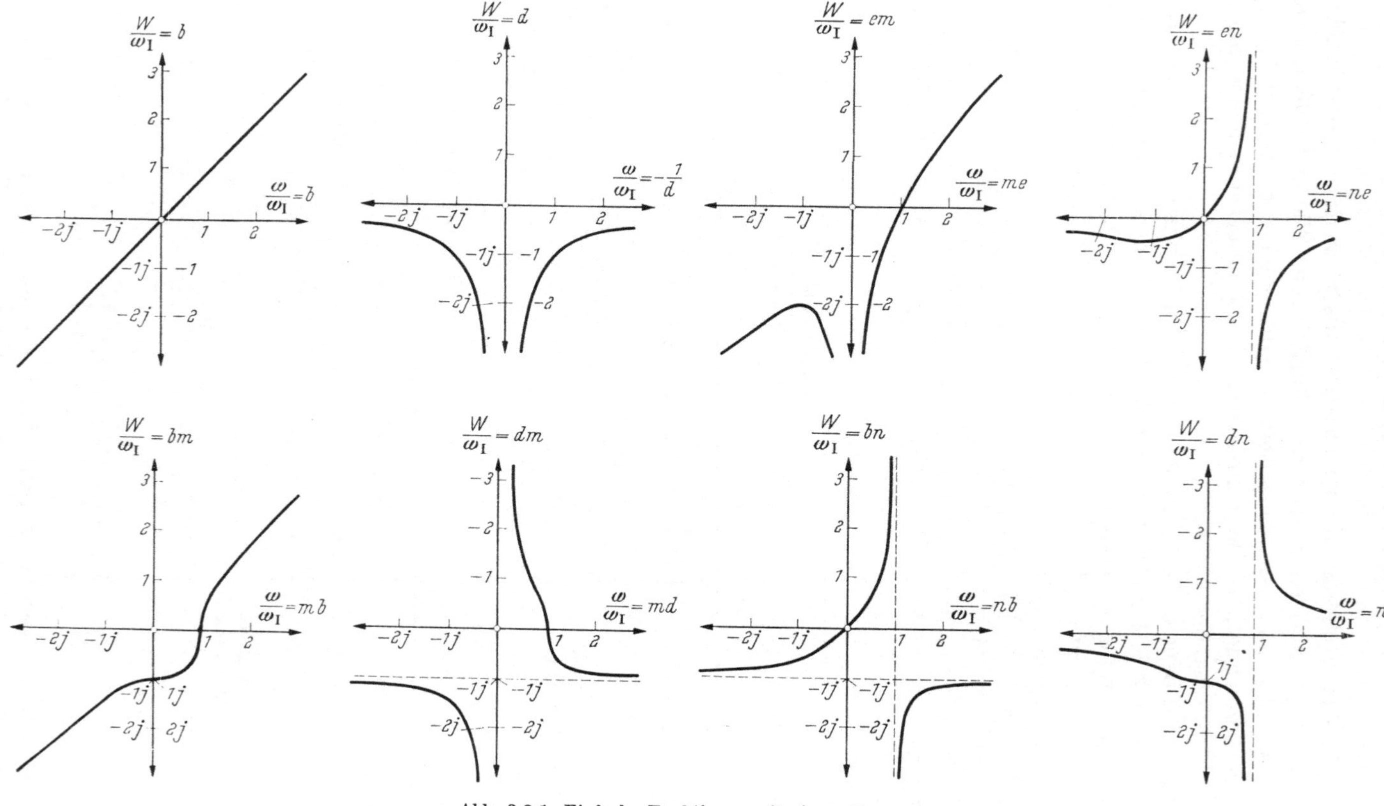

Abb. 3.2 1. Einfache Funktionen mit einem Parameter.

Werte von ω. Für die Direktfunktionen wird in Abb. 3.2.1 oben im ersten und vierten Quadranten der Zusammenhang zwischen reellen W und reellen ω sowie im dritten Quadranten zwischen negativ imaginären W und negativ imaginären ω gezeigt. Für die Indirektfunktionen zeigt Abb. 3.2.1 unten im ersten Quadranten den Zusammenhang zwischen reellen W und reellen ω, im vierten Quadranten zwischen imaginären W und reellen ω sowie im dritten Quadranten zwischen negativ imaginären W und negativ imaginären ω. Die übrigen Zusammenhänge, die nicht direkt aus den Kurven der Abb. 3.2.1 hervorgehen, können aus ihnen unter Zuhilfenahme des Zeichentheorems entnommen werden.

Bei einfachen Transformationen von Impedanznetzen, die lineare Transformatoren enthalten, ersetzt man die Transformatoren durch deren Äquivalente, die aus idealen Transformatoren mit gleicher Übersetzung sowie hinzugeschalteten Induktivitäten, Kapazitäten und Widerständen bestehen. Die idealen Transformatoren werden durch einfache Transformationen nicht berührt, während die zugeschalteten Impedanzelemente entsprechend den normalen Transformationsregeln zu ersetzen sind.

3.22. Das Resistanz- und Symmetrietheorem.
Lit. 9.2011.

Bei Anwendung der einfachen Transformationen muß man die Eigenschaften des Originalnetzes nicht nur für positiv reelle Winkelfrequenzen, sondern auch für negativ reelle und negativ imaginäre Winkelfrequenzen berücksichtigen.

Nach dem Resistanztheorem Abschnitt 2.72 müssen die Eigenschaften für negativ imaginäre Winkelfrequenzen rein reell sein, d. h. alle Impedanzeigenschaften sind rein resistiv, und bei den Dämpfungseigenschaften kommen nur Phasenwinkel vor, die gleich Null oder einem Vielfachen von $\pm\pi$ sind.

Ändert man das Vorzeichen einer reellen Winkelfrequenz in dem komplexen Ausdruck einer Eigenschaft, so ist dies gleichwertig mit der Änderung des Vorzeichens für j, d. h. die betreffende Eigenschaft wird in ihre konjugierte Größe verändert. Hieraus folgt, daß die Impedanz- und Dämpfungseigenschaften sich in nachstehender Weise ändern:

$$\left.\begin{aligned}|Z(-\omega)| &= |Z(\omega)| & A(-\omega) &= A(\omega)\\ \angle Z(-\omega) &= -\angle Z(\omega) & B(-\omega) &= -B(\omega)\end{aligned}\right\} \quad (3.22.1)$$

Kennt man also die Eigenschaften für positiv reelle Winkelfrequenzen, so sind damit auch die Eigenschaften für negativ reelle Winkelfrequenzen bekannt; man bezeichnet Gl. (3.22.1) deshalb als „Symmetrietheorem".

3.23. Die graphische Behandlung von Eigenschaften.

Lit. 9.2010, 9.2011, 9.2014.

Mit einer einfachen Transformation kann man direkt eine nicht komplexe Eigenschaft, die z. B. eine Komponente einer komplexen Eigenschaft sein kann, behandeln. Damit vereinfacht sich das Verfahren

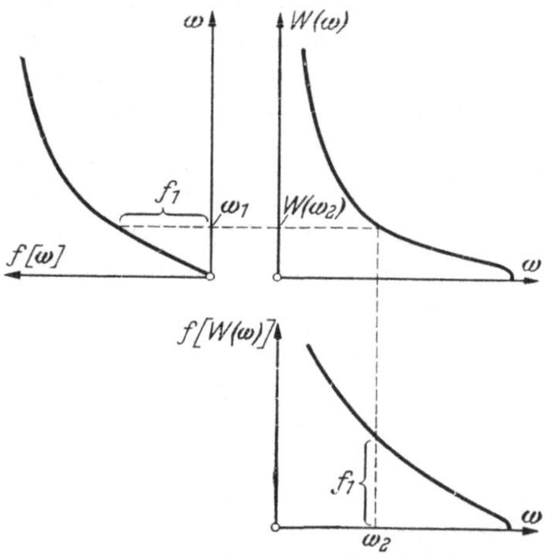

Abb. 3.2.2. Graphische Behandlung von Eigenschaften durch einfache Transformation.

erheblich, denn man hat es nun mit nur reellen oder nur imaginären Größen zu tun.

Bei der Frequenzsubstitution in dem Ausdruck einer nicht komplexen Eigenschaft $f[\omega]$ durch die einfache Funktion $W(\omega)$ gilt

$$f_1[\omega_1] = f_1[W(\omega_2)]$$

für $\omega_1 = W(\omega_2)$ (3.23.1)

Das bedeutet, daß sich der Eigenschaftswert f_1 infolge der Frequenzsubstitution von der Winkelfrequenz ω_1 nach der Winkelfrequenz ω_2 verschoben hat. Eine derartige Verschiebung kann graphisch ausgeführt werden, wie dies an Hand von Abb. 3.2.2 gezeigt wird. Mit Hilfe der die Funktionen $f[\omega]$ und $W(\omega)$ darstellenden Kurven kann die Funktion $f[W(\omega)]$ Punkt für Punkt als Kurve konstruiert werden, indem die entsprechenden Eigenschaftswerte längs den in Abb. 3.2.2 gestrichelten Konstruktionslinien überführt werden.

Das graphische Verfahren kann bei Direkttransformationen von sowohl Dämpfungs- wie auch Impedanzeigenschaften benutzt werden, bei Indirekttransformationen jedoch nur für Dämpfungseigenschaften. Bei Indirekttransformationen muß nach Abschnitt 3.12 an den Impedanzeigenschaften außer der Frequenzsubstitution auch noch eine Multiplikation mit der betreffenden einfachen Funktion $\psi(\omega)$ vorgenommen werden.

3.24. Die tabellarische Behandlung von Eigenschaften nach Neovius.

Lit. 9.11, 9.2027 und 9.24.

Die in Abschnitt 3.23 gezeigten Verschiebungen von Eigenschaften längs der Winkelfrequenzkoordinate, die bei einer einfachen Transformation auftreten, können natürlich auch durch Tabellen bestimmt werden, wenn die entsprechenden einfachen Funktionen in Tabellenform vorliegen. Dieses Verfahren ist besonders zweckmäßig, wenn es darauf ankommt, die betreffenden Verschiebungen mit größerer Genauigkeit zu bestimmen.

Die Tab. 3.24.1 zeigt, wie man bei einer tabellarischen Behandlung von Eigenschaften die Tabellen über Kreis-, Exponential- und Hyperbel-

Tabelle 3.24.1.

$\dfrac{W}{\omega_\mathrm{I}}$	Tabellenwerte	$\dfrac{\omega}{\omega_\mathrm{I}}$
$\dfrac{1}{2}\,em = \sinh x$	$\dots\dots\dots\dots\ e^{x}\ =$	$me > 1$
$-\dfrac{1}{2}\,em = \sinh x$	$\dots\dots\dots\dots\ e^{-x}\ =$	$me < 1$
$1 < j\,\dfrac{1}{2}\,em = \cosh x$	$\dots\dots\dots\dots\ e^{x}\ =$	$j\,me > 1$
$1 < j\,\dfrac{1}{2}\,em = \cosh x$	$\dots\dots\dots\dots\ e^{-x}\ =$	$j\,me < 1$
$-2\,en = e^{\pm y} \dots e^{\mp y} = \sinh x \dots e^{x}$	$=$	$ne > 1$
$2\,en = e^{\pm y} \dots e^{\mp y} = \sinh x \dots e^{-x}$	$=$	$ne < 1$
$1 > j\,2\,en = e^{-y} \dots e^{+y} = \cosh x \dots e^{x}$	$=$	$j\,ne > 1$
$1 > j\,2\,en = e^{-y} \dots e^{+y} = \cosh x \dots e^{-x}$	$=$	$j\,ne < 1$
$bm = \sinh x$	$\dots\dots\dots\dots \cosh x$	$= mb > 1$
$1 < j\,bm = \cosh x$	$\dots\dots\dots\dots \sinh x$	$= j\,mb$
$1 > -j\,bm = \sin x$	$\dots\dots\dots\dots \cos x$	$= mb < 1$
$-dm = \mathrm{tg}\,x$	$\dots\dots\dots\dots \cos x$	$= md < 1$
$1 < j\,dm = e^{-y} \dots e^{+y} = \mathrm{tgh}\,x \dots \sinh x$		$= j\,md$
$1 > j\,dm = \mathrm{tgh}\,x$	$\dots\dots\dots\dots \cosh x$	$= md > 1$
$bn = \mathrm{tg}\,x$	$\dots\dots\dots\dots \sin x$	$= nb < 1$
$1 > j\,bn = \sin x$	$\dots\dots\dots\dots \mathrm{tg}\,x$	$= j\,nb$
$1 < j\,bn = \cosh x \dots \mathrm{tgh}\,x = e^{-y} \dots e^{+y}$	$=$	$nb > 1$
$-dn = \sinh x \dots \mathrm{tgh}\,x = e^{-y} \dots e^{+y}$	$=$	$nd > 1$
$1 > j\,dn = \cos x$	$\dots\dots\dots\dots \mathrm{tg}\,x$	$= j\,nd$
$1 < -j\,dn = \cosh x$	$\dots\dots\dots\dots \mathrm{tgh}\,x$	$= nd < 1$

funktionen in der Aufstellung von K. HAYASHI, d. h. mit einem Tabellenkopf, der

$$x,\quad \cos x,\quad \sin x,\quad \mathrm{tg}\,x,\quad e^{x},\quad e^{-x},\quad \cosh x,\quad \sinh x \quad \text{und}\quad \mathrm{tgh}\,x,$$

enthält, anwenden kann. Wie ersichtlich, kann eine einfache Funktion in einer Spalte dargestellt werden und ihre unabhängige Variable in einer andern, wobei x als verbindender Parameter auftritt. In gewissen Fällen kommt eine Inversion hinzu, die mit Hilfe der Exponentialfunktionen mit y als verbindendem Parameter ausgeführt werden kann. So bedeutet beispielsweise die erste Zeile in Tab. 3.24.1, daß man in der Funktionstabelle $\sinh x$ mit dem numerischen Wert $\frac{1}{2} em$ aufzusuchen hat; das mit dem zugehörigen x-Wert gebildete e^x ist dann gleich $m\,e$. In der 2. Gruppe der Tab. 3.24.1 ist nach dem Aufsuchen von $e^{\pm y} = -2\,en$ erst für das zugehörige y der invertierte Wert $e^{\mp y}$ der Funktionstabelle zu entnehmen und dann $\sinh x$ mit diesem numerischen Wert aufzusuchen usw.

Es empfiehlt sich, daß der Leser vergleichende Berechnungen mit Hilfe der einfachen Funktionen nach den Tab. 3.21.1 und 3.21.2 und mit dem Verfahren nach Tab. 3.24.1 ausführt, um mit diesem Verfahren voll vertraut zu werden.

3.25. Das Sukzessivverfahren.

Lit. 9.2011.

Bei einer Frequenztransformation mit den einfachen Funktionen nach Tab. 3.21.1 stellen offensichtlich $jW\psi L$ und ψ/jWC Impedanzen dar, die aus einem oder zwei Reaktanzelementen bestehen. Dadurch enthält das frequenztransformierte Impedanznetz ein- bis zweimal soviel Reaktanzelemente als das Originalnetz und ist somit gewöhnlich komplizierter als dieses.

Macht man nun das frequenztransformierte Impedanznetz zum Originalnetz für eine weitere Frequenztransformation mit der gleichen oder einer anderen einfachen Funktion aus Tab. 3.21.1 und dann das so erhaltene Netz wiederum zum Originalnetz für eine dritte Frequenztransformation mit einer beliebigen Funktion der Tabelle usw., so kann der Komplikationsgrad eines Impedanznetzes offenbar bis ins Unbegrenzte sukzessiv gesteigert werden. Diese Methode der Erweiterung der Möglichkeiten mit den in der Tab. 3.21.1 gegebenen Funktionen durch sukzessive Frequenztransformationen nennt man „Sukzessivverfahren". Die Transformationswinkelfrequenzen der verschiedenen Etappen werden im allgemeinen unter sich verschieden sein, und man bezeichnet sie mit ω_I, ω_II, ω_III usw.

Eine sukzessive Frequenztransformation in beispielsweise drei Etappen kann betrachtet werden als eine einzige Frequenztransformation mit folgenden einfachen Funktionen mit mehreren Parametern:

$$W(\omega) = W_1 \{W_2 [W_3(\omega)]\}$$

$$\psi(\omega) = \psi_1 \{W_2 [W_3(\omega)]\} \cdot \psi_2 [W_3(\omega)] \cdot \psi_3(\omega)$$

$$\left. \begin{aligned} W_1\{\omega\} \\ \psi_1\{\omega\} \end{aligned} \right\} = \text{einfache Funktionen nach Tab. 3.21.1 für die 1. Etappe}$$

$$\left. \begin{aligned} W_2[\omega] \\ \psi_2[\omega] \end{aligned} \right\} = \text{einfache Funktionen nach Tab. 3.21.1 für die 2. Etappe} \tag{3.25.1}$$

$$\left. \begin{aligned} W_3(\omega) \\ \psi_3(\omega) \end{aligned} \right\} = \text{einfache Funktionen nach Tab. 3.21.1 für die 3. Etappe.}$$

Die Regeln, die sich aus Gl. (3.25.1) ergeben, gelten selbstverständlich für eine beliebige Anzahl von Etappen.

3.26. Das Summationsverfahren.

Lit. 9.2015 und 9.2016.

Eine andere Methode, einfache Funktionen mit mehreren Parametern speziell mit den einfachen Direktfunktionen aus Tab. 3.21.1 zu bilden, ist das sogenannte „Summationsverfahren". Die komplizierten nicht komplexen (einfachen) Funktionen sind dann von der Form

$$W(\omega) = \sqrt{[K_1 W_1(\omega) + K_3 W_3(\omega) + \cdots][K_2 W_2(\omega) + K_4 W_4(\omega) + \cdots]}$$

$$\psi(\omega) = \sqrt{\frac{K_1 W_1(\omega) + K_3 W_3(\omega) + \cdots}{K_2 W_2(\omega) + K_4 W_4(\omega) + \cdots}}$$

$$\left. \begin{aligned} W_1(\omega) \\ W_2(\omega) \\ W_3(\omega) \\ \text{usw.} \end{aligned} \right\} = \text{einfache Direktfunktionen nach Tab. 3.21.1} \tag{3.26.1}$$

$$\left. \begin{aligned} K_1 \\ K_2 \\ K_3 \\ \text{usw.} \end{aligned} \right\} = \text{dimensionslose sog. „Summationskonstanten"}$$

Bei einer Frequenztransformation mit Hilfe der Funktionen Gl. (3.26.1) werden somit die Impedanzen

$$\left. \begin{aligned} j\,W\,\psi\,L &= j\,[K_1 W_1 + K_3 W_3 + K_5 W_5 + \cdots]\,L \\ \frac{\psi}{j\,W\,C} &= \frac{1}{j\,[K_2 W_2 + K_4 W_4 + K_6 W_6 + \cdots]\,C} \end{aligned} \right\}$$

oder

$$\left. \begin{aligned} j\,W\,\psi\,L &= j\,W_1 K_1 L + j\,W_3 K_3 L + j\,W_5 K_5 L + \cdots \\ \frac{\psi}{j\,W\,C} &= \frac{1}{j\,W_2 K_2 C + j\,W_4 K_4 C + j\,W_6 K_6 C + \cdots} \end{aligned} \right\} \tag{3.26.2}$$

Eine Induktivität L oder Kapazität C im Originalnetz ist somit zunächst auszutauschen gegen eine Serienschaltung von Induktivitäten $K_1 L$, $K_3 L$, $K_5 L$ usw. bzw. eine Parallelschaltung von Kapazitäten $K_2 C$, $K_4 C$, $K_6 C$ usw., worauf jede dieser Induktivitäten und Kapazitäten gegen andere Reaktanzelemente auszuwechseln ist, und zwar nach den Regeln, die den betreffenden einfachen Direktfunktionen W_1, W_3, W_5, ..., W_2, W_4, W_6, ... in Tab. 3.21.1 entsprechen.

Im weiteren Verlauf wird das Summationsverfahren nur für Direkttransformationen angewendet werden, d. h. für

$$W_1 = W_2 \qquad\qquad K_1 = K_2$$
$$W_3 = W_4 \quad \text{und} \quad K_3 = K_4$$
$$W_5 = W_6 \qquad\qquad K_5 = K_6$$
$$\text{usw.} \qquad\qquad\qquad \text{usw.}$$

die nach Gl. (3.26.2) die einfachen (nicht komplexen) Funktionen

$$\left. \begin{aligned} W(\omega) &= K_1 W_1(\omega) + K_3 W_3(\omega) + \cdots \\ \psi(\omega) &= 1 \end{aligned} \right\} \qquad (3.26.3)$$

ergeben.

3.3. Beispiele für einfache Direkttransformationen.
Lit. 9.2015 und 9.2016.

3.31. Einfache Direkttransformationen einer Reaktanz.

In den folgenden Abschnitten werden einige Beispiele von einfachen Direkttransformationen gezeigt. In jedem einzelnen Beispiel

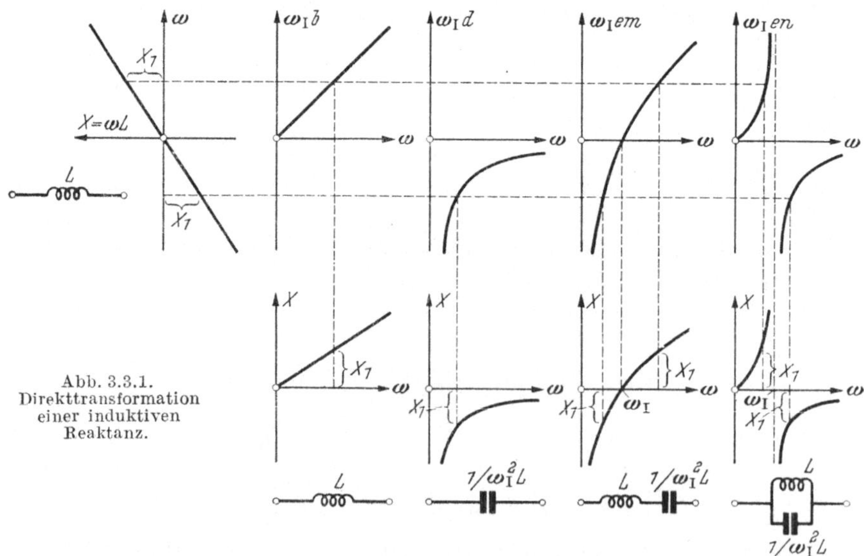

Abb. 3.3.1.
Direkttransformation
einer induktiven
Reaktanz.

wird nur diejenige Eigenschaft des betreffenden Originalnetzes behandelt, die im Hinblick auf die normale Verwendung des Netzes von besonderem Interesse ist. Diese Eigenschaft soll als „Originaleigenschaft" bezeichnet werden. Der Anschaulichkeit halber werden die Transformationsverfahren graphisch ausgeführt.

Abb. 3.3.1 zeigt, in welcher Weise die vier einfachen Direkttransformationen einer induktiven Reaktanz auszuführen sind. Ganz

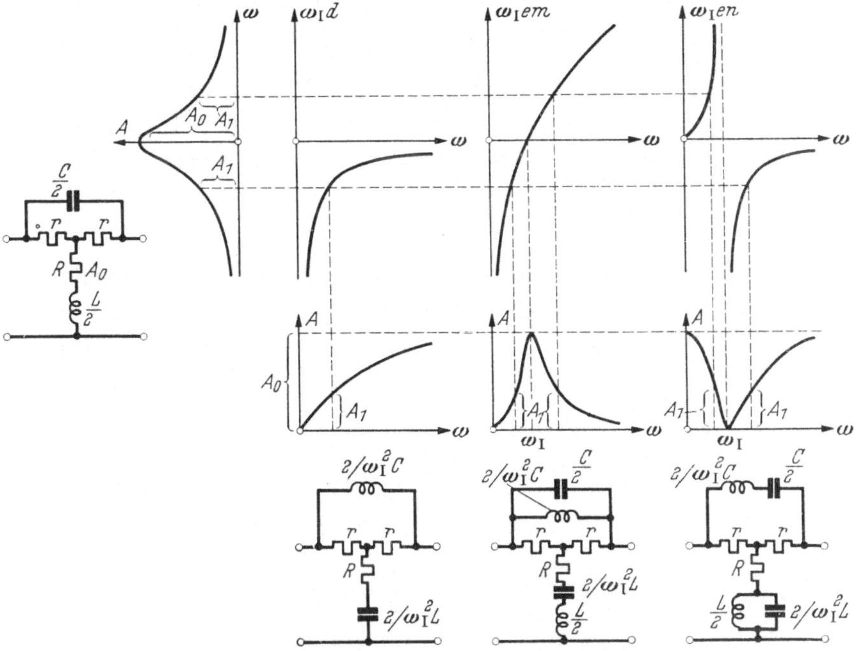

Abb. 3.3.2. Direkttransformation einer Korrektionsdämpfung.

links in der Abbildung sieht man das Schema des Originalnetzes, das aus einer Spule mit der Induktivität L besteht, sowie eine Kurve, die die Reaktanz der Spule als Funktion der positiven und negativen Winkelfrequenzen darstellt. Man vergleiche dabei die Bedingungen des Symmetrietheorems Gl. (3.22.1). Rechts von der genannten Kurve sind die Kurven der Direktfunktionen von Abb. 3.2.1 oben wiedergegeben, und unter diesen befinden sich die durch die entsprechenden Direkttransformationen erhaltenen Reaktanzkurven. Diese Kurven sind nach dem im Anschluß zu Abb. 3.2.2 beschriebenen Verfahren konstruiert, wodurch eine Originaleigenschaft X_1 mit Hilfe der Kurven der Direktfunktionen längs den gestrichelten Linien übergeführt wird. Die gemäß Tab. 3.21.1 umgewandelten Reaktanznetze sind schematisch unterhalb der betreffenden Reaktanzkurve dargestellt.

3.32. Einfache Direkttransformationen einer Korrektionsdämpfung.

Läßt man in Abb. 3.3.1 die b-Transformation weg und ersetzt das dortige Originalnetz durch ein Korrektionsglied gemäß Abb. 2.6.2, und ersetzt man ferner die dortige Originaleigenschaft durch die Spiegeldämpfung des Korrektionsgliedes, die nach dem Symmetrietheorem Gl. (3.22.1) in bezug auf $\omega = 0$ symmetrisch ist, so erhält man Abb. 3.3.2. Im übrigen gilt das zu Abb. 3.3.1 Gesagte auch für Abb. 3.3.2.

Aus Abb. 3.3.2 geht hervor, daß die d-Transformation eine steigende Dämpfungskurve, die em-Transformation eine Dämpfungsspitze und die en-Transformation eine Dämpfungssenke bewirkt. Die Maximaldämpfung ist in sämtlichen Fällen A_0, d. h. gleich dem Maximalwert der Originaldämpfung.

3.33. Einfache Direkttransformationen eines Phasenwinkels.

Ersetzt man das Korrektionsglied und dessen Spiegeldämpfungskurve in Abb. 3.3.2 durch das Phasenglied in Abb. 2.6.3 oben und

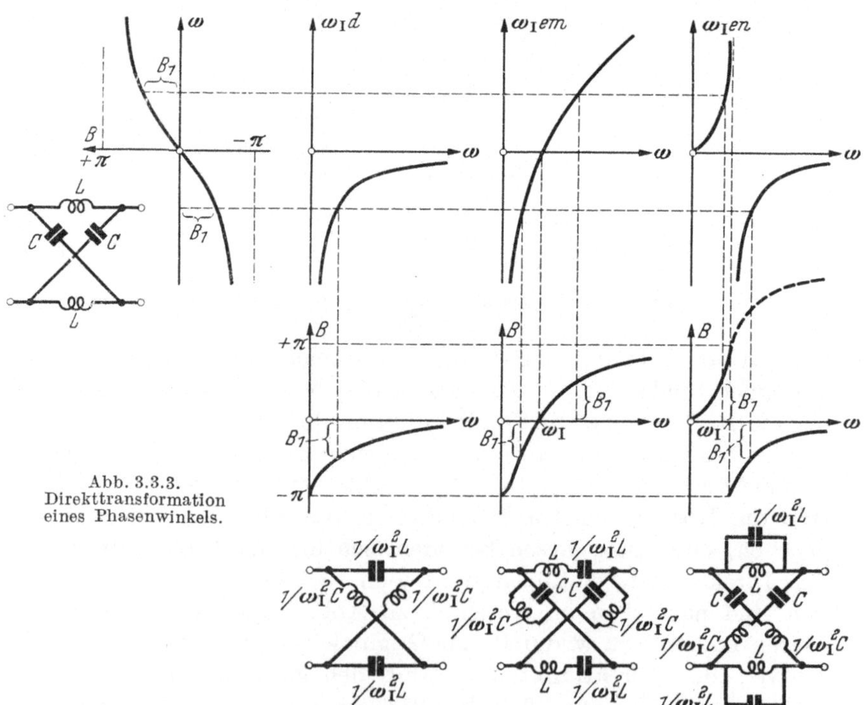

Abb. 3.3.3.
Direkttransformation
eines Phasenwinkels.

dessen Spiegelwinkelkurve, so erhält man das in Abb. 3.3.3 gezeigte Resultat. Wie ersichtlich, ergibt die *en*-Transformation eine Spiegelwinkelkurve mit zwei Zweigen. Da ein Phasenwinkel von 2π gleichwertig dem Phasenwinkel O ist, können die beiden Zweige aneinandergesetzt werden, wie dies die gestrichelte Kurve in Abb. 3.3.3 zeigt.

3.34. Einfache Direkttransformationen einer Tiefpaßdämpfung.

Ersetzt man schließlich das Korrektionsglied und dessen Spiegeldämpfungskurve in Abb. 3.3.2 durch das Tiefpaßglied in Abb. 2.6.4 und dessen Spiegeldämpfungskurve, so erhält man die in Abb. 3.3.4 dargestellten Resultate. Wie ersichtlich, ergeben die *d-*, *em-* und *en*-Transformationen ein Hochpaß- bzw. ein Bandpaß- bzw. ein Bandsperrglied. Mit den Ausdrücken für die inversen Direktfunktionen in Tab. 3.21.2 werden die Grenzwinkelfrequenzen der Filterglieder

$$\omega_1' = \frac{\omega_{\mathrm{I}}^2}{\omega_2} \qquad\qquad \text{für Hochpaßfilter} \qquad (3.34.1)$$

$$\left.\begin{array}{l} \omega_1'' = \dfrac{\omega_2}{2}\left[\sqrt{1 + 4\left(\dfrac{\omega_{\mathrm{I}}}{\omega_2}\right)^2} - 1\right] \\[4mm] \omega_2'' = \dfrac{\omega_2}{2}\left[\sqrt{1 + 4\left(\dfrac{\omega_{\mathrm{I}}}{\omega_2}\right)^2} + 1\right] \end{array}\right\} \text{für Bandpaßfilter} \qquad (3.34.2)$$

$$\left.\begin{array}{l} \omega_2''' = \dfrac{\omega_{\mathrm{I}}^2}{2\,\omega_2}\left[\sqrt{1 + 4\left(\dfrac{\omega_2}{\omega_{\mathrm{I}}}\right)^2} - 1\right] \\[4mm] \omega_3''' = \dfrac{\omega_{\mathrm{I}}^2}{2\,\omega_2}\left[\sqrt{1 + 4\left(\dfrac{\omega_2}{\omega_{\mathrm{I}}}\right)^2} + 1\right] \end{array}\right\} \text{für Bandsperrfilter.} \qquad (3.34.3)$$

Aus Gl. (3.34.2) erhält man die Bandbreite des Bandpaßfilters

$$\omega_2'' - \omega_1'' = \omega_2 \qquad (3.34.4)$$

und aus Gl. (3.34.3) die Bandbreite des Bandsperrfilters

$$\omega_3''' - \omega_2''' = \frac{\omega_{\mathrm{I}}^2}{\omega_2} \qquad (3.34.5)$$

Aus den Gl. (3.34.2) und (3.34.3) ergeben sich ferner die Relationen

$$\omega_{\mathrm{I}} = \sqrt{\omega_1'' \, \omega_2''} = \sqrt{\omega_2''' \, \omega_3'''} \qquad (3.34.6)$$

d. h. der geometrische Mittelwert der Grenzwinkelfrequenzen ist sowohl für das Bandpaß- wie auch für das Bandsperrfilter gleich der Transformationswinkelfrequenz.

Sämtliche erhaltenen Resultate sind dabei hinsichtlich der Kurvenform der Sperrdämpfung von der Struktur und Dämpfung des Originalfilters unabhängig und gelten folglich für jedes beliebige Tiefpaßfilter als Originalnetz.

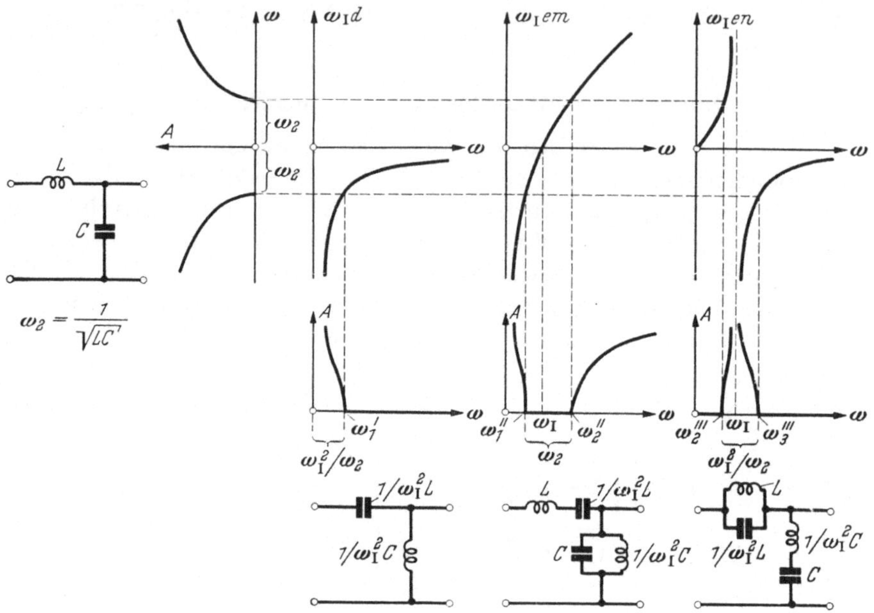

Abb. 3.3.4. Direkttransformation einer Tiefpaßdämpfung.

3.35. Das geometrische Symmetrietheorem.

Lit. 9.2011.

Nach dem Symmetrietheorem Gl. (3.22.1) gilt für ein beliebiges Eigenschaftspaar $f(\omega_0)$, $f(-\omega_0)$ die Beziehung

$$|f(\omega_0)| = |f(-\omega_0)| \tag{3.35.1}$$

Durch eine *em*- bzw. eine *en*-Transformation verschiebt sich das Eigenschaftspaar längs der ω-Skala von $\pm\omega_0$ nach andern Winkelfrequenzen, die nach Tab. 3.21.2

$$\left.\begin{aligned}
\omega' &= \frac{\omega_0}{2}\left[\sqrt{1 + 4\left(\frac{\omega_I}{\omega_0}\right)^2} - 1\right] \quad \text{für} \quad f(-\omega_0) \\
\omega'' &= \frac{\omega_0}{2}\left[\sqrt{1 + 4\left(\frac{\omega_I}{\omega_0}\right)^2} + 1\right] \quad \text{für} \quad f(+\omega_0) \\
W &= \omega_I\, em
\end{aligned}\right\} \tag{3.35.2}$$

bzw.

$$\omega' = \frac{\omega_I^2}{2\omega_0}\left[\sqrt{1 + 4\left(\frac{\omega_0}{\omega_I}\right)^2} - 1\right] \quad \text{für} \quad f(+\omega_0)$$

$$\omega'' = \frac{\omega_I^2}{2\omega_0}\left[\sqrt{1 + 4\left(\frac{\omega_0}{\omega_I}\right)^2} + 1\right] \quad \text{für} \quad f(-\omega_0)$$

$$W = \omega_I\, en$$

$$(3.35.3)$$

werden. In beiden Fällen [Gl. (3.35.2) und (3.35.3)] wird

$$\sqrt{\omega'\,\omega''} = \omega_I \qquad (3.35.4)$$

Die Gl. (3.35.1) und (3.35.4) bedeuten, *daß nach einer em- oder en-Transformation die Eigenschaftswerte sich um die Transformationswinkelfrequenz* ω_I *mit geometrischer Symmetrie gruppieren, was im folgenden als „geometrisches Symmetrietheorem" bezeichnet wird.*

3.36. Sukzessive Frequenztransformation einer Korrektionsdämpfung.

Abb. 3.3.5 zeigt ein Beispiel des Sukzessivverfahrens Abschnitt 3.25. Als Originalnetz und Originaleigenschaft werden das Korrektionsglied und dessen Spiegeldämpfung (Abb. 2.6.2) verwendet, wobei zunächst eine *en*-Transformation mit der Transformationswinkelfrequenz ω_I und danach eine *em*-Transformation mit der Transformationswinkelfrequenz ω_{II} vorgenommen wird. Wie aus Abb. 3.3.5 ersichtlich ist, muß hierbei die *en*-Kurve mit Hilfe der Zeichenregel in Abschnitt 3.21 für negative ω-Werte vervollständigt werden. Die Eigenschaften werden dann von der *en*-Kurve mit Hilfe der Geraden s, deren Neigung durch das Verhältnis zwischen den Transformationswinkelfrequenzen ω_I und ω_{II} bestimmt ist, auf die *em*-Kurve übergeführt. Im übrigen dürfte die Abb. 3.3.5 ohne weiteres verständlich sein.

3.37. Anwendung des Summationsverfahrens auf Filter.

Abb. 3.3.6 zeigt die Anwendung des Summationsverfahrens auf ein beliebiges Tiefpaßfilter, welches ganz links symbolisch dargestellt ist mit L und C als einer beliebigen Induktivität bzw. Kapazität im Filter. Die Kurve rechts davon zeigt die Dämpfung des Filters, welche offensichtlich eine idealisierte Tiefpaßdämpfungskurve ist. Mit Hilfe der Direktfunktionskurven $\omega_I en$ und $\omega_{II} Kd$ in Abb. 3.3.6 oben wird unter diesen die Summenkurve $\omega_I en + \omega_{II} Kd$ gemäß Gl. (3.26.3) gebildet. Die Frequenztransformation ergibt ein Doppelbandfilter, dessen Dämpfungskurve und Schaltungsschema in Abb. 3.3.6 unten zu ersehen sind. Aus jedem Reaktanzelement des Originalnetzes entstehen, wie man sieht, drei Reaktanzelemente in dem frequenztransformierten Netz.

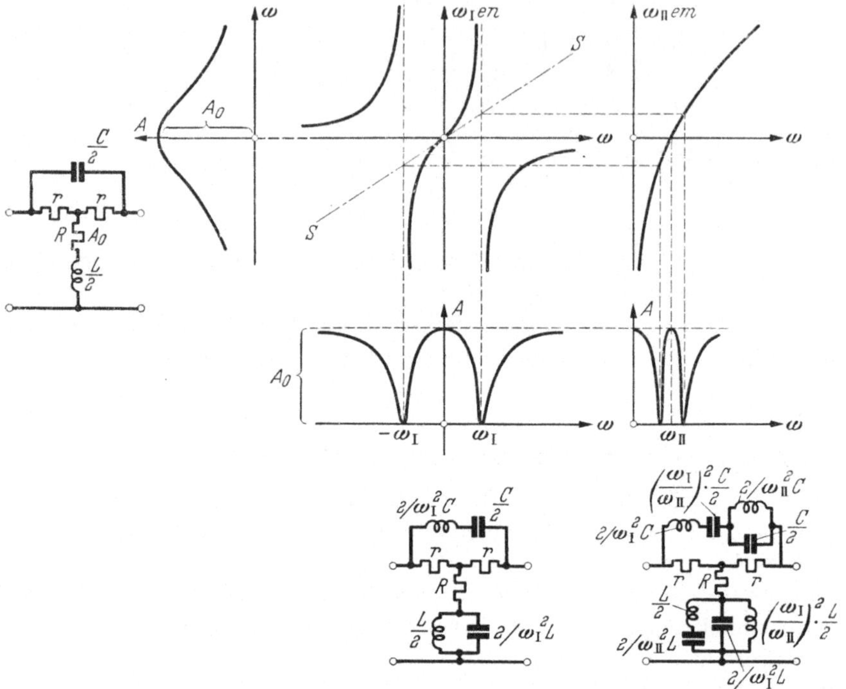

Abb. 3.3.5. Sukzessive Direkttransformation einer Korrektionsdämpfung.

3.38. Vergleich von Filterkonstruktionen.

In diesem Abschnitt soll ein Beispiel gezeigt werden, wie man mit
Hilfe von Frequenztransformationen Fragen prinzipieller Art beantworten kann. Die hier zur Diskussion stehende Frage ist folgende:
,,Warum baut man Bandpaßfilter an Stelle einer Kaskadenkopplung
von Tiefpaß- und Hochpaßfiltern'', obgleich im letzteren Fall keine
erschwerenden Bedingungen für die Zusammenschaltung bestehen,
da das eine Filter stets als reine Widerstandsbelastung des andern
Filters innerhalb dessen Sperrband wirkt.

Zur Beantwortung dieser Frage sollen die Dämpfungen bei gleicher
Anzahl von Reaktanzelementen in beiden Fällen miteinander verglichen werden. Die beiden zu betrachtenden Fälle kann man sich aus ein
und demselben Tiefpaßfilter mittels Direkttransformationen hergeleitet
denken, wie dies Abb. 3.3.7 zeigt. Das genannte Originalnetz, das
in Abb. 3.3.7 ganz links schematisch angegeben ist, soll aus n_1 Spulen
und n_2 Kondensatoren bestehen und die rechts davon gezeichnete ideelle

Dämpfungskurve besitzen. Die Direkttransformationen bestehen aus einer b-, d- und em-Transformation, die nach Tab. 3.21.1 ein Tiefpaßfilter mit n_1 Spulen und n_2 Kondensatoren, ein Hochpaßfilter mit n_2 Spulen und n_1 Kondensatoren und ein Bandpaßfilter mit $n_1 + n_2$ Spulen und $n_1 + n_2$ Kondensatoren ergeben. Wer-

den das Tiefpaß- und das Hochpaßfilter in Kaskade geschaltet, so erhält man mithin ein Filter mit gleich viel Spulen und Kondensatoren wie im Bandpaßfilter, und die Dämpfung wird praktisch gleich der Summe der Dämpfungen der Teilfilter. Wählt man die Transformationswinkelfrequenzen ω_{I} und ω_{II} sowie den Proportionalitätsfaktor K so, daß die beiden Filteralternativen die gleichen Grenzwinkelfrequenzen haben, wie es in Abb. 3.3.7 gezeigt ist, so ist deutlich zu

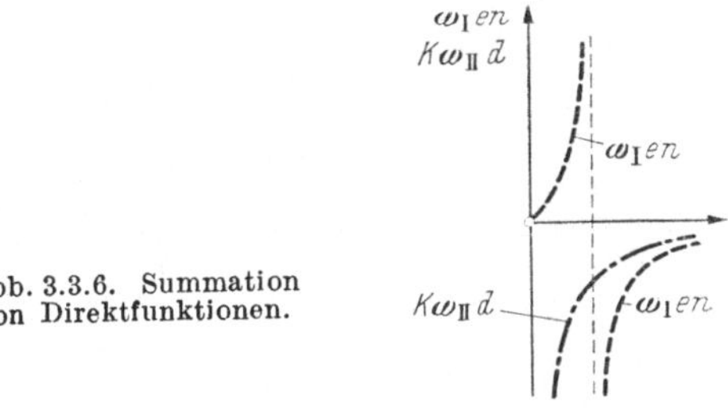

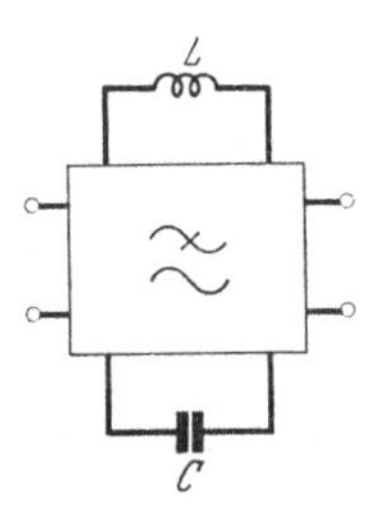

Abb. 3.3.6. Summation von Direktfunktionen.

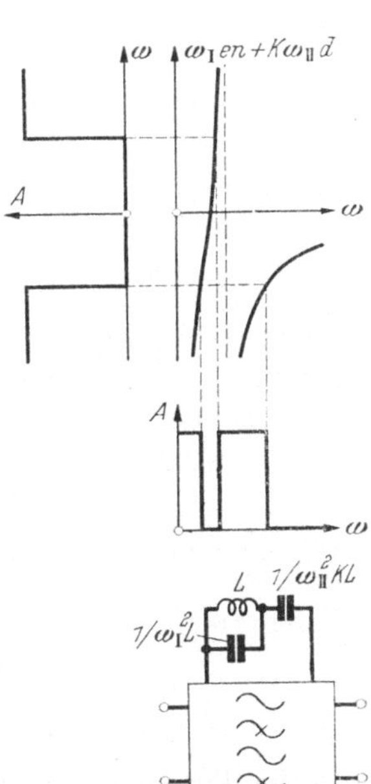

ersehen, daß das Bandpaßfilter an den Seiten des Bandes eine steilere Dämpfungskurve besitzt, als dies bei der Kaskadenkopplung von Tief- und Hochpaßfilter der Fall ist. Es gibt zwar auch andere Bandpaßfiltermöglichkeiten als die hier gezeigte, die für den gleichen Fall auch mehr Bauelemente enthalten können; dies ändert jedoch nichts an der prinzipiellen Feststellung, *daß man mit der gleichen Anzahl von Spulen und Kondensatoren mit einem Bandpaßfilter eine steilere Dämpfungskurve erzielen kann als mit einem kombinierten Tiefpaß-Hochpaß-Filter.*

3.4. Beispiele für einfache Indirekttransformationen.
Lit. 9.2015 und 9.2016.

3.41. Einfache Indirekttransformationen einer Tiefpaßdämpfung.
Die einfachen Direkttransformationen eines Tiefpaßgliedes (Abbildung 2.6.4) wurden in Abb. 3.3.4 dargestellt. Ersetzt man nun die Direkt-

3. Frequenztransformationen.

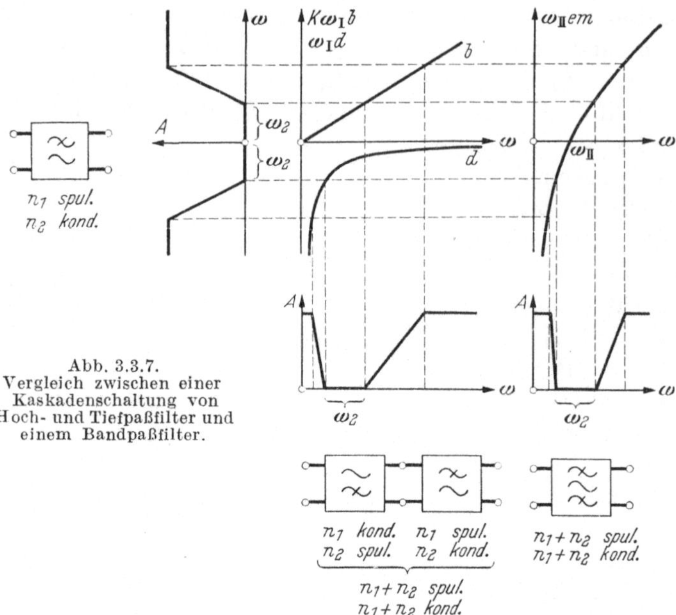

funktionen durch die einfachen Indirektfunktionen, deren Frequenzverlauf aus den Kurven in Abb. 3.2.1 unten zu ersehen ist, so erhält man die in Abb. 3.4.1 gezeigten Resultate.

Da bei den Indirekttransformationen zum Teil Eigenschaften von imaginären zu reellen Winkelfrequenzen übergeführt werden, muß man die Eigenschaften des Originalnetzes auch für imaginäre Winkelfrequenzen kennen. Zu diesem Zwecke wird die negativ imaginäre Winkelfrequenz

$$\omega = -j\varrho$$
$$\varrho = \text{positiv reelle Größe}$$

in die komplexe Spiegeldämpfung Gl. (2.64.1) eingeführt, wodurch man

$$\Gamma = j \arcsin\left(\frac{-j\varrho}{\omega_2}\right)$$

oder

$$A = \operatorname{arsinh}\frac{\varrho}{\omega_2} \tag{3.41.1}$$

erhält. Mittels Gl. (3.41.1) ist der untere Zweig der Spiegeldämpfungskurve des Originalnetzes in Abb. 3.4.1 ganz links berechnet worden.

Es scheint zunächst eine gewisse Komplikation darin zu bestehen, daß die Kurven für die einfachen Indirektfunktionen in Abb. 3.2.1

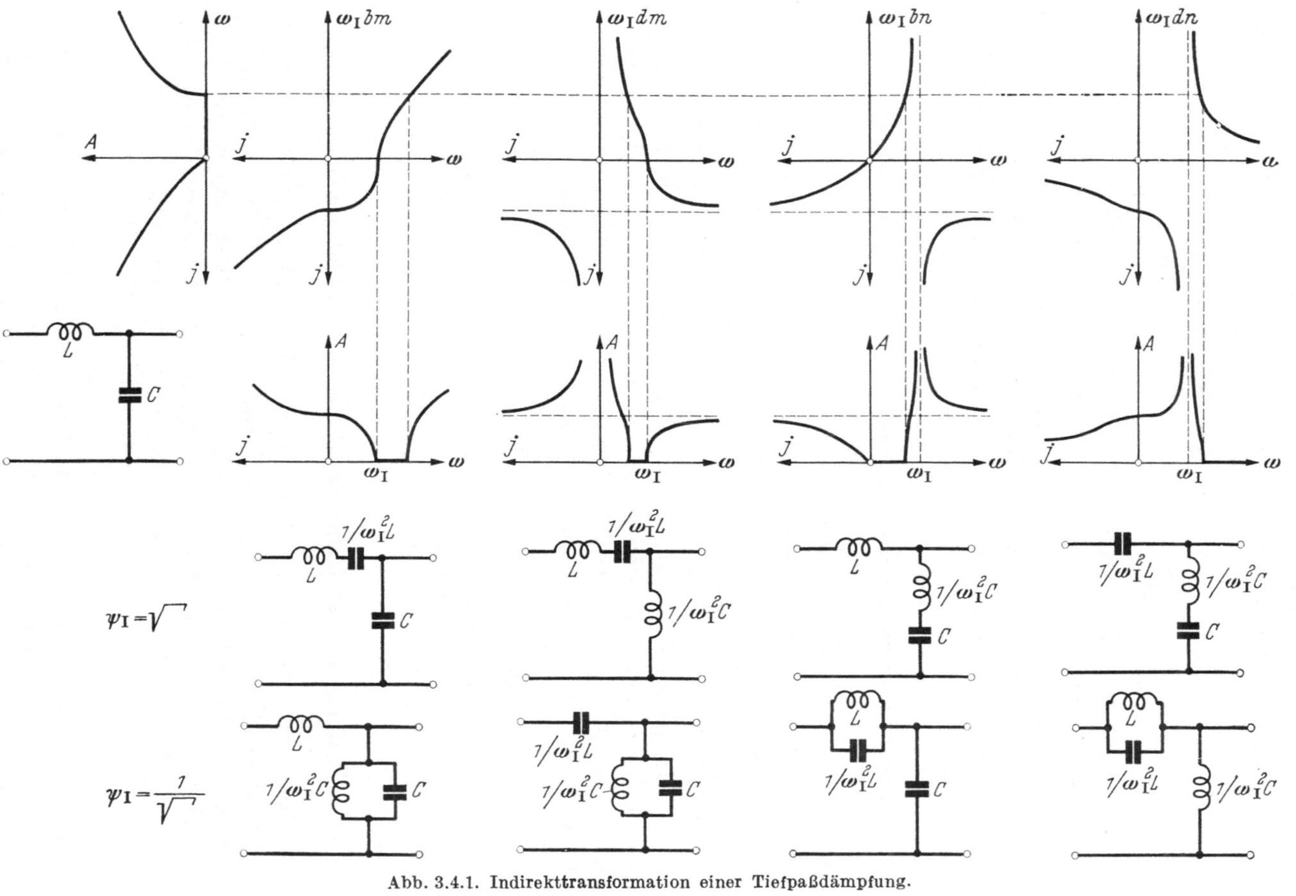

Abb. 3.4.1. Indirekttransformation einer Tiefpaßdämpfung.

unten abwechselnd positive und negative Frequenzachsen haben und daß die Übertragung einer Eigenschaft von einem Koordinatensystem auf ein anderes zwischen Frequenzachsen der gleichen Art erfolgen muß. Nach dem Zeichentheorem von Abschnitt 3.21 kann man jedoch jederzeit das Vorzeichen einer Frequenzachse ändern, wenn dies gleichzeitig auch bei der andern Frequenzachse im gleichen Koordinatensystem geschieht. Hierdurch ist es immer möglich, durch Vorzeichenwechsel Eigenschaften zwischen zwei Koordinatensystemen zu überführen. Das Verfahren kann natürlich mit sich bringen, daß die Eigenschaft bisweilen auf die negativ reelle Frequenzachse kommt; mit Hilfe des Symmetrietheorems [Gl. (3.22.1)] kann man dann aber leicht die symmetrisch liegende Eigenschaft auf der positiv reellen Frequenzachse bestimmen.

Besteht die Originaleigenschaft aus einer Dämpfung wie im vorliegenden Fall, so folgt aus der obigen Überlegung, daß man von den Vorzeichen der Frequenzachsen gänzlich absehen kann und folglich nur zwischen den imaginären und reellen Frequenzachsen zu unterscheiden hat. In Abb. 3.4.1 sind daher die Vorzeichenangaben weggelassen und die imaginären Frequenzachsen mit „j" bezeichnet.

Aus Abb. 3.4.1 geht hervor, daß die bm- und dm-Transformation der Tiefpaßdämpfung eine Bandpaßdämpfung ergibt und daß die bn- und dn-Transformation zu einer Tiefpaß- bzw. einer Hochpaßdämpfung mit einer Unendlichkeitsstelle, einer sogenannten „Dämpfungsspitze" für eine endliche Winkelfrequenz, der sogenannten „Spitzenwinkelfrequenz" $\omega = \omega_\mathrm{I}$, führt. Nach Tab. 3.21.1 bestehen für jede einfache Indirekttransformation je zwei mögliche Ausdrücke für ψ, wodurch sich auch je zwei untereinander verschiedene Konstruktionsmöglichkeiten für das frequenztransformierte Glied ergeben, wie dies schematisch in Abb. 3.4.1 dargestellt ist.

3.42. Einfache Indirekttransformationen einer Bandpaßdämpfung.

Macht man das Bandpaßglied nach Abb. 3.4.1 unten links zum Originalnetz für eine bn- und dn-Transformation mit dessen Spiegeldämpfung (Abb. 3.4.1 über dem Schaltschema) als Originaleigenschaft, so erhält man die in Abb. 3.4.2 dargestellten Resultate. Die neuen Eigenschaften sind, wie ersichtlich, eine Bandpaßdämpfung mit einer Dämpfungsspitze oberhalb bzw. unterhalb des Paßbandes.

Wird das Sukzessivverfahren mit einer weiteren Indirekttransformation fortgesetzt, so findet man, daß keine neuen Resultate über die in den Abb. 3.4.1 und 3.4.2 gezeigten hinaus erzielt werden können. Mit Indirekttransformationen kann man nur eine Dämpfung aus dem imaginären Winkelfrequenzbereich in den reellen verschieben. Hierbei entsteht aus der bei einer unendlichen Winkelfrequenz liegenden unendlichen Dämpfung eine Dämpfungsspitze bei einer endlichen Winkelfrequenz.

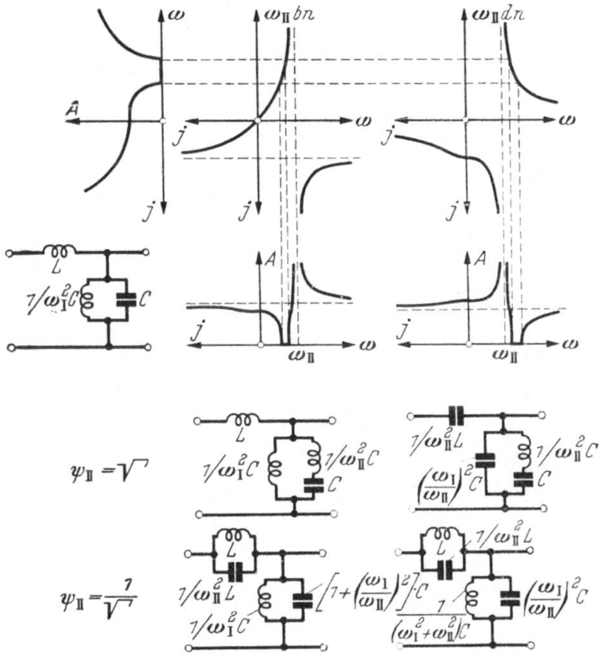

Abb. 3.4.2. Indirekttransformation einer Bandpaßdämpfung.

3.43. Gemischte Direkt- und Indirekttransformation.

Durch Anwendung von Sukzessivverfahren mit gemischten Direkt- und Indirektfunktionen kann man aus der Tiefpaßdämpfung in Abb. 2.6.4 Filterdämpfungen mit zwei Dämpfungsspitzen erhalten. Die Abb. 3.4.3 zeigt beispielsweise, wie man durch eine *em-dm-bm*-Transformation zu einer Bandpaßdämpfung mit je einer Dämpfungsspitze zu beiden Seiten des Paßbandes gelangt. In gleicher Weise wie in Abb. 3.3.5 werden die Eigenschaften von der einen Frequenzfunktionskurve mit Hilfe einer geneigten Geraden *s* auf die andere Kurve übergeführt. Der Übersichtlichkeit halber ist die Dämpfungskurve nach jeder Etappe der Transformation dargestellt.

Da in die Transformation zwei Indirektfunktionen eingehen und jede zwei Konstruktionsmöglichkeiten gibt, erhält man die in Abb. 3.4.3 unten dargestellten vier alternativen Ausführungsformen für das Filterglied. Die Ziffern neben den Induktivitäts- und Kapazitätssymbolen bedeuten folgende Induktivitäts- bzw. Kapazitätsausdrücke:

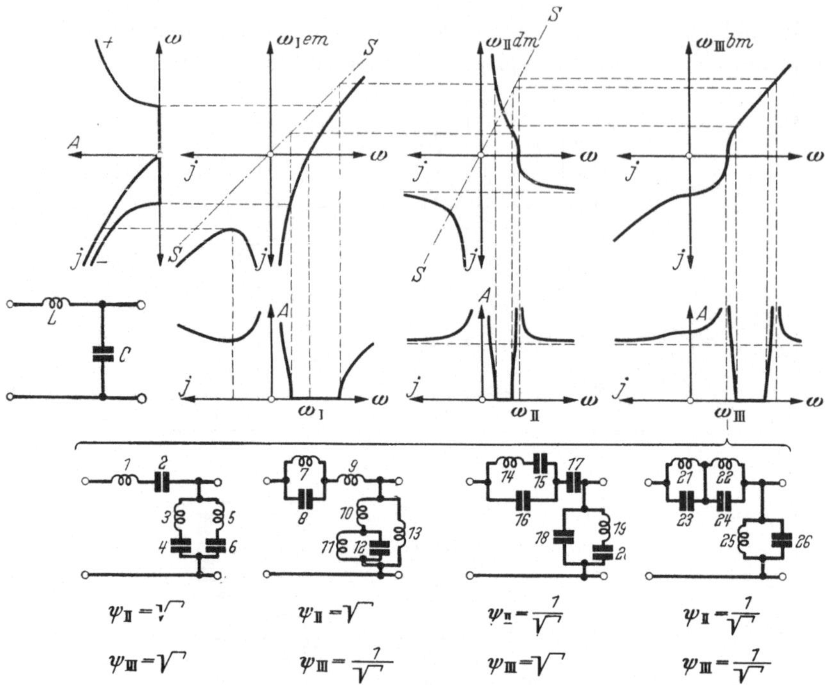

Abb. 3.4.3. Sukzessive Direkt- und Indirekttransformation einer Tiefpaßdämpfung.

1. $[\omega_{\mathrm{I}}^2 + \omega_{\mathrm{II}}^2]\, L/\omega_{\mathrm{II}}^2$

2. $\omega_{\mathrm{II}}^2/[\omega_{\mathrm{I}}^2 + \omega_{\mathrm{II}}^2)\,\omega_{\mathrm{III}}^2 + \omega_{\mathrm{II}}^4]\, L$

3. $1/\omega_{\mathrm{I}}^2 C$

4. $\omega_{\mathrm{I}}^2 C/[\omega_{\mathrm{II}}^2 + \omega_{\mathrm{III}}^2]$

5. $1/\omega_{\mathrm{II}}^2 C$

6. $\omega_{\mathrm{II}}^2 C/\omega_{\mathrm{III}}^2$

7. $\omega_{\mathrm{II}}^2 L/\omega_{\mathrm{III}}^2$

8. $1/\omega_{\mathrm{II}}^2 L$

9. $[\omega_{\mathrm{I}}^2 + \omega_{\mathrm{II}}^2]\, L/\omega_{\mathrm{II}}^2$

10. $1/\omega_{\mathrm{I}}^2 C$

11. $\omega_{\mathrm{II}}^2/\omega_{\mathrm{I}}^2 \omega_{\mathrm{III}}^2\, C$

12. $\omega_{\mathrm{I}}^2 C/\omega_{\mathrm{II}}^2$

13. $1/\omega_{\mathrm{II}}^2 C$

14. $\omega_{\mathrm{I}}^2 L/\omega_{\mathrm{II}}^2$

15. $\omega_{\mathrm{II}}^2/\omega_{\mathrm{I}}^2 \omega_{\mathrm{III}}^2\, L$

16. $1/\omega_{\mathrm{I}}^2 L$

17. $1/\omega_{\mathrm{II}}^2 L$

18. $[\omega_{\mathrm{I}}^2 + \omega_{\mathrm{II}}^2]\, C/\omega_{\mathrm{II}}^2$

19. $1/\omega_{\mathrm{II}}^2 C$

20. $\omega_{\mathrm{II}}^2 C/\omega_{\mathrm{III}}^2$

21. $\omega_{\mathrm{II}}^2 L/\omega_{\mathrm{III}}^2$

22. $\omega_{\mathrm{I}}^2 L/[\omega_{\mathrm{II}}^2 + \omega_{\mathrm{III}}{}^2]$

23. $1/\omega_{\mathrm{II}}^2 L$

24. $1/\omega_{\mathrm{I}}^2 L$

25. $\omega_{\mathrm{II}}^2/[(\omega_{\mathrm{I}}^2 + \omega_{\mathrm{II}}^2)\,\omega_{\mathrm{III}}^2 + \omega_{\mathrm{II}}^4]\, C$

26. $[\omega_{\mathrm{I}}^2 + \omega_{\mathrm{II}}^2]\, C/\omega_{\mathrm{II}}^2$

$$(3.43.1)$$

Die beiden mittleren Schaltungsmöglichkeiten in Abb. 3.4.3 können durch eine Äquivalenztransformation nach Abschnitt 2.73 vereinfacht werden, und zwar bei der linken Schaltung der Querarm und bei der rechten der Längsarm. Hierdurch wird erreicht, daß sämtliche Schaltungsalternativen der Abb. 3.4.3 aus je sechs Reaktanzelementen bestehen. Es sei hinzugefügt, daß es keine weiteren Bandpaßfilter aus L-Gliedern (s. Abschn. 2.52) mit zwei oder mehr Dämpfungsspitzen gibt.

Im Hinblick auf die in den Abschnitten 2.31 und 2.83 angeführten Gesichtspunkte begnügt man sich in der Regel mit zwei Dämpfungsspitzen pro Glied. Die Glieder der Abb. 3.4.3 stellen somit bereits ein Maximum an Komplikation dar.

3.44. Die Phasenglieddämpfung als Originaleigenschaft.

Lit. 9.2019.

Nach Gl. (2.63.1) ist die Spiegeldämpfung des Phasengliedes innerhalb des ganzen reellen Winkelfrequenzbereiches gleich Null. Für negativ imaginäre Winkelfrequenzen gilt das jedoch nicht mehr. Setzt man nämlich

$$\left.\begin{array}{l} \omega = -j\,\varrho \\ \varrho = \text{positiv reelle Größe} \end{array}\right\}$$

in den Ausdruck für die komplexe Spiegeldämpfung Gl. (2.63.1) ein so erhält man

$$\Gamma = j\,2\,\mathrm{arctg}\left(\frac{-j\,\varrho}{\omega_{11}}\right)$$

oder

$$\left.\begin{array}{l} A = \left\{\begin{array}{l} 2\,\mathrm{artgh}\,\dfrac{\varrho}{\omega_{11}} \\[2ex] 2\,\mathrm{arcoth}\,\dfrac{\varrho}{\omega_{11}} \end{array}\right. \\[4ex] \qquad\qquad \text{für}\quad \varrho \lessgtr \omega_{11} \\[3ex] B = \left\{\begin{array}{l} 0 \\ \pi \end{array}\right. \end{array}\right\} \qquad (3.44.1)$$

Aus Gl. (3.44.1) geht hervor, daß

$$\left.\begin{array}{l} A = \infty \quad \text{für}\quad \varrho = \omega_{11} \quad\text{d. h.}\quad \omega = -j\,\omega_{11} \\[2ex] A = 0 \quad \text{für}\quad \varrho = \left\{\begin{array}{l} 0 \\ \infty \end{array}\right. \quad\text{d. h.}\quad \omega = \left\{\begin{array}{l} 0 \\ -j\infty \end{array}\right. \end{array}\right\} \quad (3.44.2)$$

Die Spiegeldämpfung nimmt daher den in Abb. 3.4.4 gezeigten Frequenzverlauf an.

Das Phasenglied kann somit als Originalnetz für die Herstellung von Filtergliedern angewendet werden, da die innerhalb des negativ imaginären Winkelfrequenzgebiets vorhandene Spiegeldämpfung, welche im folgenden „Phasenglieddämpfung" genannt werden soll, durch Indirekttransformationen zum Teil in das positiv reelle Winkelfrequenzgebiet verschoben werden kann, wodurch die Filterwirkung entsteht. Bevor dies an einem Beispiel erläutert wird, soll der Einfluß der Direkttransformationen auf die Dämpfung eines Phasengliedes untersucht werden.

Man sieht unmittelbar ein, daß die d-Transformation den Charakter der Phasenglieddämpfung nicht ändern kann, weil nämlich nur eine Vertauschung der reaktiven Wirkung der Längs- und Kreuzarme eintritt, die dem Spiegelwinkel einen Zuschuß von $\pm \pi$ gibt.

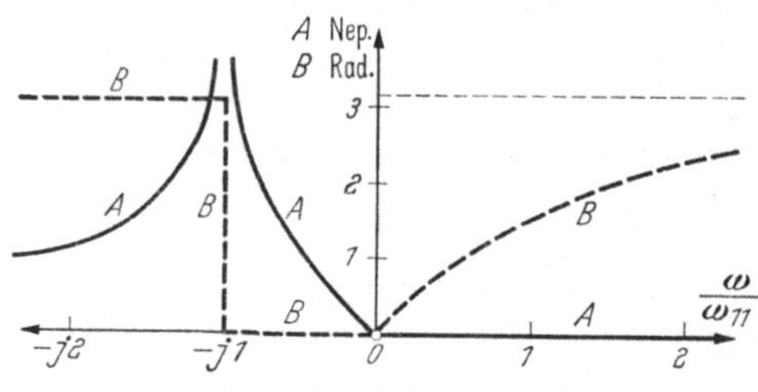

Abb. 3.4.4. Phasenglieddämpfung.

Abb. 3.4.5 zeigt das Resultat einer em- und einer en-Transformation. Wie ersichtlich, können drei Alternativen entstehen, und zwar hängt das ab von dem Verhältnis zwischen der Winkelfrequenz ω_{11}, welche die Lage der Dämpfungsspitze bestimmt, und der Transformationswinkelfrequenz ω_{I}. Diese Alternativen unterscheiden sich im Verlauf der Spiegeldämpfungskurven; die eine hat keine Dämpfungsspitze, die andere eine Dämpfungsspitze und die dritte zwei Dämpfungsspitzen. Auch diese Kurven liegen innerhalb des negativ imaginären Winkelfrequenzgebietes. Eine nähere Betrachtung der frequenztransformierten Glieder zeigt, daß sie äquivalent sind mit zwei spiegelgekoppelten Gliedern desselben Typs wie das Originalglied mit den in Abb. 3.4.5 unten angegebenen Strukturen und Dimensionierungen.

In der Alternative mit der spitzenlosen Spiegeldämpfungskurve werden offensichtlich die Induktivitäten und Kapazitäten des äquivalenten Netzes komplex und folglich physikalisch nicht realisierbar. Diese Alternative ist aber vom Filterstandpunkt aus ohne Interesse, da sie nur einen geringen Beitrag zur Sperrdämpfung des Filters liefert.

Für die Alternativen mit Spiegeldämpfungskurven mit einer und zwei Dämpfungsspitzen wird jedoch das äquivalente Netz physikalisch realisierbar. Hieraus kann man folgenden Schlußsatz ziehen: *Wird eine Phasengliedämpfung so em- oder en-transformiert, daß eine Spiegeldämpfungskurve mit einer oder mit zwei Dämpfungsspitzen entsteht, so kann diese Kurve als Summe zweier Kurven von einfachen Phasengliedämpfungen angesehen werden.* Statt *em*- oder *en*-Transformationen auszuführen, kann man folglich einfache Phasengliedämpfungen summieren.

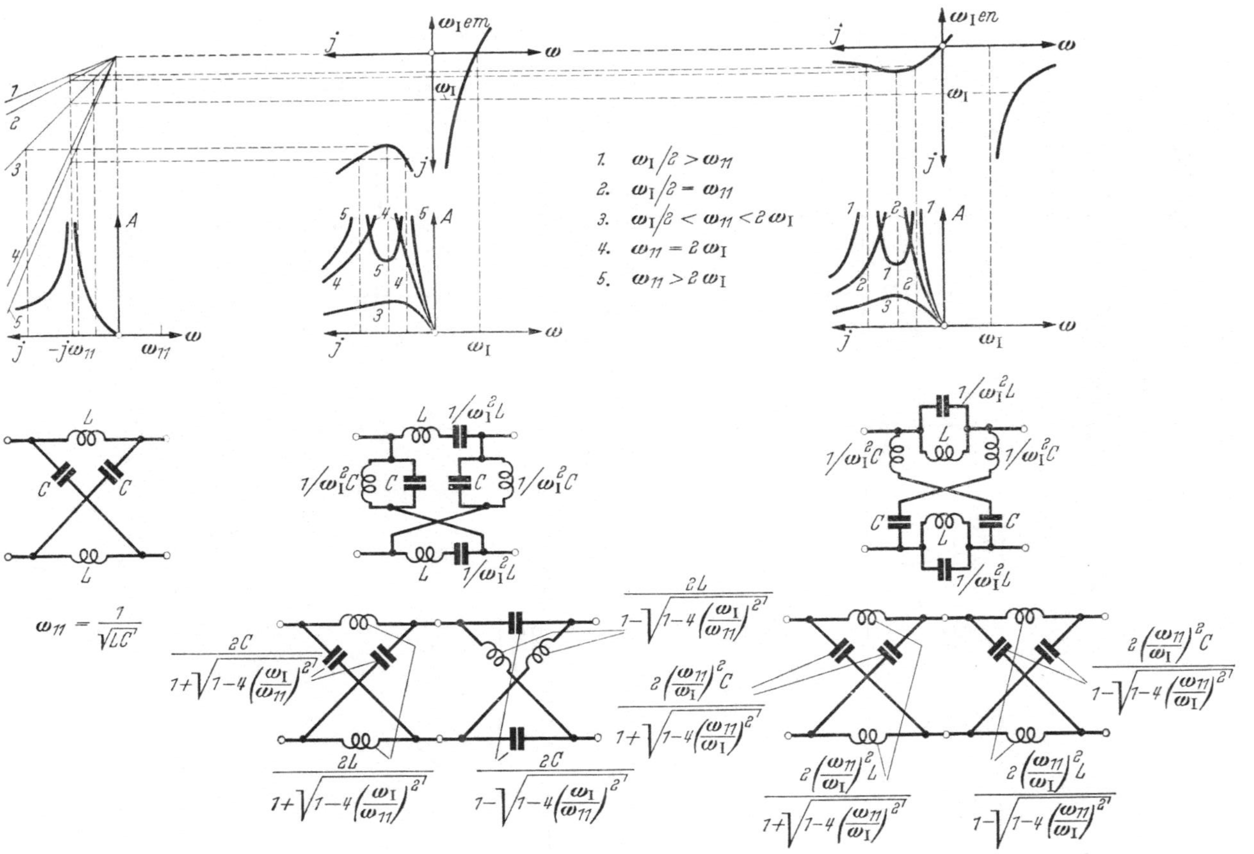

Abb. 3.4.5. Direkttransformation einer Phasengliedddämpfung.

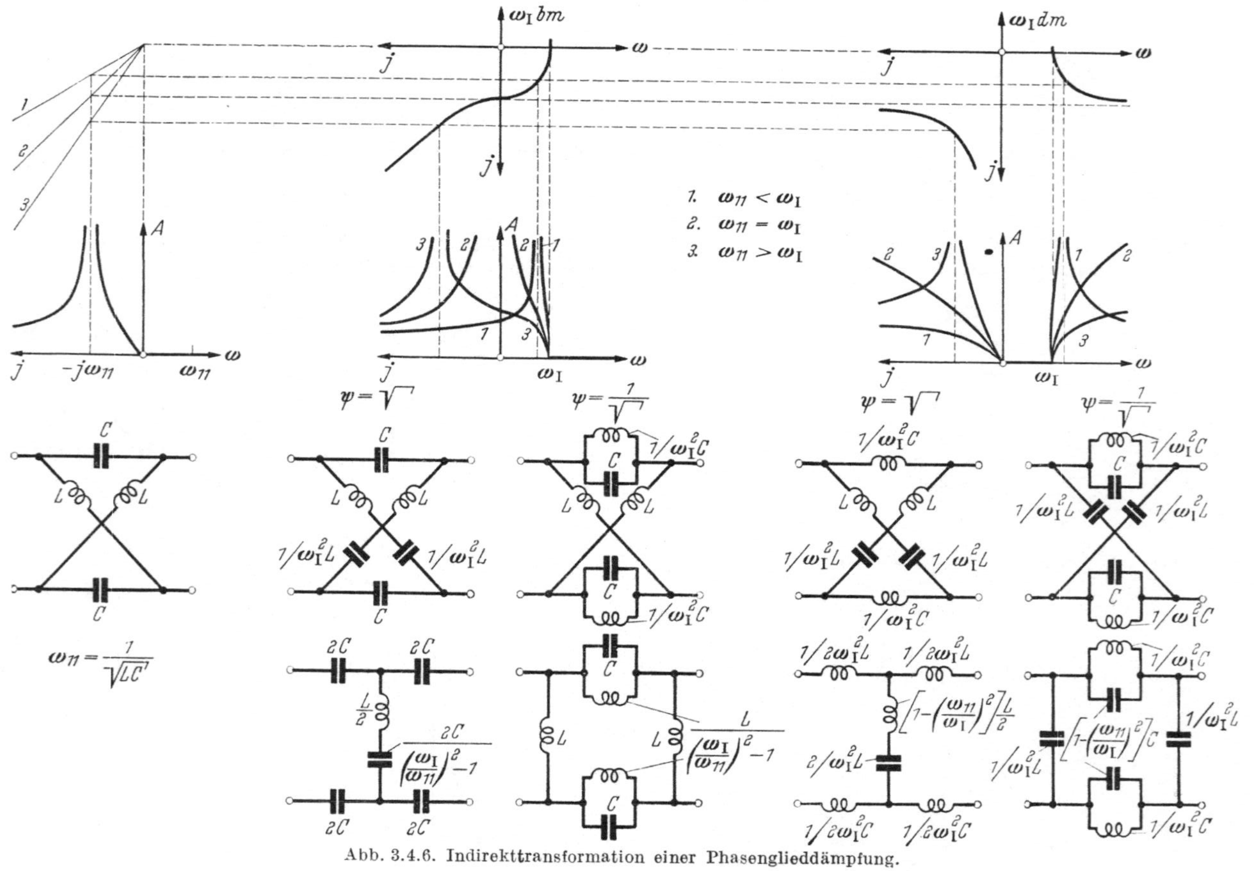

Abb. 3.4.6. Indirekttransformation einer Phasengliedämpfung.

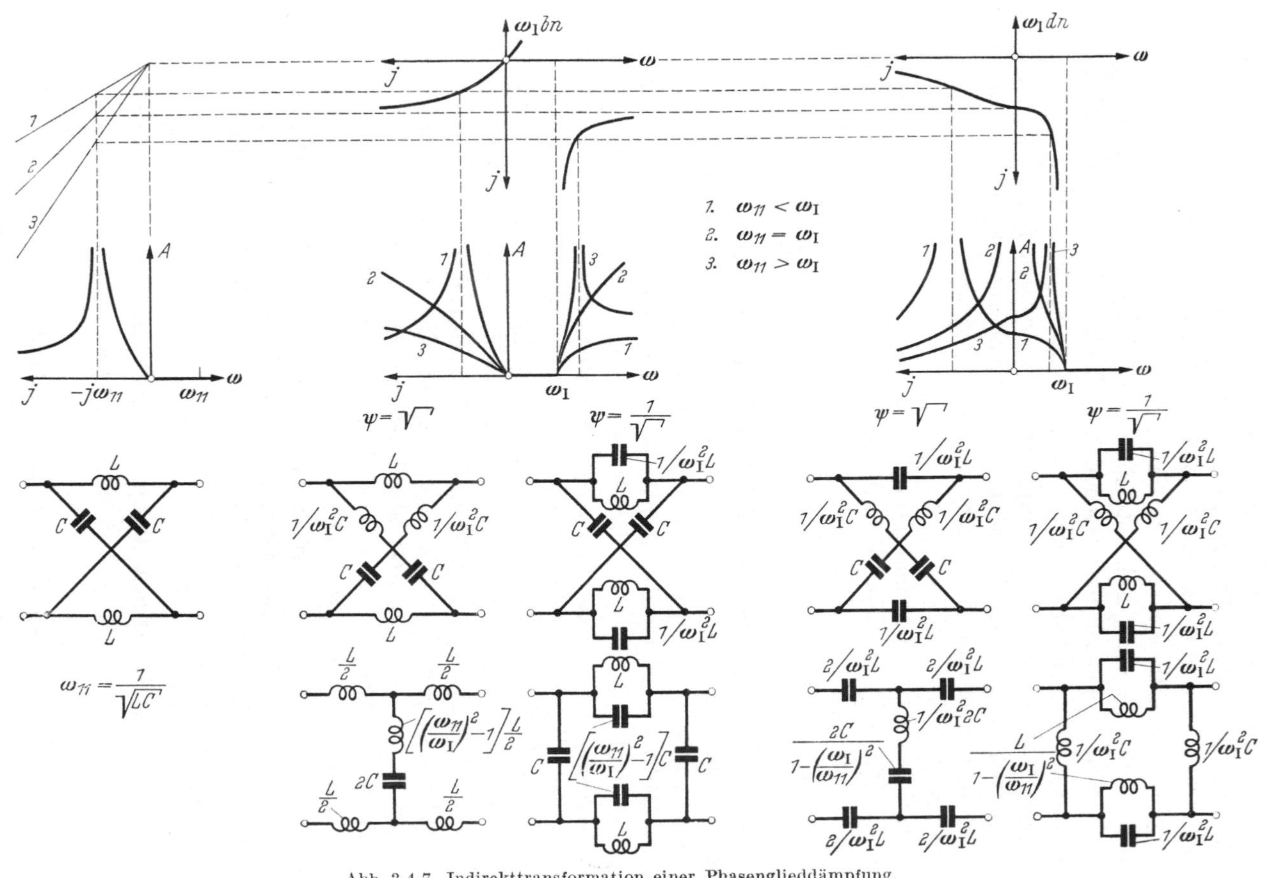

Abb. 3.4.7. Indirekttransformation einer Phasenglieddämpfung.

3.45. Einfache Indirekttransformationen einer Phasengliedämpfung.

Abb. 3.4.6 und 3.4.7 zeigen das Resultat einfacher Indirekttransformationen der Phasengliedämpfung von Abb. 3.4.4. Wie ersichtlich, liefern die bm- und dn-Transformationen eine Hochpaßdämpfung und die dm- und bn-Transformationen eine Tiefpaßdämpfung. Auch in diesem Fall entstehen drei Alternativen in Abhängigkeit von dem Verhältnis zwischen der Winkelfrequenz ω_{11} und der Transformationswinkelfrequenz ω_{I}. Diese Alternativen sind dadurch gekennzeichnet, daß die Dämpfungsspitze entweder in das reelle Winkelfrequenzgebiet verschoben ist oder daß sie auf der Ordinatenachse liegt oder daß sie in dem negativ imaginären Winkelfrequenzgebiet verbleibt.

Jede Indirekttransformation ergibt nach Tab. 3.21.1 zwei Schaltungen für das Phasenglied. Wenn man diese genauer untersucht, findet man, daß sie vollständig äquivalent mit einem ausbalancierten Π- oder T-Glied sind, wie dies in den Abb. 3.4.6 und 3.4.7 unten schematisch gezeigt ist.

Bei der Alternative mit der Dämpfungsspitze im negativ imaginären Winkelfrequenzgebiet werden, wie man leicht sehen kann, gewisse Induktivitäten und Kapazitäten negativ, was sich physikalisch nicht realisieren läßt. Die Äquivalenztransformation ist somit für diese Alternative nicht möglich. Der Fall ist aber vom Filterstandpunkt aus uninteressant, da er nur einen geringen Beitrag zur Sperrdämpfung des Filters liefert.

Für die beiden andern Alternativen gilt jedoch offensichtlich folgendes: *Wird eine einfache Phasengliedämpfung in der Weise indirekttransformiert, daß die Dämpfungsspitze auf die Ordinatenachse oder in das reelle Winkelfrequenzgebiet verschoben wird, so können die indirekttransformierten Spiegeleigenschaften durch Π- oder T-Glieder dargestellt werden.*

Da die 2. Alternative bei der dm- und bn-Transformation nach Abb. 3.4.6 bzw. 3.4.7 zwei gleiche spiegelgekoppelte Glieder derselben Art wie das Originalnetz in Abb. 3.4.1 und 3.4.3 liefert, kann man offensichtlich durch fortgesetzte einfache Transformationen ganz zu dem gleichen Resultat gelangen, wie man es in den Abb. 3.4.1, 3.4.2 und 3.4.3 erhalten hat.

3.5. Einfache Transformationen mittels logarithmischer Skalen.

Lit. 9.2019, 9.2021, 9.24 und 9.32.

3.51. Eigenschaftsschablonen.

Nach den Gl. (3.44.1) und (2.63.1) ist für die Spiegeleigenschaften des einfachen Phasengliedes

$$A = \begin{cases} 2\,\mathrm{artgh}\,\dfrac{\varrho}{\omega_{11}} & \\[2ex] 2\,\mathrm{arcoth}\,\dfrac{\varrho}{\omega_{11}} & \end{cases} \text{für} \quad \omega_{11} \gtrless \varrho = j\,\omega, \quad \varrho^2 > 0$$

$$B = \quad 2\,\mathrm{arctg}\,\dfrac{\omega}{\omega_{11}} \quad \text{für} \quad \omega^2 > 0 \tag{3.51.1}$$

Werden in die Gl. (3.51.1) die logarithmischen dimensionslosen Winkelfrequenzvariablen

$$x = \ln\frac{\varrho}{\omega_{11}}, \qquad y = \ln\frac{\omega}{\omega_{11}} \tag{3.51.2}$$

eingeführt, so erhält man

$$A = \begin{cases} 2\,\mathrm{artgh}\,e^x = 2\,\mathrm{arcoth}\,e^{-x} \\[1ex] 2\,\mathrm{arcoth}\,e^x = 2\,\mathrm{artgh}\,e^{-x} \end{cases} \text{für} \quad x \lessgtr 0$$

$$B = \quad 2\,\mathrm{arctg}\,e^y = \pi - 2\,\mathrm{arctg}\,e^{-y}$$

und damit

$$A(-x) = A(x)$$
$$\frac{\pi}{2} - B(-y) = -\left[\frac{\pi}{2} - B(y)\right] \tag{3.51.3}$$

Wenn man somit die Kurve der Spiegeldämpfung des Phasengliedes der Abb. 3.4.4 innerhalb des negativ imaginären und die seines Spiegelwinkels innerhalb des positiv reellen Winkelfrequenzgebietes mit logarithmischen Winkelfrequenzskalen aufzeichnet, werden diese Kurven nach Gl. (3.51.3) symmetrisch bezüglich $\dfrac{\omega}{\omega_{11}} = -j\,1$ bzw. $= 1$, wie Abb. 3.5.1 oben bzw. unten zeigt.

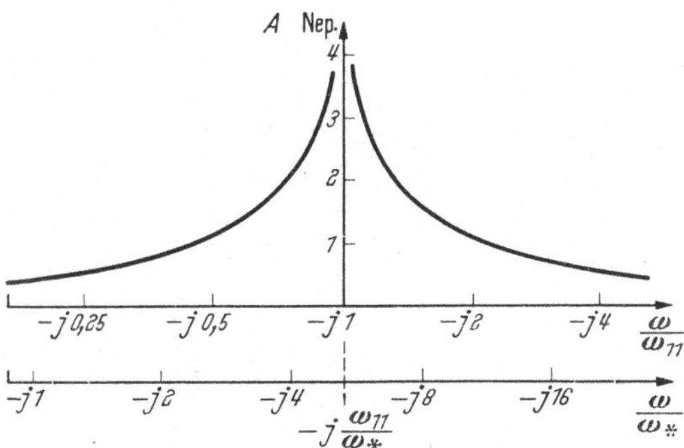

Wird in den Winkelfrequenzskalen der Kurven in Abb. 3.5.1 die von der Lage der Dämpfungsspitze abhängige Konstante ω_{11} durch

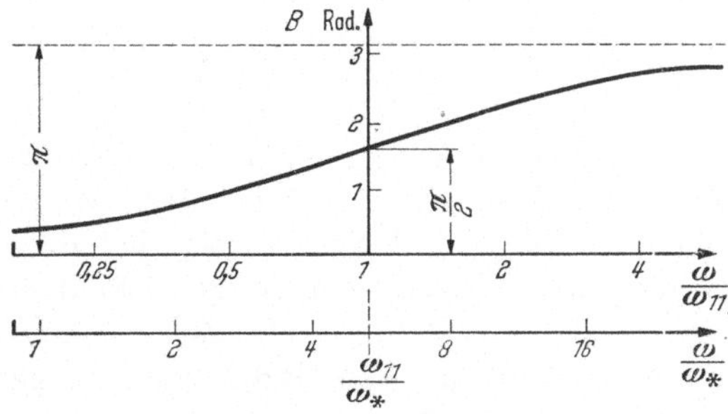

Abb. 3.5.1. Spiegeldämpfungs- und Spiegelwinkelschablone.

eine feste Konstante ω_* als Bezugswinkelfrequenz ersetzt, so unterschei-

den sich die neuen Skalen von den bisherigen offensichtlich nur durch
eine Horizontalverschiebung, wie dies beispielsweise in Abb. 3.5.1
gezeigt ist. Wird dann ω_{11} variiert, so verschieben sich die Kurven
in Abb. 3.5.1 unter Beibehaltung ihrer Form und Größe parallel
in horizontaler Richtung, und zwar um den Betrag

$$\ln \frac{\omega_{11}}{\omega_*} \qquad\qquad (3.51.4)$$

Daher kann man jede dieser Kurven, ganz unabhängig davon, wo ihre
Dämpfungsspitze liegt, mit Hilfe der gleichen Schablone zeichnen, indem sie längs der Winkelfrequenzskala jeweils so parallel verschoben
wird, daß die Dämpfungsspitze bzw. der Halbwert $\pi/2$ auf die Skalen-
markierungen $- j\omega_{11}/\omega_*$ bzw. ω_{11}/ω_* fällt.

3.52. Die Zusammensetzung von Phasenglieddämpfungen.

Abb. 3.5.2 zeigt, wie die resultierende Spiegeldämpfung für drei
spiegelgekoppelte Phasenglieder mit den individuellen Winkelfrequen-

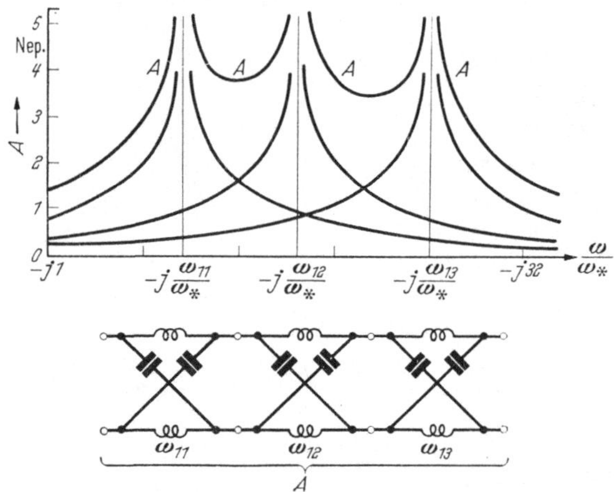

Abb. 3.5.2. Phasenglieddämpfung für drei spiegelgekoppelte Phasenglieder.

zen ω_{11}, ω_{12} und ω_{13} erhalten werden kann. Mit der Spiegeldämp-
fungsschablone Abb. 3.5.1 oben werden drei einfache Phasen-
glieddämpfungen, deren Spitzen bei den Winkelfrequenzen $- j\omega_{11}$,
$- j\omega_{12}$ und $- j\omega_{13}$ liegen, aufgezeichnet und dann die Einzeldämpfun-
gen, z. B. mit Hilfe eines Zirkels, summiert. Als Resultat erhält
man dann die in Abb. 3.5.2 oben dargestellte dreispitzige Spiegeldämpfungskurve A.

Abb. 3.5.3 oben zeigt ein anderes Verfahren. Hierbei wird die Spie-
geldämpfungsschablone so parallel verschoben, daß ihre Dämpfungs-

spitze auf die zu bestimmende Ordinate fällt. Die Teildämpfungen A_1, A_2 und A_3, die sich als Ordinaten der Schablonenkurve für $\omega = -j\omega_{11}$, $-j\omega_{12}$ bzw. $-j\omega_{13}$ ergeben, werden zu der gesuchten Ordinate der resultierenden Spiegeldämpfungskurve A zusammenaddiert.

Die Bestimmung des resultierenden Spiegelwinkels erfolgt in gleicher Weise wie für die resultierende Spiegeldämpfung. Abb. 3.5.3 unten zeigt, wie das zuletzt beschriebene Verfahren in diesem Fall anzuwenden ist. Hierbei wird die Spiegelwinkelschablone Abb. 3.5.1 unten mit umgekehrter Abszissenrichtung so parallel verschoben, daß ihr Halbwert $\pi/2$ mit der Ordinate, die bestimmt werden soll, zusammenfällt. Abb. 3.5.3 dürfte im übrigen ohne weiteres verständlich sein.

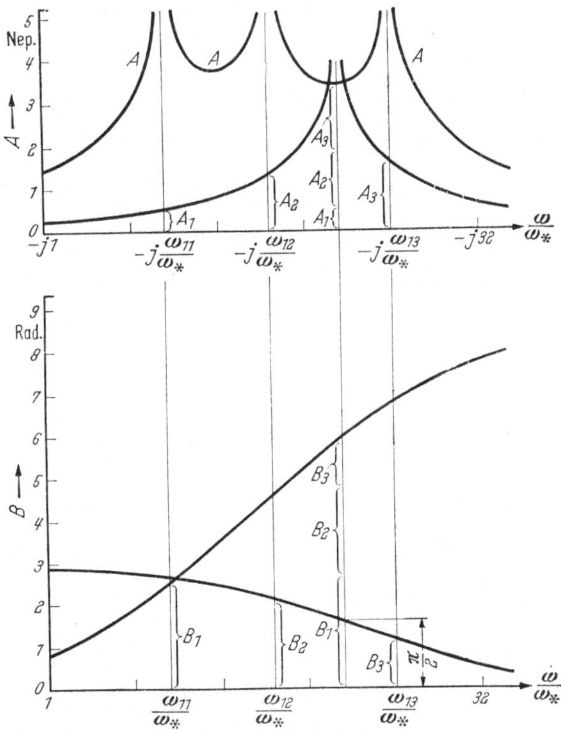

Abb. 3.5.3. Summationsverfahren mit einer Schablone.

3.53. Die einfachen Funktionen mit logarithmischen Skalen.

Um die graphische Methode der Behandlung von Eigenschaften (Abb. 3.2.2) auch dann anwenden zu können, wenn die Eigenschaftskurven in logarithmischen Winkelfrequenzskalen gezeichnet sind, müssen auch

die Kurven der einfachen Funktionen in Abb. 3.2.1 in logarithmischen
Skalen gezeichnet sein. Die verschiedenen Kurvenzweige einer einfachen Funktion, die in Abb. 3.2.1 in verschiedene Quadranten gelegt wurden, sind dann zweckmäßigerweise in ein und demselben
Quadranten unterzubringen (wobei man natürlich die jeweiligen Ko-
ordinatenskalen im Gedächtnis behalten muß). Wird danach eine
logarithmische Skalenteilung eingeführt, so erhalten die Kurven der
einfachen Funktionen das in Abb. 3.5.4 gezeigte Aussehen. Wie man
sieht, tritt eine einfache Gesetzmäßigkeit zwischen den Kurven zutage,
die nachstehend behandelt werden soll.

Werden die logarithmischen Variablen

$$x = \ln \frac{\omega}{\omega_I}, \quad y = \ln \left| \frac{W}{\omega_I} \right| \tag{3.53.1}$$

in die einfachen Funktionen von Tab. 3.21.1 eingeführt, so erhält man für

$$\left.\begin{array}{llll}
b & e^y = \left| e^x \right| & bm & e^y = \left| e^x \sqrt{1 - e^{-2x}} \right| \\[1ex]
d & e^{-y} = \left| e^x \right| & dm & e^y = \left| e^{-x} \sqrt{1 - e^{2x}} \right| \\[1ex]
em & e^y = \left| e^x - e^{-x} \right| & bn & e^{-y} = \left| e^{-x} \sqrt{1 - e^{2x}} \right| \\[1ex]
en & e^{-y} = \left| e^x - e^{-x} \right| & dn & e^{-y} = \left| e^x \sqrt{1 - e^{-2x}} \right|
\end{array}\right\} \tag{3.53.2}$$

Aus Gl. (3.53.2) geht hervor, daß die b-, em-, bm- bzw. dm-Kurve
gleich der d-, en-, dn- bzw. bn-Kurve mit entgegengesetzter Ordinaten-
richtung und daß die bm- bzw. bn-Kurve gleich der dm- bzw. dn-Kurve
mit entgegengesetzter Abszissenrichtung ist. Dies bedeutet, *daß zwischen
der b- und d-Kurve, zwischen der em- und en-Kurve sowie zwischen den
bm-, dm-, bn- und dn-Kurven Kongruenz besteht.*

Aus Gl. (3.53.2) geht ferner hervor, *daß die b- und d-Kurve
Geraden mit einer Neigung von 45° bzw. 135° gegen die Abszissenachse sind und daß die em- und en-Kurve symmetrisch bezüglich
der Ordinatenachse sein muß.*

Aus dem Ausdruck für die mb-Funktion in Tab. 3.21.2 geht die
Beziehung

$$e^x = \left| e^y \sqrt{1 - e^{-2y}} \right|, \quad x = \ln \left| \frac{\omega}{\omega_I} \right|, \quad y = \ln \left(j \frac{W}{\omega_I} \right) \tag{3.53.3}$$

hervor. Ein Vergleich zwischen den Gl. (3.53.2) und (3.53.3) zeigt, daß
die bm-Kurve in Abb. 3.5.4 symmetrisch in bezug auf die gestrichelte
45°-Linie sein muß. Dies bedeutet, *daß die bm- und bn-Kurve sowie
die dm- und dn-Kurve eine Symmetrieachse mit einer Neigung von
45° bzw. 135° gegen die Abszissenachse besitzen.*

Die b- und d-Kurve in Abb. 3.5.4 hat nur einen Kurvenzweig, der
sowohl zur Eigenschaftsüberführung zwischen zwei reellen wie auch
zwischen zwei imaginären Winkelfrequenzgebieten dienen kann. Die

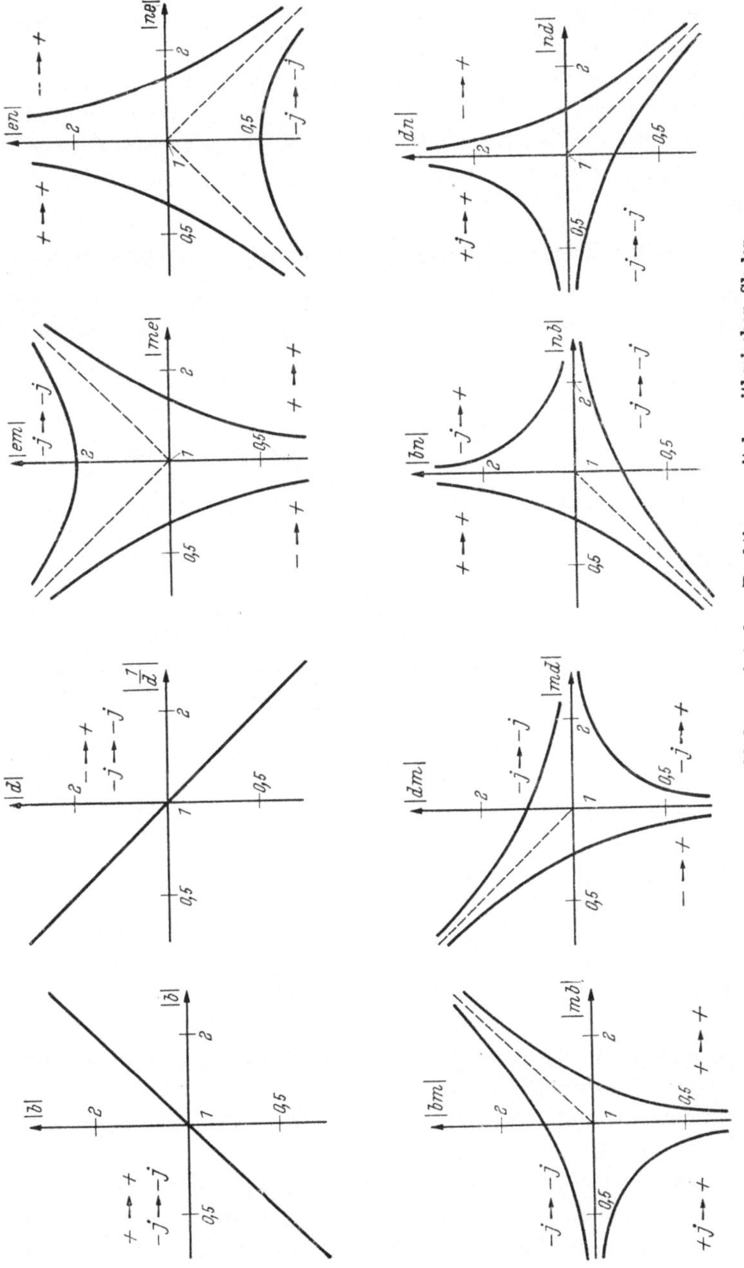

Abb. 3.5.4. Kurven der verschiedenen einfachen Funktionen mit logarithmischen Skalen.

übrigen Kurven in Abb. 3.5.4 besitzen drei Kurvenzweige für verschiedene Winkelfrequenzgebiete. Die generelle Regel für die Überführung von Eigenschaften zwischen zwei Winkelfrequenzgebieten ist folgende: *Wenn ein Kurvenzweig die Abszissenachse — die Ordinatenachse — schneidet, so vermittelt er die Eigenschaftsüberführung zwischen zwei reellen — zwei imaginären — Winkelfrequenzgebieten. Wenn er weder die Abszissen- noch die Ordinatenachse schneidet, gilt er für die Eigenschaftsüberführung zwischen einem imaginären und einem reellen Winkelfrequenzgebiet.*

3.54. Direkttransformationen mit logarithmischen Skalen.

Abb. 3.4.5 zeigte unter anderem eine em-Transformation mit der einfachen Phasenglieddämpfung als Originaleigenschaft. Das Resultat

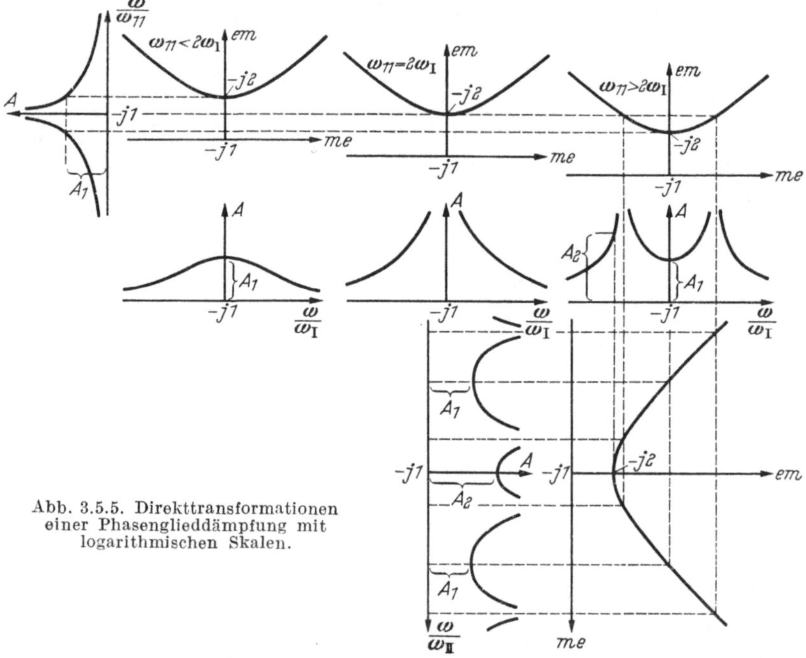

Abb. 3.5.5. Direkttransformationen
einer Phasenglieddämpfung mit
logarithmischen Skalen.

waren drei vom Verhältnis zwischen der Winkelfrequenz ω_{11} und der Transformationswinkelfrequenz ω_I abhängige Alternativen. In Abb. 3.5.5 ist die gleiche Aufgabe gestellt, aber unter Verwendung logarithmischer Skalen. Nur der obere Kurvenzweig der em-Kurve aus Abb. 3.5.4 braucht hierbei benutzt zu werden. Die Regelung des genannten Winkelfrequenzverhältnisses, das in Abb. 3.4.5 durch Veränderung der Neigung einer Geraden erfolgt, geschieht in Abb. 3.5.5 durch Parallelverschiebung der Koordinatensysteme relativ zueinander. Wie ersichtlich, erhält man auch jetzt drei Alternativen in voller Übereinstimmung mit Abb. 3.4.5.

Abb. 3.5.5 zeigt, wie die zweispitzige Alternative durch eine weitere em-Transformation zu einer symmetrischen vierspitzigen Dämpfungs-

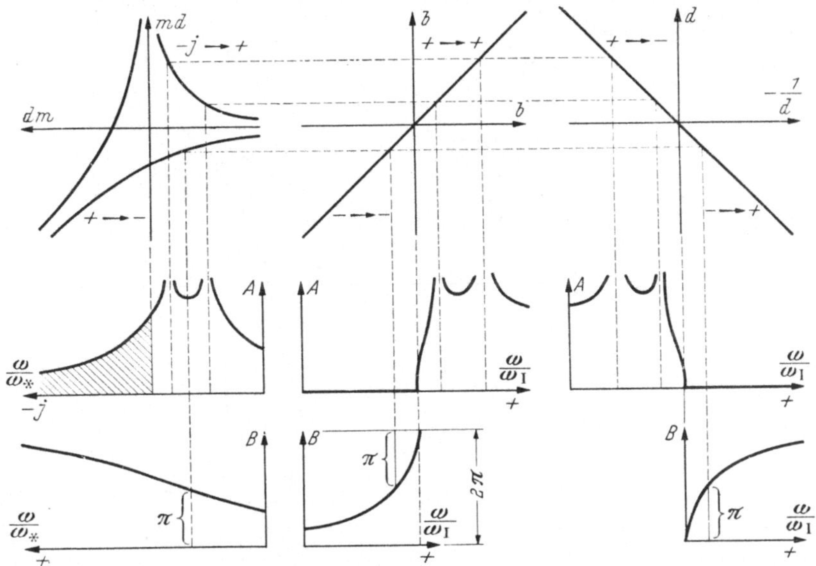

Abb. 3.5.6. Indirekttransformationen mit logarithmischen Skalen, die als Ergebnis Hoch- und Tiefpaßeigenschaften zeigen.

kurve umgewandelt werden kann und wie man dabei zugleich die Minimaldämpfungen durch Verschiebungen des Koordinatensystems auf die vorgegebenen Werte bringt.

3.55. Indirekttransformationen mit logarithmischen Skalen.

Abb. 3.5.6 und 3.5.7 zeigen Indirekttransformationen unter Anwendung von logarithmischen Skalen, wobei sowohl die Spiegeldämpfung wie auch der Spiegelwinkel eines Phasennetzes mit mehreren Dämpfungsspitzen als Originaleigenschaften angewendet werden. Abb. 3.5.6 zeigt, wie man mit einer dm-b- und einer dm-d-Transformation Tiefpaß- bzw. Hochpaßfiltereigenschaften erhält. Abb. 3.5.7 zeigt des weiteren, wie man mit einer dm-bm-Transformation Bandpaßfiltereigenschaften bekommt. Die schraffierte Dämpfungsfläche in Abb. 3.5.6 und 3.5.7 stellt diejenige Dämpfung dar, welche nach den Transformationen innerhalb des negativ imaginären Winkelfrequenzgebietes verbleibt.

Nach Abschnitt 3.41 braucht man bei Überführung von Dämpfungseigenschaften auf die Vorzeichen der Frequenzachsen keine Rücksicht zu nehmen. Bei der Überführung von Winkeleigenschaften muß man jedoch beachten, daß nach dem Symmetrietheorem Gl. (3.22.1) Winkeleigenschaften gleichzeitig mit der Winkelfrequenz das Vorzeichen ändern. Will man negative Winkel vermeiden, so kann man diese mit einem positiven Vielfachen von π vergrößern, was in Abb. 3.5.6 und 3.5.7 ausgeführt ist.

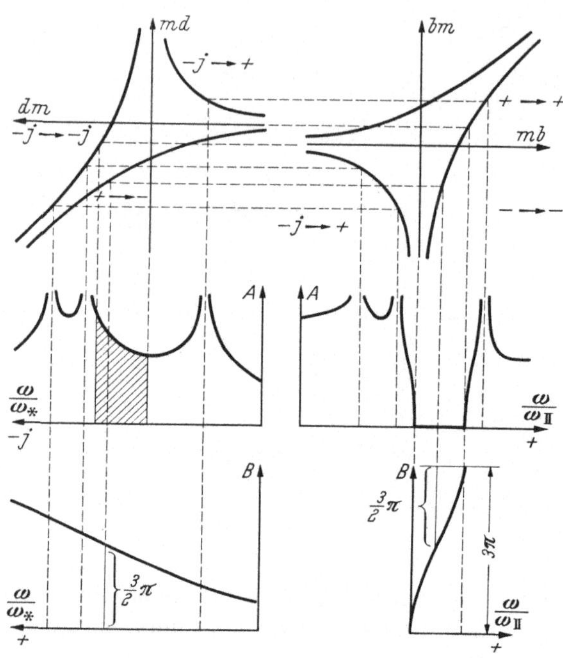

Abb. 3.5.7.
Indirekttransformation mit logarithmischen Skalen, die Bandpaßeigenschaften als Ergebnis hat.

3.56. Behandlung von Eigenschaften bei vorgegebenen Bedingungen.

An Hand der Abb. 3.5.2, 3.5.3 und 3.5.5 ist gezeigt worden, wie man komplizierte Dämpfungskurven innerhalb des negativ imaginären Winkelfrequenzgebietes aufbaut, und des weiteren in Abb. 3.5.6 und 3.5.7, wie derartige Dämpfungskurven in das positiv reelle Winkelfrequenzgebiet verschoben werden, so daß Filterdämpfungskurven entstehen.

Jedoch haben diese Filterdämpfungskurven in der Regel bestimmte vorgegebene Bedingungen innerhalb des positiv reellen Winkelfrequenzgebietes zu erfüllen. So sei beispielsweise folgende Aufgabe gestellt: ein Paßband innerhalb eines bestimmten gegebenen Winkelfrequenzbereiches und zwei Sperrbänder innerhalb bestimmter anderer vorgegebener

Winkelfrequenzbereiche mit vorgegebenen Minimaldämpfungen, wie
sie die Rechteckskurven in Abb. 3.5.8 unten rechts zeigen. Diese Bedingungen werden rückwärts in das negativ imaginäre Winkelfrequenzgebiet hineintransformiert, was die Rechteckskurven in Abb. 3.5.8
unten links ergibt. Hierbei werden die Koordinatensysteme derart
parallel verschoben, daß die Ordinatenachsen der bm- und dm-Kurve

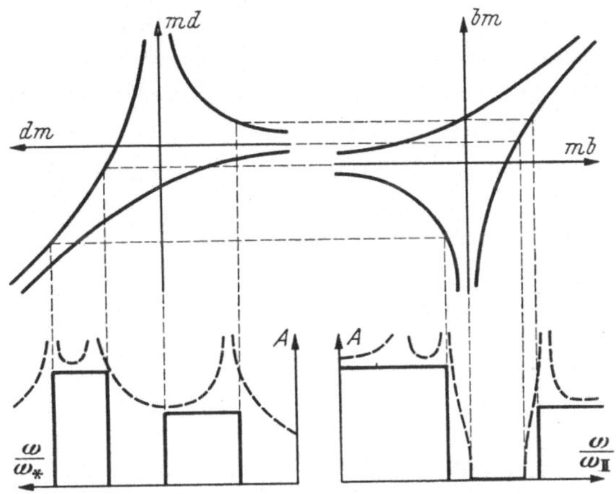

Abb. 3.5.8.
Übertragung einer vorgegebenen Bedingung in das negativ imaginäre Winkelfrequenzgebiet.

der unteren bzw. oberen Grenzwinkelfrequenz des verlangten Paßbandes
entsprechen.

Die in das negativ imaginäre Winkelfrequenzgebiet überführte
vorgegebene Dämpfung umschreibt man danach mit Hilfe der Dämp-
fungsschablone in Abb. 3.5.1 oben mit einer Phasenglieddämpfung.
Im Beispiel der Abb. 3.5.8 konnte dies mit einer Kurve, die gleich der
Summe von drei Schablonendämpfungen ist, erreicht werden.

Schließlich überführt man die erhaltene Phasenglieddämpfung in
das positiv reelle Winkelfrequenzgebiet auf dem gleichen Wege, auf dem
die vorgegebene Bedingung in das negativ imaginäre übergeführt wurde,
jedoch in Vorwärtsrichtung. Hierdurch werden die den Dämpfungsspitzen zugeordneten Frequenzen innerhalb des genannten Gebietes
festgelegt.

3.6. Die Prinzipien der komplexen Transformationen.
Lit. 9.2015 und 9.2016.

3.61. Komplexe Funktionen für die Berechnung von Verlusten.
Bei den bisher ausgeführten mathematischen Behandlungen eines
Reaktanznetzes sind die Kondensatoren und Spulen als verlustfrei

angenommen worden. Die erhaltenen Resultate weichen daher in gewissen Fällen erheblich von den tatsächlichen Verhältnissen ab. Mit Hilfe einer komplexen Transformation kann man jedoch Verluste in ein verlustfreies Reaktanznetz einführen und damit den Einfluß der Verluste auf die elektrischen Eigenschaften des Reaktanznetzes studieren. Hierbei wird die zulässige Annahme gemacht, daß sämtliche Kondensatoren von gleichem Typ sind und ebenso sämtliche Spulen, was bedeutet, daß alle Kondensatoren den gleichen Verlustwinkel haben, und desgleichen alle Spulen. Die für die Transformation erforderlichen komplexen Funktionen haben zwei Formen, die je nach den in Frage kommenden Problemtypen anwendbar sind.

Wenn eine komplexe Transformation die Impedanzen im Originalnetz

$$j\,\omega\,L, \qquad \frac{1}{j\,\omega\,C}$$

zu Impedanzen der Form

$$\left.\begin{array}{l} R + j\,\omega\,L, \qquad \dfrac{1}{G + j\,\omega\,C}, \\[2ex] \left.\begin{array}{l} \dfrac{R}{L} \\[1.5ex] \dfrac{G}{C} \end{array}\right\} \text{ nicht individuelle Verlustfaktoren} \end{array}\right\} \qquad (3.61.1)$$

umwandeln soll, werden die komplexen Funktionen durch folgende Bedingungen bestimmt:

$$\psi\,j\,W\,L = R + j\,\omega\,L$$

$$\frac{\psi}{j\,W\,C} = \frac{1}{G + j\,\omega\,C}$$

Dies ergibt

$$\left.\begin{array}{l} W = \omega \sqrt{\left(1 + \dfrac{R}{j\,\omega\,L}\right)\left(1 + \dfrac{G}{j\,\omega\,C}\right)} \\[3ex] \psi = \sqrt{\dfrac{1 + \dfrac{R}{j\,\omega\,L}}{1 + \dfrac{G}{j\,\omega\,C}}} \end{array}\right\} \qquad (3.61.2)$$

Soll statt dessen die komplexe Transformation zu Impedanzen der nachstehenden Art führen:

$$j\,\omega\,L\,e^{-j\,\varepsilon}, \qquad \frac{1}{j\,\omega\,C\,e^{-j\,\delta}}$$

$$\left.\begin{array}{l} \varepsilon \\[1ex] \delta \end{array}\right\} \text{ nicht individuelle Verlustwinkel} \qquad (3.61.3)$$

so werden die komplexen Funktionen durch die Bedingungen

$$\psi\, j\, W\, L = j\, \omega\, L\, e^{-j\varepsilon}$$

$$\frac{\psi}{j\, W\, C} = \frac{1}{j\, \omega\, C\, e^{-j\delta}}$$

bestimmt. Dies ergibt

$$\left.\begin{aligned} W &= \omega\, e^{-j\frac{\varepsilon+\delta}{2}} \\[2mm] \psi &= e^{-j\frac{\varepsilon-\delta}{2}} \end{aligned}\right\}\qquad (3.61.4)$$

3.62. Algebraische Behandlung von Eigenschaften.

Bei komplexen Transformationen können Eigenschaftskomponenten nicht als Originaleigenschaften dienen, es müssen vielmehr die vollständigen komplexen Eigenschaften verwendet werden.

Die Behandlung von Eigenschaften kann dann in vielen Fällen am einfachsten auf rein algebraischem Wege ausgeführt werden. Der Impedanzausdruck $Z(\omega)$ und der komplexe Dämpfungsausdruck $\Gamma(\omega)$ werden hierbei nach Abschnitt 3.11 und 3.12 so umgewandelt, daß

$$\left.\begin{aligned} Z(\omega) &\quad\text{in}\quad \psi\, Z(W) \\[2mm] \Gamma(\omega) &\quad\text{in}\quad \Gamma(W) \end{aligned}\right\}\qquad (3.62.1)$$

und

übergeht.

Diese Methode ist exakt und kann dann angewendet werden, wenn sich die Auflösung der erhaltenen Eigenschaftsausdrücke in ihre Komponenten erübrigt oder wenn die Trennung der Komponenten auf keine größeren Schwierigkeiten stößt.

3.63. Behandlung von Eigenschaften durch Reihenentwicklung.

Mit einer Impedanz- und Dämpfungseigenschaft der Form

$$Z(\omega) = re\, Z(\omega) + j\, im\, Z(\omega), \qquad \Gamma(\omega) = A(\omega) + j\, B(\omega) \qquad (3.63.1)$$

als Originaleigenschaften für eine komplexe Transformation mit den Funktionen Gl. (3.61.4), die vereinfacht als

$$W = \omega - j\,\omega\,\frac{\varepsilon+\delta}{2}, \qquad \psi = 1 - j\,\frac{\varepsilon-\delta}{2} \qquad (3.63.2)$$

geschrieben werden können, da die Verluste im allgemeinen klein sind, erhält man

$$\psi\, Z(W) = \left(1 - j\,\frac{\varepsilon-\delta}{2}\right)\left[re\, Z\left(\omega - j\,\omega\,\frac{\varepsilon+\delta}{2}\right) + j\, im\, Z\left(\omega - j\,\omega\,\frac{\varepsilon+\delta}{2}\right)\right]$$

$$\Gamma(W) = A\left(\omega - j\,\omega\,\frac{\varepsilon+\delta}{2}\right) + j\, B\left(\omega - j\,\omega\,\frac{\varepsilon+\delta}{2}\right) \qquad (3.63.3)$$

Innerhalb der Winkelfrequenzgebiete, wo die Eigenschaften der Gl. (3.63.3) und ihre Ableitungen glatt sind, kann man eine TAYLORsche Reihe bilden und wegen der Kleinheit der Verlustwinkel schreiben:

$$\psi Z(W) = re\,Z(\omega) + \frac{\varepsilon-\delta}{2}\,im\,Z(\omega) + \omega\cdot\frac{\varepsilon+\delta}{2}\,\frac{d}{d\omega}\,[im\,Z(\omega)] +$$

$$+ j\left\{im\,Z(\omega) - \frac{\varepsilon-\delta}{2}\,re\,Z(\omega) - \omega\frac{\varepsilon+\delta}{2}\,\frac{d}{d\omega}\,[re\,Z(\omega)]\right\}$$

$$\Gamma(W) = A(\omega) + \omega\frac{\varepsilon+\delta}{2}\,\frac{dB(\omega)}{d\omega} + j\left[B(\omega) - \omega\frac{\varepsilon+\delta}{2}\,\frac{dA(\omega)}{d\omega}\right] \tag{3.63.4}$$

Gewöhnlich ist eine der Komponenten in den Eigenschaftsausdrücken der Gl. (3.63.1) gleich Null, wodurch sich die Gl. (3.63.4) erheblich vereinfacht.

3.64. Gemischte einfache und komplexe Transformation.

Bei der Entwicklung von komplizierten Reaktanznetzen mit Verlusten führt man zunächst einfache Transformationen nach dem Sukzessiv- oder Summationsverfahren durch und danach eine komplexe Transformation als Schlußoperation. Hierbei entsteht das Problem, bei Kenntnis der Ableitungen der Originaleigenschaften die Ableitungen der Eigenschaften nach ω in den Eigenschaftsausdrücken von Gl. (3.63.4) zu bestimmen.

Wenn beispielsweise die Dämpfungseigenschaften $A(\omega)$ und $B(\omega)$ als Originaleigenschaften für sukzessive einfache Transformationen mit der einfachen Funktion der Gl. (3.25.1) dienen, so werden die gesuchten Ableitungen:

$$\frac{dA(W_1)}{dW_1}\,\frac{dW_1(W_2)}{dW_2}\,\frac{dW_2(W_3)}{dW_3}\,\frac{dW_3(\omega)}{d\omega}$$

$$\frac{dB(W_1)}{dW_1}\,\frac{dW_1(W_2)}{dW_2}\,\frac{dW_2(W_3)}{dW_3}\,\frac{dW_3(\omega)}{d\omega} \tag{3.64.1}$$

Dienen sie jedoch als Originaleigenschaften für eine Direkttransformation mit der einfachen Funktion der Gl. (3.26.3), so werden die gesuchten Ableitungen:

$$\frac{dA(W)}{dW}\left[K_1\frac{dW_1(\omega)}{d\omega} + K_3\cdot\frac{dW_3(\omega)}{d\omega} + K_5\frac{dW_5(\omega)}{d\omega} + \cdots\right]$$

$$\frac{dB(W)}{dW}\left[K_1\frac{dW_1(\omega)}{d\omega} + K_3\frac{dW_3(\omega)}{d\omega} + K_5\frac{dW_5(\omega)}{d\omega} + \cdots\right] \tag{3.64.2}$$

Die Berechnungen nach den Gl. (3.64.1) und (3.64.2) erfordern somit die Kenntnis der Ableitungen der einfachen Funktionen, welche in Tab. 3.64.3 angegeben sind.

3.65. Anmerkung.

Bei einem Kettennetz, das aus einer Vielzahl von spiegelgekoppelten Gliedern besteht, kann man in die einzelnen Glieder verschiedene Verlustwinkel hineintransformieren, d. h. die in Abschnitt 3.61 gemachte Annahme, daß sämtliche Kondensatoren den gleichen Verlustwinkel und auch sämtliche Spulen den gleichen Verlustwinkel haben sollen, braucht nur auf ein Glied bezogen zu werden. Der Einfluß der Verluste auf die Spiegelimpedanzen der Glieder ist so gering, daß die Spiegelkopplung praktisch genommen von den Verlusten nicht beeinflußt wird. Erst wenn die Fehlanpassungen erheblich werden, machen sie sich in den Dämpfungseigenschaften des resultierenden Kettennetzes bemerkbar.

Tabelle 3.64.3.

		$\dfrac{dW}{d\omega}$
Direktfunktionen	b	1
	d	$\left(\dfrac{\omega_{\mathrm{I}}}{\omega}\right)^2$
	em	$1+\left(\dfrac{\omega_{\mathrm{I}}}{\omega}\right)^2$
	en	$\dfrac{1+\left(\dfrac{\omega}{\omega_{\mathrm{I}}}\right)^2}{\left[1-\left(\dfrac{\omega}{\omega_{\mathrm{I}}}\right)^2\right]^2}$
Indirektfunktionen	bm	$\dfrac{1}{\sqrt{1-\left(\dfrac{\omega_{\mathrm{I}}}{\omega}\right)^2}}$
	dm	$\dfrac{1}{\left(\dfrac{\omega}{\omega_{\mathrm{I}}}\right)^2\sqrt{1-\left(\dfrac{\omega}{\omega_{\mathrm{I}}}\right)^2}}$
	bn	$\dfrac{1}{\left[1-\left(\dfrac{\omega}{\omega_{\mathrm{I}}}\right)^2\right]^{\frac{3}{2}}}$
	dn	$\dfrac{1}{\left(\dfrac{\omega}{\omega_{\mathrm{I}}}\right)^2\left[1-\left(\dfrac{\omega_{\mathrm{I}}}{\omega}\right)^2\right]^{\frac{3}{2}}}$

3.7. Beispiele für komplexe Transformationen.

Lit. 9.2021 und 9.2035.

3.71. Komplexe Transformation von Phasengliedeigenschaften.

Das Kettennetz Abbildung 3.7.1 oben, das aus n kaskadengekoppelten gleichen und verlustfreien Phasengliedern besteht, hat nach Gl. (2.63.1) die Spiegeleigenschaften

$$Z=\sqrt{\frac{L}{C}}\,, \quad \Gamma(\omega)=j\,n\,2\,\mathrm{arctg}\,\omega\,\sqrt{LC} \qquad (3.71.1)$$

Werden die Verluste mittels der komplexen Funktionen Gl. (3.61.2)
in das Netz hineintransformiert, so entspricht dies dem Einführen
von Verlustresistanzen in das Netz, wie Abb. 3.7.1 unten schematisch

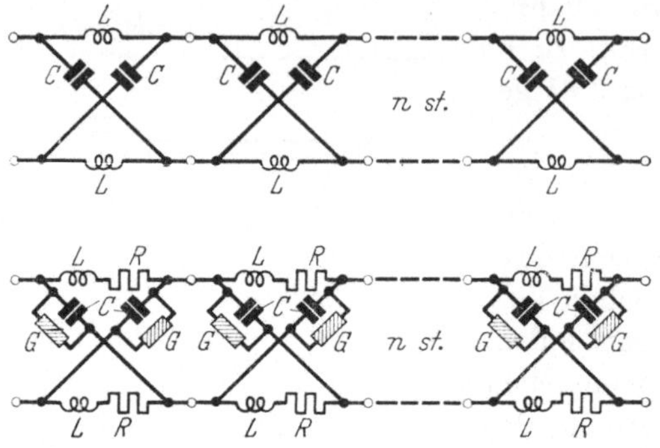

Abb. 3.7.1. Phasengliedkette ohne und mit Verlusten.

zeigt. Die Spiegeleigenschaften der Gl. (3.71.1) ändern sich dabei
nach Gl. (3.62.1) zu

$$\psi Z = \sqrt{\frac{1 + \dfrac{R}{j\,\omega\,L}}{1 + \dfrac{G}{j\,\omega\,C}}}\;\sqrt{\frac{L}{C}}$$

$$\Gamma(W) = j\,n\,\operatorname{arctg}\left[\omega\sqrt{\left(1 + \frac{R}{j\,\omega\,L}\right)\left(1 + \frac{G}{j\,\omega\,C}\right)}\;\sqrt{L\,C}\right]$$

oder

$$\left.\begin{aligned}
\psi Z &= \sqrt{\frac{R + j\,\omega\,L}{G + j\,\omega\,C}} \\[2mm]
\Gamma(W) &= n\,2\,\operatorname{artgh}\sqrt{(R + j\,\omega\,L)\,(G + j\,\omega\,C)}
\end{aligned}\right\} \qquad (3.71.2)$$

3.72. Die Verlustdämpfungsformel von MAYER.

Im vorliegenden Abschnitt soll eine einfache Formel für die approximative Berechnung der Verlustdämpfung innerhalb des Paßbandes
eines Filters abgeleitet werden.

Da die Spiegeldämpfung eines verlustfreien Filters innerhalb des
Paßbandes gleich Null ist, wird dort die komplexe Spiegeldämpfung

$$\Gamma(\omega) = j\,B(\omega) \qquad\qquad (3.72.1)$$

Werden mittels der komplexen Funktionen Gl. (3.61.4) Verluste
in das Filter hineintransformiert, so wird die komplexe Spiegeldämpfung
nach den Gl. (3.72.1) und (3.63.4)

$$\Gamma(W) = \omega\,\frac{\varepsilon + \delta}{2}\,\frac{d\,B(\omega)}{d\,\omega} + j\,B(\omega)$$

und folglich die Verlustdämpfung

$$A_u = \omega \, \frac{\varepsilon + \delta}{2} \, \frac{d\,B(\omega)}{d\,\omega} \qquad\qquad (3.72.2)$$

Diese Formel gilt jedoch nicht für die Grenzfrequenzen oder Frequenzen in deren unmittelbaren Nähe, was aber den Wert der Formel nicht nennenswert beeinträchtigt. Die Dämpfung in unmittelbarer Nähe der Grenzfrequenzen liegt im allgemeinen innerhalb der uninteressanten Frequenzgebiete, welche weder effektiv hindurchlassen noch effektiv sperren. Man interessiert sich deshalb auch weniger für den Dämpfungsverlauf innerhalb dieser Frequenzgebiete als vielmehr für deren Ausdehnung und Lage in der Frequenzskala.

Die Ableitung in Gl. (3.72.2) kann z. B. graphisch mit Hilfe der Spiegelwinkelkurven, die in Abb. 3.5.6 oder 3.5.7 dargestellt sind, bestimmt werden. (Vgl. Lit. 9.22.)

3.73. Die Abhängigkeit der Verlustdämpfung von der Filterdimensionierung.

Bei einem Bandpaßfilter mit kleiner „relativer Bandbreite", d. h. mit einem im Verhältnis zum geometrischen Mittel der Grenzwinkelfrequenzen kleinen Paßband, sind die Winkelfrequenz ω und die Verlustwinkel ε und δ innerhalb des Paßbandes praktisch konstant. Nach Gl. (3.72.2) läuft in diesem Falle die Untersuchung der Abhängigkeit der Verlustdämpfungskurve von der Filterdimensionierung auf die Untersuchung der Abhängigkeit der Spiegelwinkelkurve von der Filterdimensionierung hinaus. Eine derartige Untersuchung soll hier mit Hilfe einiger einfacher Transformationen ausgeführt werden.

Abb. 3.7.2 zeigt Mitte links die Spiegeldämpfungs- und Spiegelwinkelkurve eines Tiefpaßfilters, das als Originalnetz für eine $2b\text{-}em$-, $bn\text{-}em$- und $b\text{-}em$-Transformation dienen soll. Hierbei erhält man drei Bandpaßfilter mit den aus Abb. 3.7.2 rechts ersichtlichen Spiegeldämpfungs- und Spiegelwinkelkurven, welche für die drei Fälle mit 1, 2 bzw. 3 bezeichnet sind.

Besteht das Tiefpaßfilter nur aus Kondensatoren und Parallelresonanzkreisen oder Spulen und Serienresonanzkreisen, wie es in vielen Fällen üblich ist, wird ferner die bn-Transformation mit derjenigen ψ-Alternative, die eine Verschmelzung bestimmter Reaktanzelemente ermöglicht, ausgeführt, so können die drei Fälle als drei Dimensionierungsfälle der Spulen und Kondensatoren in ein und demselben Filter betrachtet werden. Dies gilt annähernd auch dann, wenn die genannten Bedingungen nicht vollständig erfüllt sind.

Ein Vergleich zwischen den Dimensionierungsfällen 1 und 3 zeigt, daß die Spiegelwinkelkurve steiler wird, wenn man das Paßband schmäler macht. Nach Gl. (3.72.2) wird dann die Verlustdämpfung größer, wie Abb. 3.7.2 unten links in vergrößerter Dämpfungsskala zeigt.

Macht man die Spiegeldämpfungskurve an den Bandgrenzen im Verhältnis zur Paßbandbreite relativ steil, wie dies in Fall 2 vorgesehen ist, so wird offensichtlich die Spiegelwinkelkurve gekrümmter. Nach Gl. (3.72.2) ändert sich in diesem Falle die Verlustdämpfung innerhalb des Paßbandes stärker, was ebenfalls aus Abb. 3.7.2 unten links zu entnehmen ist.

In der Regel wird eine möglichst kleine und konstante Verlustdämpfung innerhalb des Paßbandes gefordert. Offensichtlich ist das am schwersten für Filter mit schmalen Paßbändern und steilen Spiegeldämpfungskurven zu erfüllen.

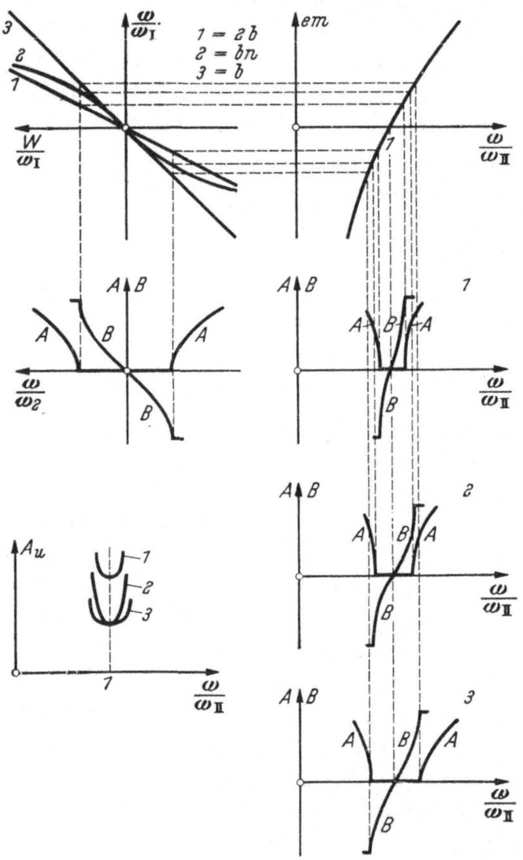

Abb. 3.7.2. Die Abhängigkeit der Verlustdämpfung von der Filterdimensionierung.

3.74. Die Abhängigkeit der Dämpfungsspitzen von den Verlusten.

Auch in diesem Abschnitt soll der Einfluß der Verluste auf die Filterdämpfung untersucht werden, jedoch soll an Stelle des Paßbandes nunmehr das Sperrband betrachtet werden.

Abb. 3.7.3 oben zeigt eine Spiegeldämpfungskurve für ein verlustfreies Bandpaßfilter. Diese Eigenschaft kann jedoch nicht einer komplexen Transformation unterzogen werden, weil sie nur eine Komponente einer komplexen Eigenschaft darstellt. Sie kann auch nicht als Reihe entwickelt werden wegen der Diskontinuitäten innerhalb wesentlicher Frequenzintervalle. Aus diesem Grunde wird zunächst der Einfluß der Verluste auf den komplexen Dämpfungsfaktor

$$F(\omega) = e^{-A-jB} \qquad (3.74.1)$$

untersucht. Der Spiegelwinkel B ist innerhalb der Sperrgebiete konstant bis auf einen Sprung um π bei jeder Dämpfungsspitze, wie dies Abb. 3.4.4 zeigt. Diese Sprünge bedingen lediglich eine Vorzeichenänderung des Dämpfungsfaktors Gl. (3.74.1), der entweder reell oder imaginär innerhalb des gesamten Sperrgebietes ist. Der Dämpfungsfaktor ist somit eine nicht komplexe Größe und hat die in Abb. 3.7.3 unten gezeigte Winkelfrequenzabhängigkeit.

Aus dem oben Angeführten dürfte deutlich hervorgehen, daß der Dämpfungsfaktor Gl. (3.74.1) direkt komplex transformiert werden kann mit der Reihenentwicklung nach Gl. (3.63.4), was folgendes Resultat ergibt:

$$F(W) = F(\omega) -$$
$$- j\,\omega\,\frac{\varepsilon + \delta}{2}\,\frac{dF(\omega)}{d\omega} \qquad (3.74.2)$$

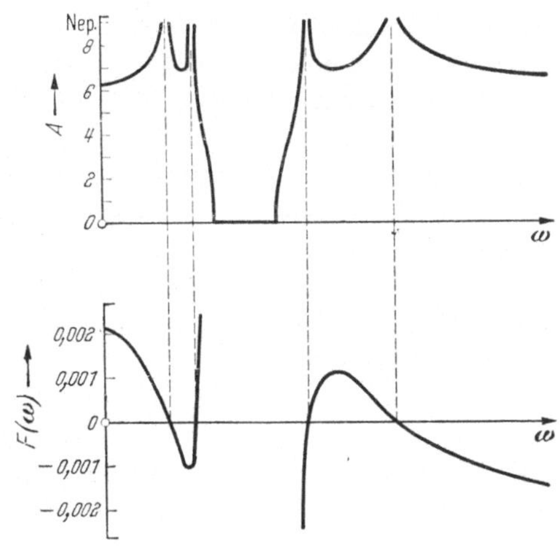

Abb. 3.7.3. Spiegeldämpfung und Dämpfungsfaktor eines Bandpaßfilters.

Der erste Term der Gl. (3.74.2) wird in der Regel über den zweiten dominieren, da die Verlustwinkel sehr klein sind. Folglich haben die Verluste praktisch keinen Einfluß auf den Dämpfungsfaktor. Es gibt jedoch Ausnahmen, wo sich der zweite Term geltend macht, nämlich dann, wenn $F(\omega)$ den Wert Null annimmt. Das tritt bei den Winkelfrequenzen der Dämpfungsspitzen ein, wo die Verluste in der Weise einwirken, daß die Dämpfungsspitzen auf endliche Werte begrenzt werden, welche durch die Verlustwinkel bestimmt sind. Die Spitzendämpfung bei der Winkelfrequenz $\omega_\wedge$ wird somit

$$A_\wedge = \ln\frac{1}{|F(W)|}, \qquad \omega = \omega_\wedge$$
$$\omega_\wedge = \text{,,Spitzenwinkelfrequenz''}$$

oder

$$A_\wedge = \ln\frac{1}{\omega_\wedge\,\dfrac{\varepsilon + \delta}{2}\,\left|\dfrac{dF(\omega_\wedge)}{d\omega}\right|}. \qquad (3.74.3)$$

Die Spitzendämpfung wird offensichtlich kleiner, wenn die Verluste größer werden, was an sich einleuchtend ist. Sie wird jedoch auch kleiner, wenn die Ableitung des Dämpfungsfaktors nach ω größer wird. Der dämpfungsbegrenzende Einfluß der Verluste wird also umso größer, je steiler die $F(\omega)$-Kurve die ω-Achse schneidet, und folglich, je schmaler die Dämpfungsspitze ist.

Eine Dämpfungsspitze wird aber um so schmaler, je mehr sie sich der Grenzwinkelfrequenz nähert. Am stärksten wird daher die Dämpfungsspitze, die der Grenzwinkelfrequenz am nächsten liegt, durch die Verluste beeinflußt. Bisweilen kann dieser Einfluß so stark sein, daß die Dämpfungsspitze ganz aus der Dämpfungskurve verschwindet oder nur als eine kleine Erhöhung in dieser Kurve merkbar wird.

Die Ableitung in Gl. (3.74.3) kann graphisch mit Hilfe der Kurve Abb. 3.7.3 unten bestimmt werden, was jedoch ein unsicheres Resultat ergibt, wenn es sich um Dämpfungsspitzen in der Nähe der Grenzwinkelfrequenzen handelt. Es ist dann zweckmäßiger, die Ableitung rein algebraisch nach Gl. (3.64.1) und mit Hilfe von Tab. 3.64.3 zu berechnen. Dies setzt allerdings voraus, daß man die Bildung des Filters auf dem Wege über die einfachen Transformationen und die Ableitung für das Originalnetz kennt.

In Fällen, wo das Originalnetz aus einer Reihe von spiegelgekoppelten einfachen Phasengliedern besteht, ist es am einfachsten, jedes Glied für sich zu behandeln, was die Berechnungen anbelangt. Für ein einfaches Phasenglied wird der Dämpfungsfaktor nach Gl. (2.63.1)

$$F(\omega) = e^{-j\,2\,\mathrm{arctg}\,\frac{\omega}{\omega_{11}}}$$

und folglich

$$\frac{dF(\omega)}{d\omega} = -j\,\frac{2}{\omega_{11}}\,\frac{1}{\left[1 + j\,\dfrac{\omega}{\omega_{11}}\right]^2}.$$

Da die Dämpfungsspitze des Phasenglieds bei $\omega = -j\,\omega_{11}$ liegt, wird die gesuchte Ableitung

$$\left|\frac{dF(\omega_\wedge)}{d\omega}\right| = \frac{1}{2\,\omega_{11}}, \qquad \omega_\wedge = -j\,\omega_{11}. \tag{3.74.4}$$

4. Filterschaltungen.

4.1. Dimensionierung zweiarmiger Halbglieder.

Lit. 9.2014, 9.411 und 9.412.

4.11. Ableitung der Dimensionierungsformeln.

Im Abschnitt 3.56 ist gezeigt worden, wie man die Frequenzlage der Dämpfungsspitzen eines Filters bestimmt, dessen Grenzfrequenzen und Sperrdämpfungen vorgegeben sind. Mit diesen Ergebnissen und den vorgegebenen Bedingungen bezüglich der Spiegelimpedanzen kann dann das Filter dimensioniert werden. Es ist dabei am zweckmäßigsten, das Filter als eine Filterkette von spiegelgekoppelten L-Gliedern, sogenannten „Halbgliedern", auszubilden, wobei in der Regel eine Einsparung an Reaktanzelementen durch Verschmelzung benachbarter Filterarme möglich ist. Wie bereits in Abschnitt 3.43 ausgeführt worden ist, haben die Bandpaßfilterglieder vom L-Typ nur höchstens zwei Dämpfungsspitzen. Daher kann die Anzahl der Halbglieder nicht geringer als die Anzahl der Dämpfungsspitzen des Filters sein.

Die Dimensionierung des Filters kann in der Weise ausgeführt werden, daß man von einem Originalnetz ausgeht, das aus einer Reihe von spiegelgekoppelten Phasengliedern besteht, von denen jedes eine oder zwei Dämpfungsspitzen innerhalb des negativ imaginären Winkelfrequenzgebietes aufweist, und daß man dann die Umwandlungen dieses Netzes bei den Indirekttransformationen nach Abbildung 3.5.6 oder 3.5.7, wodurch die Dämpfungsspitzen in das positiv

Tabelle 4.11.1.

	$\dfrac{1}{\sqrt{LC}}=$	$\omega_I=$	$\omega_{II}=$	$\omega_{III}=$
bm	$\omega_1\,2_1$	ω_1		
dm	$\omega_2\,2_1$	ω_2		
bn	$\dfrac{\omega_{21}}{2l_2}$	ω_{21}		
dn	$\dfrac{\omega_{01}}{{}^{1}0_1}$	ω_{01}		
$bm\text{-}bn$	$\dfrac{\omega_{21}^2}{\omega_2}\dfrac{2_1}{2l_1\cdot 2l_2}$	$\dfrac{\omega_{21}}{2l_1}$	ω_{21}	
$bm\text{-}dn$	$\omega_1\dfrac{2_1}{{}^{2}0_1\cdot {}^{1}0_1}$	$\dfrac{\omega_{01}}{{}^{2}0_1}$	ω_{01}	
$em\text{-}bm$	$\omega_{01}({}^{2}0_1 - {}^{1}0_1)$	$\omega_{01}\sqrt{{}^{2}0_1\cdot {}^{1}0_1}$	ω_{01}	
$em\text{-}dm$	$\omega_{21}(2l_1 - 2l_2)$	$\omega_{21}\sqrt{2l_1\cdot 2l_2}$	ω_{21}	
$em\text{-}dm\text{-}bm$	$2l_{01}\left(\omega_1\dfrac{2l_1}{{}^{1}0_1}-\omega_2\dfrac{2l_2}{{}^{2}0_1}\right)$	$2l_{01}\sqrt{\dfrac{\omega_1\omega_2\,2l_1\cdot 2l_2}{{}^{2}0_1\cdot {}^{1}0_1}}$	$\omega_{01}\,2l_{01}$	ω_{01}

reelle Winkelfrequenzgebiet verschoben werden, untersucht. Hierauf werden die Filterglieder zu symmetrischen dreiarmigen Gliedern äquivalenztransformiert und die an den Polpaaren der Glieder angrenzenden Filterarme miteinander verschmolzen.

Die Dimensionierung kann jedoch erheblich einfacher mit fertig aufgestellten Dimensionierungsformeln durchgeführt werden. Da man die in der oben angegebenen Weise dimensionierte Filterkette als aus spiegelgekoppelten Halbgliedern zusammengesetzt ansehen kann, genügt es, die Dimensionierungsformeln für derartige Glieder abzuleiten. Diese können mit einfachen Transformationen aus einem einzelnen Tiefpaßhalbglied nach Abb. 3.4.1, 3.4.2 und 3.4.3 hergestellt und mit Hilfe der in Abb. 3.4.1 und 3.4.2 sowie in Gl. (3.43.1) angegebenen Dimensionierungsformeln dimensioniert werden. Dies erfordert jedoch eine Berechnung der Grenzwinkelfrequenz und Spiegelimpedanz des Tiefpaßhalbgliedes sowie der Transformationswinkelfrequenzen entsprechend den vorgegebenen Bedingungen. Um die Spiegelkopplungen ausführen zu können, müssen außerdem die Spiegelimpedanzen der Halbglieder ermittelt werden.

Tab. 4.11.1 gibt eine Formelzusammenstellung für die erwähnten Winkelfrequenzberechnungen bei den verschiedenen erforderlichen einfachen Transformationen, wobei folgende Bezeichnungen[1] angewendet werden:

$$\begin{aligned}
&\omega_1 \quad \text{untere Grenzwinkelfrequenz,}\\
&\omega_2 \quad \text{obere Grenzwinkelfrequenz,}\\
&\omega_{01} \quad \text{untere Spitzenwinkelfrequenz,}\\
&\omega_{21} \quad \text{obere Spitzenwinkelfrequenz,}\\
&\omega_{01} < \omega_1 < \omega_2 < \omega_{21}.\\
&mn = \sqrt{\left(\frac{\omega_m}{\omega_n}\right)^2 - 1}\,, \quad \text{z. B.} \quad 21_1 = \sqrt{\left(\frac{\omega_{21}}{\omega_1}\right)^2 - 1}\\
&nm = \sqrt{1 - \left(\frac{\omega_n}{\omega_m}\right)^2}\,, \quad \text{z. B.} \quad 01_2 = \sqrt{1 - \left(\frac{\omega_{01}}{\omega_2}\right)^2}\\
&\omega_m > \omega_n
\end{aligned} \qquad (4.11.2)$$

Die Umwandlung der Spiegelimpedanzen des Tiefpaßhalbgliedes durch die betreffenden einfachen Transformationen wird zweckmäßig rein algebraisch behandelt, d. h. der mathematische Ausdruck der Spiegelimpedanzen wird zum Gegenstand der betreffenden Frequenzsubstitutionen und Impedanzmultiplikationen gemacht. Auf diese

---

[1] Es sei dabei besonders beachtet, daß Ziffernausdrücke der Form 21_1, 01_2 usw. als formale Abkürzung für einen Wurzelausdruck stehen; von dieser abgekürzten Schreibweise wird im folgenden häufig Gebrauch gemacht.

Weise werden die mathematischen Ausdrücke für die Spiegelimpedanzen der neuen Halbglieder erhalten. Um diese Ausdrücke auf einfache Weise angeben zu können, werden folgende Bezeichnungen verwendet:

$$
\left.
\begin{aligned}
Z_{n1} &= Z_0 \sqrt{1 - \left(\frac{\omega_1}{\omega}\right)^2} \\[2mm]
Z_{u1} &= \frac{Z_0}{\sqrt{1 - \left(\frac{\omega_1}{\omega}\right)^2}}
\end{aligned}
\right\} \text{ für Hochpaßglieder}
$$

$$
\left.
\begin{aligned}
Z_{n2} &= Z_0 \sqrt{1 - \left(\frac{\omega}{\omega_2}\right)^2} \\[2mm]
Z_{u2} &= \frac{Z_0}{\sqrt{1 - \left(\frac{\omega}{\omega_2}\right)^2}}
\end{aligned}
\right\} \text{ für Tiefpaßglieder}
$$

$$
\left.
\begin{aligned}
Z_n &= Z_0 \sqrt{\left[1 - \left(\frac{\omega}{\omega_2}\right)^2\right]\left[1 - \left(\frac{\omega_1}{\omega}\right)^2\right]} \\[2mm]
Z_u &= \frac{Z_0}{\sqrt{\left[1 - \left(\frac{\omega}{\omega_2}\right)^2\right]\left[1 - \left(\frac{\omega_1}{\omega}\right)^2\right]}} \\[2mm]
Z_z &= \frac{Z_0 \sqrt{1 - \left(\frac{\omega_1}{\omega}\right)^2}}{\sqrt{1 - \left(\frac{\omega}{\omega_2}\right)^2}} \\[2mm]
Z_s &= \frac{Z_0 \sqrt{1 - \left(\frac{\omega}{\omega_2}\right)^2}}{\sqrt{1 - \left(\frac{\omega_1}{\omega}\right)^2}}
\end{aligned}
\right\} \text{ für Bandpaß-glieder}
$$

$$
\left.
\begin{aligned}
P_{0m} &= 1 - \left(\frac{\omega_{0m}}{\omega}\right)^2, \quad \text{z. B.} \quad P_{01} = 1 - \left(\frac{\omega_{01}}{\omega}\right)^2 \\[2mm]
P_{2m} &= 1 - \left(\frac{\omega}{\omega_{2m}}\right)^2, \quad \text{z. B.} \quad P_{21} = 1 - \left(\frac{\omega}{\omega_{21}}\right)^2
\end{aligned}
\right\}
$$

$$(4.11.3)$$

Die Impedanz Z_0 in Gl. (4.11.3) stellt einen verbindenden Parameter zwischen den Spiegelimpedanzen und den Dimensionierungsformeln dar. In die Dimensionierungsformeln gehen nämlich Induktivitäten und Kapazitäten ein, die wie folgt bezeichnet sind:

$$
\left.
\begin{aligned}
L_m &= \frac{Z_0}{\omega_m}, \quad \text{z. B.} \quad L_2 = \frac{Z_0}{\omega_2} \\[2mm]
C_m &= \frac{1}{Z_0 \, \omega_m}, \quad \text{z. B.} \quad C_{01} = \frac{1}{Z_0 \, \omega_{01}}
\end{aligned}
\right\}
\qquad (4.11.4)
$$

Mit den in Gl. (4.11.2), (4.11.3) und (4.11.4) angegebenen Bezeichnungen sind in den Abb. 4.1.1 bis 4.1.7 die Resultate für Dimensio-

nierungsformeln und Spiegelimpedanzausdrücke der verschiedenen
Halbgliedtypen zusammengestellt. Bei den Berechnungen mit diesen
Formeln und Ausdrücken kann der Wurzelausdruck in Gl. (4.11.2), der

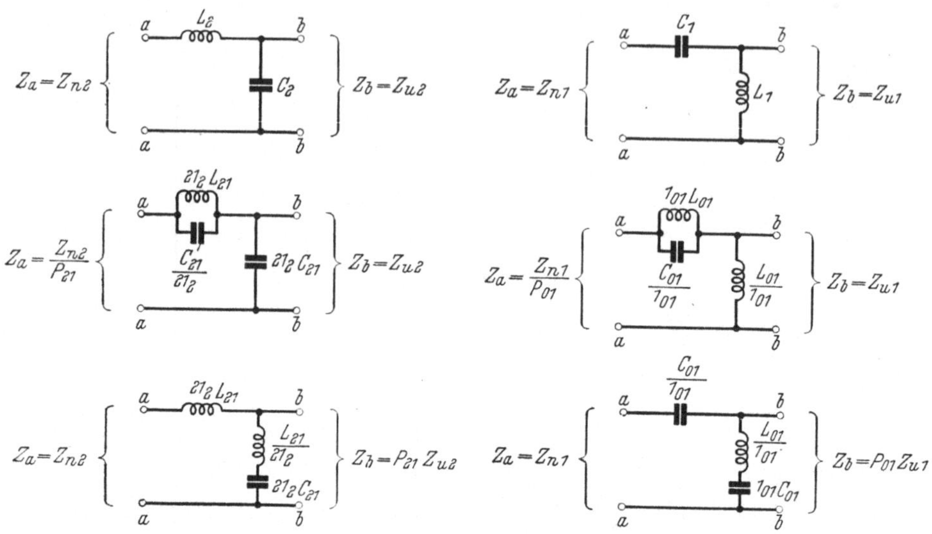

Abb. 4.1.1.
Grund- und abgeleitete Tiefpaßhalbglieder
mit ihren Dimensionierungsformeln.

Abb. 4.1.2.
Grund- und abgeleitete Hochpaßhalbglieder
mit ihren Dimensionierungsformeln.

als formaler Ziffernausdruck gegeben ist, aus den Tabellen der Kreis-
und Hyperbelfunktion mit Hilfe des Schemas

$$\left.\begin{array}{l} m\,n = \sinh x \cdots\cdots\cdots \cosh x = \dfrac{\omega_m}{\omega_n} \\[2ex] n\,m = \sin x \cdots\cdots\cdots \cos x = \dfrac{\omega_n}{\omega_m} \\[2ex] \omega_m > \omega_n \end{array}\right\} \qquad (4.11.5)$$

bestimmt werden.

Die in den Abb. 4.1.1 bis 4.1.7 schematisch gezeigten Halbgliedtypen können an Hand der Aufstellung in Tab. 4.11.6 klassifiziert
werden (S.152). Unter „Ableitung" ist dabei die Verschiebung einer bei
der Winkelfrequenz Null oder Unendlich vorliegenden Dämpfungsspitze nach einer endlichen reellen Winkelfrequenz zu verstehen.

Als „Grundspiegelimpedanz" wird im folgenden eine Spiegelimpedanz
bezeichnet, die bis auf einen konstanten Faktor einen der in Gl. (4.11.3)
angegebenen Impedanzausdrücke hat. Eine „abgeleitete Spiegelimpedanz" hat den mathematischen Ausdruck einer Grundspiegelimpedanz,
die mit dem „Resonanzbinom" P_{01} und/oder P_{21} [Gl. (4.11.3)] multi-

pliziert oder dividiert ist. Im Gegensatz zu den Grundspiegelimpedanzen sind somit die abgeleiteten Impedanzen von den Spitzenwinkelfrequenzen abhängig.

4.12. Tiefpaß- und Hochpaßhalbglieder.

Abb. 4.1.1 zeigt schematisch drei Tiefpaß- und Abb. 4.1.2 drei Hochpaßhalbglieder mit ihren Dimensionierungsformeln. Das oberste Halbglied ist in beiden Fällen ein Grundhalbglied, und das mittlere und unterste sind abgeleitete Halbglieder. Nach Abbildung 3.4.1 erhält man die abgeleiteten Halbglieder als die beiden Alternativen bei einer bn- bzw. dn-Transformation mit dem Grund-Tiefpaßhalbglied als Originalnetz.

Wie ersichtlich, haben die Grundhalbglieder an den beiden Polpaaren Grundspiegelimpedanzen. Die abgeleiteten Halbglieder haben dagegen eine Grundspiegelimpedanz an dem einen und eine abgeleitete Spiegelimpedanz an dem andern Polpaar.

4.13. Bandpaßhalbglieder mit einer Dämpfungsspitze.

Abb. 4.1.3 zeigt schematisch vier Grund-Bandpaß-

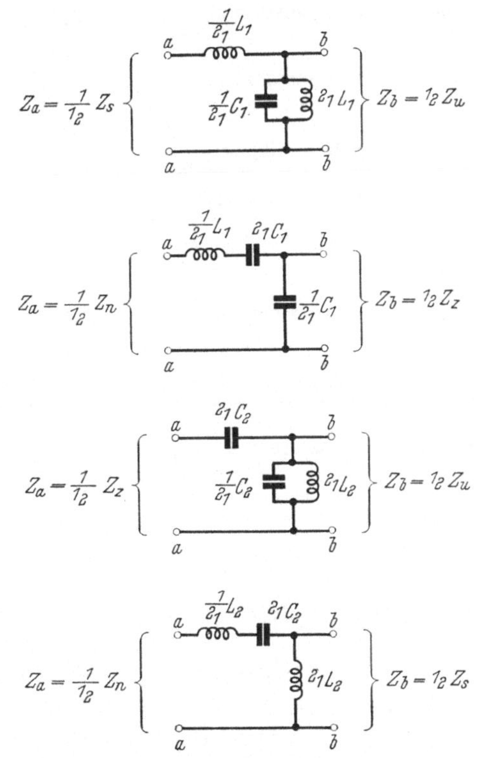

Abb. 4.1.3.
Grund-Bandpaßhalbglieder mit einer Dämpfungsspitze und ihre Dimensionierungsformeln.

halbglieder mit einer Dämpfungsspitze und ihre Dimensionierungsformeln. Die Abb. 4.1.4 und 4.1.5 zeigen acht abgeleitete Bandpaßhalbglieder mit einer Dämpfungsspitze und ihre Dimensionierungsformeln.

Die Halbglieder in Abb. 4.1.4 haben die Dämpfungsspitze unterhalb und die Halbglieder in Abb. 4.1.5 oberhalb des Paßbandes. Nach Abb. 3.4.1 erhält man die Grundhalbglieder der Abb. 4.1.3 als die beiden Alternativen bei einer bm- und einer dm-Transformation mit dem Grund-Tiefpaßhalbglied als Originalnetz. Des weiteren erhält man

nach Abb 3.4.2 die abgeleiteten Halbglieder in den Abb. 4.1.4 und
4.1.5 als die vier Alternativen bei einer bm-dn- bzw. bm-bn-Transformation mit dem gleichen Originalnetz.

Tabelle 4.11.6.[1]

Filtergliedtypen	0	<	<	<	<	< ∞
Grund-Tiefpaß (einspitzig)				ω_2		ω_{21}
Grund-Hochpaß (einspitzig)	ω_{01}		ω_1			
Grund-Bandpaß (einspitzig)	ω_{01}		ω_1	ω_2		
			ω_1	ω_2		ω_{21}
Grund-Bandpaß (zweispitzig)	ω_{01}		ω_1	ω_2		ω_{21}
abgeleiteter Tiefpaß (einspitzig)				ω_2	ω_{21}	
abgeleiteter Hochpaß (einspitzig)		ω_{01}	ω_1			
abgeleiteter Bandpaß (einspitzig)		ω_{01}	ω_1	ω_2		
			ω_1	ω_2	ω_{21}	
abgeleiteter Bandpaß (zweispitzig)		ω_{01}	ω_1	ω_2	ω_{21}	
teilabgeleiteter Bandpaß (zweispitzig)		ω_{01}	ω_1	ω_2		ω_{21}
	ω_{01}		ω_1	ω_2	ω_{21}	

Wie ersichtlich, haben die Grundhalbglieder in Abb. 4.1.3 Grundspiegelimpedanzen. Die abgeleiteten Halbglieder in den Abb. 4.1.4 und
4.1.5 haben dagegen eine Grundspiegelimpedanz an dem einen und
eine abgeleitete Spiegelimpedanz an dem andern Polpaar.

4.14. Bandpaßhalbglieder mit zwei Dämpfungsspitzen.

Abb. 4.1.6 zeigt schematisch vier teilabgeleitete Bandpaßhalbglieder mit zwei Dämpfungsspitzen nebst den Dimensionierungsformeln, und Abb. 4.1.7 zeigt vier abgeleitete Bandpaßhalbglieder mit
zwei Dämpfungsspitzen und ihre Dimensionierungsformeln. Nach
Abb. 3.4.3 erhält man die teilabgeleiteten Halbglieder in Abb. 4.1.6
als zwei Alternativen bei einer em-bm- und einer em-dm-Transformation sowie die abgeleiteten Halbglieder in Abb. 4.1.7 als vier Alternativen bei einer em-dm-bm-Transformation mit dem Grund-Tiefpaßhalbglied als Originalnetz. Hierbei sind die zwei untersten Halbglieder
in Abb. 4.1.7 durch Äquivalenztransformation des einen Gliedarmes
vereinfacht worden.

---

[1] „einspitzig“ und „zweispitzig“ sind als Abkürzungen für „mit einer
Dämpfungsspitze“ bzw. „mit zwei Dämpfungsspitzen“ verwendet.

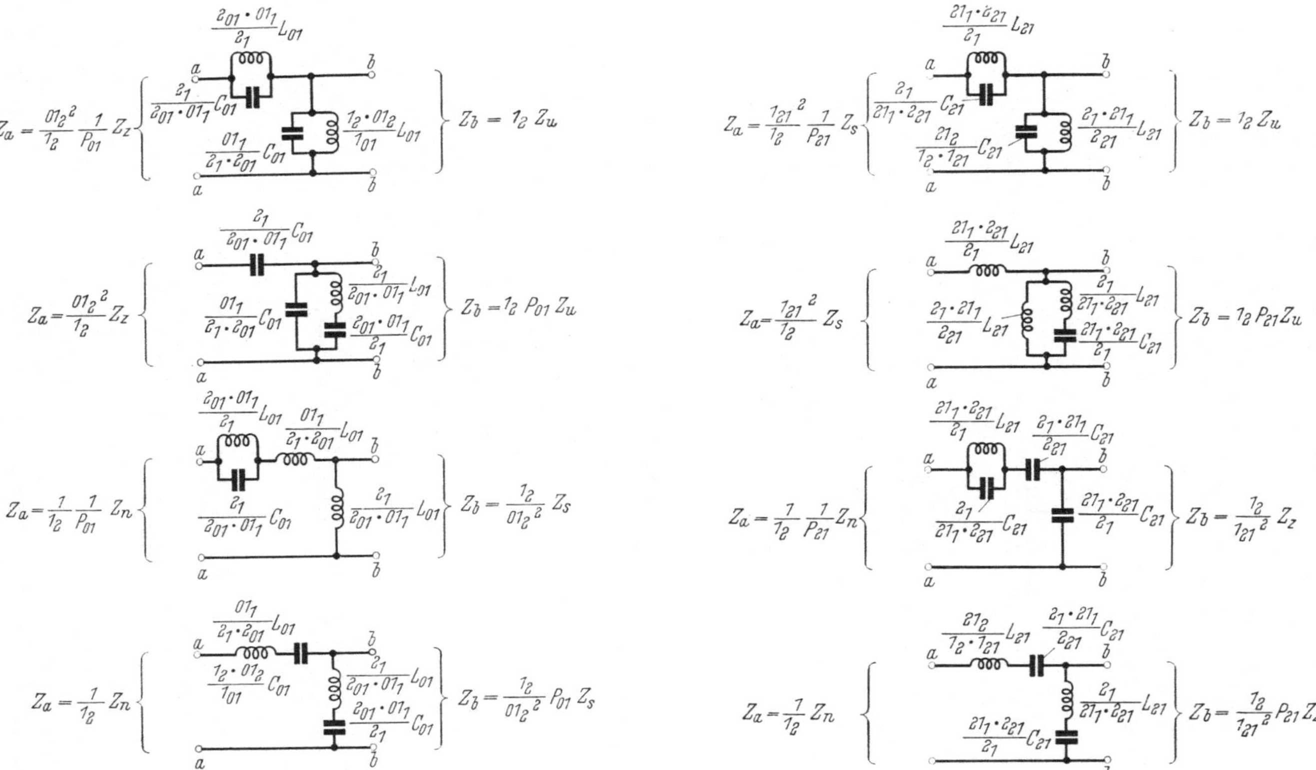

Abb. 4.1.4. Abgeleitete Bandpaßhalbglieder mit einer Dämpfungsspitze, die unterhalb des Paßbandes liegt, und ihre Dimensionierungsformeln.

Abb. 4.1.5 Abgeleitete Bandpaßhalbglieder mit einer Dämpfungsspitze, die oberhalb des Paßbandes liegt, und ihre Dimensionierungsformeln.

Wie ersichtlich, haben die teilabgeleiteten Halbglieder in Abb. 4.1.6 sowie die beiden obersten abgeleiteten Halbglieder in Abb. 4.1.7 eine Grundspiegelimpedanz an dem einen und eine abgeleitete Spiegelimpedanz an dem andern Polpaar. Die beiden abgeleiteten Halbglieder in Abb. 4.1.7 unten haben dagegen abgeleitete Spiegelimpedanzen an beiden Polpaaren.

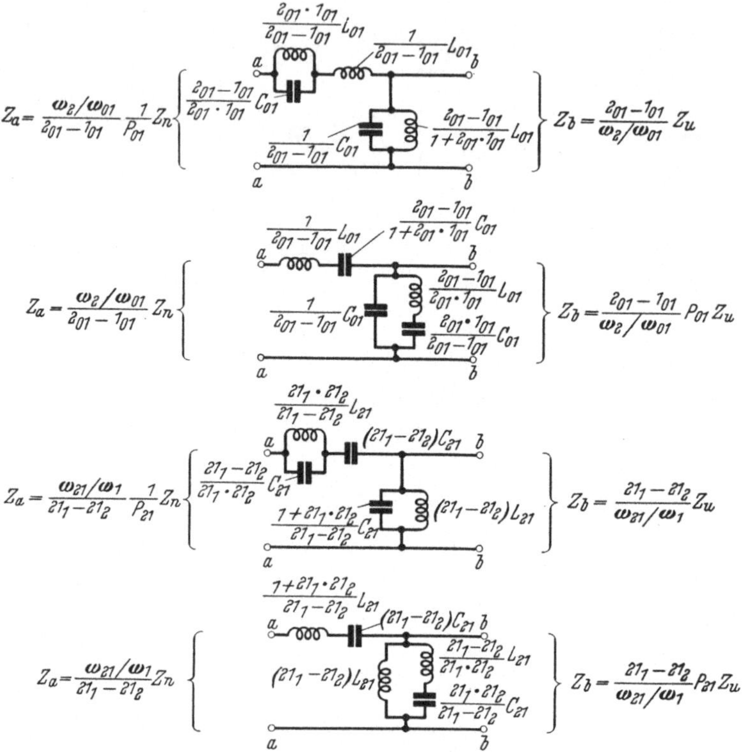

Abb. 4.1.6. Teilabgeleitete Bandpaßhalbglieder mit zwei Dämpfungsspitzen und ihre Dimensionierungsformeln.

4.2. Der Bau von Filterketten.

4.21. Bezeichnungen der Winkelfrequenzen.

Eine Filterkette hat im allgemeinen eine oder zwei Grenzwinkelfrequenzen, sie kann jedoch in gewissen speziellen Fällen auch bedeutend mehr haben. Dagegen hat sie oft mehr als zwei Spitzenwinkelfrequenzen. Zur Unterscheidung aller vorkommenden charakteristischen Winkelfrequenzen sei die folgende Bezeichnungsweise eingeführt:

$$\left.\begin{array}{l}
\omega_1,\ \omega_3,\ \omega_5 \quad \text{usw.} \qquad\qquad = \text{untere} \\
\omega_2,\ \omega_4,\ \omega_6 \quad \text{usw.} \qquad\qquad = \text{obere}
\end{array}\right\}\begin{array}{l}\text{Grenzwinkelfrequenz}\\ \text{des betr. Paßbandes}\end{array}$$

$$\left.\begin{array}{l}
\omega_{01},\omega_{02},\omega_{03} \quad \text{usw. für} \quad \omega = 0\ \ldots\omega_1 \\
\omega_{21},\omega_{22},\omega_{23} \quad \text{usw. für} \quad \omega = \omega_2\ldots\omega_3 \\
\omega_{41},\omega_{42},\omega_{43} \quad \text{usw. für} \quad \omega = \omega_4\ldots\omega_5 \\
\cdot\ \cdot\ \cdot\ \cdot\ \cdot\ \cdot\ \cdot\ \cdot\ \cdot\ \cdot\ \cdot\ \cdot\ \cdot \\
\omega_{11},\omega_{12},\omega_{13} \quad \text{usw. für} \quad \omega = \omega_1\ldots\omega_2 \\
\omega_{31},\omega_{32},\omega_{33} \quad \text{usw. für} \quad \omega = \omega_3\ldots\omega_4 \\
\cdot\ \cdot\ \cdot\ \cdot\ \cdot\ \cdot\ \cdot\ \cdot\ \cdot\ \cdot\ \cdot\ \cdot\ \cdot
\end{array}\right\}\begin{array}{l}\text{Spitzenwinkel-}\\ \text{frequenzen}\\[1.5em] \text{charakteristische}\\ \text{Winkelfrequenzen}\\ \text{entsprechend}\\ \text{Abb. 3.5.3 unten.}\end{array} \qquad (4.21.1)$$

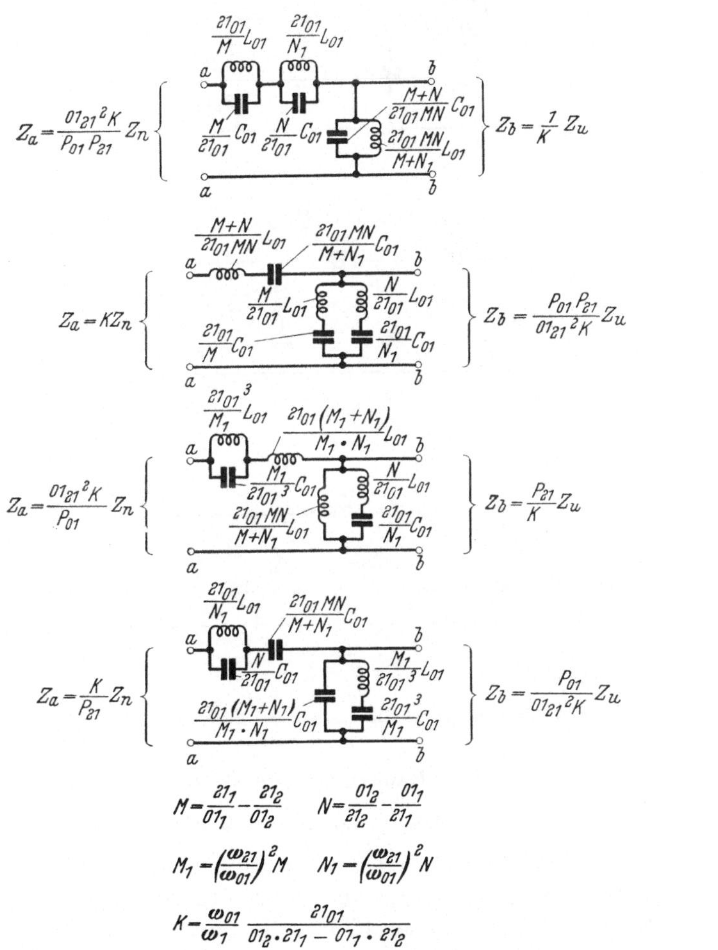

Abb. 4.1.7. Abgeleitete Bandpaßhalbglieder mit zwei Dämpfungsspitzen und ihre
Dimensionierungsformeln.

Generell gilt, daß

$$\left.\begin{array}{c} \omega_m \gtrless \omega_n \\[4pt] \text{für} \quad m \gtrless n \end{array}\right\} \qquad (4.21.2)$$

Um auch ω_1, ω_2 usw. in die Beziehung Gl. (4.21.2) einzuschließen, muß man sich als zweiten Index eine Null angehängt denken, d. h. ω_1 durch ω_{10}, ω_2 durch ω_{20} usw. ersetzen.

In den folgenden Abschnitten wird jedoch angenommen, daß die zweite Indexziffer der Spitzenwinkelfrequenzen unabhängig von der Lage der Dämpfungsspitzen innerhalb des betreffenden Sperrbandes sein soll.

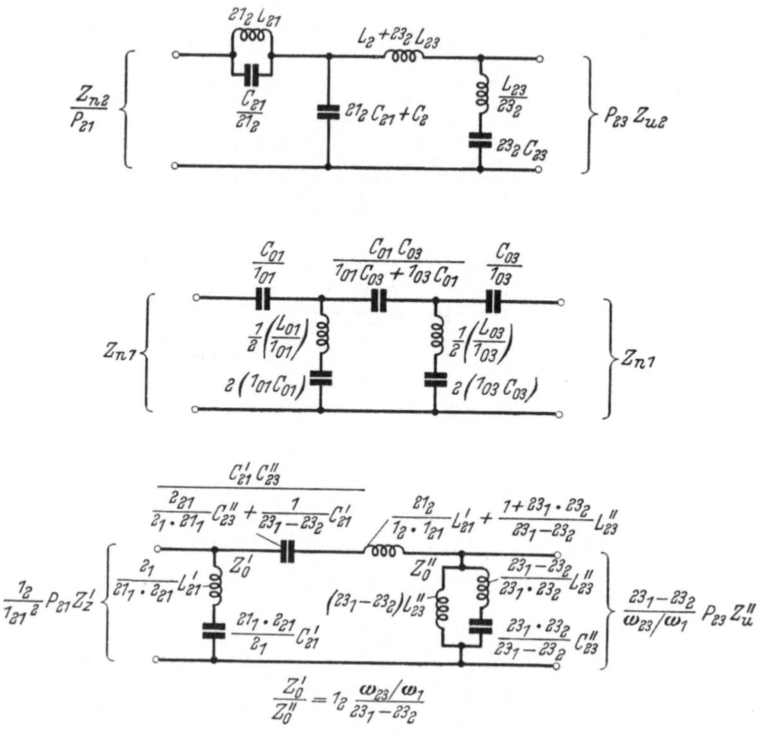

Abb. 4.2.1. Filterketten zur Erläuterung des Bauprinzips von ZOBEL.

4.22. Das Bauprinzip von WAGNER.

Lit. 9.401, 9.402 und 9.403.

Filter mit großer Selektivität wurden ursprünglich in der Weise gebaut, daß man Filterketten aus einer größeren Anzahl gleicher spiegelgekoppelter Filterglieder bildete. Es hat sich jedoch späterhin gezeigt, daß dieses Bauprinzip eine unnötig große Anzahl von Spulen und Kondensatoren erfordert, und man ist deshalb davon abgekommen.

4.23. Das Bauprinzip von Zobel.

Lit. 9.411, 9.412 und 9.414.

Die Spiegelkopplung von Filterhalbgliedern erfordert unter allen Umständen, daß sämtliche Filterhalbglieder das gleiche Paß- und Sperrband, d. h. die gleichen Grenzwinkelfrequenzen, haben. Zwei Halbglieder mit einer Grundspiegelimpedanz des gleichen Typs (Z_n, Z_u, Z_z oder Z_s) an dem einen Polpaar können somit stets so dimensioniert werden, daß diese Polpaare miteinander spiegelgekoppelt werden können. Falls z. B. die drei Tiefpaßhalbglieder in Abb. 4.1.1 gleiches Z_0 haben, kann das b-Polpaar des mittleren Halbgliedes zum b-Polpaar des oberen spiegelgekoppelt werden, und das a-Polpaar des unteren Halbgliedes kann zum a-Polpaar des oberen Halbgliedes spiegelgekoppelt werden. Nach der Verschmelzung der benachbarten Filterarme an den Kopplungspunkten erhält man dann das in Abb. 4.2.1 oben gezeigte Resultat.

Die Berechnungen sollen an Hand eines Zahlenbeispiels erläutert werden. Als gegeben werden dabei folgende Zahlenwerte angenommen:

$$Z_0 = 100 \text{ Ohm}, \qquad \omega_{21} = 12000 \text{ Rad/sek},$$
$$\omega_2 = 10000 \text{ Rad/sek}, \qquad \omega_{23} = 14000 \text{ Rad/sek}.$$

Nach Gl. (4.11.4) wird dann

$$L_2 = 100/10000 = 10{,}0 \text{ mH}, \qquad L_{21} = 100/12000 = 8{,}33 \text{ mH},$$
$$C_2 = 1/100 \cdot 10000 = 1{,}00 \ \mu\text{F}, \qquad C_{21} = 1/100 \cdot 12000 = 0{,}833 \ \mu\text{F},$$
$$L_{23} = 100/14000 = 7{,}14 \text{ mH},$$
$$C_{23} = 1/100 \cdot 14000 = 0{,}714 \ \mu\text{F}$$

und nach Gl. (4.11.2) oder (4.11.5) wird

$$21_2 = \sqrt{1{,}2^2 - 1} = \sinh \text{ arcosh } 1{,}2 = 0{,}663$$
$$23_2 = \sqrt{1{,}4^2 - 1} = \sinh \text{ arcosh } 1{,}4 = 0{,}980$$

Die Induktivitäten und Kapazitäten der Filterkette in Abb. 4.2.1 oben werden somit

$$21_2 \, L_{21} = 0{,}663 \cdot 8{,}33 = 5{,}52 \text{ mH}$$
$$C_{21}/21_2 = 0{,}833/0{,}663 = 1{,}26 \ \mu\text{F}$$
$$L_2 + 23_2 \, L_{23} = 10{,}0 + 0{,}98 \cdot 7{,}14 = 17{,}0 \text{ mH}$$
$$21_2 \, C_{21} + C_2 = 0{,}663 \cdot 0{,}833 + 1{,}00 = 1{,}55 \ \mu\text{F}$$
$$L_{23}/23_2 = 7{,}14/0{,}980 = 7{,}28 \text{ mH}$$
$$23_2 \, C_{23} = 0{,}980 \cdot 0{,}714 = 0{,}700 \ \mu\text{F}.$$

Die Spiegelkopplung von Halbgliedern an Polpaaren mit abgeleiteter Spiegelimpedanz kann ausgeführt werden, wenn die Halbglieder exakt gleich sind, weil dann nämlich die abgeleiteten Spiegelimpedanzen auch exakt gleich sein müssen. In Abb. 4.2.1 Mitte ist eine Hochpaßfilterkette gezeigt, die durch Spiegelkopplung von vier Halbgliedern nach Abb. 4.1.2 unten mit gleichem Z_0 gebildet wurde, wobei die Halbglieder paarweise gleich gemacht wurden, um eine Spiegelkopplung an den Polpaaren mit abgeleiteter Spiegelimpedanz

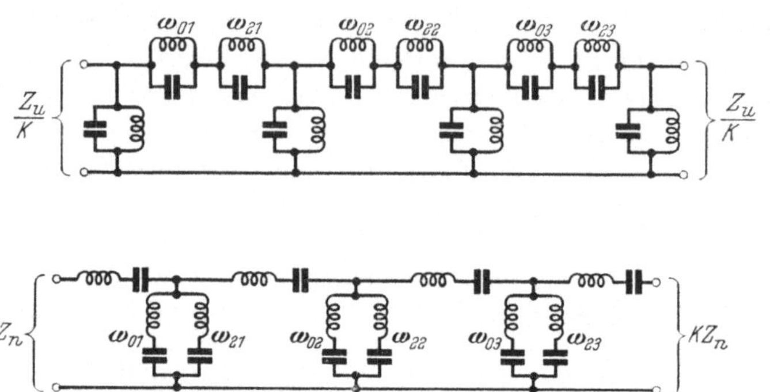

Abb. 4.2.2. Filterketten nach ZOBEL mit Bandpaßhalbgliedern mit zwei Dämpfungsspitzen.

zu ermöglichen. Auf diese Weise kann eine unbegrenzte Anzahl von Halbgliederpaaren mit verschiedenen Spitzenwinkelfrequenzen spiegelgekoppelt werden.

Oft muß man verschiedene Z_0 in den Halbgliedern, die spiegelgekoppelt werden sollen, wählen. Abb. 4.2.1 unten zeigt z. B. eine Bandpaßfilterkette, die durch Spiegelkopplung eines Halbglieds mit einer Dämpfungsspitze (Abb. 4.1.5 unten) und eines Halbglieds mit zwei Dämpfungsspitzen (Abb. 4.1.6 unten) gebildet wurde. Damit die Spiegelimpedanzen am Polpaar a einander gleich werden, muß offensichtlich Z_0 im Impedanzausdruck Z_n der Gl. (4.11.3) für die beiden Halbglieder verschieden gewählt werden.

Physikalisch gesehen, entstehen die Dämpfungsspitzen infolge von Parallelresonanzen in den Längsarmen der Filterkette oder infolge von Serienresonanzen in den Querarmen, da sie offensichtlich wie ein Abbruch bzw. wie ein Kurzschluß in der Verbindung zwischen den Polpaaren wirken. In den Bandpaßfilterketten in Abb. 4.2.2 oben und unten, die durch Spiegelkopplung von paarweise gleichen Halbgliedern mit zwei Dämpfungsspitzen nach den beiden oberen Schaltschemas in Abb. 4.1.7 gebildet sind, entstehen die Dämpfungsspitzen offensichtlich lediglich durch Parallelresonanzen in den Längsarmen bzw. Serienresonanzen in den Querarmen.

Das Bauschema von Filterketten nach ZOBEL besteht also darin, daß man durch paarweis gleiche abgeleitete Halbglieder die spitzenbildenden Sperresonanzen so einschließt, daß sie sich an den Polpaaren, an denen die Spiegelkopplung zwischen den verschiedenen Halbgliedpaaren vorgenommen werden soll, nicht geltend machen können.

4.24. Das Zickzackprinzip.

Lit. 9.2014, 9.2049 und 9.2054.

Die Bandpaßhalbglieder mit zwei Dämpfungsspitzen in den beiden unteren Schaltschemas in Abb. 4.1.7, die im weiteren als „Zickzackglieder" bezeichnet werden, besitzen sowohl am Polpaar a wie auch

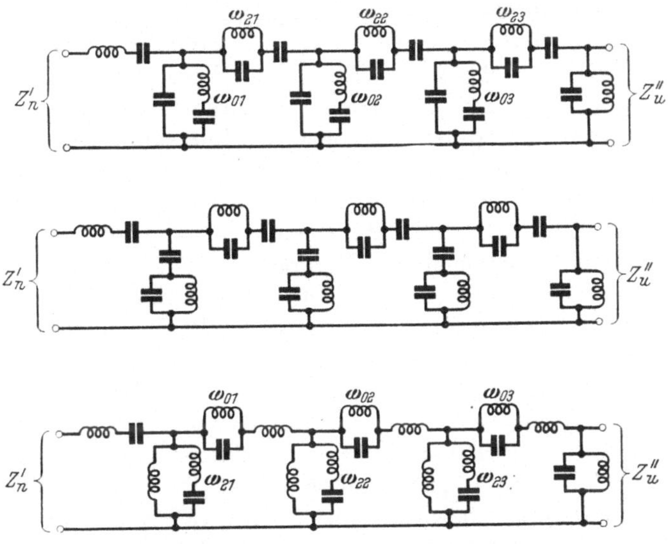

Abb. 4.2.3. Beispiele von Zickzackfilterketten.

am Polpaar b abgeleitete Spiegelimpedanzen, wie aus der Abbildung zu ersehen ist, und es ist daher nicht möglich, mit ihnen die spitzenbildenden Sperresonanzen zwischen Grundspiegelimpedanzen einzuschließen. Trotzdem kann man sie für den Bau von Filterketten mit einer beliebigen Anzahl von Dämpfungsspitzen benutzen, jedoch muß man zu diesem Zwecke ein neues Bauprinzip, das sogenannte „Zickzackprinzip", anwenden.

Wie aus Abb. 4.1.7 zu ersehen ist, geht nur die eine der Spitzenwinkelfrequenzen eines Zickzackgliedes in seine Spiegelimpedanz am Polpaar a ein, während die andere in die Spiegelimpedanz am Polpaar b eingeht. Hierdurch wird die Spiegelkopplung von Zickzackgliedern des gleichen Typs ermöglicht; die beiden Spiegelimpedanzen an jedem Zusammenschaltungspunkt müssen nur stets die gleiche Spitzenwinkelfrequenz haben. Dies bedeutet mit anderen Worten, daß ein Zickzackglied die eine Spitzenwinkelfrequenz mit dem einen Nachbarglied gemeinsam haben muß und die zweite mit dem andern. Somit können die Spitzenwinkelfrequenzen an den verschiedenen Zusammenschaltungspunkten sogar alle untereinander verschieden sein, d. h., sämtliche Zickzackglieder einer Filterkette können verschieden dimensioniert sein. Es zeigt sich des weiteren, daß die Dimensionierung der Filterarme stets so ausfällt, daß eine Verschmelzung der benachbarten Arme an den Zusammenschaltungspunkten möglich ist.

Abb. 4.2.3 zeigt oben und unten schematisch je eine Filterkette, eine sogenannte „Zickzackfilterkette“, die aus Zickzackgliedern des in den beiden untersten Schaltschemas in Abb. 4.1.7 gezeichneten Typs zusammengesetzt ist. Durch den Abschluß mit teilabgeleiteten Bandpaßgliedern nach Abb. 4.1.6 haben diese Zickzackfilterketten Grundspiegelimpedanzen an beiden Polpaaren erhalten.

Durch Äquivalenztransformationen der Filterarme kann man neue Zickzackfiltertypen erhalten. So ist z. B. die Zickzackfilterkette in Abb. 4.2.3 Mitte durch Äquivalenztransformation der Querarme in der Zickzackfilterkette Abb. 4.2.3 oben gebildet worden.

Ein Vergleich zwischen den Filterketten von ZOBEL in Abb. 4.2.2 und den Zickzackfilterketten in Abb. 4.2.3 ergibt folgendes Resultat: In den Filterketten von ZOBEL entstehen die Sperresonanzen nur in den Längs- oder nur in den Querarmen. In den Zickzackfilterketten dagegen entstehen Sperresonanzen sowohl in den Längs- als auch in den Querarmen in der Weise, daß die Dämpfungsspitzen unterhalb des Paßbandes lediglich von den Längs- oder lediglich von den Querarmen und daß die Dämpfungsspitzen oberhalb des Paßbandes lediglich von den Quer- bzw. lediglich von den Längsarmen gebildet werden. Die Sperresonanzkreise längs der Filterkette sind also in der Weise angeordnet, daß abwechselnd jeder zweite Filterarm eine Dämpfungsspitze oberhalb des Paßbandes und jeder zweite eine unterhalb des Paßbandes bildet, daher der Name „Zickzackfilterkette“.

Sowohl die Filterketten von ZOBEL als auch die Zickzackfilterketten besitzen je drei Reaktanzelemente pro Dämpfungsspitze. Während jedoch die ersteren eine gleiche Anzahl von Spulen und Kondensatoren besitzen, haben die letzteren doppelt soviel Schaltungselemente der einen als der anderen Art. Wenn ein erheblicher Preisunterschied zwischen Spulen und Kondensatoren besteht, können Zickzackfilterketten folglich billiger als die Ketten von ZOBEL hergestellt werden.

Die Filter von ZOBEL haben maximal vier Reaktanzelemente pro Filterarm, während Zickzackfilter nur drei haben. Auch dies kann als ein Vorteil der Zickzackfilter angeführt werden, da dadurch eine leichtere Justiermöglichkeit vorliegt.

Bei einer Filterkette von ZOBEL ist das Verhältnis der beiden Grundspiegelimpedanzen gleichen Typs stets exakt gleich Eins. Bei einer Zickzackfilterkette ist dieses Verhältnis dagegen in gewissem Grade von der Anordnung der Sperresonanzen längs der Filterkette abhängig. Es zeigt sich jedoch, daß diese Abhängigkeit in normalen Fällen vernachlässigt werden kann, so daß das Verhältnis der Spiegelimpedanzen praktisch genommen auch in diesem Falle gleich Eins ist.

4.3. Die Angleichung von Filtergliedern.

Lit. 9.2031.

4.31. Ableitung der Gleichungen für die Angleichung.

In diesem Abschnitt soll auf ein Verfahren, das man mit „Angleichung"[1] (zum Unterschied von „Anpassung") bezeichnet, näher eingegangen werden. Durch dieses Verfahren können die Struktur und die Spiegelimpedanzen eines Filtergliedes verändert werden, ohne daß dabei eine Änderung der komplexen Spiegeldämpfung dieses Filtergliedes eintritt. Auf diesem Wege gewinnt man neue Typen von Filtergliedern, die eine große Rolle bei der Anpassung eines Filters an resistive Endbelastungen spielen. Das Verfahren der Angleichung basiert auf einigen allgemeingültigen Beziehungen, die zunächst abgeleitet und betrachtet werden sollen.

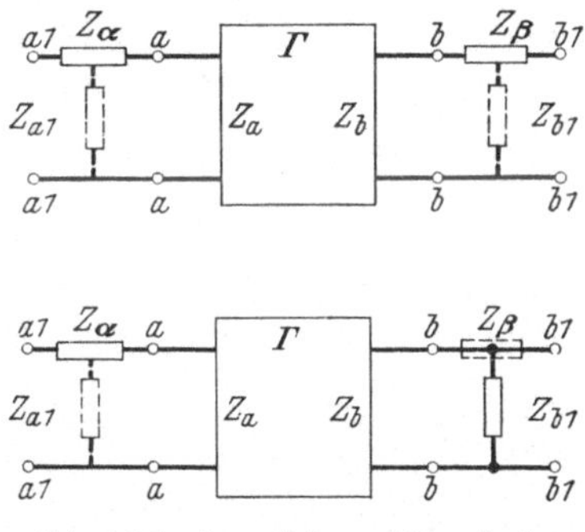

Abb. 4.3.1. Angeglichene Vierpolnetze.

Abb. 4.3.1 zeigt schematisch ein Vierpolnetz mit den Spiegeleigenschaften Γ, Z_a und Z_b, das durch Längs- oder Querimpedanzen Z_α und Z_β an den Polpaaren a bzw. b erweitert worden ist. Hierdurch entstehen neue Polpaare $a1$ und $b1$ mit den Spiegelimpedanzen Z_{a1} und Z_{b1}. Die zugesetzten Impedanzen Z_α und Z_β sollen dabei so beschaffen sein, daß sich die komplexe Spiegeldämpfung Γ nicht ändert.

---

[1] In der Fachliteratur wird dieses Verfahren gelegentlich auch als „Ebenung" bezeichnet.

Falls die beiden Impedanzen Z_α und Z_β Längsimpedanzen wie in Abb. 4.3.1 oben sind, werden die Kurzschluß- und Leerlaufimpedanzen des sogenannten angeglichenen Vierpolnetzes:

$$Z_{ka1} = \frac{Z_\alpha Z_b + Z_a Z_\beta + (Z_\alpha Z_\beta + Z_a Z_b)\,\mathrm{tgh}\,\Gamma}{Z_b + Z_\beta\,\mathrm{tgh}\,\Gamma}$$

$$Z_{la1} = \frac{Z_a + Z_\alpha\,\mathrm{tgh}\,\Gamma}{\mathrm{tgh}\,\Gamma}$$

$$Z_{lb1} = \frac{Z_b + Z_\beta\,\mathrm{tgh}\,\Gamma}{\mathrm{tgh}\,\Gamma}\,.$$

Da die komplexe Spiegeldämpfung Γ durch die Impedanzen Z_α und Z_β nicht beeinflußt werden soll, muß

$$\frac{Z_{ka1}}{Z_{la1}} = \mathrm{tgh}^2\,\Gamma \tag{4.31.1}$$

sein, woraus sich mit obenstehenden Ausdrücken und unter Berücksichtigung der Gl. (2.21.2) und (2.32.1) die Beziehungen

$$\mathrm{tgh}\,\Gamma + \frac{Z_a}{Z_\alpha} + \frac{Z_b}{Z_\beta} = 0, \qquad \frac{Z_{a1}}{Z_{b1}} = \frac{Z_a + Z_\alpha\,\mathrm{tgh}\,\Gamma}{Z_b + Z_\beta\,\mathrm{tgh}\,\Gamma} \tag{4.31.2}$$

ergeben.

Wenn dagegen eine der Impedanzen Z_α und Z_β eine Längs- und die andere eine Querimpedanz wie in Abb. 4.3.1 unten ist, werden die Kurzschluß- und Leerlaufimpedanzen des angeglichenen Vierpolnetzes

$$Z_{ka1} = Z_\alpha + Z_a\,\mathrm{tgh}\,\Gamma$$

$$Z_{la1} = \frac{Z_\alpha Z_b + Z_\beta Z_a + (Z_\alpha Z_\beta + Z_a Z_b)\,\mathrm{tgh}\,\Gamma}{Z_b + Z_\beta\,\mathrm{tgh}\,\Gamma}$$

$$\frac{1}{Z_{lb1}} = \frac{1}{Z_\beta} + \frac{1}{Z_b}\,\mathrm{tgh}\,\Gamma$$

Daraus ergeben sich unter Berücksichtigung der Bedingung von Gl. (4.31.1) sowie der Gl. (2.21.2) und (2.32.1) die Beziehungen

$$\mathrm{coth}\,\Gamma + \frac{Z_a}{Z_\alpha} + \frac{Z_\beta}{Z_b} = 0, \qquad \frac{Z_{a1}}{1/Z_{b1}} = \frac{Z_a + Z_\alpha\,\mathrm{coth}\,\Gamma}{1/Z_b + (1/Z_\beta)\,\mathrm{coth}\,\Gamma} \tag{4.31.3}$$

Die Vierpolnetze in Abb. 4.3.1 kann man sich in der Weise entstanden denken, daß eine Inverstransformation mit der Inversionskonstante Z_0 an zwei anderen Vierpolnetzen mit der gleichen komplexen Spiegeldämpfung Γ, aber mit anderen Spiegelimpedanzen

$$Z_a' = \frac{Z_0^2}{Z_a}, \qquad Z_b' = \frac{Z_0^2}{Z_b}$$

und mit den Quer- bzw. Längsimpedanzen

$$Z_\alpha' = \frac{Z_0^2}{Z_\alpha}, \qquad Z_\beta' = \frac{Z_0^2}{Z_\beta}$$

an Stelle der hinzugesetzten Längs- und Querimpedanzen vorgenommen worden ist. Werden Z_u, Z_b, Z_α und Z_β aus diesen Gleichungen und den Gl. (4.31.2) und (4.31.3) eliminiert, so erhält man die nachstehenden Beziehungen, wenn sowohl beim Polpaar a wie beim Polpaar b Querimpedanzen zugesetzt werden:

$$\operatorname{tgh}\Gamma + \frac{Z_\alpha'}{Z_a'} + \frac{Z_\beta'}{Z_b'} = 0, \quad \frac{1/Z_{a1}'}{1/Z_{b1}'} = \frac{1/Z_a' + (1/Z_\alpha')\operatorname{tgh}\Gamma}{1/Z_b' + (1/Z_\beta')\operatorname{tgh}\Gamma} \qquad (4.31.4)$$

Wird dagegen am Polpaar a eine Quer- und am Polpaar b eine Längsimpedanz zugesetzt, so erhält man:

$$\operatorname{coth}\Gamma + \frac{Z_\alpha'}{Z_a'} + \frac{Z_b'}{Z_\beta'} = 0, \quad \frac{1/Z_{a1}'}{Z_{b1}'} = \frac{1/Z_a' + (1/Z_\alpha')\operatorname{coth}\Gamma}{Z_b' + Z_\beta'\operatorname{coth}\Gamma} \qquad (4.31.5)$$

Die Gl. (4.31.2) bis (4.31.5) lassen sich in folgender Weise zusammenfassen:

$$\left.\begin{aligned}
&(\operatorname{tgh}\Gamma)^{ab} + \left(\frac{Z_a}{Z_\alpha}\right)^a + \left(\frac{Z_b}{Z_\beta}\right)^b = 0 \\[2mm]
&\frac{(Z_{a1})^a}{(Z_{b1})^b} = \frac{(Z_a)^a + (Z_\alpha)^a\,(\operatorname{tgh}\Gamma)^{ab}}{(Z_b)^b + (Z_\beta)^b\,(\operatorname{tgh}\Gamma)^{ab}} \\[2mm]
&\left.\begin{aligned}a \\ b\end{aligned}\right\} = \left\{\begin{aligned}+1 \quad \text{für Längsimpedanz} \\ -1 \quad \text{für Querimpedanz}\end{aligned}\right\} \text{ am Polpaar } \left\{\begin{aligned}a &\quad 1 \\ b &\end{aligned}\right.
\end{aligned}\right\} \qquad (4.31.6)$$

Gl. (4.31.6) muß auch dann ihre Gültigkeit behalten, wenn man vom angeglichenen Netz ausgeht und dieses an das ursprüngliche Netz angleicht, was zu folgenden Gleichungen führt:

$$(\operatorname{tgh}\Gamma)^{ab} - \left(\frac{Z_{a1}}{Z_\alpha}\right)^a - \left(\frac{Z_{b1}}{Z_\beta}\right)^b = 0$$

$$\frac{(Z_a)^a}{(Z_b)^b} = \frac{(Z_{a1})^a - (Z_\alpha)^a\,(\operatorname{tgh}\Gamma)^{ab}}{(Z_{b1})^b - (Z_\beta)^b\,(\operatorname{tgh}\Gamma)^{ab}}$$

Wird $(\operatorname{tgh}\Gamma)^{ab}$ aus diesen Gleichungen und Gl. (4.31.6) eliminiert, so erhält man:

$$(Z_\alpha)^a\,[(Z_b)^b + (Z_{b1})^b] + (Z_\beta)^b\,[(Z_a)^a + (Z_{a1})^a] = 0$$

$$(Z_\alpha)^a\,[(Z_b)^b - (Z_{b1})^b] + (Z_\beta)^b\,[(Z_{a1})^a - (Z_a)^a] = 0$$

Bildet man die Summe und die Differenz dieser Ausdrücke, so

---

[1] Die zur Zusammenfassung der Gl. (4.31.2) bis (4.31.5) hier als Exponenten eingeführten Größen a und b, durch die die je nach der Art der Angleichung verschiedenen Alternativformen der Gl. (4.31.6) bestimmt werden, sind Exponenten mit dem Wert ± 1, und zwar soll die gewählte Bezeichnung nur sinnfällig zum Ausdruck bringen, daß sich a auf die Eingangsseite (Polpaar a) und b auf die Ausgangsseite (Polpaar b) bezieht. Diese Größen gelten natürlich nicht für die formal mit den gleichen Buchstaben bezeichneten Indizes der Impedanzen.

bekommt man:

$$\left(\frac{Z_{a1}}{Z_\alpha}\right)^a + \left(\frac{Z_b}{Z_\beta}\right)^b = 0$$

$$\left(\frac{Z_{b1}}{Z_\beta}\right)^b + \left(\frac{Z_a}{Z_\alpha}\right)^a = 0$$

oder

$$\left.\begin{aligned}
Z_{a1} &= -Z_\alpha \left(\frac{Z_b}{Z_\beta}\right)^{ab} \\[2mm]
Z_{b1} &= -Z_\beta \left(\frac{Z_a}{Z_\alpha}\right)^{ab}
\end{aligned}\right\} \tag{4.31.7}$$

und

$$\left(\frac{Z_{a1}}{Z_a}\right)^a = \left(\frac{Z_b}{Z_{b1}}\right)^b \tag{4.31.8}$$

Aus den Gl. (4.31.6) und (4.31.7) erhält man schließlich:

$$\left.\begin{aligned}
(Z_{a1})^a &= (Z_a)^a + (Z_\alpha)^a \,(\mathrm{tgh}\,\Gamma)^{ab} \\
(Z_{b1})^b &= (Z_b)^b + (Z_\beta)^b \,(\mathrm{tgh}\,\Gamma)^{ab}
\end{aligned}\right\} \tag{4.31.9}$$

4.32. Das Angleichungsverfahren.

Gl. (4.31.7) zeigt, daß eine der Impedanzen Z_α und Z_β aus negativen Impedanzelementen zusammengesetzt werden muß, damit die Spiegelimpedanzen Z_{a1} und Z_{b1} physikalisch sinnvoll werden. Dies kann jedoch nur in der Weise verwirklicht werden, daß man in dem einen Endarm des Vierpolnetzes die Längsimpedanz oder Queradmittanz verkleinert, wodurch somit die Möglichkeiten für die Wahl der Impedanzen Z_α und Z_β eingeschränkt werden.

Gl. (4.31.8) zeigt, daß für

$$a = b, \qquad Z_{a1}Z_{b1} = Z_a Z_b \tag{4.32.1}$$

wird. Dies bedeutet: *Falls die beiden Spiegelimpedanzen in dem ursprünglichen Vierpolnetz invers sind, so muß dies auch nach der Angleichung mit $a = b$ gelten.*

Gl. (4.31.8) zeigt auch, daß für

$$a = -b, \qquad \frac{Z_{a1}}{Z_{b1}} = \frac{Z_a}{Z_b} \tag{4.32.2}$$

wird. Dies bedeutet: *Falls das ursprüngliche Vierpolnetz symmetrisch ist, so muß dies auch nach der Angleichung mit $a = -b$ gelten.*

Gl. (4.31.9) zeigt schließlich, daß $(Z_\alpha)^a$ und $(Z_\beta)^b$ für Filter gleich Null sein muß bei Winkelfrequenzen innerhalb des Paßbandes, wo $(\mathrm{tgh}\,\Gamma)^{ab}$ unendlich ist. Andernfalls würden $(Z_{a1})^a$ und $(Z_{b1})^b$ innerhalb des Paßbandes unendlich groß, was nach den Filtertheorien sinnlos wäre. Dies beschränkt weiterhin die Auswahlmöglichkeiten für die Impedanzen Z_α und Z_β. Das Verfahren dürfte daher im Hinblick auf die komplexe Spiegeldämpfung nur auf Filterketten mit wenigen Gliedern anwendbar sein.

Das sogenannte Angleichungsverfahren vollzieht sich in folgender Weise: Die Spiegelimpedanzen Z_a und Z_b sowie der Ausdruck $\operatorname{tgh}\Gamma$ für die komplexe Spiegeldämpfung werden für das Vierpolnetz, das angeglichen werden soll, berechnet. Die negative der Impedanzen Z_α und Z_β bestimmt man durch Verkleinerung der Längsimpedanz oder Queradmittanz in dem einen Endarm des Vierpolnetzes. Hierauf versucht man mittels Gl. (4.31.9) für die möglichen a- und b-Werte die neue Spiegelimpedanz an der betrachteten Seite des Vierpolnetzes physikalisch realisierbar und den vorgegebenen Bedingungen entsprechend zu machen. An Hand von Gl. (4.31.8) oder (4.32.1) und (4.32.2) versucht man ferner, die neue Spiegelimpedanz an der andern Seite des Vierpolnetzes den vorgegebenen Bedingungen anzupassen. Schließlich bestimmt man mit Hilfe von Gl. (4.31.7) die positive der Impedanzen Z_α und Z_β.

In den folgenden Abschnitten wird das Angleichungsverfahren nur für Tiefpaßfilterglieder durchgeführt, da man nämlich danach mit Hilfe des angeglichenen Tiefpaßgliedes als Originalnetz für einfache Transformationen alle übrigen Gliedertypen von gleicher Grundstruktur herleiten kann.

Das Angleichungsverfahren wird in bestimmten Fällen mit einer Impedanzmultiplikation mit frequenzunabhängigem ψ gemäß Abschnitt 3.12 kombiniert werden, um überflüssige Konstanten in den Spiegelimpedanzausdrücken zu vermeiden.

4.33. Drei- und vierarmige Grundhalbglieder.

Lit. 9.2008, 9.2010 und 9.2031.

Abb. 4.3.2 oben zeigt schematisch ein Grund-Tiefpaßhalbglied sowie die mathematischen Ausdrücke für seine Spiegeleigenschaften. Wird dieses Glied für $a = b = 1$ angeglichen, wobei die Impedanz Z_α durch eine Verkleinerung der Induktivität L_2 gebildet wird, so daß

$$\left.\begin{array}{l} Z_\alpha = -2_{21}{}^2\, j\omega L_2 \\ 2_{21} \text{ siehe Gl. (4.11.2)} \\ \omega_{21} \text{ eine Resonanzwinkelfrequenz wie unten} \end{array}\right\} \tag{4.33.1}$$

wird, so erhalten die Spiegelimpedanz Z_{a1} von Gl. (4.31.9) und die Spiegelimpedanz Z_{b1} von Gl. (4.32.1) die in Abb. 4.3.2 an zweiter Stelle von oben angegebenen Ausdrücke. Da Z_a und Z_b invers sind, werden somit auch Z_{a1} und Z_{b1} invers. Mit Hilfe der Gl. (4.31.7) kann nun die Impedanz Z_β berechnet werden. Wie man aus dem angeglichenen Glied im 2. Schema von oben in Abb. 4.3.2 sieht, entspricht Z_β einem Parallelresonanzkreis. Die Klammern in dem Glied umfassen diejenigen Reaktanzelemente, die durch die gleiche Winkelfrequenz

ω_{21} in Resonanz versetzt werden. Mit Hinblick auf seine Spiegel-dämpfung muß das angeglichene Glied trotz seiner T-Struktur als Halbglied angesehen werden, und deshalb wird es auch als „drei-armiges Halbglied" zum Unterschied vom zweiarmigen in Abb.4.3.2 ganz oben bezeichnet.

Wird das Glied in Abb. 4.3.2 ganz oben für $a = b = -1$ an-geglichen, wobei die Impedanz Z_β durch eine Verkleinerung der Kapa-zität C_2 gebildet wird, so daß

$$Z_\beta = - \frac{1}{z_{21}^2 \, j\,\omega\,C_2'} \tag{4.33.2}$$

wird, so gelangt man auf dem gleichen Wege wie im vorigen Beispiel zu

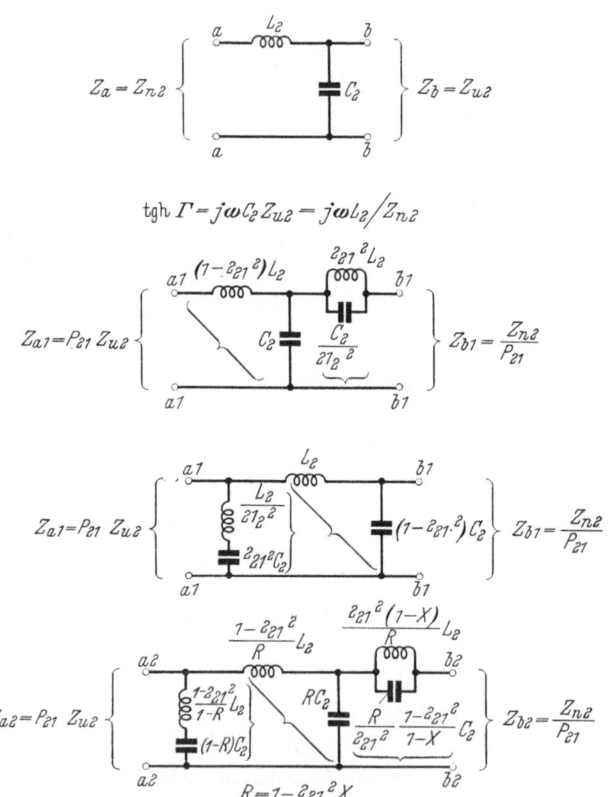

Abb. 4.3.2. Grundhalbglieder vom zwei-, drei- und vierarmigen Typ.

dem „dreiarmigen Halbglied" vom 3. Schaltungsschema in Abb. 4.3.2, das offensichtlich invers zum darüberstehenden Glied ist.

Wird das zweite Glied von oben in Abb. 4.3.2 für $-a = b = 1$ angeglichen, wobei

$$Z_\beta = -X\frac{2_{21}^2\, j\,\omega\, L_2}{P_{21}}, \qquad 0 \leqq X \leqq 1 \tag{4.33.3}$$

wird, und führt man danach eine Impedanzmultiplikation mit

$$\psi = \frac{1}{1 - X\,2_{21}^2} \tag{4.33.4}$$

durch, so erhält man das in Abb. 4.3.2 unten schematisch gezeigte Glied, welches seiner Struktur entsprechend als „vierarmiges Halbglied" bezeichnet wird. Wie man sieht, sind die Spiegeleigenschaften des Gliedes unabhängig von X.

Ein Vergleich der drei angeglichenen Glieder in Abb. 4.3.2 zeigt, daß sie äquivalent sind. Da sie die gleiche komplexe Spiegeldämpfung wie das Grundhalbglied in Abb. 4.3.2 oben besitzen, müssen sie als Grundhalbglieder betrachtet werden, obgleich sie abgeleitete Spiegelimpedanzen an beiden Polpaaren haben.

Man kann das Verfahren weiterhin fortsetzen und das vierarmige Halbglied nach Abb. 4.3.2 unten zu einem „fünfarmigen Halbglied" angleichen usw. Diese Halbglieder werden jedoch nicht mit den vorhergehenden äquivalent.

4.34. Vierarmige Grundvollglieder.

Lit. 9.2031 und 9.33.

Die Abb. 4.3.3 oben zeigt schematisch ein Tiefpaß-Grundvollglied sowie die mathematischen Ausdrücke für seine Spiegeleigenschaften. Wird dieses Glied für $a = b$ angeglichen, so erhält man sinnlose Resultate. Man muß folglich $a = -b$ wählen. Wird die Angleichung für $a = -b = 1$ ausgeführt, und zwar indem die Impedanz Z_β durch eine Verkleinerung der rechten Kapazität C_2 gebildet wird, so daß

$$\left.\begin{aligned} Z_\beta &= -\frac{1}{S\,j\,\omega\,C_2} \\[1mm] S &= 2\,\frac{2_{12}^2}{2\,(2_{12})^2 + 1} \\[1mm] \omega_{21} &= \text{eine Resonanzwinkelfrequenz wie unten} \end{aligned}\right\} \tag{4.34.1}$$

und führt man danach eine Impedanzmultiplikation mit

$$\psi = 1 - \frac{S}{2} \tag{4.34.2}$$

durch, so erhält man das in Abb. 4.3.3 Mitte schematisch dargestellte Glied, welches seiner Struktur entsprechend als „vierarmiges Vollglied" bezeichnet wird. In Übereinstimmung mit Gl. (4.32.2) bleibt bei der Angleichung die Symmetrie des Gliedes erhalten. Die Klammern im Gliede umfassen die Reaktanzelemente, welche für die gleiche Winkelfrequenz ω_{21} in Resonanz versetzt werden.

Wird das Glied in Abb. 4.3.3 Mitte für $a = -b = 1$ angeglichen,

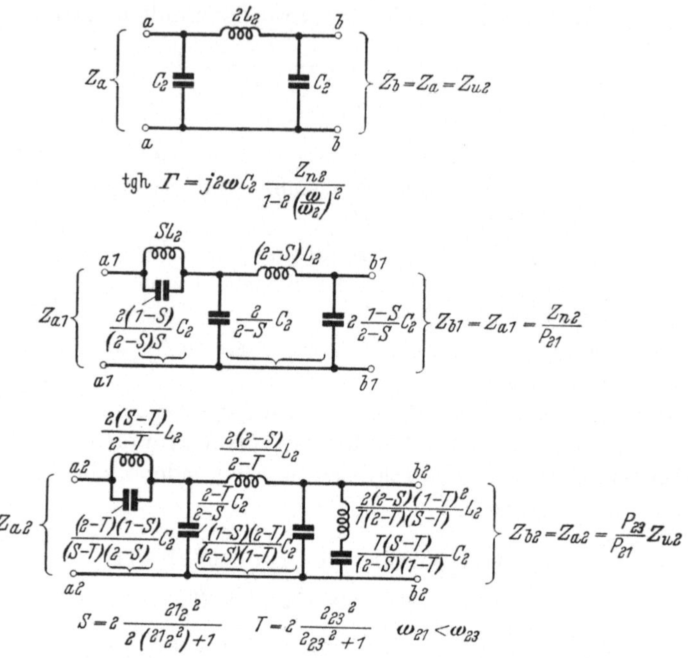

Abb. 4.3.3. Grundvollglieder von drei- und vierarmigem Typ.

und zwar indem der linke Längsarm verkleinert wird, so daß

$$Z_\alpha = -T\frac{j\,\omega\,L_2}{P_{21}}, \quad T = 2\frac{{}_2_23^2}{{}_2_23^2+1} \left.\begin{array}{c}\\\\\end{array}\right\} \tag{4.34.3}$$

$\omega_{23} = $ eine Resonanzwinkelfrequenz $> \omega_{21}$

und führt man danach eine Impedanzmultiplikation mit

$$\psi = \frac{1}{1 - T/2} \tag{4.34.4}$$

durch, so erhält man das in Abb. 4.3.3 unten schematisch gezeigte „vierarmige Vollglied", das in Übereinstimmung mit Gl. (4.32.2) symmetrisch ist. Zum Unterschied gegenüber den vorher betrachteten Gliedern hat dieses in seinen Spiegelimpedanzen zwei Resonanzbinome P_{21} und P_{23}.

Durch Inverstransformation der vierarmigen Vollglieder in Abb. 4.3.3 Mitte und unten erhält man offensichtlich zwei neue Typen von vierarmigen Vollgliedern. Aus demselben Grunde wie in Abschn. 4.33 unten müssen alle diese Glieder als Grundglieder betrachtet werden, obgleich sie an beiden Polpaaren abgeleitete Spiegeleigenschaften besitzen.

4.35. *m*-Ableitung nach Zobel.

Lit. 9.411, 9.412 und 9.414.

Spiegelimpedanzen mit zwei Resonanzbinomen können auch aus zweiarmigen Halbgliedern hergestellt werden. Macht man z. B. die Tiefpaßhalbglieder in Abb. 4.1.1 Mitte und unten zum Gegenstand einer Impedanzmultiplikation mit

$$\left. \begin{array}{l} \psi = P_{23} \quad \text{bzw.} \\ \psi = 1/P_{23} \\ \omega_{23} > \omega_{21} \end{array} \right\} \quad \left. \text{siehe Gl. (4.11.3)} \right\} \qquad (4.35.1)$$

so erhält man die Tiefpaßhalbglieder in Abb. 4.3.4 oben bzw. unten, die, wie man sieht, zwei Resonanzbinome P_{21} und P_{23} in ihren Spiegelimpedanzausdrücken für Z_a bzw. Z_b haben.

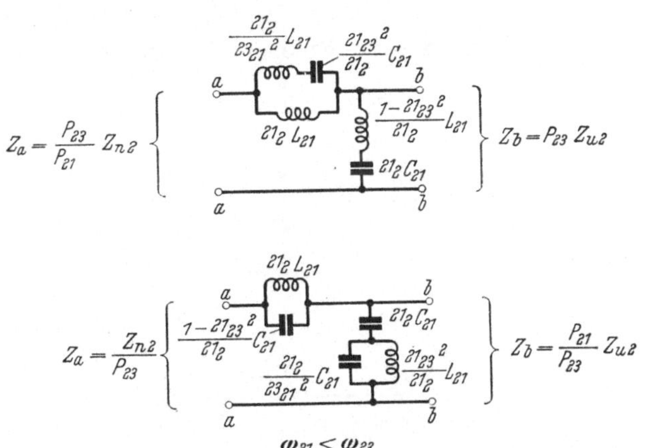

Abb. 4.3.4. Abgeleitete Halbglieder von zweiarmigem Typ. Zobels *mm'*-Ableitung.

Wenn man die zweiarmigen Halbglieder in Abb. 4.1.1 und 4.3.4 dadurch verallgemeinert, daß man folgende Impedanzen austauscht:

$$\left. \begin{array}{l} j\omega L_2 \text{ gegen } \tfrac{1}{2} Z_{k1} = \text{beliebige Impedanz,} \\ 1/j\omega C_2 \text{ gegen } 2 Z_{k2} = \text{invers zu } \tfrac{1}{2} Z_{k1} \end{array} \right\} \qquad (4.35.2)$$

so erhält man Gliedtypen, die nach ZOBEL auch wie folgt benannt werden:

> Abb. 4.1.1 oben, „konstantes k-Glied",
> Abb. 4.1.1 Mitte und unten, „einfach m-abgeleitetes Glied",
> Abb. 4.3.4 oben und unten, „doppelt m-abgeleitetes Glied",
>> auch „mm-abgeleitetes Glied" genannt

mit den Dimensionierungsparametern:

$$\text{für einfache } m\text{-Ableitung} \quad m = {}_2 1_1$$

$$\text{für doppelte } m\text{-Ableitung} \begin{cases} m = {}_2 2_3 \\ m' = {}_2 1_1 / {}_2 2_3 \end{cases}$$

$$\left. \right\} \quad (4.35.3)$$

4.36. Dreiarmige abgeleitete Halbglieder.
Lit. 9.2010, 9.2045 und 9.21.

Wird statt dessen eine Angleichung der Glieder in Abb. 4.1.1 Mitte und unten für $a = b = 1$ bzw. $a = b = -1$ vorgenommen, wobei

$$Z_\alpha = - \frac{U \, j \, \omega \, {}_2 1_2}{P_{21}} L_{21} \quad \text{bzw.} \quad Z_\beta = - \frac{P_{21}}{U \, j \, \omega \, {}_2 1_2} \frac{1}{C_{21}}$$

$$U = \frac{{}_2 2_3{}^2}{{}_2 1_1{}^2}, \quad \omega_{23} < \omega_{21} \qquad \left. \right\} \quad (4.36.1)$$

so erhält man die in Abb. 4.3.5 oben bzw. unten schematisch dargestellten „dreiarmigen abgeleiteten Halbglieder", welche ebenso wie die Glieder in Abb. 4.3.4 eine Spiegelimpedanz besitzen, in deren

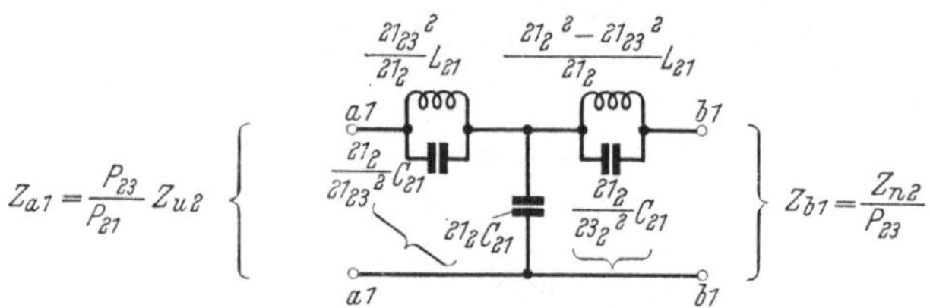

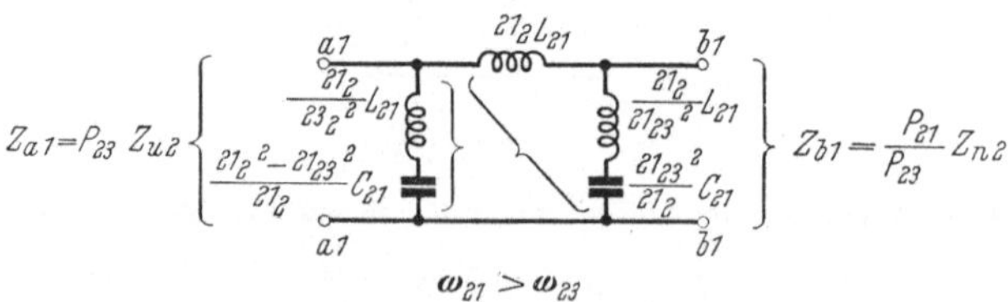

Abb. 4.3.5. Abgeleitete Halbglieder von dreiarmigem Typ.

mathematischen Ausdruck die beiden Resonanzbinome P_{21} und P_{23} eingehen. Es ist jedoch zu beachten, daß die dreiarmigen abgeleiteten Halbglieder nicht äquivalent den doppelt m-abgeleiteten sind, da ω_{21}, das in beiden Fällen die Spitzenwinkelfrequenz der Glieder ist, in dem einen Fall größer und im andern Fall kleiner als ω_{23} ist.

Die beiden Glieder in Abb. 4.3.5 sind offensichtlich zueinander invers und können auch durch eine bn-Transformation der beiden mittleren Glieder in Abb. 4.3.2 erhalten werden.

4.4. Die Anpassung.
4.41. Die Fehlanpassungsmethode von SHEA.
Lit. 9.343.

Eine Filterkette wird in der Regel an beiden Polpaaren mit rein resistiven Widerständen belastet. Da die Spiegelimpedanzen der Kette frequenzabhängig und außerdem innerhalb des Sperrbandes imaginär sind, kann eine exakte Spiegelanpassung nur für einzelne Frequenzen innerhalb des Paßbandes erzielt werden. Hierdurch entstehen mehr oder weniger starke Reflexionen an den Endpunkten der Filterkette. Das hat zur Folge, daß die Betriebsdämpfung innerhalb des Paßbandes größer sein muß als die Spiegeldämpfung, mit Ausnahme der genannten Frequenzen. Gemäß Abschnitt 2.42 entstehen nämlich infolge der Abweichungen zwischen den Spiegelimpedanzen und den Belastungsresistanzen Übergangs- und Rückwirkungsdämpfungen.

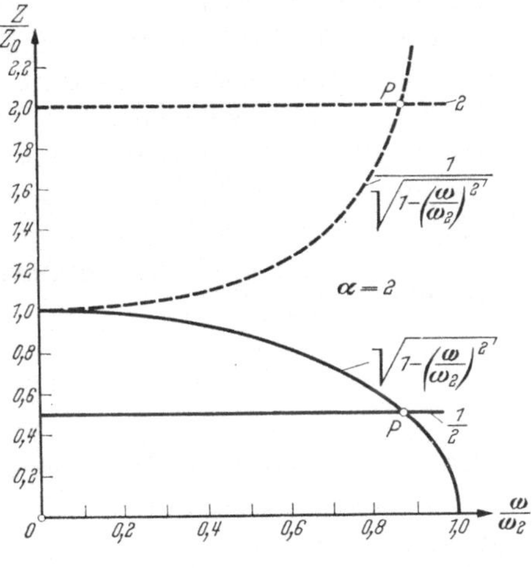

Abb. 4.4.1. Grundspiegelimpedanz Z_{n2} und Z_{u2}.

In Abschnitt 3.73 ist eingehender gezeigt worden, daß die Verluste in einer Filterkette eine endliche mehr oder weniger frequenzabhängige Dämpfung innerhalb des Paßbandes hervorrufen. In der Regel will man jedoch eine möglichst konstante Dämpfung im Paßband haben, und es ist daher oft notwendig, in irgendeiner Weise den Dämpfungsverlauf zu korrigieren. In diesem Abschnitt soll nun gezeigt werden, wie eine derartige Korrektion durch die Übergangsdämpfungen, die dadurch entstehen, daß an den Endpunkten der Filterkette in bestimmter Weise Fehlanpassungen vorgenommen werden, zu erzielen ist. Im folgenden wird als ein Maß für den Grad der Fehlanpassung bei den wichtigsten Frequenzen die Größe α eingeführt, nach der diese Korrektionsmethode üblicherweise als „α-Anpassung" bezeichnet wird.

Bei der α-Anpassung verwendet man in der Regel die Grundspiegelimpedanzen der Filterkette. Für ein Tiefpaßfilter haben die Spiegelimpedanzen somit einen Frequenzverlauf wie in Abb. 4.4.1 dargestellt. Die Definition für α ist dabei

$$\alpha = \frac{R}{Z_0} \quad \text{oder} \quad \frac{Z_0}{R}, \quad \text{so daß} \quad \alpha > 1 \tag{4.41.1}$$

$R =$ Resistanz der Belastung

Diese Definition gilt auch für Hochpaß-, Bandpaß- und Bandsperrfilter, die nach Abb. 3.3.4 aus einem Tiefpaßfilter durch eine d-, em- bzw. en-Transformation hergestellt werden können, wobei R und Z_0 und somit auch α durch die Transformation nicht beeinflußt werden.

Für einen großen Wert von α, z. B. $\alpha = 2$, tritt Spiegelanpassung für einen Punkt P (Abb. 4.4.1) in der Nähe der Grenzfrequenz ein. Das bedeutet aber, daß die Übergangsdämpfung zunächst sinkt, wenn man sich der Grenzfrequenz nähert. Die Verlustdämpfung, die statt dessen zunimmt, wird hierdurch korrigiert, so daß die Dämpfung im großen und ganzen innerhalb des Paßbandes konstant wird. Die Methode soll an einem Berechnungsbeispiel erläutert werden.

Bei der Herstellung einer Bandpaßfilterkette mit kleiner relativer Bandbreite durch em-Transformation einer Tiefpaßfilterkette kann man sich mit einem Näherungsausdruck der em-Funktion begnügen. Nach Tab. 3.21.1 ist

$$\omega_I\, e\, m = \omega \left[1 - \left(\frac{\omega_I}{\omega} \right)^2 \right] = \omega \left[1 + \frac{\omega_I}{\omega} \right] \left[1 - \frac{\omega_I}{\omega} \right]$$

Da man in diesem Zusammenhang nur die Winkelfrequenzen innerhalb des Paßbandes des Bandpaßfilters zu berücksichtigen hat, kann man nun

$$\left. \begin{aligned} \omega_I\, e\, m &\approx 2\left[\omega - \omega_I \right] \\ \omega &\approx \omega_I \end{aligned} \right\} \tag{4.41.2}$$

setzen. Besteht das Originalnetz aus einer Filterkette aus n Grund-Tiefpaßhalbgliedern nach Abb. 4.1.1 oben, so wird sein Spiegelwinkel nach Gl. (2.64.1)

$$B = n \arcsin \frac{\omega}{\omega_2}$$

Nach Gl. (4.41.2) erhält man folglich für das Bandpaßfilter

$$B \approx n \arcsin x, \quad \frac{dB}{d\omega} \approx \frac{2n}{\omega_2 \sqrt{1 - x^2}}, \quad x = 2\frac{\omega - \omega_I}{\omega_2} \tag{4.41.3}$$

Mit Gl. (3.72.2) ist somit die Verlustdämpfung des Bandpaßfilters

$$A_u \approx \frac{\omega_{\mathrm{I}}}{\omega_2} \frac{(\varepsilon + \delta)\, n}{\sqrt{1 - x^2}} \qquad\qquad (4.41.4)$$

ε Verlustwinkel der Spulen

δ Verlustwinkel der Kondensatoren

Da sich ω innerhalb des Paßbandes des Bandpaßfilters nur unbedeutend ändert, können ε und δ als frequenzunabhängige Konstanten betrachtet werden.

Der Einfachheit halber sei angenommen, daß α an den beiden Polpaaren der Filterkette den gleichen Wert hat. Der Beitrag der Übergangsdämpfungen zur Betriebsdämpfung innerhalb des Paßbandes wird dann nach den Gl. (2.42.6) und (4.41.1)

$$2\,A_t = 2\ln \frac{1}{2} \left[\sqrt{\alpha \sqrt{1 - x^2}} + \frac{1}{\sqrt{\alpha \sqrt{1 - x^2}}} \right] \qquad (4.41.5)$$

Die Rückwirkungsdämpfung liefert einen Beitrag, der durch Gl. (2.42.7) bestimmt werden kann; sie ergibt sich unter Berücksichtigung von Gl. (4.41.1) zu:

$$A_{ri} \approx - \left[\frac{\alpha \sqrt{1 - x^2} - 1}{\alpha \sqrt{1 - x^2} + 1} \right]^2 e^{-2 A_u} \cos\left[2n \arcsin x \right] \qquad (4.41.6)$$

Die totale Betriebsdämpfung wird folglich

$$A_d = A_u + 2\,A_t + A_{ri} \qquad (4.41.7)$$

Berechnet man die Betriebsdämpfung innerhalb des Paßbandes des Bandpaßfilters an Hand der Gl. (4.41.3) bis (4.41.7) für nachstehende Zahlenwerte

$$\frac{\omega_{\mathrm{I}}}{\omega_2} = 10; \quad n = 6; \quad \varepsilon + \delta = 0,01;$$

$$\alpha = 1 \quad \text{und} \quad 2$$

so erhält man die in Abb. 4.4.2 dargestellten Betriebsdämpfungskurven. Die Abbildung bestätigt zugleich, daß man bei Vergrößerung des Wertes von α eine konstantere Betriebsdämpfung innerhalb des Paßbandes erhält.

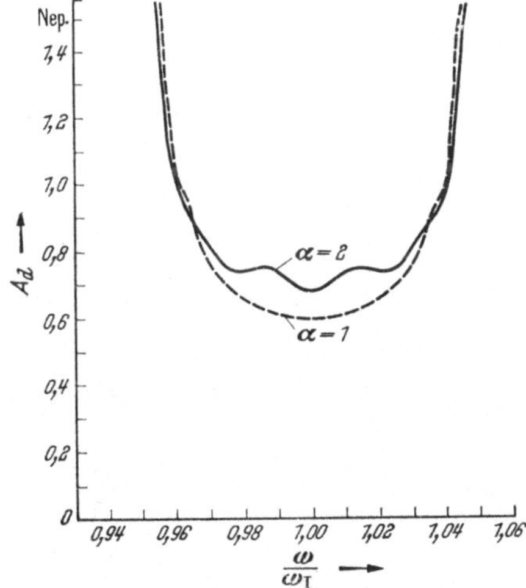

Abb. 4.4.2.
Betriebsdämpfungskurven für ein Bandpaßfilter mit Fehlanpassung innerhalb des Paßbandes.

Dagegen tritt im Verlauf der Betriebsdämpfungskurve eine gewisse Welligkeit mit zunehmendem α auf, die von der Rückwirkungsdämpfung herrührt, die jedoch nach Gl. (4.41.6) mit zunehmender Verlustdämpfung A_u immer kleiner wird.

Die α-Anpassung eignet sich offensichtlich besonders für Filter mit großen Verlustdämpfungen, und man kann in diesem Falle bei der Beurteilung ihres Einflusses auf die Betriebsdämpfungskurve von der Rückwirkungsdämpfung absehen.

Die α-Anpassung wird oft nur an dem einen Polpaar des Filters vorgenommen. Nach Gl. (2.47.3) verschwindet dann die Rückwirkungsdämpfung und die eine Übergangsdämpfung, wodurch sich die Berechnungen der Betriebsdämpfungskurve vereinfachen. (Vgl. Lit. 9.35.)

4.42. Approximative Spiegelanpassung.

Lit. 9.2010 und 9.411.

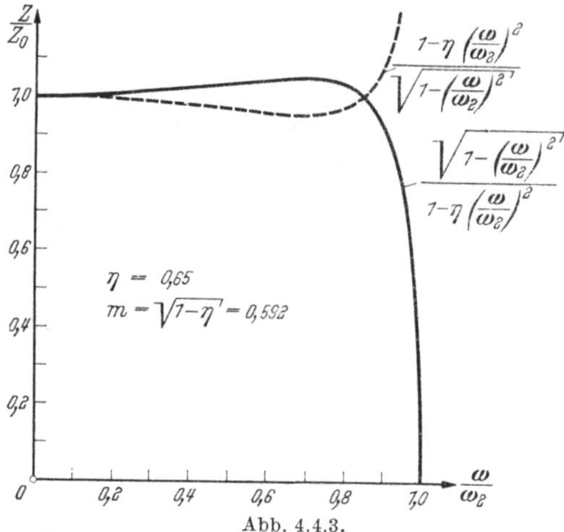

Abb. 4.4.3.
Einfach m-abgeleitete Spiegelimpedanzen Z_{n2}/P_{21} und $P_{21}Z_{u2}$ mit guter Anpassung an eine Resistanz.

Im allgemeinen wird man bestrebt sein, zwischen einer Filterkette und ihrem Belastungswiderstand möglichst eine Spiegelanpassung für sämtliche Frequenzen innerhalb des wirksamen Paßbandes des Filters zu erzielen. In diesem Abschnitt soll nun gezeigt werden, daß man diese Aufgabe dadurch approximativ lösen kann, daß man der Filterkette abgeleitete Spiegelimpedanzen mit passend gewählten Spitzenwinkelfrequenzen gibt.

Abb. 4.4.3 zeigt Kurven von sogenannten einfach m-abgeleiteten Spiegelimpedanzen Z_{n2}/P_{21} und $P_{21}Z_{u2}$ für ein Tiefpaßfilter, wobei

$$\text{oder entsprechend} \qquad \eta = \left(\frac{\omega_2}{\omega_{21}}\right)^2 = 0{,}65 \qquad (4.42.1)$$

$$m = \sqrt{1-\eta} = 0{,}592 \qquad (4.42.2)$$

ist. Werden diese Spiegelimpedanzen zum Belastungswiderstand

$$R = Z_0 \qquad (4.42.3)$$

angepaßt, so macht der Unterschied zwischen den Spiegelimpedanzen und den Belastungsresistanzen innerhalb des wirksamen Paßbandes $\omega = 0$ bis $0{,}88\,\omega_2$ höchstens 5% aus, wie Abb. 4.4.3 zeigt. Nach Gl. (2.42.6) wird daher der Beitrag der Übergangsdämpfungen zur Betriebsdämpfung höchstens

$$2\ln\frac{1{,}05 + 1}{2\sqrt{1{,}05\cdot 1}} = 0{,}0006\ \text{Neper}$$

und nach Gl. (2.42.7) wird der Beitrag der Rückwirkungsdämpfung höchstens

$$\left(\frac{1{,}05 - 1}{1{,}05 + 1}\right)^2 = 0{,}0006\ \text{Neper}$$

Diese beiden Beiträge sind praktisch genommen vernachlässigbar. *Bei einer approximativen Spiegelanpassung mit m-abgeleiteten Spiegelimpedanzen wird somit die Betriebsdämpfung des Filters innerhalb des wirksamen Paßbandes gleich seiner Verlustdämpfung.*

Die einfachsten Filter mit m-abgeleiteten Spiegelimpedanzen an beiden Polpaaren sind die beiden dreiarmigen Halbglieder in Abb. 4.3.2 Mitte. An nächster Stelle kommen das vierarmige Vollglied nach Abb. 4.3.3 Mitte und die Spiegelkopplung von zwei m-abgeleiteten Halbgliedern. Um m-abgeleitete Spiegelimpedanzen bei längeren Filterketten zu erhalten, schließt man sie zweckmäßigerweise mit abgeleiteten Halbgliedern nach Abb. 4.1.1 Mitte bzw. unten ab, so daß die m-abgeleitete Spiegelimpedanz nach außen gewandt wird, wie dies beispielsweise in Abb. 4.2.1 oben gezeigt ist.

Die Bedingungen für approximative Spiegelanpassung für ein Tiefpaßfilter in den Gl. (4.42.1) und (4.42.2) sind leicht mit Hilfe einer d-, em- bzw. en-Transformation auf ein Hochpaß-, Bandpaß- und Bandsperrfilter zu übertragen, da diese Transformationen die Güte der approximativen Spiegelanpassung nicht beeinflussen.

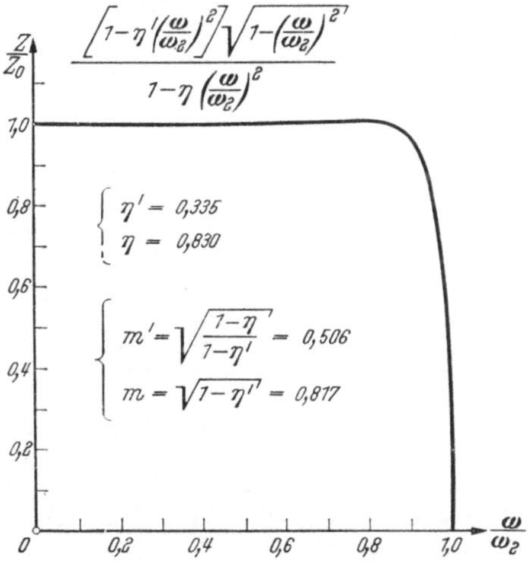

4.43.
Besonders gute Approximation der Spiegelanpassung.
Lit. 9.2010 und 9.414.

Abb. 4.4.4. Doppelt m-abgeleitete Spiegelimpedanz $Z_{n2}P_{23}/P_{21}$ mit praktisch genauer Anpassung an eine Resistanz.

Gibt man der Filterkette sogenannte doppelt m-abgeleitete Spiegelimpedanzen

$$\frac{P_{23}}{P_{21}}Z_{n2} \quad \text{oder} \quad \frac{P_{21}}{P_{23}}Z_{u2}$$

mit geeignet gewählten Spitzenwinkelfrequenzen, so kann ihre Spiegelanpassung an den Belastungswiderstand mit erheblich besserer Appro-
ximation ausgeführt werden, als dies in Abschnitt 4.42 der Fall war.

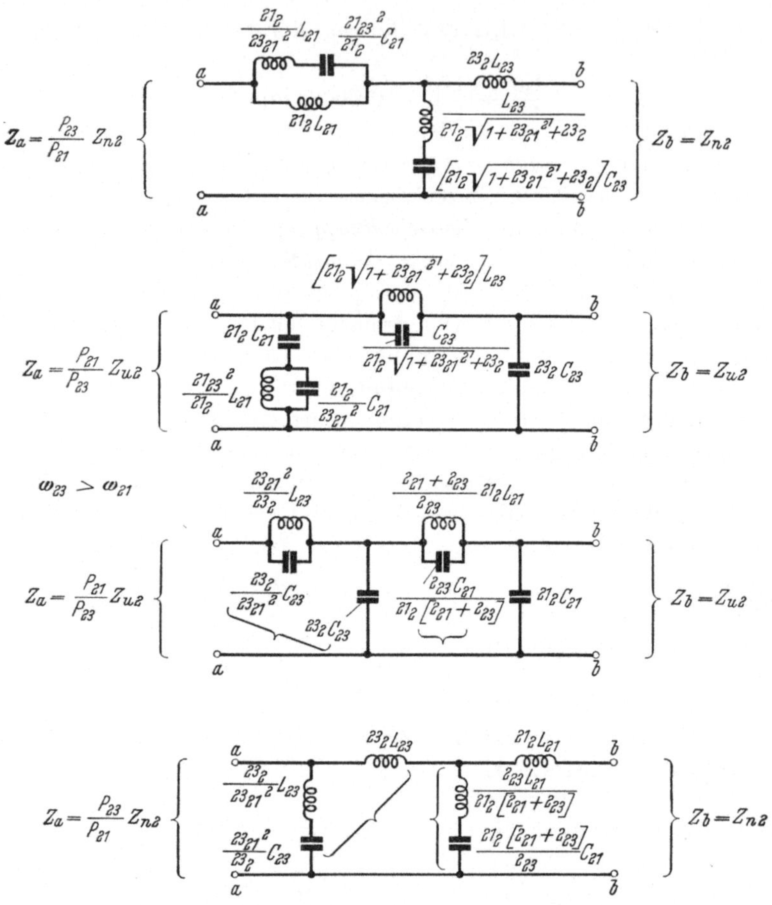

Abb. 4.4.5. Filtervierpolnetze für Feinanpassung.

Dies wird durch die Spiegelimpedanzkurve in Abb. 4.4.4 veranschaulicht, für die

$$\eta' = \left(\frac{\omega_2}{\omega_{23}}\right)^2 = 0{,}335, \quad \eta = \left(\frac{\omega_2}{\omega_{21}}\right)^2 = 0{,}830 \qquad (4.43.1)$$

und entsprechend

$$m' = \sqrt{\frac{1-\eta}{1-\eta'}} = 0{,}506, \quad m = \sqrt{1-\eta'} = 0{,}817 \qquad (4.43.2)$$

sind.

Doppelt m-abgeleitete Spiegelimpedanzen kann man mit den ZOBEL-Gliedern nach Abb. 4.3.4 oder den dreiarmigen Halbgliedern nach Abb. 4.3.5 erhalten. Werden diese mit abgeleiteten Halbgliedern nach Abb. 4.1.1 Mitte oder unten spiegelgekoppelt, so ergeben sich die in Abb. 4.4.5 gezeigten Vierpolnetze, die eine Feinanpassung von Tiefpaßfilterketten ermöglichen.

Vierpolnetze zur Feinanpassung von Hochpaß-, Bandpaß- und Bandsperrfilterketten erhält man mittels d-, em- bzw. en-Transformation der Vierpolnetze in Abb. 4.4.5.

4.44. Die Betriebsdämpfung innerhalb des Sperrbandes.
Lit. 9.2021 und 9.28.

Es ist unter allen Umständen unmöglich, eine einzelne Filterkette innerhalb ihres Sperrbandes an einen Belastungswiderstand spiegelanzupassen. Aus diesem Grunde treten an den Endpunkten des Filters starke Reflexionen auf, die auf die Betriebsdämpfung im Sperrbande einwirken.

Innerhalb des wirksamen Sperrbandes ist die Spiegeldämpfung so groß, daß die Rückwirkungsdämpfung entsprechend den Gl. (2.45.2) und (2.47.3) als verschwindend klein angesehen werden kann. Ferner sind die Spiegelimpedanzen des Filters praktisch genommen rein imaginär, und nach Gl. (2.42.6) wird da die Übergangsdämpfung

$$A_t = \ln \frac{1}{2} \left| \sqrt{\frac{\pm j\,|Z|}{R}} + \sqrt{\frac{R}{\pm j\,|Z|}} \right|$$

oder

$$A_t = \frac{1}{2} \ln \frac{1}{4} \left[\frac{|Z|}{R} + \frac{R}{|Z|} \right] \tag{4.44.1}$$

Z Spiegelimpedanz des Filters. — R Belastungsresistanz.

Für
ist
$$\left. \begin{aligned} |Z| &= R \\ A_t &= -\,0{,}3466 = \text{Minimum} \end{aligned} \right\} \tag{4.44.2}$$

Im ungünstigsten Falle wird somit die Betriebsdämpfung kleiner als die Spiegeldämpfung. Bei Umschreibung einer vorgegebenen Dämpfung mit einer Spiegeldämpfung, wie in Abb. 3.5.8, müssen daher die Übergangsdämpfungen von Gl. (4.44.1) für beide Polpaare in die gewünschte Dämpfungskurve eingeschlossen werden.

4.45. Genaue Spiegelanpassung.
Lit. 9.2008, 9.2041 und 9.2044.

Es stößt theoretisch auf keinerlei Schwierigkeiten, ein elektrisches Filter (im Gegensatz zur einzelnen Filterkette wie in Abschn. 4.44) so zu konstruieren, daß eine genaue Spiegelanpassung an einen Belastungs-

widerstand sowohl innerhalb des Paß- wie auch des Sperrbandes vorliegt. Man muß jedoch zu diesem Zwecke zwei inverse Filterketten F_1
und F_2 mit der Inversionskonstanten $R/2$ verwenden und diese mit
Differentialtransformatoren oder Differentialdrosseln D und Widerständen R zusammenschalten, wie dies Abb. 4.4.6 oben und unten
schematisch zeigt.

Wird beispielsweise das Polpaar b mit einer Resistanz R oder $R/4$
im Filter Abb. 4.4.6 oben bzw. unten belastet, so sieht man leicht,
daß die beiden Filterketten
F_1 und F_2 als voneinander
unabhängige inverse Impe-
danzen an ihren zum Pol-
paar a hin gelegenen Polpaaren
wirken. Nach Gl. (2.57.2) und
Abb. 2.5.7 wird dabei die Eingangsimpedanz am Polpaar
a gleich R bzw. $R/4$. Wegen
der Symmetrie der Anordnung
müssen diese Resistanzen die
Spiegelimpedanzen des oberen
bzw. unteren Filters sein, die
somit rein resistiv sind und
daher eine Spiegelanpassung
an eine resistive Belastung
ermöglichen.

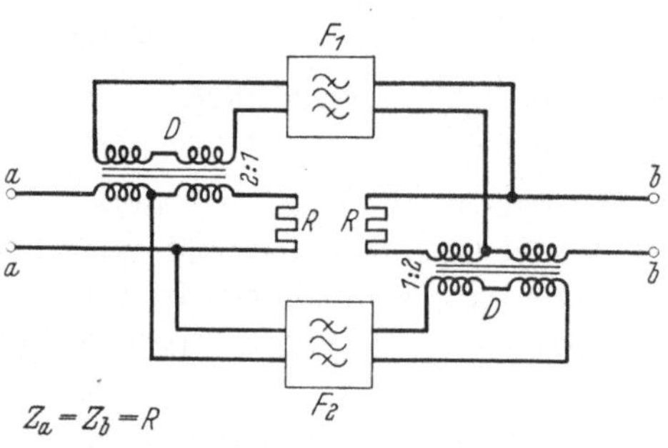

Kommt z. B. eine Strom-
Spannungswelle am Polpaar a
(Abb. 4.4.6) an, so teilt sich
diese in zwei gleiche Teile,
welche sich in je einer Filterkette fortpflanzen, um danach wieder zu verschmelzen

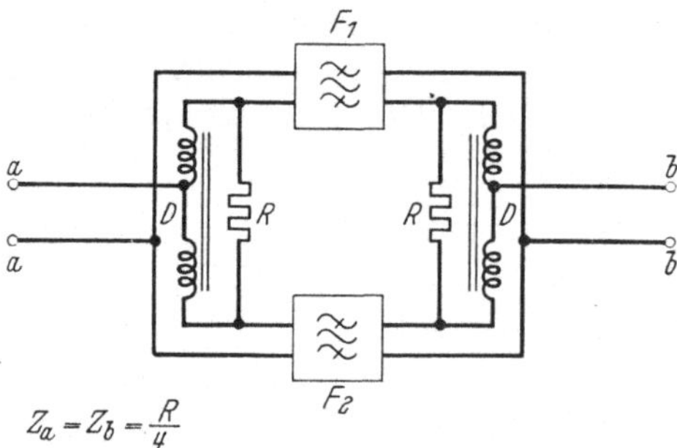

Abb. 4.4.6. Filter für genaue Spiegelanpassung.

und am Polpaar b als eine einzige Strom-Spannungswelle auszu-
treten. Die resultierende Welle ist somit der gleichen Dämpfung wie die
Teilwellen in den Filterketten unterworfen, d. h. die Betriebsdämpfung
des Filters, die gleich seiner Spiegeldämpfung ist, wird gleich der für
jede der beiden Filterketten vorliegenden Betriebsdämpfung.

Die Sperrwirkung einer gewöhnlichen Filterkette beruht hauptsächlich auf der Totalreflexion der gesperrten Frequenzen am Eingangspolpaar. Die Filter in Abb. 4.4.6 dagegen absorbieren infolge
des Widerstandes R die Leistung der gesperrten Frequenzen.

Außer Transformatoren oder Drosseln und Widerständen benötigt
ein Filter für genaue Spiegelanpassung offensichtlich doppelt so

viele Reaktanzelemente wie eine gewöhnliche Filterkette von der gleichen Siebfähigkeit. Dagegen werden die besonderen Reaktanzelemente für die Anpassungsglieder eingespart. Auch kann eine Dämpfungskorrektion durch α-Anpassung ausgeführt werden, was die Einsparung eines Korrektionsgliedes bedeuten kann.

4.5. Korrektionen.

Lit. 9.02, 9.2011 und 9.2023.

4.51. Die Dämpfungskorrektion.

Wenn der Dämpfungsverlauf innerhalb des Paßbandes eines Filters korrigiert werden muß und die α-Anpassung nicht angewendet werden kann, wird das Filter im allgemeinen mit einem Korrektionsglied mit

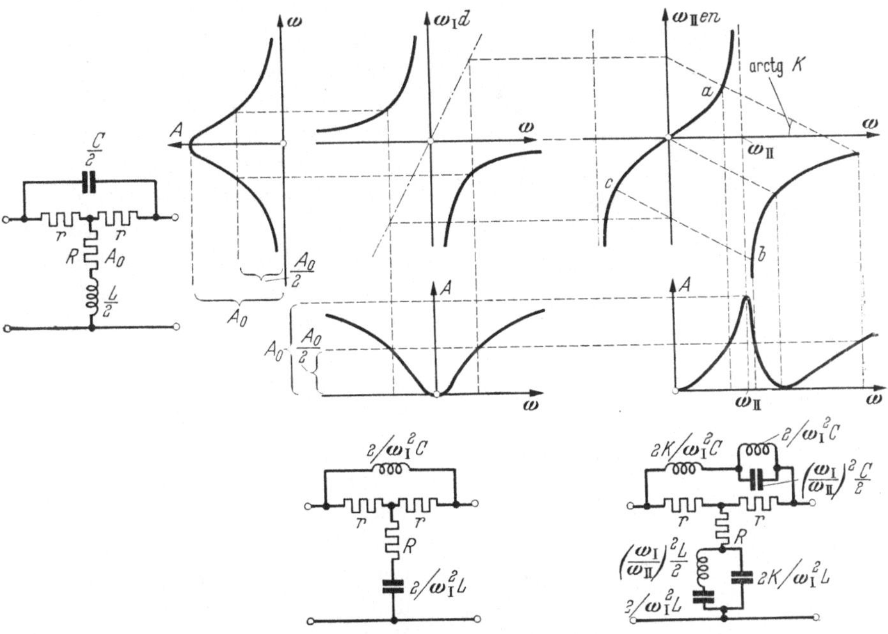

Abb. 4.5.1. Herstellung eines Korrektionsgliedes mit sechs Reaktanzelementen.

komplementärem Dämpfungsverlauf innerhalb des betreffenden Paßbandes in Kaskade geschaltet. In der Regel ist es dabei ohne Bedeutung, wie die Dämpfung des Korrektionsgliedes außerhalb dieses Paßbandes verläuft. Für Tief- und Hochpaßfilter kommen im allgemeinen die in Abb. 3.3.2 gezeigten Arten des Dämpfungsverlaufs in Frage und für

Bandpaßfilter der durch en-em-Transformation erhaltene, in Abb. 3.3.5 dargestellte Verlauf. Wie aus Abb. 3.3.2 und 3.3.5 zu ersehen ist, können derartige Dämpfungen durch ein Korrektionsglied, das aus zwei, vier oder acht Reaktanzelementen besteht, erhalten werden.

Man kann jedoch auch Korrektionsglieder mit sechs Reaktanzelementen herstellen. Solche Glieder geben bisweilen den besten Kompromiß zwischen dem gewünschten Dämpfungsverlauf und der Anzahl der Reaktanzelemente. Abb. 4.5.1 zeigt, wie man ein solches Korrektionsglied durch eine d-$en + Kb$-Transformation herstellt, wobei die Addition von Kb zur en-Kurve mit Hilfe von geneigten Konstruktionsstrahlen ausgeführt wird (siehe das Koordinatensystem in Abb. 4.5.1 oben rechts). Der absolute Wert des Winkelkoeffizienten dieser Konstruktionsstrahlen ist dabei gleich der Summationskonstante K.

Bei der Nachbildung einer vorgegebenen Dämpfungskurve kann man das gleiche Verfahren wie für das Filter in Abb. 3.5.8 anwenden, d. h. die gewünschte Kurve wird rückwärts in das Koordinatensystem des Originalnetzes, wo ihre Nachbildung leichter auszuführen ist, hineintransformiert. Hierbei sind die Forderungen des Symmetrietheorems Gl. (3.22.1) zu beachten. Soll die verlangte Dämpfungskurve z. B. einen „Dämpfungsbuckel" wie in Abb. 4.5.1 unten rechts haben, so muß sein Maximalwert A_0 bei der Transformationswinkelfrequenz ω_{II} liegen. Man zieht nun von den beiden ω_{II} zunächst liegenden $A_0/2$-Werten Konstruktionsstrahlen, die in der Abbildung die en-Kurve in den Punkten a und b schneiden

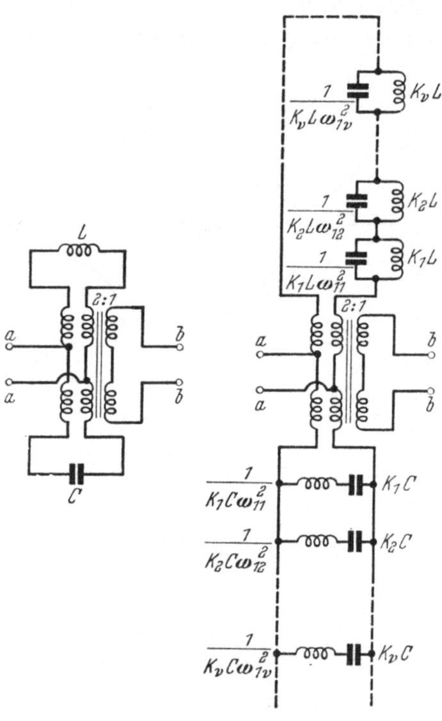

Abb. 4.5.2. Phasenglieder.

und wählt die Summationskonstante K so, daß die $A_0/2$-Werte längs der Ordinatenachse $\omega_{II}en$ den gleichen Abstand vom Koordinatenanfangspunkt erhalten. Dies wird geometrisch in der Weise ausgeführt, daß der zu a symmetrisch liegende Punkt c bestimmt und die Linie c—b gezogen wird, die dann die gesuchte Neigung hat.

4.52. Die Phasenkorrektion.

Lit. 9.2028 und 9.2029.

Mitunter ist es erforderlich, nicht nur die Betriebsdämpfung eines Filters zu korrigieren, sondern auch seinen Betriebswinkel, so daß dieser eine lineare Funktion der Frequenz innerhalb des wirksamen Paßbandes des Filters wird. Zu diesem Zweck wird das Filter mit einem Phasenglied mit komplementärem Spiegelwinkel in Kaskade geschaltet. Stellt man das Phasenglied aus den gleichen Typen von Spulen und Kondensatoren, wie sie das Filter hat, her, so erhält man nach Gl. (3.72.2) gleichzeitig eine Korrektion der Betriebsdämpfung innerhalb des wirksamen Paßbandes des Filters. In diesem Abschnitt soll nun gezeigt werden, wie man ein Phasenglied für eine gegebene Spiegelimpedanz und einen bezüglich der Winkelfrequenz vorgegebenen Verlauf des Spiegelwinkels berechnet.

Abb. 4.5.2 links zeigt schematisch ein einfaches Phasenglied des Differentialgliedtyps, dessen Spiegeleigenschaften nach Gl. (2.63.1) folgende sind:

$$Z = \frac{1}{2}\sqrt{\frac{L}{C}}, \quad A = 0, \quad B = 2\,\mathrm{arctg}\,\frac{\omega}{\omega_{11}'}, \quad \omega_{11}' = \frac{1}{\sqrt{LC}} \qquad (4.52.1)$$

Man beachte die veränderte Bedeutung von L und C. Dieses Phasenglied soll als Originalnetz für eine Direkttransformation mit einer Summe von en-Funktionen dienen:

$$W = \sum_\nu K_\nu\,\omega_{1\nu}\,en_\nu = \sum_\nu \frac{K_\nu\,\omega}{1 - \left(\dfrac{\omega}{\omega_{1\nu}}\right)^2} \qquad (4.52.2)$$

K_ν ν-te Summationskonstante,

$\omega_{1\nu}$ ν-te Transformationswinkelfrequenz.

Man erhält dann das in Abb. 4.5.2 rechts schematisch gezeigte Phasenglied.

Mit den Gl. (4.52.1) und (4.52.2) werden der Spiegelwinkel des direkttransformierten Phasengliedes und seine Ableitung

$$\left.\begin{aligned}
B &= 2\,\mathrm{arc\,tg}\left[\frac{\omega}{\omega_{11}'}\sum_\nu \frac{K_\nu}{1 - \left(\dfrac{\omega}{\omega_{1\nu}}\right)^2}\right] \\[2em]
\frac{dB}{d\omega} &= \tau = \frac{2\,\omega_{11}'}{\omega_{11}'^2 + W^2}\frac{dW}{d\omega} = \frac{2}{\omega_{11}'}\;\frac{\displaystyle\sum_\nu K_\nu \frac{1 + \left(\dfrac{\omega}{\omega_{1\nu}}\right)^2}{\left[1 - \left(\dfrac{\omega}{\omega_{1\nu}}\right)^2\right]^2}}{1 + \left[\dfrac{\omega}{\omega_{11}'}\displaystyle\sum_\nu \frac{K_\nu}{1 - \left(\dfrac{\omega}{\omega_{1\nu}}\right)^2}\right]^2}
\end{aligned}\right\} \qquad (4.52.3)$$

Aus Gl. (4.52.3) ergeben sich unmittelbar die Beziehungen

$$\left.\begin{array}{l} \underset{\omega \to \omega_{1\nu}}{\text{limes}} B = B_\nu = (2\nu - 1)\pi \\[2ex] \underset{\omega \to \omega_{1\nu}}{\text{limes}} \tau = \tau_\nu = \dfrac{4\,\omega'_{11}}{K_\nu\,\omega^2_{1\nu}} \end{array}\right\} \qquad (4.52.4)$$

Aus Gl. (4.52.4) kann das Phasenglied auf eine sehr einfache Weise berechnet werden.

Die Kurve in Abb. 4.5.3 unten soll den geforderten Spiegelwinkel und die Kurve darüber seine Ableitung als Funktion der Winkelfrequenz darstellen. Für die verschiedenen B-Werte in Gl. (4.52.4) erhält man unmittelbar die dazugehörigen $\omega_{1\nu}$- und τ_ν-Werte, wie die Konstruktionsstrahlen in der Abbildung zeigen. Die Summationskonstanten können dann aus Gl. (4.52.4) mit der Formel

$$K_\nu = \frac{4\,\omega'_{11}}{\tau_\nu\,\omega^2_{1\nu}} \qquad (4.52.5)$$

berechnet werden, wobei ω'_{11} eine beliebig gewählte Winkelfrequenz ist. Damit sind alle Freiheitsgrade festgelegt, und das Phasenglied kann nunmehr mit Hilfe der in Abbildung 4.5.2 rechts angegebenen Dimensionierungsausdrücke berechnet werden.

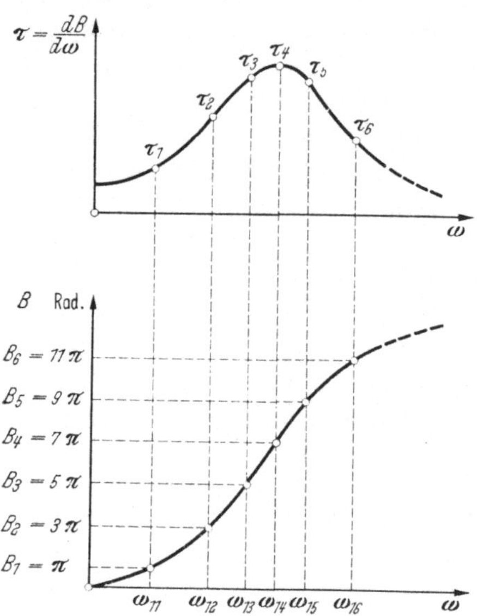

Abb. 4.5.3. Phasenwinkelkurve und ihre Ableitung.

Im allgemeinen sind für das Phasenglied die Spiegelimpedanz Z, die Ableitung τ_ν und die Transformationswinkelfrequenzen $\omega_{1\nu}$ gegeben, und man erhält dann aus den Gl. (4.52.1) und (4.52.5) die Dimensionierungsausdrücke in Abb. 4.5.2 links:

$$\left.\begin{array}{ll} K_\nu L = \dfrac{8Z}{\tau_\nu\,\omega^2_{1\nu}}, & \dfrac{1}{K_\nu L\,\omega^2_{1\nu}} = \dfrac{\tau_\nu}{8Z} \\[2ex] K_\nu C = \dfrac{2}{\tau_\nu\,\omega^2_{1\nu}\,Z}, & \dfrac{1}{K_\nu C\,\omega^2_{1\nu}} = \dfrac{\tau_\nu\,Z}{2} \end{array}\right\} \qquad (4\,52.6)$$

Es werden somit vier Reaktanzelemente lediglich durch Z und einen Punkt auf der Ableitungskurve bestimmt.

Bei flüchtiger Betrachtung könnte man sich darüber wundern, daß man die Ordinate und Ableitung für bestimmte Punkte der Spiegelwinkelkurve beliebig wählen kann, allerdings mit der Einschränkung, daß die Ableitung stets positiv sein muß. Dies beruht aber darauf, daß die Spiegelwinkelkurve einen wellenförmigen Verlauf besitzen kann.

Eine wellenfreie Spiegelwinkelkurve erhält man dann, wenn die geforderten Kurven in der nachstehenden Form geschrieben werden können:

$$\left.\begin{aligned} B &= 2 \sum_{\nu} \operatorname{arc\,tg} \frac{\omega}{\omega'_{1\,\nu}} + n\,\pi \\ \tau &= 2 \sum_{\nu} \frac{\omega'_{1\,\nu}}{\omega'^{\,2}_{1\,\nu} + \omega^2} \end{aligned}\right\} \tag{4.52.7}$$

$\omega'_{1\,\nu}$ ν-te Eigenschaftswinkelfrequenz,
n positive oder negative ganze Zahl.

4.6. Frequenzweichen.

Lit. 9.04.

4.61. Parallelschaltung von Bandpaßfiltern.

Lit. 9.031 und 9.26.

Im einfachsten Falle ist eine Frequenzweiche ein sechspoliges Impedanznetz, wie dies in Abb. 4.6.1 oben links symbolisch dargestellt ist. Sie wirkt als Tiefpaß-, Hochpaß- oder Bandpaßfilter zwischen den Polpaaren a und b sowie zwischen den Polpaaren a und c. Dabei ist aber für Frequenzen innerhalb des Paßbandes, das zum Übertragungswege a—b gehört, der Übertragungsweg a—c gesperrt und umgekehrt. Die am Polpaar a ankommenden Spannungen einer bestimmten Frequenz werden somit entweder zum Polpaar b oder c übertragen. Es kommen jedoch auch Fälle vor, wo die in a ankommende Spannung weder nach b noch nach c übertragen wird. Die Übertragung zwischen den Polpaaren b und c ist in der Regel für sämtliche Frequenzen gesperrt.

Eine Frequenzweiche kann eine beliebige Anzahl von Polpaaren besitzen, wie dies in Abb. 4.6.1 unten links symbolisch angedeutet ist. Analog der obigen sechspoligen Frequenzweiche stehen im allgemeinen Falle die Polpaare b, c, ..., n mit dem Polpaar a durch das betreffende Paßband in Verbindung.

Häufig werden Frequenzweichen in der Weise hergestellt, daß eine beliebige Anzahl von Bandpaßfiltern mit verschiedenen Paßbändern einseitig parallelgeschaltet werden, wie dies Abb. 4.6.1 rechts schematisch zeigt. Hierbei müssen jedoch an den Filterarmen, die den Zusammenschaltungspunkten zunächst liegen, gewisse Änderungen vorgenommen werden, damit die Filter nicht störend aufeinander einwirken und die Übertragungseigenschaften verschlechtern.

Die Eingangsimpedanz eines am Ausgangspolpaar resistiv belasteten Filters wirkt als eine Resistanz innerhalb des Paßbandes und als eine Reaktanz innerhalb des Sperrbandes, was darauf beruht, daß das Filter vom Eingangspolpaar aus betrachtet nur für Frequenzen innerhalb des Paßbandes Energie absorbiert. Wenn die Eingangsimpedanz als Reaktanz wirkt, kann für gewisse Frequenzen innerhalb des Sperrbandes eine Kurzschlußwirkung entstehen, und zwar speziell dann, wenn die Spiegelimpedanz des Filters am Eingangspolpaar m-abgeleitet ist. Falls keine vorbeugenden Maßnahmen bei der Parallelschaltung von Filtern vorgenommen werden, kann es geschehen, daß eines der Filter infolge seiner Eingangsimpedanz an dem gemeinsamen Polpaar als Kurzschluß für Frequenzen innerhalb des Paßbandes eines andern Filters wirkt, so daß auf diese Weise die Übertragungseigenschaften des letzteren gestört werden.

Auch wenn die Filter an den Zusammenschaltungspunkten Grundspiegelimpedanzen haben, wird jedes Filter innerhalb seines Paßbandes durch die andern Filter in Form einer Querreaktanz belastet. Damit diese Reaktanz keine Schädigung der Übertragungseigenschaften des Filters mit sich bringt, müssen die benachbarten Filterarme so umgebildet werden, daß die betreffende Reaktanz als Querarm die Filterwirkung unterstützt. Da solche Umbildungen für sämtliche Filter ausgeführt werden müssen, bedingt die Zusammenschaltung ein sukzessives Näherungsverfahren, das nur zu einem mehr oder weniger glücklichen Kompromiß führen kann. Kräftige α-Anpassung am Polpaar a erleichtert das Verfahren. In den folgenden Abschnitten sollen andere Lösungen des Problems gezeigt werden, die vom theoretischen Gesichtspunkt aus befriedigender sind.

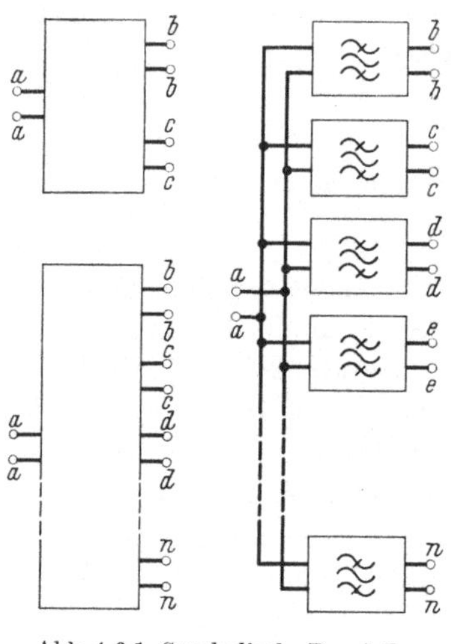

Abb. 4.6.1. Symbolische Darstellung von Frequenzweichen.

4.62. Die Inversweiche.

Lit. 9.062, 9.2041, 9.2044 und 9.37.

Wird im Filter von Abb. 4.4.6 oben der linke Widerstand R durch ein Polpaar c ersetzt, so erhält man eine Frequenzweiche, die an sämtlichen Polpaaren a, b und c an Widerstände spiegelangepaßt werden kann. Die Frequenzen, die von den Filtern F_1 und F_2 gesperrt werden, treten nämlich am Polpaar c auf. Diese Frequenzweiche wird im folgenden „Inversweiche" genannt, weil sie aus zwei zueinander inversen Filtern besteht.

Abb. 4.6.2 oben zeigt schematisch eine ausbalancierte Inversweiche, die aus zwei Grundbandpaßhalbgliedern besteht. Wie man sieht, sind die Differentialtransformatoren mit den Filterspulen in den Querarmen kombiniert worden, so daß die Inversweiche nur aus vier Spulen und sechs Kondensatoren besteht. Um eine gute Weichenwirkung zu erzielen, ist in diesem Fall α-Anpassung vorzunehmen.

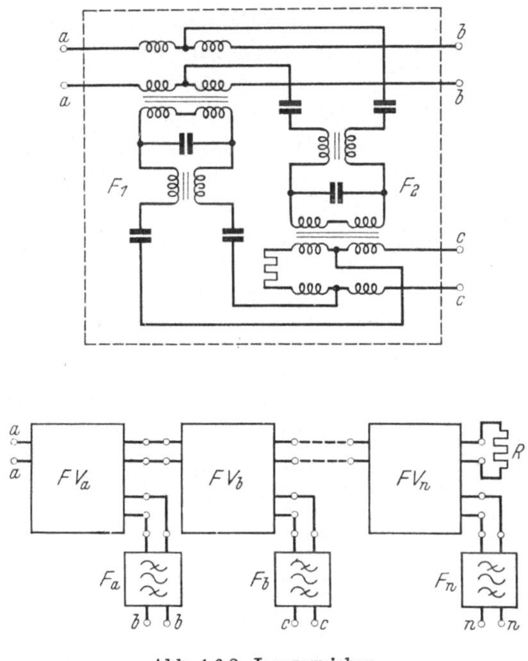

Abb. 4.6.2. Inversweichen.

Abb. 4.6.2 unten zeigt schematisch, wie eine Inversweiche mit einer beliebigen Anzahl von Polpaaren aus sechspoligen Inversweichen $FV_a, FV_b, \ldots, FV_n$ zusammengesetzt wird. Die Selektivität der Inversweiche kann durch Hinzuschaltung von Bandpaßfiltern $F_a, F_b, \ldots, F_n$ mit gleichem Paßband wie die entsprechenden Filter in den sechspoligen Inversweichen $FV_a, FV_b, \ldots$ bzw. FV_n verbessert werden. Die Spiegelimpedanzen der hinzugeschalteten Filter sollen dabei m-abgeleitet sein, um eine approximative Spiegelanpassung zu erzielen, so daß die Inversweiche annähernd unter idealen Belastungsverhältnissen arbeitet. Allerdings ist es unmöglich, eine Spiegelanpassung innerhalb der Sperrbänder der Filter zu erreichen, jedoch kann man damit rechnen, daß die Sperrdämpfung in den sechspoligen Inversweichen so groß ist, daß die auftretenden Reflexionen keine Störungen mehr zwischen den verschiedenen Übertragungswegen verursachen.

4.63. Die Interferenzweiche.
Lit. 9.2020, 9.2050 und 9.2051.

Man kann auch aus Phasengliedern Frequenzweichen herstellen, welche an sämtlichen Polpaaren an Widerstände spiegelangepaßt

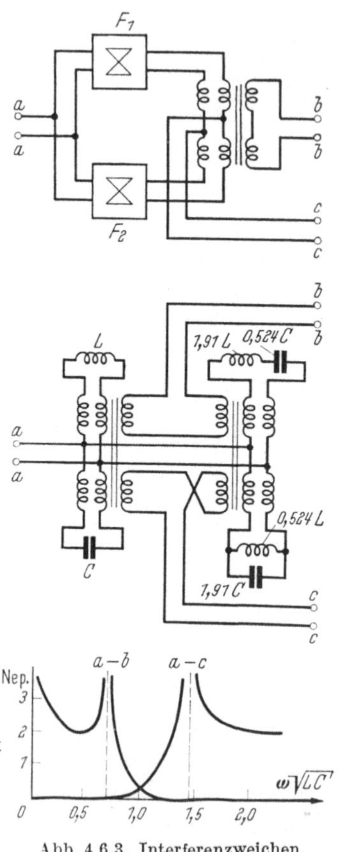

Abb. 4.6.3. Interferenzweichen.

werden können. Abb. 4.6.3 oben zeigt das Prinzip einer derartigen Frequenzweiche mit drei Polpaaren a, b und c. Sie besteht aus zwei Phasengliedern F_1 und F_2 (die wiederum jedes für sich aus mehreren spiegelgekoppelten Phasengliedern bestehen können) mit gleichen Spiegelimpedanzen. Diese Phasenglieder sind auf der einen Seite zum Polpaar a parallelgeschaltet und auf der andern Seite mit den Polpaaren b und c über einen Differentialtransformator verbunden. Die Frequenztrennung erfolgt zwischen Frequenzbändern, für die der Spiegelwinkelunterschied der Phasenglieder praktisch genommen

$$2n\pi \quad \text{und}$$
$$(1 + 2m)\pi$$
$$\left.\begin{array}{l} n \\ m \end{array}\right\} = 0 \text{ oder ganze Zahl}$$

ist. $\hspace{3cm}$ (4.63.1)

Kommt nämlich eine Strom-Spannungswelle am Polpaar a an, so teilt sie sich in zwei gleiche Hälften, von denen jede je eines der beiden Phasenglieder F_1 und F_2 passiert. In den beiden Fällen der Gl. (4.63.1) verschmelzen die beiden Teilwellen an der Ausgangsseite zu einer einzigen, die in dem einen Fall am Polpaar b und im andern am Polpaar c austritt. Der Weichenvorgang beruht offensichtlich auf einer Interferenzwirkung zwischen den beiden Teilwellen, und deshalb wird eine derartige Frequenzweiche „Interferenzweiche" genannt.

Abb. 4.6.3 Mitte zeigt schematisch eine Interferenzweiche, deren Phasenglieder vom Differentialgliedtyp sind. Hierbei kann der Differentialtransformator in der Interferenzweiche in Abb. 4.6.3 oben durch speziell zusammengeschaltete Windungen der Differentialtransformatoren der Glieder ersetzt werden, wie dies Abb. 4.6.3 Mitte schematisch zeigt. Für die in Abb. 4.6.3 Mitte angegebene Dimensionierung erhält man den in Abb. 4.6.3 unten gezeigten Dämpfungsverlauf für die Übertragungswege a—b und a—c.

Das in Abb. 4.6.2 unten angegebene Prinzip, aus sechspoligen Inversweichen Frequenzweichen mit einer beliebigen Anzahl von Polpaaren herzustellen, ist natürlich in gleicher Weise für Interferenzweichen anwendbar.

4.64. Die Multipelinterferenzweiche.

Lit. 9.2020 und 9.2052.

Wird der Dämpfungsverlauf nach Abb. 4.6.3 unten mit der Frequenzfunktion

$$W = \frac{1}{\sqrt{LC}}\,\mathrm{tg}\,2\,\omega\,\sqrt{LC} \tag{4.64.1}$$

direkttransformiert, so erhält man einen periodischen Dämpfungsverlauf wie in Abb. 4.6.4 unten. Die Frequenzfunktion Gl. (4.64.1) kann nach Gl. (1.72.4) auch wie folgt geschrieben werden:

$$\left.\begin{aligned}
W &= \sum_{v=1,3,5\ldots}^{\infty}{}' K_v \frac{\dfrac{\omega}{\omega_v}}{1 - \left(\dfrac{\omega}{\omega_v}\right)^2} \\[2ex]
K_v &= \frac{4}{v\,\pi} \\[2ex]
\omega_v &= \frac{v\,\pi}{4\sqrt{LC}} = 2\,\pi\,f_v
\end{aligned}\right\} \tag{4.64.2}$$

d. h. als eine unendliche Summe von $e\,n$-Funktionen. Nach Abschnitt 3.26 erhält die direkttransformierte Interferenzweiche folglich den Aufbau und die Dimensionierung, wie sie schematisch in Abb. 4.6.4 oben gezeigt ist. Die neben den Parallel- und Serienresonanzkreisen angegebene Bezeichnung f_v bedeutet die Resonanzfrequenz der betreffenden Kreise nach Gl. (4.64.2).

Für eine begrenzte Anzahl von Resonanzkreisen erhält man einen annähernd periodischen Verlauf innerhalb eines beschränkten Frequenzbereiches. Die Annäherung kann noch verbessert werden durch Einführung einiger zusätzlicher Kreise, welche ein Restglied für die in der Reihe Gl. (4.64.2) fehlenden Glieder darstellen. Die Interferenzweiche nach Abb. 4.6.4 leitet folglich bei zunehmender Frequenz die am Polpaar a ankommenden Strom-Spannungswellen periodisch zu dem Polpaar b bzw. c um, weshalb sie „Multipelinterferenzweiche" genannt wird.

Die zum gleichen Übertragungswege a—b oder a—c (Abb. 4.6.4) gehörenden Paßbänder können voneinander durch zu b bzw. c parallel-

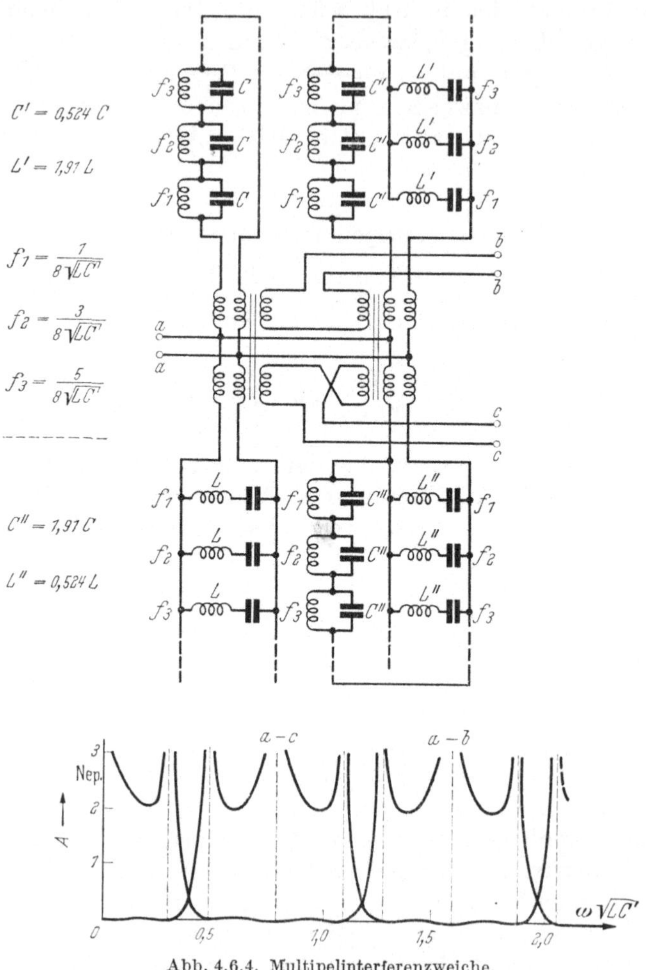

Abb. 4.6.4. Multipelinterferenzweiche.

geschaltete Bandpaßfilter getrennt werden. Die Durchführung der Parallelschaltung wird in diesem Falle dadurch erheblich erleichtert, daß die Paßbänder der parallelgeschalteten Filter relativ große Abstände voneinander haben. Mit einer „Multipelinterferenzweiche" kann man somit das Parallelschalten von Bandpaßfiltern erleichtern. Hierbei ist noch besonders hervorzuheben, daß die Weiche selbst erheblich zu den Filterdämpfungen beiträgt, so daß man sagen kann, daß sie sich damit im großen ganzen selbst bezahlt macht. Jeder aus drei Spitzen bestehende Dämpfungsvorgang liefert Beiträge zu zwei Bandpaßfiltern und erfordert dadurch weniger als eine Spule und einen Kondensator pro Dämpfungsspitze.

4.7. Selektive Umschaltungen.

4.71. Selektiver Kurzschluß.

Lit. 9.2009 und 9.2042.

In diesem Abschnitt soll eine Filteranordnung beschrieben werden, die es ermöglicht, eine Leitungsverbindung nur für Frequenzen

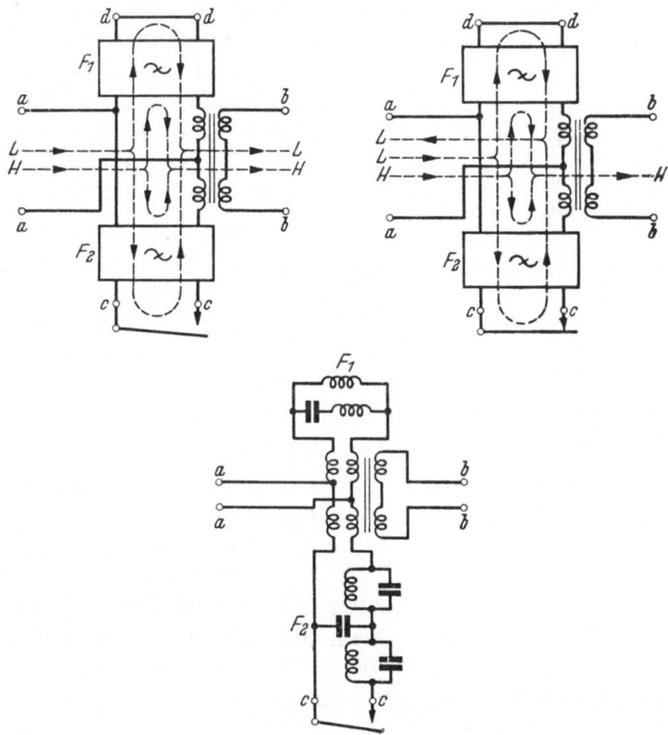

Abb. 4.7.1. Filter für selektiven Kurzschluß.

innerhalb eines bestimmten Frequenzbandes kurzzuschließen, während außerhalb liegende Frequenzen davon unberührt bleiben. Der Aufbau der Anordnung und ihre Wirkungsweise wird durch Abb. 4.7.1 oben veranschaulicht. Sie besteht aus einem in die Leitungsverbindung eingefügten Differentialglied mit den Polpaaren a und b. Die Arme des Differentialgliedes werden aus zwei inversen Filtern F_1 und F_2 gebildet, deren Spiegelimpedanzen an den Polpaaren zum Differentialtransformator hin so m-abgeleitet sind, daß sie praktisch genommen innerhalb des wirksamen Paßbandes der Filter gleich sind. Das freie Polpaar d des Filters F_1 ist kurzgeschlossen. Das freie Polpaar c des Filters F_2 kann mittels eines Umschalters unterbrochen oder kurzgeschlossen werden, wie dies Abb. 4.7.1 oben links bzw. rechts zeigt.

Kommt eine Strom-Spannungswelle L von einer Frequenz innerhalb des Paßbandes der Filter am Polpaar a an, so teilt sie sich in zwei gleiche Hälften, von denen jede durch je ein Filter F_1 bzw. F_2 geht. An den freien Polpaaren der Filter erfolgt Totalreflexion und die zurückkehrenden Wellen verschmelzen zu einer, die, je nachdem, ob das Polpaar c kurzgeschlossen oder unterbrochen ist, am Polpaar a oder b austritt. Im ersteren Falle sind nämlich die zurückkehrenden Wellen in Phase, während sie im letzteren Falle um π gegeneinander verschoben sind.

Kommt eine Strom-Spannungswelle H von einer Frequenz innerhalb des Sperrbandes der Filter am Polpaar a an, so wird diese bereits an den Eingangsseiten der Filter totalreflektiert und pflanzt sich danach zum Polpaar b fort, unabhängig von der Stellung des Umschalters am Polpaar c. Kurzschluß des Polpaares c bedeutet somit einen Kurzschluß für Frequenzen innerhalb des Paßbandes der Filter, jedoch nicht innerhalb ihres Sperrbandes.

Abb. 4.7.1 unten zeigt schematisch eine Ausführungsform einer Anordnung mit Tiefpaßfiltern. Durch Kurzschließen des freien Polpaares des Filters F_1 wird der durch das Filter dargestellte Gliedarm wesentlich vereinfacht.

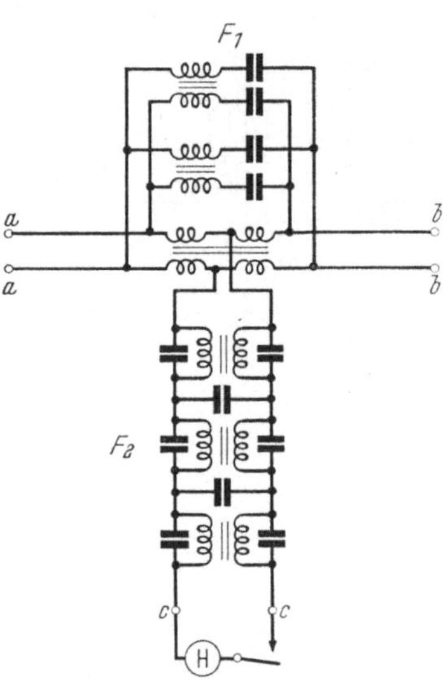

Abb. 4.7.2.
Filter für selektive Abzapfung.

4.72. Selektive Abzapfung.

Lit. 9.2032 und 9.2053.

Wird in Serie mit dem an das Polpaar c angeschlossenen Umschalter in der Filteranordnung nach Abb. 4.7.1 ein Empfangsorgan, das hochresistiv ist, eingeschaltet, so kann man in diesem offensichtlich Frequenzen L, die innerhalb des Paßbandes der Filter liegen, abzapfen, während Frequenzen H innerhalb des Sperrbandes unberührt bleiben. Wird das Empfangsorgan entfernt, so werden sämtliche Frequenzen ungedämpft zwischen den Polpaaren a und b hindurchgelassen. Die Filteranordnung ist somit für eine „selektive Abzapfung" anwendbar.

Abb. 4.7.2 zeigt schematisch eine andere Ausführungsform einer Filteranordnung für selektive Abzapfung. An Stelle eines Differentialgliedes wird hier ein ausbalanciertes T-Differentialglied angewendet, dessen Arme aus den Tiefpaßfiltern F_1 und F_2 bestehen, wobei das erstere durch Kurzschluß des freien Polpaares umgebildet und vereinfacht ist. H in Abb. 4.7.2 ist das hochresistive Empfangsorgan.

5. Leitungen als Vierpolnetze.
5.1. Die Primärkonstanten.
5.11 Verschiedene Leitungstypen.

Für Signalübertragungen schaltet man gewöhnlich drei Leitungsverbindungen aus vier parallel geführten Leitungsdrähten mit Hilfe von Transformatoren zusammen, so wie dies Abb. 5.1.1 oben schematisch zeigt. Zwei von diesen Verbindungen, die sogenannten „Stammleitungen" S_I und S_{II}, bestehen dabei aus je zwei Leitungsdrähten, von denen der eine die Hin- und der andere die Rückleitung für die betreffenden Ströme I_{SI} und I_{SII} bildet. Bei der dritten Leitungsverbindung, der sogenannten „Phantomleitung" F, dienen die beiden Leitungsdrähte der Stammleitung S_I als Hinleitung und die beiden Leitungsdrähte der Stammleitung S_{II} als Rückleitung für den Strom I_F. Dies wird dadurch ermöglicht, daß man die Phantomleitung an die Mittenanschlüsse der Leitungsseite der Transformatoren der Stammleitungen, wie es Abb. 5.1.1 oben zeigt, anschließt.

Setzt man voraus, daß die vier Leitungsdrähte elektrisch gleichwertig sind, dann können aus Symmetriegründen keine gegenseitigen Störungen zwischen den drei Leitungsverbindungen auftreten. Diese Voraussetzung ist annähernd dann erfüllt, wenn man die Leitungsdrähte zu einem sogenannten „Adervierer" zusammenwindet, was auf zweierlei Weise geschehen kann.

Nach der einen Art, deren Prinzip in Abb. 5.1.1 Mitte veranschaulicht ist, werden die Leitungsdrähte schraubenartig so verlegt, daß sich in jedem Querschnitt der Leitungsanordnung je ein Draht in jeder Ecke eines Quadrats befindet, wobei die diagonal gegenüberliegenden Leitungsdrähte zur gleichen Stammleitung gehören. Die auf diese Weise erhaltene Leitungsführung wird „Sternvierer" genannt.

Nach der andern Art, deren Prinzip in Abb. 5.1.1 unten veranschaulicht ist, werden zunächst die beiden Drähte jeder Stammleitung für sich zu einer Doppelleitung verseilt, und zwar mit verschiedener Dralllänge. Die beiden so entstandenen „Doppeladern" werden dann untereinander mit einer dritten Drallänge zum Vierer verseilt. Diese Art der Leitungsführung wird „Vierer nach DIESELHORST-MARTIN" genannt.

Für Kabelleitungen ist sowohl der Stern- wie auch der DIESELHORST-MARTIN-Vierer anwendbar. Für Freileitungen dagegen, für die

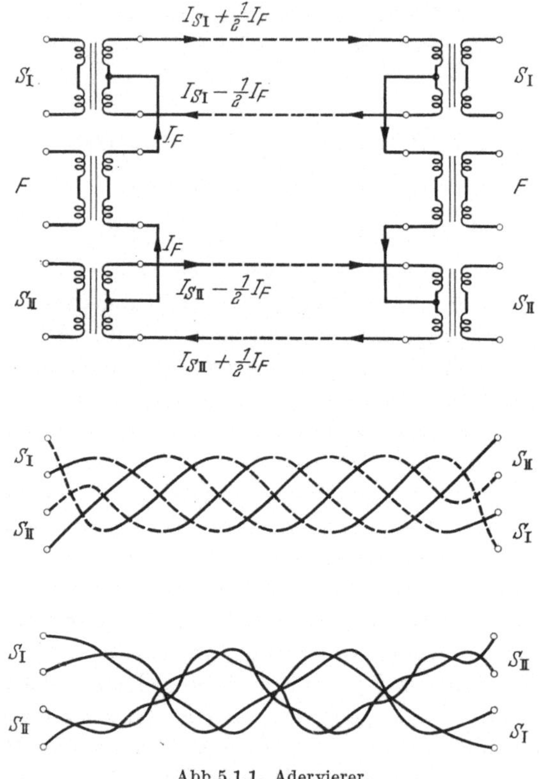

Abb.5.1.1. Adervierer.

praktisch nur nichtisolierte (blanke) Drähte verwendet werden, kommt nur der Sternvierer in Betracht.

Ein Leitungstyp, der sich von den beiden obigen wesentlich unterscheidet, ist die Koaxialleitung, deren Hin- und Rückleitung aus einem Metallrohr und einem in diesem durch isolierende Stützen gehalterten, gut zentrierten Leitungsdraht besteht. Die Koaxialleitung wird nur bei Frequenzen angewendet, die so hoch sind, daß für sie der sogenannte

„Skineffekt" stark ausgeprägt ist. Dies bedeutet, daß der Rohrleiter praktisch genommen längs seiner ganzen äußeren Oberfläche das Potential Null besitzt, weshalb gegenseitige Influenzstörungen mit eventuell in der Nachbarschaft befindlichen Leitungen nicht zu befürchten sind. Eine Koaxialleitung kann somit zusammen mit anderen Leitungen in ein Kabel gelegt werden.

Die Übertragungseigenschaften einer Leitung sind eindeutig außer durch ihre Länge durch die Summe der Längswiderstände und Längsinduktivitäten der Leitungszweige per Kilometer sowie durch die zwischen den Leitungszweigen vorhandenen Querkonduktanzen und Querkapazitäten per Kilometer bestimmt. Diese vier Größen stellen die sogenannten „Primärkonstanten" der Leitung dar, die von der Frequenz abhängig sein können, was insbesondere auf die resistiven zutrifft.

Es sei hier vorweggenommen, daß man in gewissen Fällen die Übertragungseigenschaften der Leitung dadurch verbessern kann, daß man auf künstliche Weise die Induktivität per Kilometer durch die sogenannte „Pupinisierung" vergrößert (s. Abschn. 5.7).

5.12. Längswiderstand.

In der Regel ist der resistive Widerstand der Leitungsdrähte innerhalb des Tonfrequenzgebietes frequenzunabhängig und daher gleich dem Gleichstromwiderstand, welcher leicht zu berechnen ist, wenn man die Dimensionen der Leitungsdrähte und den spezifischen Widerstand des Leitungsmaterials kennt. Von dieser Regel machen jedoch Eisenleitungen und Leitungen mit relativ großem Drahtdurchmesser eine Ausnahme. In diesen wird nämlich der Skineffekt bereits innerhalb des Tonfrequenzgebietes merkbar, wobei der Widerstand mit zunehmender Frequenz steigt. Oberhalb des Tonfrequenzbereiches wird der Skineffekt mit zunehmender Frequenz früher oder später bei sämtlichen Leitungen bemerkbar, d. h., daß dann ihr Widerstand mit der Frequenz wächst.

Bei ausgeprägtem Skineffekt kann der resistive Widerstand einer Leitung annähernd so berechnet werden, daß man annimmt, der Strom wäre innerhalb des Leiterquerschnittes bis zu einer gewissen sogenannten „Eindringtiefe" δ unter der Oberfläche des Leiters gleichmäßig verteilt. Unterhalb dieser Tiefe wird der Strom als gleich Null angenommen. Nach Gl. (7.34.5) wird dabei die Eindringtiefe

$$\delta \approx \frac{1}{2\pi} \sqrt{\frac{\varrho \cdot 10^7}{f \cdot \mu_r}} \text{ mm} \qquad (5.12.1)$$

f Frequenz in p/sek, μ_r relative Permeabilität.
ϱ spezifischer Widerstand in Ω mm²/m,

Für Kupferleiter z. B. ist

$$\varrho = 0,0178\,\Omega\,\text{mm}^2/\text{m}\,, \qquad \mu_r = 1$$

Nach Gl. 5.12.1 wird dann die Eindringtiefe

$$\delta \approx \frac{67}{\sqrt{f}}\,\text{mm} \tag{5.12.2}$$

Für den Längswiderstand einer Leitung per Kilometer Doppelleitung wird im folgenden die Bezeichnung r gebraucht.

5.13. Querkonduktanz.

Bei blanken Leitungsdrähten wird die Querkonduktanz hauptsächlich durch die bei Feuchtigkeit auf der Isolatorenoberfläche auftretende elektrolytische Leitfähigkeit verursacht und ist daher stark von den Witterungsverhältnissen abhängig. Bei Kabelleitungen dagegen entsteht sie durch dielektrische Verluste in dem zwischen den Leitungsdrähten befindlichen Isolationsmaterial und ist in diesem Falle proportional der Frequenz.

In Abschn. 5.42 wird gezeigt werden, daß die Querkonduktanz bei den in der Praxis gebräuchlichen Leitungstypen nur einen geringen Einfluß auf ihre Übertragungseigenschaften ausübt. Man begeht daher keinen großen Fehler, wenn man bei Berechnungen die Querkonduktanz als konstant und gleich einem geschätzten Durchschnittswert annimmt.

Für die Querkonduktanz einer Leitung per Kilometer wird im folgenden die Bezeichnung g gebraucht.

5.14. Querkapazität und Längsinduktivität.

Bei blanken Leitungsdrähten, und zwar sowohl bei der Stammwie bei der Phantomleitung, wie auch bei der Koaxialleitung kann die Querkapazität aus den Gl. (1.24.1), (1.25.1) bzw. (1.22.1) und die Längsinduktivität aus den Gl. (1.34.1), (1.35.1) bzw. (1.32.1) berechnet werden. Diese Formeln sind in der Tab. 5.14.1 wiedergegeben mit μF per Kilometer bzw. mH per Kilometer als Einheiten. Hierbei gilt für blanke Leitungsdrähte:

$$\left.\begin{array}{l} D \ \text{Diagonalabstand} \\ d \ \text{Drahtdurchmesser} \end{array}\right\} \text{in gleicher Einheit,} \tag{5.14.2}$$

μ_r' mit Rücksicht auf den Skineffekt wirksame relative magnetische Permeabilität des Leitungsmaterials

und für Koaxialleitungen:

$$\left.\begin{array}{l} D \ \text{Innendurchmesser des Außenleiters} \\ d \ \text{Außendurchmesser des Innenleiters} \end{array}\right\} \text{in gleicher Einheit,} \tag{5.14.3}$$

ε_r' mit Rücksicht auf die Verteilung der Isolation wirksame relative Dielektrizitätskonstante im Leiterzwischenraum.

Die Gl. (1.24.1), (1.25.1), (1.34.1) und (1.35.1) gelten jedoch nur unter der Voraussetzung, daß

$$D \gg d \qquad (5.14.4)$$

was in der Regel bei blanken Leitungen erfüllt ist, jedoch nicht bei Kabelleitungen.

Bei Berechnungen der Kapazität der Kabelleitungen benutzt man im allgemeinen empirisch ermittelte logarithmische Formeln mit Erfahrungskonstanten, die noch von verschiedenen Faktoren abhängen. Tab. 5.14.1 gibt die bei papierisolierten Kabelleitungen gewöhnlich vorkommenden Kapazitäten an.

Bei Kabelleitungen ist die Induktivität infolge des geringen Abstandes zwischen den Leitungszweigen sehr klein und von der in Tab. 5.14.1 angegebenen Größenordnung. Bei Erhöhung der Induktivität von Kabelleitungen mittels Pupinisierung oder Krarupisierung dominiert die eingeführte Induktivität über die vorher vorhandene. Daher genügt es im allgemeinen, die Größenordnung der letzteren anzugeben.

Für die Querkapazität und die Längsinduktivität einer Leitung per Kilometer Doppelleitung werden im folgenden die Bezeichnungen c bzw. l gebraucht.

Tabelle 5.14.1.

Leitungstyp		C in μF/km	l in mH/km
Blanke Leitung	Stamm	$\dfrac{1}{36 \ln \dfrac{2D}{d}}$	$\dfrac{1}{10}\left(\mu_r' + 4\ln\dfrac{2D}{d}\right)$
	Phantom	$\dfrac{1}{18 \ln \dfrac{D}{d}}$	$\dfrac{1}{20}\left(\mu_r' + 4\ln\dfrac{D}{d}\right)$
Koaxialkabelleitung		$\dfrac{\varepsilon_r'}{18 \ln \dfrac{D}{d}}$	$\dfrac{1}{5}\ln\dfrac{D}{d}$
Papierisolierte Kabelleitung	Stamm	$0{,}033 - 0{,}038$	Größenordnung 0,5
	Phantom	$0{,}053 - 0{,}065$	

5.15. Anmerkung.

Die Zeit, welche das elektrische und magnetische Feld benötigen, um in einer Leitung von der Länge Δs vom Augenblick der Aufladung bzw. des Stromschlusses an gerechnet den stationären Zustand zu erreichen, ist in der Regel vernachlässigbar klein. Dies bedeutet, daß die berechneten Kapazitäten und Induktivitäten für eine solche Leitung nicht nur für stationäre elektrische bzw. magnetische Felder Gültigkeit haben, sondern auch mit großer Annäherung für Wechselfelder der vorkommenden Frequenzen. Hierbei wird nur vorausgesetzt, daß der Abstand zwischen der Hin- und Rückleitung verschwindend klein im Verhältnis zur Wellenlänge der sich längs der Leitung fortpflanzenden elektromagnetischen Wellen ist.

5.2. Die Sekundärkonstanten.

5.21. Die Leitung als Limes einer Filterkette.

Lit. 9.2022.

Abb. 5.2.1 zeigt schematisch eine Tiefpaßfilterkette, die aus n Grundvollgliedern besteht. Jedes dieser Vollglieder stellt ein Π-Glied dar mit

$$\frac{L}{n} = \text{Induktivität im Längsarm,}$$

$$\frac{C}{2n} = \text{Kapazität in den Querarmen}$$

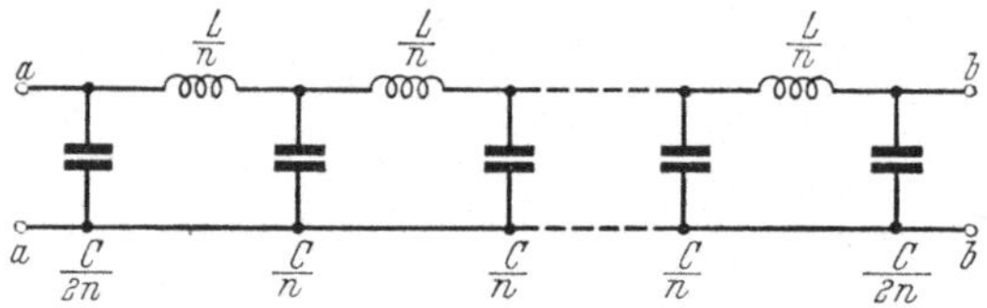

Abb. 5.2.1. Tiefpaßfilterkette aus n Grundvollgliedern.

Die Filterkette hat somit insgesamt eine Induktivität und Kapazität von

$$L \quad \text{bzw.} \quad C \tag{5.21.1}$$

und ihre Spiegeleigenschaften werden gemäß den Gl. (2.36.1), (2.64.1) und (2.64.2)

$$\left. \begin{aligned} \Gamma &= j\,2n \arcsin \omega\, \frac{\sqrt{LC}}{2n} \\ Z_a = Z_b &= \sqrt{\frac{L}{C}}\ \frac{1}{\sqrt{1 - \omega^2\,\dfrac{LC}{4n^2}}} \end{aligned} \right\} \tag{5.21.2}$$

Läßt man nun n gegen Unendlich anwachsen bei konstantem Summenwert für L und C nach Gl. (5.21.1), so nähert sich die Tiefpaßfilterkette einer verlustfreien Leitung, d. h., die Induktivität und Kapazität nähern sich einer homogenen Verflechtung. Macht man nun den Grenzübergang, so geht die Tiefpaßfilterkette der Abb. 5.2.1 in eine verlustfreie Leitung über, deren Spiegeleigenschaften nach Gl.(5.21.2)

$$\Gamma = j\,\omega\,\sqrt{LC}\,, \qquad Z_a = Z_b = \sqrt{\frac{L}{C}} \tag{5.21.3}$$

werden.

Gl. (5.21.3) kann auch folgendermaßen geschrieben werden:

$$\Gamma = j\,\omega\,s\,\sqrt{lc}\,, \qquad Z_a = Z_b = \sqrt{\frac{l}{c}} \tag{5.21.4}$$

l Induktivität per km,
c Kapazität per km,
s Leitungslänge in km.

Eine elektrische Leitung kann somit als ein Vierpolnetz mit unendlich vielen elementaren Netzmaschen angesehen werden und alles, was für allgemeine Vierpolnetze gilt, muß somit auch für elektrische Leitungen gelten.

5.22. Eintransformieren der Leitungsverluste.
Lit. 9.2022.

Die Längsinduktivität l und die Querkapazität c in einer verlustfreien Leitung können mit einem Längswiderstand r bzw. einer Querkonduktanz g kombiniert werden, indem man sie mit Hilfe der komplexen Funktionen Gl. (3.61.2) hineintransformiert:

$$\left. \begin{aligned} W &= \omega\,\sqrt{\left(1 + \frac{r}{j\,\omega\,l}\right)\left(1 + \frac{g}{j\,\omega\,c}\right)} \\ \psi &= \sqrt{\frac{1 + r/\omega\,j\,l}{1 + g/j\,\omega\,c}} \end{aligned} \right\} \tag{5.22.1}$$

r, l, g und c Primärkonstanten der Leitung.

Aus den Gl. (3.62.1) und (5.21.4) erhält man nun die Spiegeleigenschaften der Leitung mit Verlusten:

$$\Gamma = j\,W\,s\,\sqrt{lc} = \gamma\,s\,, \qquad Z_a = Z_b = \psi\,\sqrt{\frac{l}{c}} = Z \tag{5.22.2}$$

und daraus zusammen mit den Ausdrücken in Gl. (5.22.1) die sogenannten „Sekundärkonstanten" der Leitung

$$\gamma = \sqrt{(r + j\,\omega\,l)(g + j\,\omega\,c)}\,, \qquad Z = \sqrt{\frac{r + j\,\omega\,l}{g + j\,\omega\,c}} \tag{5.22.3}$$

Die Übertragungseigenschaften der Leitung sind außer von ihrer Länge s offensichtlich eindeutig abhängig von diesen Sekundärkonstanten, wobei γ „Fortpflanzungskonstante" und Z „Charakteristik" oder „Leitungswellenwiderstand" genannt wird.

Die Fortpflanzungskonstante zerlegt man häufig in ihre Komponenten:

$$\gamma = \alpha + j\,\beta \qquad\qquad (5.22.4.)$$

α „Dämpfungskonstante" oder „Dämpfungsmaß",
β „Wellenkonstante" oder „Winkelmaß".

5.23. Die Grundgleichungen der Leitung.

Lit. 9.18.

Abb. 5.2.2 oben zeigt schematisch eine Leitung von der Länge s mit den Sekundärkonstanten γ und Z. Aus den Gl. (5.22.2) und (5.22.3) ergeben sich ihre Spiegeleigenschaften zu

$$\varGamma = \gamma s, \qquad Z_a = Z_b = Z \qquad\qquad (5.23.1)^1$$

wie dies in Abb. 5.2.2 unten angegeben ist. Die Leitung ist somit symmetrisch und besitzt eine Spiegelimpedanz, die gleich der Charakteristik der Leitung und folglich unabhängig von ihrer Länge s ist. Dagegen ist die komplexe Spiegeldämpfung der Leitung proportional der Länge s.

Mit den in Abb. 5.2.2 angegebenen Strom- und Spannungsbezeichnungen werden die Grundgleichungen der Leitung gemäß den Gl.(2.32.3), (2.32.4) und (5.23.1)

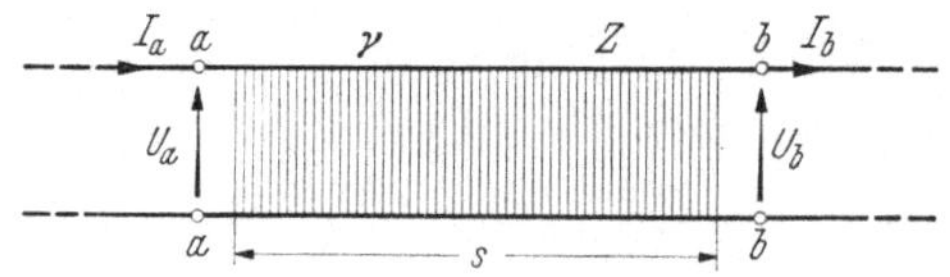

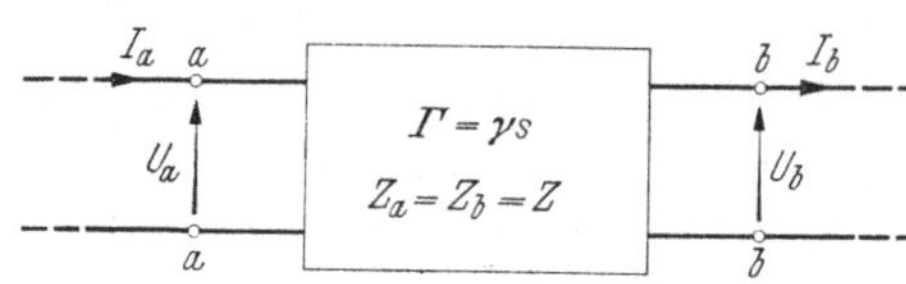

Abb. 5.2.2. Leitung mit beliebiger Endbelastung.

$$\left.\begin{aligned} I_a Z &= U_a \coth \gamma s - U_b \frac{1}{\sinh \gamma s} \\[2mm] I_b Z &= U_a \frac{1}{\sinh \gamma s} - U_b \coth \gamma s \end{aligned}\right\} \qquad (5.23.2)$$

oder

$$\left.\begin{aligned} U_a &= I_a Z \coth \gamma s - I_b Z \frac{1}{\sinh \gamma s} \\[2mm] U_b &= I_a Z \frac{1}{\sinh \gamma s} - I_b Z \coth \gamma s \end{aligned}\right\} \qquad (5.23.3)$$

Durch Eliminierung von U_b aus Gl. (5.23.2) und I_b aus Gl. (5.23.3)

---

[1] Wie hieraus zu ersehen, ist die Fortpflanzungskonstante γ gleich der auf die Längeneinheit der Leitung bezogenen komplexen Spiegeldämpfung (Übertragungsmaß) $\varGamma$.

können die Grundgleichungen auch in folgende Form gebracht werden:

$$\left.\begin{aligned} I_b &= I_a \cosh\gamma s - \frac{U_a}{Z} \sinh\gamma s \\ U_b &= U_a \cosh\gamma s - Z I_a \sinh\gamma s \end{aligned}\right\} \tag{5.23.4}$$

5.3. Die Wellenfortpflanzung.
Lit. 9.05, 9.12 und 9.293.

5.31. Strom und Spannung längs einer Leitung.

Die Grundgleichungen gelten natürlich auch für eine x km lange Teilstrecke einer s km langen Leitung, die in Abb. 5.3.1 schematisch dargestellt ist. Nach Gl. (5.23.4) erhält man daher mit den in Abb. 5.3.1 angegebenen Strom- und Spannungsbezeichnungen

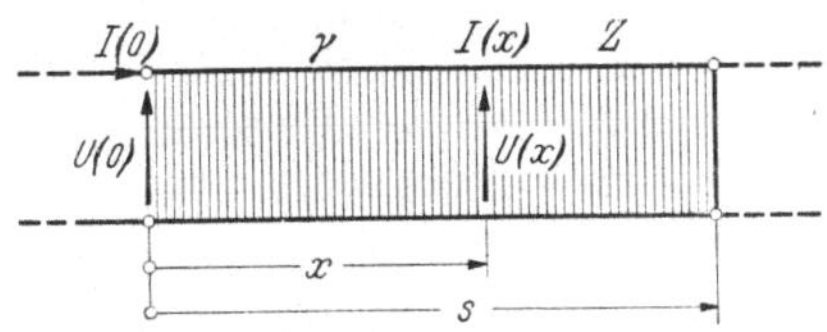

Abb. 5.3.1.
Strom und Spannung längs einer Leitung.

$$\left.\begin{aligned} I(x) &= I(0) \cosh\gamma x - \frac{U(0)}{Z} \sinh\gamma x \\ U(x) &= U(0) \cosh\gamma x - Z I(0) \sinh\gamma x \end{aligned}\right\} \tag{5 31.1}$$

$I(0)$ ein bei $\quad x = 0$ aufgedrückter Strom
$U(0)$ eine bei $x = 0$ aufgedrückte Spannung

In dem Spezialfall, daß für $x = s$ Spiegelanpassung besteht, erhält man gemäß Gl. (2.33.1)

$$\frac{U(0)}{I(0)} = \frac{U(x)}{I(x)} = Z \tag{5.31.2}$$

Wird die Bedingung der Gl. (5.31.2) in Gl. (5.31.1) eingeführt, so erhält man

$$I(x) = I(0)\, e^{-\gamma x}, \qquad U(x) = U(0)\, e^{-\gamma x} \tag{5.31.3}$$

oder

$$Z I(x) = U(x) = U(0)\, e^{-(\alpha + j\beta) x}. \tag{5.31.4}$$

Die den komplexen Effektivwerten $I(x)$ und $U(x)$ entsprechenden Momentanwerte $i(x)$ bzw. $u(x)$ werden mit $|U(0)| = U(0)$ nach Gl. (1.61.3) (unter der Voraussetzung von $\varrho = 0$) und Gl. (5.31.4)

$$i(x) = \frac{1}{\sqrt{2}} \left[\frac{U(0)}{|Z|} e^{-\alpha x - j(\beta x + \measuredangle \underline{Z}) + j\omega t} + \frac{U(0)}{|Z|} e^{-\alpha x + j(\beta x + \measuredangle \underline{Z}) - j\omega t} \right]$$

$$u(x) = \frac{1}{\sqrt{2}} \left[U(0)\, e^{-\alpha x - j\beta x + j\omega t} + U(0)\, e^{-\alpha x + j\beta x - j\omega t} \right]$$

oder

$$i(x) = \sqrt{2}\,\frac{U(0)}{|Z|}\,e^{-\alpha x}\cos(\omega t - \beta x - \measuredangle\underline{Z})\quad\Bigg\}$$
$$u(x) = \sqrt{2}\,U(0)\,e^{-\alpha x}\cos(\omega t - \beta x)\qquad\quad$$

$$(5.31.5)$$

Betrachtet man also Strom und Spannung momentan zu einer beliebigen Zeit t, so erhält man nach Gl. (5.31.5) längs der Leitung eine exponentiell gedämpfte Cosinusfunktion als Verlauf. Abb. 5.3.2 zeigt dies für eine blanke Leitung aus Kupfer mit einem Drahtdurchmesser von 3 mm und $\omega = 5000$ Rad/sec. Bei zunehmendem t verschiebt sich die Kurve in positiver x-Richtung mit den gestrichelt

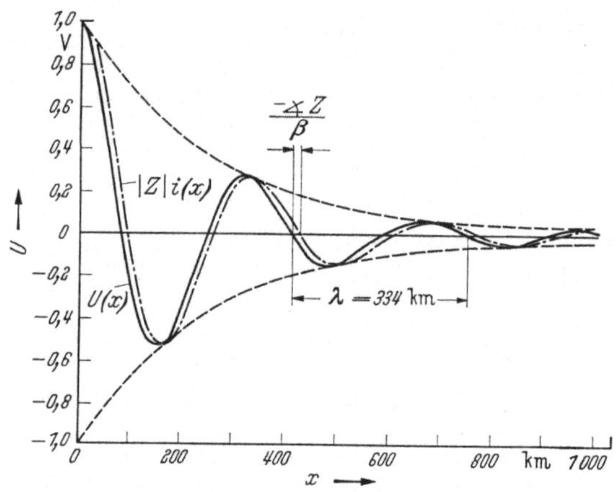

Abb. 5.3.2. Momentanverlauf der Strom-Spannungswelle längs einer Leitung.

gezeichneten Exponentiallinien als ständige Tangentiallinien, was eine fortlaufende Herabdämpfung von Strom und Spannung bedeutet.

Für jeden Punkt der Leitung gilt

$$\frac{u(x)_{\max}}{i(x)_{\max}} = |Z|\qquad\qquad(5.31.6)$$

und da der Winkel $\measuredangle\underline{Z}$ in der Regel negativ ist, besitzt die Stromkurve vor der Spannungskurve einen Vorsprung von der Strecke

$$\frac{-\,\measuredangle\underline{Z}}{\beta}\qquad\qquad(5.31.7)$$

Im allgemeinen Fall pflanzen sich längs der Leitung gleichzeitig zwei Strom-Spannungswellen fort, die eine in positiver und die andere in negativer x-Richtung. Aus der Interferenzwirkung zwischen diesen ergeben sich stehende Wellen.

5.32. Die Wellenlänge.

Den Abstand zwischen zwei Punkten einer Leitung, für die der Strom oder die Spannung einen Phasenunterschied von

$$\beta\,x = 2\,\pi$$

besitzen, nennt man die „Wellenlänge" der Leitung für die betreffende Frequenz. Wird die Wellenlänge mit λ bezeichnet, so ist

$$\lambda = \frac{2\,\pi}{\beta} \qquad\qquad (5.32.1)$$

Wie Abb. 5.3.2 zeigt, entspricht die Wellenlänge einer Periode im Verlauf der Strom- oder Spannungskurve.

5.33. Die Wellen- oder Fortpflanzungsgeschwindigkeit.

In einer Sekunde legt eine Strom- und Spannungswelle eine Strecke zurück, die gleich dem Produkt aus Frequenz und Wellenlänge ist. Die Wellen- oder Fortpflanzungsgeschwindigkeit wird somit

$$v = \frac{\omega}{2\,\pi}\,\lambda$$

oder gemäß Gl. (5.32.1)

$$v = \frac{\omega}{\beta}\ ^{1} \qquad\qquad (5.33.1)$$

5.4. Die Abhängigkeit der Dämpfung von den Primärkonstanten.
Lit. 9.05, 9.12 und 9.293.

5.41. Trennung der Dämpfungs- und Wellenkonstante.
Nach den Gl. (5.22.3) und (5.22.4) können die Fortpflanzungskonstante und ihre konjugierte Größe wie folgt geschrieben werden:

$$\left.\begin{aligned}\alpha + j\,\beta &= \sqrt{(r + j\,\omega\,l)\,(g + j\,\omega\,c)} \\ \alpha - j\,\beta &= \sqrt{(r - j\,\omega\,l)\,(g - j\,\omega\,c)}.\end{aligned}\right\} \qquad (5.41.1)$$

Bildet man die halbe Differenz und die halbe Summe aus den Ausdrücken

---

[1] Die Fortpflanzungsgeschwindigkeit einer Welle, Gl. (5.33.1), wird auch ihre „Phasengeschwindigkeit" genannt, da sie die Geschwindigkeit des Fortschreitens eines bestimmten Phasenzustandes der Welle angibt. (Vgl. dazu a. Abschnitt 5.74.)

Gl. (5.41.1), so erhält man:

$$
\begin{aligned}
j\,\beta &= \frac{1}{2}\left[\sqrt{(r + j\,\omega\,l)\,(g + j\,\omega\,c)} - \sqrt{(r - j\,\omega\,l)\,(g - j\,\omega\,c)}\right] \\[4pt]
&= j\,\omega\,\sqrt{l\,c}\;\frac{1}{2}\left[\sqrt{\left(1 + \frac{r}{j\,\omega\,l}\right)\left(1 + \frac{g}{j\,\omega\,c}\right)} + \right. \\[4pt]
&\quad\left. + \sqrt{\left(1 - \frac{r}{j\,\omega\,l}\right)\left(1 - \frac{g}{j\,\omega\,c}\right)}\right] \\[8pt]
\alpha &= \frac{1}{2}\left[\sqrt{(r + j\,\omega\,l)\,(g + j\,\omega\,c)} + \sqrt{(r - j\,\omega\,l)(g - j\,\omega\,c)}\right] \\[4pt]
&= \frac{1}{2}\,\frac{(r + j\,\omega\,l)\,(g + j\,\omega\,c) - (r - j\,\omega\,l)\,(g - j\,\omega\,c)}{\sqrt{(r + j\,\omega\,l)\,(g + j\,\omega\,c)} - \sqrt{(r - j\,\omega\,l)\,(g - j\,\omega\,c)}} \\[4pt]
&= \omega\,\frac{l\,g + r\,c}{2\,\beta}
\end{aligned}
\qquad (5.41.2)
$$

wobei

$$
\begin{aligned}
&\sqrt{\left(1 + \frac{r}{j\,\omega\,l}\right)\left(1 + \frac{g}{j\,\omega\,c}\right)} + \sqrt{\left(1 - \frac{r}{j\,\omega\,l}\right)\left(1 - \frac{g}{j\,\omega\,c}\right)} \\[4pt]
&= \sqrt{\left(1 + \frac{r}{j\,\omega\,l}\right)\left(1 + \frac{g}{j\,\omega\,c}\right) + \left(1 - \frac{r}{j\,\omega\,l}\right)\left(1 - \frac{g}{j\,\omega\,c}\right) + } \\[4pt]
&\quad \overline{+\, 2\sqrt{\left[1 + \left(\frac{r}{\omega\,l}\right)^2\right]\left[1 + \left(\frac{g}{\omega\,c}\right)^2\right]}} \\[4pt]
&= \sqrt{2\left\{1 - \frac{r\,g}{\omega^2\,l\,c} + \sqrt{\left[1 + \left(\frac{r}{\omega\,l}\right)^2\right]\left[1 + \left(\frac{g}{\omega\,c}\right)^2\right]}\right\}}
\end{aligned}
\qquad (5.41.3)
$$

Aus den Gleichungen (5.41.2) und (5.41.3) ergeben sich somit die Dämpfungs- und Wellenkonstante zu

$$
\begin{aligned}
\alpha &= \frac{\sqrt{l\,c}}{2}\left(\frac{r}{l} + \frac{g}{c}\right)\frac{1}{K}\;\text{Nep./km} \\[6pt]
\beta &= \omega\,\sqrt{l\,c}\;K\;\text{Rad./km} \\[6pt]
K &= \frac{1}{\sqrt{2}}\sqrt{1 - \frac{r\,g}{\omega^2\,l\,c} + \sqrt{\left[1 + \left(\frac{r}{\omega\,l}\right)^2\right]\left[1 + \left(\frac{g}{\omega\,c}\right)^2\right]}}\,.
\end{aligned}
\qquad (5.41.4)
$$

Aus Gl. (5.41.4) ist zu ersehen, daß

$$
K = 1 \quad \text{für} \quad \frac{r}{l} = \frac{g}{c}
\qquad (5.41.5)
$$

sowie

$$
K \approx 1 \quad \text{für} \quad \frac{r}{\omega\,l} \ll 1 \quad \text{und} \quad \frac{g}{\omega\,c} \ll 1
\qquad (5.41.6)
$$

In der Praxis liegt gewöhnlich der Fall von Gl. (5.41.6) vor, so daß K im allgemeinen eine Korrektion von geringer Bedeutung ist.

5.42 Längs- und Querdämpfung.

Für den Fall von Gl. (5.41.6) kann die Dämpfungskonstante aus Gl. (5.41.4) geschrieben werden als

$$\alpha \approx \frac{r}{2}\sqrt{\frac{c}{l}} + \frac{g}{2}\sqrt{\frac{l}{c}} \tag{5.42.1}$$

d. h. als Summe von zwei Termen. Der erste Term, der proportional mit r ist, wird „Längsdämpfung" und der andere, der proportional mit g ist, „Querdämpfung" genannt.

In der Regel dominiert die Längsdämpfung über die Querdämpfung, was an einem Zahlenbeispiel erläutert werden soll. Es sei dazu eine blanke Leitung aus Kupfer mit einem Drahtdurchmesser von 3 mm gewählt, die folgende Primärkonstanten hat:

$$r = 5\,\Omega/\text{km}, \qquad g = 1\,\mu/\Omega\,\text{km}, \qquad \left.\begin{array}{l}\\\\\end{array}\right\} \tag{5.42.2}$$
$$l = 2{,}45\,\text{mH}/\text{km}, \qquad c = 0{,}0047\,\mu\text{F}/\text{km}$$

Zunächst berechnet man

$$\sqrt{\frac{l}{c}} = \sqrt{\frac{0{,}00245}{0{,}0047 \cdot 10^{-6}}} = 722\,\Omega$$

Nach Gl. (5.42.1) wird dann die Dämpfungskonstante

$$\alpha \approx \frac{5}{2} \cdot \frac{1}{722} + \frac{10^{-6}}{2} \cdot 722$$
$$= 0{,}00346 + 0{,}00036 = 0{,}00382\,\text{Nep.}/\text{km} \tag{5.42.3}$$

Wie man sieht, ist in diesem Fall die Längsdämpfung nahezu zehnmal so groß wie die Querdämpfung.

5.43. HEAVISIDES ideale Leitung.

Für gegebene Werte von r und g in Gl. (5.42.1) wird die Dämpfungskonstante ein Minimum bei einem bestimmten Verhältnis zwischen l und c. Aus Gl. (5.42.1) erhält man nämlich

$$\frac{d\alpha}{d\left(\sqrt{\dfrac{l}{c}}\right)} = -\frac{r}{2}\frac{1}{\left(\sqrt{\dfrac{l}{c}}\right)^2} + \frac{g}{2} = 0$$

womit die Minimumbedingung

$$\frac{l}{c} = \frac{r}{g} \tag{5.43.1}$$

wird. Nach Gl. (5.41.5) wird dann $K = 1$, d. h. Gl. (5.42.1) wird exakt. Eliminiert man l und c aus den Gl. (5.42.1) und (5.43.1), so erhält man leicht die Minimumdämpfung

$$\alpha_{\text{min}} = \frac{\sqrt{rg}}{2} + \frac{\sqrt{rg}}{2} = \sqrt{rg} \tag{5.43.2}$$

Im optimalen Falle sind folglich Längs- und Querdämpfung gleich groß.

Nimmt man an, daß das Verhältnis zwischen l und c in der blanken Leitung der Gl. (5.42.2) so geändert werden kann, daß der optimale Fall eintritt, so wird die Dämpfungskonstante mit den Gl. (5.42.2) und (5.43.2)

$$\alpha = \sqrt{5 \cdot 10^{-6}} = 0{,}00224 \; \text{Nep.}/\text{km} \tag{5.43.3}$$

und ist somit erheblich kleiner als die ursprüngliche in Gl. (5.42.3).

Eine Leitung, welche die optimale Bedingung nach Gl. (5.43.1) erfüllt, wird nach ihrem Erfinder „HEAVISIDES ideale Leitung" genannt. Die Eigenschaften dieser Leitung sind gemäß den Gl. (5.22.3), (5.32.1), (5.33.1), (5.41.4), (5.41.5) und (5.43.2):

$$Z = \sqrt{\frac{l}{c}}, \quad \alpha = \sqrt{r\,g}, \quad \beta = \omega \sqrt{l\,c}, \quad \lambda = \frac{2\pi}{\omega \sqrt{l\,c}}, \quad v = \frac{1}{\sqrt{l\,c}} \tag{5.43.4}$$

Im Falle, daß die Primärkonstanten frequenzunabhängig sind, werden nach Gl. (5.43.4) in einer idealen Leitung nach HEAVISIDE alle Frequenzen gleich stark gedämpft, und sie pflanzen sich mit der gleichen Geschwindigkeit fort. Obgleich HEAVISIDES ideale Leitung bei der Übertragung einer Wellengruppe dämpfend wirkt, behält diese Gruppe doch ihre Kurvenform bei, d. h., die Leitung ermöglicht eine „distorsionsfreie" (verzerrungsfreie) Übertragung.

5.44. Leitungen mit großem Widerstand und großer Kapazität.

Für Kabelleitungen ohne erhöhte Induktivität ist $K \neq 1$. Im allgemeinen gilt dann, insbesondere bei niedrigen Frequenzen und kleinem Drahtdurchmesser

$$\frac{r}{l} \gg \frac{g}{c}, \quad \frac{r}{\omega\,l} \gg 1, \quad \frac{g}{\omega\,c} \ll 1 \tag{5.44.1}$$

wobei g nach Abschnitt 5.13 proportional mit ω ist. Mit den Bedingungen von Gl. (5.44.1) wird nach Gl. (5.41.4)

$$K \approx \sqrt{\frac{r}{2\,\omega\,l}} \tag{5.44.2}$$

und

$$\alpha \approx \frac{\sqrt{l\,c}}{2} \frac{r}{l} \sqrt{\frac{2\,\omega\,l}{r}} \qquad \beta \approx \omega \sqrt{l\,c} \sqrt{\frac{r}{2\,\omega\,l}}$$

oder

$$\alpha \approx \sqrt{\frac{\omega\,r\,c}{2}} \qquad \beta \approx \sqrt{\frac{\omega\,r\,c}{2}} \tag{5.44.3}$$

Gewöhnlich sind r und c frequenzunabhängig, d. h., die Dämpfung nach Gl. (5.44.3) und die Fortpflanzungsgeschwindigkeit nach Gl. (5.33.1) werden frequenzabhängig. Leitungen dieser Art sind somit mit einer „Distorsion" behaftet, d. h., die Kurve einer aus vielen Frequenzen zusammengesetzten Wellengruppe erfährt bei ihrer Fortpflanzung längs der Leitung eine Deformierung.

5.5. Die Kurzschluß- und Leerlaufimpedanz.
Lit. 9.2006 und 9.293.

5.51. Der Frequenzverlauf der Impedanzen.

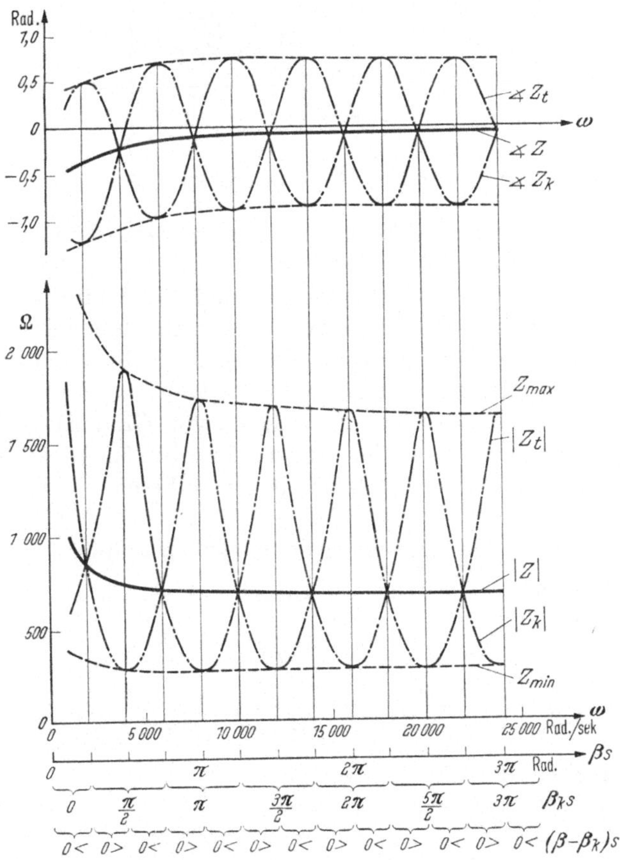

Abb. 5.5.1. Frequenzverlauf der Kurzschluß- und Leerlaufimpedanz sowie der Charakteristik.

Aus Gl. (5.23.4) erhält man die Kurzschluß- und Leerlaufimpedanz einer Leitung, indem man $U_b = 0$ bzw. $I_b = 0$ setzt und das

Verhältnis U_a/I_a bildet. Als Resultat ergibt sich, wie man leicht sieht:

$$\left.\begin{aligned} Z_k &= Z \operatorname{tgh} \gamma s \\ Z_l &= Z \coth \gamma s \end{aligned}\right\} \tag{5.51.1}$$

oder mit Gl. (5.22.4)

$$\left.\begin{aligned} Z_k &= Z \operatorname{tgh}(\alpha + j\beta)\,s \\ Z_l &= Z \coth(\alpha + j\beta)\,s \end{aligned}\right\} \tag{5.51.2}$$

was nach Gl. (1.74.2) aufgeteilt werden kann in

$$\left.\begin{aligned} |Z_k| &= |Z|\,\sqrt{\frac{\cosh 2\alpha s - \cos 2\beta s}{\cosh 2\alpha s + \cos 2\beta s}} \\ \sphericalangle Z_k &= \sphericalangle Z + \operatorname{arctg}\left(\frac{\sin 2\beta s}{\sinh 2\alpha s}\right) \\ |Z_l| &= |Z|\,\sqrt{\frac{\cosh 2\alpha s + \cos 2\beta s}{\cosh 2\alpha s - \cos 2\beta s}} \\ \sphericalangle Z_l &= \sphericalangle Z - \operatorname{arctg}\left(\frac{\sin 2\beta s}{\sinh 2\alpha s}\right) \end{aligned}\right\} \tag{5.51.3}$$

In der Regel wächst die Wellenkonstante β, verglichen mit α und Z, relativ schnell mit zunehmender Winkelfrequenz ω. Die Amplitude und der Phasenwinkel der Kurzschluß- und Leerlaufimpedanz nach Gl. (5.51.3) ändern sich daher periodisch mit zunehmender Frequenz. Abb. 5.5.1 zeigt dies für eine etwa 100 km lange blanke Leitung aus Kupfer mit einem Drahtdurchmesser von 3 mm.

Es wird dem Leser empfohlen, an Hand von Gl. (5.51.3) die Maximum- und Minimumpunkte der Kurven in Abb. 5.5.1 und die Lage ihrer Schnittpunkte in der βs-Skala zu kontrollieren.

5.52. Berechnung der Sekundärkonstanten.

Nach Gl. (5.51.1) wird die Leitungscharakteristik

$$Z = \sqrt{Z_k Z_l} \tag{5.52.1}$$

oder

$$|Z| = \sqrt{|Z_k|\,|Z_l|}\,, \qquad \sphericalangle Z = \tfrac{1}{2}(\sphericalangle Z_k + \sphericalangle Z_l) \tag{5.52.2}$$

was auch aus Gl. (5.51.3) hervorgeht.

Ferner erhält man aus Gl. (5.51.2)

$$\alpha + j\beta = \frac{1}{s}\operatorname{artgh} n\,, \qquad n = \sqrt{\frac{Z_k}{Z_l}} \tag{5.52.3}$$

Nach Gl. (1.74.4) ist jedoch

$$\operatorname{artgh} n = \frac{1}{2}\operatorname{artgh}\frac{2|n|\cos \sphericalangle n}{1 + |n|^2} + j\,\frac{1}{2}\operatorname{arctg}\frac{2|n|\sin \sphericalangle n}{1 - |n|^2} + j\beta_k s$$

Hiermit ergibt Gl. (5.52.3)

$$\left.\begin{aligned}
\alpha &= \frac{1}{2s}\,\text{artgh}\,\frac{2\,|n|\,\cos\,\measuredangle\underline{n}}{1+|n|^2} \\[2mm]
\beta &= \frac{1}{2s}\,\text{arctg}\,\frac{2\,|n|\,\sin\,\measuredangle\underline{n}}{1-|n|^2} + \beta_k \\[2mm]
\beta_k\,&\text{ein Vielfaches von }\frac{\pi}{2s}\text{ (siehe Abb. 5.5.1)}
\end{aligned}\right\} \qquad (5.52.4)$$

Oft kennt man ungefähr die Größe von β, und dann wählt man β_k so, daß das Resultat sinnvoll wird und in der richtigen Größenordnung liegt.

Es ist zu beachten, daß

$$\left.\begin{aligned}
\frac{2\,\dfrac{1}{|n|}\,\cos\,(-\,\measuredangle\underline{n})}{1+\dfrac{1}{|n|^2}} &= \frac{2\,|n|\,\cos\,\measuredangle\underline{n}}{1+|n|^2} \\[4mm]
\frac{2\,\dfrac{1}{|n|}\,\sin\,(-\,\measuredangle\underline{n})}{1-\dfrac{1}{|n|^2}} &= \frac{2\,|n|\,\sin\,\measuredangle\underline{n}}{1-|n|^2}
\end{aligned}\right\} \qquad (5.52.5)$$

d. h. man erhält das gleiche Resultat, wenn n gegen $1/n$ vertauscht wird. Gewöhnlich wählt man diejenige von diesen Größen, deren absoluter Betrag kleiner als 1 ist.

Die in diesem Abschnitt angegebenen Formeln für die Berechnung der Sekundärkonstanten mit Hilfe der Kurzschluß- und Leerlaufimpedanz sind bei kürzeren Leitungen sehr vorteilhaft, wenn es gilt, diese Konstanten mit großer Genauigkeit zu bestimmen.

Bei der Berechnung der Dämpfungskonstante nach Gl. (5.52.4) müssen die Berechnungen für den Fall, daß die Leitungsdämpfung groß ist, mit großer Genauigkeit durchgeführt werden, damit man zuverlässige Resultate erhält. Dies beruht auf dem asymptotischen Verlauf der tgh-Funktion bei großem Argument.

5.53. Graphische Bestimmung der Sekundärkonstanten.

Lit. 9.2001 bis 9.2006.

Mit Hilfe der Kurven, welche die Kurzschluß- und Leerlaufimpedanz einer Leitung angeben (Abb. 5.5.1), kann man relativ leicht eine weniger genaue Ermittlung der Sekundärkonstanten der Leitung durchführen.

Die Kurven für die Leitungscharakteristik werden durch die Schnittpunkte der Kurzschluß- und Leerlaufimpedanzkurven gezogen, wie dies Abb. 5.5.1 zeigt.

Die Abszissen für die Schnittpunkte der Kurzschluß- und Leerlaufimpedanzkurve sowie für die Maxima und Minima liegen bei den Winkelfrequenzwerten ω, für welche βs gleich einem Vielfachen von $\pi/4$ ist. Bei Kenntnis der Leitungslänge s erhält man somit eine entsprechende Reihe von Punkten für die Kurve, die die Wellenkonstante β als Funktion von ω darstellt.

Die Z_{max}- und die Z_{min}-Kurven in Abb. 5.5.1, die die Maximum- bzw. Minimumpunkte der Amplitudenkurven berühren, haben nach Gl. (5.51.3) folgende mathematische Ausdrücke:

$$Z_{\mathrm{max}} = |Z| \sqrt{\frac{\cosh 2\alpha s + 1}{\cosh 2\alpha s - 1}}$$

$$Z_{\mathrm{min}} = |Z| \sqrt{\frac{\cosh 2\alpha s - 1}{\cosh 2\alpha s + 1}}$$

oder

$$\left.\begin{array}{l} Z_{\mathrm{max}} = |Z| \coth \alpha s \\ Z_{\mathrm{min}} = |Z| \operatorname{tgh} \alpha s \end{array}\right\} \qquad (5.53.1)$$

Wird $|Z|$ aus diesen Ausdrücken eliminiert, so erhält man die Dämpfungskonstante als

$$\alpha = \frac{1}{s} \operatorname{artgh} \sqrt{\frac{Z_{\mathrm{min}}}{Z_{\mathrm{max}}}} \qquad (5.53.2)$$

Aus Gl. (5.53.2) ist zu entnehmen, daß die Dämpfungskonstante um so kleiner ist, je kleiner Z_{min} im Verhältnis zu Z_{max} ist. Daß sich die Z_{min}- und Z_{max}-Kurve in Abb. 5.5.1 für zunehmende Winkelfrequenz einander nähern, bedeutet somit, daß die Dämpfungskonstante mit zunehmender Winkelfrequenz größer wird.

Die in diesem Abschnitt beschriebenen Methoden zur Bestimmung der Sekundärkonstanten eignen sich besonders für Leitungen, die so lang sind, daß die Kurzschluß- und Leerlaufimpedanzkurve eine größere Reihe von Perioden innerhalb des aktuellen Winkelfrequenzgebietes umfaßt; denn nach den obigen Ausführungen wächst die Anzahl der bestimmbaren Punkte in den Frequenzkurven der Sekundärkonstanten mit der Anzahl der Perioden.

5.54. Berechnung der Primärkonstanten.

Lit. 9.2006.

Hat man nach Abschnitt 5.52 oder 5.53 die Sekundärkonstanten berechnet, so kann man mit den erhaltenen Resultaten die Primärkonstanten der Leitung errechnen. Gemäß den Gl. (5.22.3) und (5.22.4) bestehen zwischen diesen die Beziehungen

$$\left.\begin{aligned} Z &= \sqrt{\frac{r + j\,\omega\,l}{g + j\,\omega\,c}} \\ \alpha + j\,\beta &= \sqrt{(r + j\,\omega\,l)\,(g + j\,\omega\,c)} \end{aligned}\right\} \qquad (5.54.1)$$

womit

$$|Z|^2 = \sqrt{\frac{r^2 + \omega^2\,l^2}{g^2 + \omega^2\,c^2}}$$

$$\sphericalangle\underline{Z} = \frac{1}{2}\,\mathrm{arctg}\,\frac{\omega\,l}{r} - \frac{1}{2}\,\mathrm{arctg}\,\frac{\omega\,c}{g}$$

$$\alpha^2 + \beta^2 = \sqrt{(r^2 + \omega^2\,l^2)\,(g^2 + \omega^2\,c^2)}$$

$$\mathrm{arctg}\,\frac{\beta}{\alpha} = \frac{1}{2}\,\mathrm{arctg}\,\frac{\omega\,l}{r} + \frac{1}{2}\,\mathrm{arctg}\,\frac{\omega\,c}{g}$$

oder

$$\left.\begin{aligned} |Z|^2\,(\alpha^2 + \beta^2) &= r^2 + \omega^2\,l^2 \\ \frac{\alpha^2 + \beta^2}{|Z|^2} &= g^2 + \omega^2\,c^2 \\ \mathrm{arctg}\,\frac{\beta}{\alpha} + \sphericalangle\underline{Z} &= \mathrm{arctg}\,\frac{\omega\,l}{r} \\ \mathrm{arctg}\,\frac{\beta}{\alpha} - \sphericalangle\underline{Z} &= \mathrm{arctg}\,\frac{\omega\,c}{g} \end{aligned}\right\} \qquad (5.54.2)$$

Aus Gl. (5.54.2) kann man durch Eliminierungen folgende Ausdrücke bilden:

$$|Z|^2\,(\alpha^2 + \beta^2) = r^2 + r^2\,\mathrm{tg}^2\left(\mathrm{arctg}\,\frac{\beta}{\alpha} + \sphericalangle\underline{Z}\right)$$

$$|Z|^2\,(\alpha^2 + \beta^2) = \omega^2\,l^2\,\cot^2\left(\mathrm{arctg}\,\frac{\beta}{\alpha} + \sphericalangle\underline{Z}\right) + \omega^2\,l^2$$

$$\frac{\alpha^2 + \beta^2}{|Z|^2} = g^2 + g^2\,\mathrm{tg}^2\left(\mathrm{arctg}\,\frac{\beta}{\alpha} - \sphericalangle\underline{Z}\right)$$

$$\frac{\alpha^2 + \beta^2}{|Z|^2} = \omega^2\,c^2\,\cot^2\left(\mathrm{arctg}\,\frac{\beta}{\alpha} - \sphericalangle\underline{Z}\right) + \omega^2\,c^2$$

aus denen man die folgenden Bestimmungsgleichungen der Primärkonstanten erhält:

$$\left.\begin{aligned} r &= |Z|\,\sqrt{\alpha^2 + \beta^2}\,\cos\left(\mathrm{arctg}\,\frac{\beta}{\alpha} + \sphericalangle\underline{Z}\right) \quad \Omega/\mathrm{km} \\ l &= \frac{|Z|\,\sqrt{\alpha^2 + \beta^2}}{\omega}\,\sin\left(\mathrm{arctg}\,\frac{\beta}{\alpha} + \sphericalangle\underline{Z}\right) \quad \mathrm{H/km} \\ g &= \frac{\sqrt{\alpha^2 + \beta^2}}{|Z|}\,\cos\left(\mathrm{arctg}\,\frac{\beta}{\alpha} - \sphericalangle\underline{Z}\right) \quad 1/\Omega\,\mathrm{km} \\ c &= \frac{\sqrt{\alpha^2 + \beta^2}}{|Z|\,\omega}\,\sin\left(\mathrm{arctg}\,\frac{\beta}{\alpha} - \sphericalangle\underline{Z}\right) \quad \mathrm{F/km} \end{aligned}\right\} \qquad (5.54.3)$$

5.55. Berechnungsbeispiel.

Die Kurzschluß- und Leerlaufimpedanz einer Leitung sei

$$\left.\begin{aligned} Z_k &= 286\,e^{j\,1,16}, & \omega &= 5000\ \text{Rad./sek} \\ Z_l &= 1778\,e^{-j\,1,51} & s &= 20,90\ \text{km} \end{aligned}\right\} \qquad (5.55.1)$$

Nach Gl. (5.52.2) wird dann

$$\left.\begin{aligned} |Z| &= \sqrt{286 \cdot 1778} = 713\,\Omega \\ \sphericalangle \underline{Z} &= \frac{1}{2}\,(1,16 - 1,51) = -0,175\ \text{Rad.} \end{aligned}\right\} \qquad (5.55.2)$$

und nach Gl. (5.52.3)

$$\left.\begin{aligned} |n| &= \sqrt{\frac{286}{1778}} = 0,4015 \\ \sphericalangle \underline{n} &= \frac{1}{2}\,(1,16 + 1,51) = 1,335 \end{aligned}\right\} \qquad (5.55.3)$$

Wird das Resultat von Gl. (5.55.3) in die Gl. (5.52.4) eingesetzt, so erhält man

$$\left.\begin{aligned} \alpha &= \frac{1}{2 \cdot 20,9}\,\operatorname{artgh}\frac{2 \cdot 0,4015 \cdot \cos 1,335}{1 + 0,4015^2} = 0,00393\ \text{Nep./km} \\ \beta &= \frac{1}{2 \cdot 20,9}\,\operatorname{arctg}\frac{2 \cdot 0,4015 \cdot \sin 1,335}{1 - 0,4015^2} = 0.01795\ \text{Rad./km} \\ &\text{Für } \beta_k = 0 \text{ erhält man ein sinnvolles Resultat.} \end{aligned}\right\} \qquad (5.55.4)$$

Aus den Resultaten von Gl. (5.55.4) ergibt sich

$$\sqrt{\alpha^2 + \beta^2} = \sqrt{0,00393^2 + 0,01795^2} = 0,01838$$

$$\operatorname{arctg}\frac{\beta}{\alpha} = \operatorname{arctg}\frac{0,01795}{0,00393} = 1,355$$

Setzt man nun diese Werte und die Charakteristikwerte aus Gl. (5.55.2) in Gl. (5.54.3) ein, so erhält man die Primärkonstanten

$$\left.\begin{aligned} r &= 713 \cdot 0,01838 \cos(1,355 - 0,175) = 5\ \Omega/\text{km} \\ l &= \frac{713 \cdot 0,01838}{5000}\,\sin(1,355 - 0,175) = 2,43\ \text{mH/km} \\ g &= \frac{0,01838}{713}\,\cos(1,355 + 0,175) = 1,05\ \mu/\Omega\,\text{km} \\ c &= \frac{0,01838}{713 \cdot 5000}\,\sin(1,355 + 0,175) = 0,00516\ \mu\text{F/km} \end{aligned}\right\} \qquad (5.55.5)$$

5.6. Leitungsäquivalente.

Lit. 9.18 und 9.293.

5.61. Leitungsäquivalente nach KENNELLY.

In Abschnitt 5.21 wurde festgestellt, daß alles, was für allgemeine Vierpolnetze gilt, auch für elektrische Leitungen gelten muß. Eine Leitung kann daher nach Abschnitt 2.14 und 2.75 durch ein symmetrisches T- oder Π-Glied, wie Abb. 5.6.1 oben bzw. Mitte schematisch zeigt, dargestellt werden. Diese von KENNELLY eingeführten Äquivalente nennt man „KENNELLYS T- bzw. Π-Äquivalente". Eine Leitung kann auch durch ein Kreuzglied, wie Abb. 5.6.1 unten schematisch zeigt, dargestellt werden.

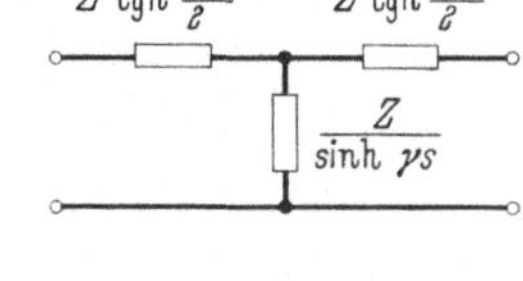

Es wird dem Leser empfohlen, die in Abb. 5.6.1 angegebenen Dimensionierungen an Hand der Gl. (2.52.2) und (2.57.2) auf die Bedingung in Gl. (5.23.1) hin zu überprüfen.

Für die mathematische Behandlung von beliebig belasteten Leitungen kann man mitunter große Vereinfachungen dadurch erhalten, daß man die Leitungen durch ihre Netzäquivalente ersetzt. Hierdurch wird das Problem auf ein reines Netzproblem reduziert, das nach elementaren Stromkreistheorien behandelt werden kann.

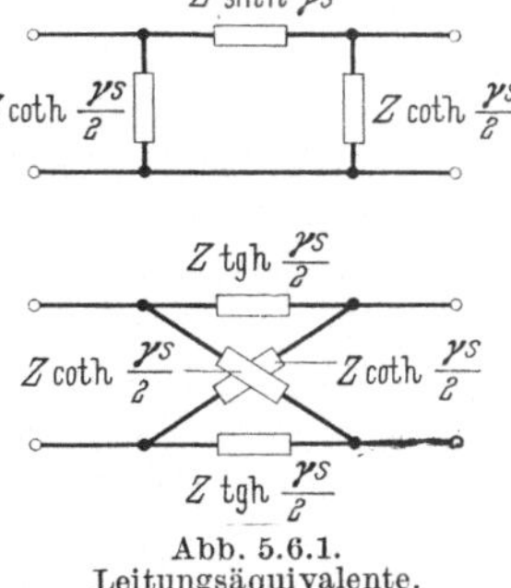

Abb. 5.6.1.
Leitungsäquivalente.

5.62. Äquivalente für elektrisch kurze Leitungen.

Eine elektrisch kurze Leitung ist dadurch gekennzeichnet, daß

$$|\gamma s| < 1 \qquad (5.62.1)$$

Gewöhnlich gilt

$$\beta > \alpha$$

und die Bedingung in Gl. (5.62.1) kann daher ersetzt werden durch

$$\beta s < 1 \qquad (5.62.2)$$

Nach Gl. (5.32.1) ist dann

$$s < \frac{\lambda}{2\pi} \qquad (5.62.3)$$

Die Wellenlänge λ wächst jedoch mit abnehmender Frequenz, was aus den Gl. (5.32.1), (5.41.4), (5.41.6) und (5.44.3) hervorgeht. Jede Leitung ist daher für Frequenzen, die unterhalb einer bestimmten von ihrer Länge abhängigen Grenze liegen, als kurz anzusehen.

14*

Für eine blanke Leitung ist z. B.

$$\lambda \approx 6000\,\text{km} \quad \text{für} \quad \omega = 2\pi \cdot 50\,\text{Rad./sek} \qquad (5.62.4)$$

Ungefähr 1000 km einer solchen Leitung können somit als elektrisch kurz angesehen werden.

Nach den Gl. (1.72.2) und (1.72.4) ist

$$\left.\begin{aligned}
\sinh \gamma s &= \gamma s + \frac{1}{6}(\gamma s)^3 + \frac{1}{120}(\gamma s)^5 + \cdots \\
\operatorname{tgh} \frac{\gamma s}{2} &= \frac{\gamma s}{2} - \frac{1}{24}(\gamma s)^3 + \frac{1}{240}(\gamma s)^5 - \cdots
\end{aligned}\right\} \qquad (5.62.5)$$

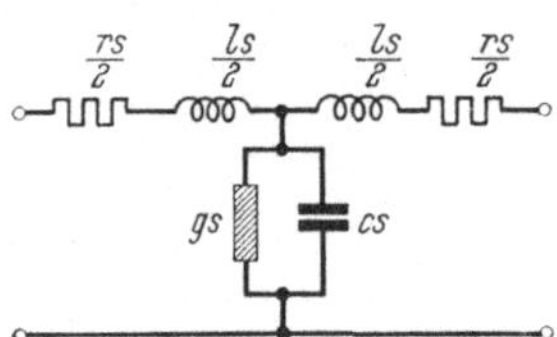

Für elektrisch kurze Leitungen [Gl. (5.62.1)] wird somit

$$\left.\begin{aligned}
\sinh \gamma s &\approx \gamma s \\
\operatorname{tgh} \frac{\gamma s}{2} &\approx \frac{\gamma s}{2}
\end{aligned}\right\} \qquad (5.62.6)$$

Die Impedanzen in den Äquivalenten in Abb. 5.6.1 können daher für elektrisch kurze Leitungen mit den Gl. (5.22.3) und (5.62.6) wie folgt geschrieben werden:

$$\left.\begin{aligned}
Z \operatorname{tgh} \frac{\gamma s}{2} &\approx \frac{r + j\,\omega\,l}{2}\,s \\[4pt]
Z \frac{1}{\sinh \gamma s} &\approx \frac{1}{(g + j\,\omega\,c)\,s} \\[4pt]
Z \coth \frac{\gamma s}{2} &\approx \frac{2}{(g + j\,\omega\,c)\,s} \\[4pt]
Z \sinh \gamma s &\approx (r + j\,\omega\,l)\,s
\end{aligned}\right\} \qquad (5.62.7)$$

Abb. 5.6.2.
Approximative Äquivalente
für elektrisch kurze Leitungen.

Aus Abb. 5.6.1 und Gl. (5.62.7) geht hervor, daß elektrisch kurze Leitungen durch die in Abb. 5.6.2 schematisch gezeigten approximativen Äquivalente dargestellt werden können. Wie man sieht, bedeuten diese Äquivalente lediglich eine Trennung der Leitungsimpedanzen in Längs- und Querimpedanz.

5.63. Berechnungsbeispiel.

Eine Kabelleitung soll folgende Werte besitzen:

$$\left.\begin{aligned}
s &= 20\,\text{km} \qquad\quad l\left.\vphantom{\begin{aligned}&\\&\end{aligned}}\right\}\,\text{vernachlässigbar klein} \\
r &= 90\,\Omega/\text{km} \qquad g \\
c &= 0{,}035\,\mu\text{F}/\text{km}
\end{aligned}\right\} \qquad (5.63.1)$$

An dem einen Ende a der Leitung wird eine Spannung von

$$|U_a| = 80 \text{ V} \quad \left.\begin{array}{c} \\ \end{array}\right\}$$
$$\omega = 2\pi \cdot 20 = 125{,}6 \text{ Rad./sek}$$
$$\tag{5.63.2}$$

aufgedrückt, während das andere Ende b der Leitung mit beispielsweise einer Klingel mit der Impedanz

$$R + j\,\omega\,L, \qquad R = 2000\,\Omega, \qquad L = 10 \text{ H} \tag{5.63.3}$$

belastet ist. Zu ermitteln ist die an der Klingel herrschende Spannung $|U_b|$.

Nach den Gl. (5.44.3), (5.63.1) und (5.63.2) wird

$$\beta\,s \approx \left[\sqrt{\frac{125{,}6 \cdot 90 \cdot 0{,}035 \cdot 10^{-6}}{2}}\right] 20$$
$$= 0{,}28 < 1 \tag{5.63.4}$$

Nach Gl. (5.62.2) ist diese Leitung als elektrisch kurz anzusehen. Sie kann

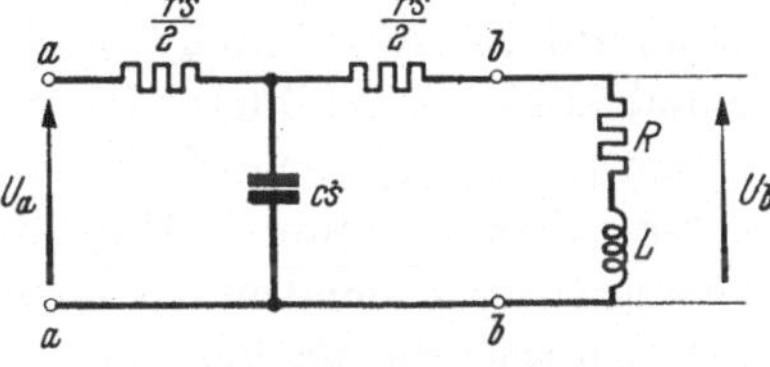

Abb. 5.6.3. Darstellung einer belasteten Leitung durch ein Impedanznetz.

folglich durch ein approximatives Äquivalent, wie es Abb. 5.6.3 schematisch zeigt, ersetzt werden.

Durch einfache Berechnungen erhält man dann:

$$\left|\frac{U_b}{U_a}\right| = \sqrt{\frac{R^2 + \omega^2\,L^2}{\left(r\,s + R - \dfrac{\omega^2\,L\,c\,r\,s^2}{2}\right)^2 + \omega^2\left(L + \dfrac{c\,r^2\,s^2}{4} + \dfrac{c\,r\,R\,s^2}{2}\right)^2}} \tag{5.63.5}$$

Werden die Zahlenwerte aus den Gl. (5.63.1), (5.63.2) und (5.63.3) eingesetzt, so erhält man:

$$|U_b| = 80 \cdot 0{,}593 = 47{,}5 \text{ V}$$

5.64. Korrektion der Querkonduktanz nach Pleijel.

In gewissen Fällen ist die Annäherung durch die Äquivalente in Abb. 5.6.2 bezüglich der Konduktanz $g\,s$ nicht hinreichend. Man muß dann noch einen Term der ersten Reihenentwicklung in Gl. (5.62.5) hinzunehmen und erhält dann

$$\frac{1}{Z} \sinh \gamma\,s \approx \frac{\gamma\,s}{Z}\left[1 + \frac{1}{6}\,(\gamma\,s)^2\right]$$

oder nach Gl. (5.22.3)

$$\frac{1}{Z} \sinh \gamma\,s \approx (g + j\,\omega\,c)\,s\left[1 + \frac{1}{6}\,(r + j\,\omega\,l)\,(g + j\,\omega\,c)\,s^2\right] \tag{5.64.1}$$

Die Korrektion braucht jedoch nicht den imaginären Teil von Gl. (5.64.1) zu umfassen, und man kann daher schreiben:

$$\frac{1}{Z} \sinh \gamma\,s \approx \left[g - \frac{1}{6}\,\omega^2\,c^2\,r\,s^2\left(1 + 2\,\frac{l\,g}{r\,c}\right) + j\,\omega\,c\right]s \tag{5.64.2}$$

Für Kabelleitungen ist g klein, während c und r relativ groß sind. Der zweite Term kann deshalb von der gleichen Größenordnung sein wie der erste. Ersetzt man folglich g in den Äquivalenten der Abb. 5.6.2 durch

$$g' = g - \frac{1}{6}\,\omega^2\,c^2\,r\,s^2\left(1 + 2\,\frac{lg}{rc}\right) \qquad (5.64.3)$$

so erhält man nach Gl. (5.64.2) eine befriedigende Genauigkeit.

5.65. Kunstleitungen.

Für experimentelle Untersuchungen braucht man oft eine sogenannte „Kunstleitung", d. h. ein aus Widerständen, Spulen und Kondensatoren gebildetes Vierpolnetz, dessen Spiegeleigenschaften mit denen einer gegebenen Leitung für ein bestimmtes aktuelles Frequenzgebiet übereinstimmen. Man dimensioniert in diesem Fall die Kunstleitung entsprechend einem der in Abb. 5.6.2 angegebenen Äquivalente. Ist die Leitung, die nachgebildet werden soll, als elektrisch lang für die in Frage kommenden Frequenzen anzusehen, so wird sie in gleich lange Teile, welche elektrisch kurz sind, aufgeteilt, und ein jeder von diesen Teilen wird durch ein Leitungsäquivalent nachgebildet. In diesem Fall wird somit die Kunstleitung als ein Kettennetz von gleichen, miteinander spiegelgekoppelten Gliedern ausgebildet.

Eine elektrisch lange Leitung kann aber auch durch ein einziges Kreuzglied nach Abb. 5.6.1 unten oder durch ein mit diesem äquivalentes Differentialglied nach Abb. 2.5.7 nachgebildet werden. Die Leitung wird zunächst als verlustfrei angenommen, wodurch die Impedanzen in Abb. 5.6.1 unten folgende Form erhalten:

$$\left.\begin{aligned}
Z\,\mathrm{tgh}\,\frac{\gamma s}{2} &= j\,Z\,\mathrm{tg}\,\frac{\beta s}{2}\\[2mm]
Z\,\mathrm{coth}\,\frac{\gamma s}{2} &= -\,j\,Z\,\mathrm{cot}\,\frac{\beta s}{2}
\end{aligned}\right\} \qquad (5.65.1)$$

und folglich durch Reaktanznetze nach Abschnitt 2.74 nachgebildet werden können. Ihre Anzahl an Reaktanzelementen beschränkt sich auf die zur Bildung der innerhalb des betreffenden Frequenzgebietes notwendigen Parallel- und Serienresonanzen sowie auf einige weitere, die zur Herstellung eines Justierungskreises dienen. Hiernach werden die Verluste mit Hilfe der komplexen Funktionen Gl. (5.22.1) in die Leitung hineintransformiert, und die gleiche Transformation wird dann auch für die Kunstleitung vorgenommen. Die Eigenschaften der Leitung und der Kunstleitung erfahren damit die gleichen Veränderungen.

Falls die nachzubildende Leitung eine große reelle Dämpfung besitzt, ist jedoch die Kunstleitung auch in der zuletzt beschriebenen Ausführung in ein Kettennetz von spiegelgekoppelten Gliedern aufzuteilen.

5.7. Die Pupinleitung.

5.71. Der Pupinabstand.

Für normale Leitungen gilt nach Abschnitt 5.42

$$\frac{r}{l} \gg \frac{g}{c} \tag{5.71.1}$$

und deshalb kann man die Dämpfung der Leitung nach Abschnitt 5.43 durch künstliche Vergrößerung der Primärkonstante l verringern. Dies kann mittels Pupinisierung erfolgen, d. h. man fügt in die Leitung gleiche sogenannte „Pupinspulen" mit gleichem Abstand voneinander, dem sogenannten „Pupinabstand", ein. O. HEAVISIDE hat zuerst auf diese Möglichkeit hingewiesen, und I. PUPIN ermittelte, wie groß der Pupinabstand sein muß, damit die Induktivitäten der Pupinspulen so wirken, als wären sie längs der Leitung homogen verteilt.

Abb. 5.7.1 zeigt schematisch eine Pupinleitung mit dem Pupinabstand s_0

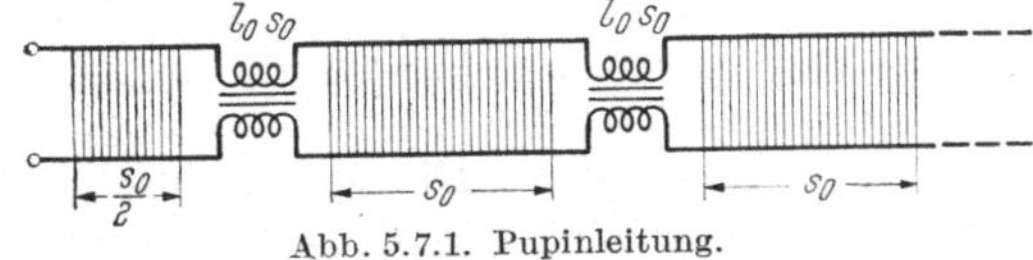

Abb. 5.7.1. Pupinleitung.

und der Pupinspuleninduktivität $l_0 s_0$. Die Induktivität l_0 ist somit die in die Leitung eingeführte Induktivität per Kilometer. PUPIN fand, daß der Pupinabstand s_0 so klein sein muß, daß eine nicht pupinisierte Leitungsstrecke von der Länge s_0 als elektrisch kurz auch für die höchsten Frequenzen, die auf der Leitung übertragen werden sollen, angesehen werden kann. Der Pupinabstand muß also nach Gl. (5.62.3) die Beziehung

$$s_0 < \frac{1}{6} \lambda \tag{5.71.2}$$

erfüllen, wobei λ die Wellenlänge der zu übertragenden Frequenzen auf der nichtpupinisierten Leitung ist.

5.72. Die Pupinleitung als Tiefpaßfilterkette.

Da die Leitungsstrecken zwischen den Pupinspulen elektrisch kurz sind, können sie durch Leitungsäquivalente, beispielsweise wie in Abb. 5.6.2 oben, ersetzt werden. H. PLEIJEL hat nachgewiesen, daß man hierbei die Querkonduktanzen nach Gl. (5.64.3) korrigieren muß. Mit diesen Leitungsäquivalenten geht die Pupinleitung nach Abb. 5.7.1 in ein Kettennetz aus spiegelgekoppelten L-Gliedern (Abbildung 5.7.2 oben) über. r_0 ist der per Kilometer gerechnete Ohmsche Widerstand der Pupinspulen.

Das L-Glied Abb. 5.7.2 oben kann nun aber aus dem verlustfreien L-Glied Abb. 5.7.2 unten durch komplexe Transformation hergestellt werden, wobei die Frequenzfunktionen in Gl. (3.61.2) folgenden Ausdruck annehmen:

$$W = \omega \sqrt{\left[1 + \frac{r + r_0}{j\,\omega\,(l + l_0)}\right]\left[1 + \frac{g'}{j\,\omega\,c}\right]}$$

$$\psi = \sqrt{\frac{1 + \dfrac{r + r_0}{j\,\omega\,(l + l_0)}}{1 + \dfrac{g'}{j\,\omega\,c}}} \qquad (5.72.1)$$

Wie man sieht, ist das Glied in Abb. 5.7.2 unten ein Grundtiefpaßhalbglied, dessen Spiegeleigenschaften nach den Gl. (2.64.1) und (2.64.2) folgende sind:

$$Z_a = \sqrt{\frac{l + l_0}{c}}\sqrt{1 - \left(\frac{\omega}{\omega_2}\right)^2} \qquad \Gamma = j\,\mathrm{arc}\sin\frac{\omega}{\omega_2}$$

$$Z_b = \sqrt{\frac{l + l_0}{c}}\,\frac{1}{\sqrt{1 - \left(\dfrac{\omega}{\omega_2}\right)^2}} \qquad \omega_2 = \frac{2}{s_0\,\sqrt{(l + l_0)\,c}} \qquad (5.72.2)$$

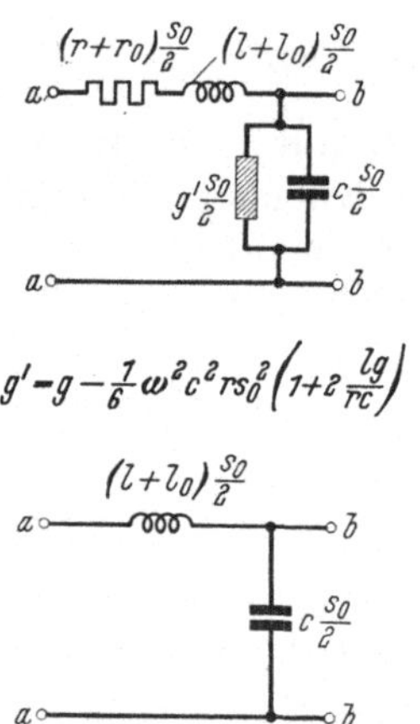

Abb. 5.7.2. Äquivalent zu einem Pupinhalbteil.

Die Pupinleitung wirkt somit wie eine Tiefpaßfilterkette mit der Grenzwinkelfrequenz ω_2. Gl. (5.72.2) gilt mit guter Annäherung nur innerhalb des Paßbandes der Pupinleitung, da die Leitungsstrecken zwischen den Pupinspulen jedenfalls für die höheren Frequenzen innerhalb des Sperrbandes der Pupinleitung nicht als elektrisch kurz angesehen werden können. Davon kann aber abgesehen werden, da die Frequenzen innerhalb des Sperrbandes ohne Interesse sind.

Da die Pupinleitung nach Abb. 5.7.1 mit einem halben Pupinabstand abschließt und der Einfluß der Verluste, die man durch komplexe Transformation in nachstehenden Wurzelausdruck hineintransformiert,

$$\sqrt{1 - \left(\frac{\omega}{\omega_2}\right)^2}$$

nur merkbar wird für ω in nächster Umgebung von ω_2, wird die Endcharakteristik der Pupinleitung praktisch genommen

$$Z = \psi\,Z_b \qquad (5.72.3)$$

oder mit den Gl. (5.72.1) und (5.72.2)

$$Z = \sqrt{\frac{r + r_0 + j\,\omega\,(l + l_0)}{g' + j\,\omega\,c}}\,\frac{1}{\sqrt{1 - \left(\dfrac{\omega}{\omega_2}\right)^2}} \qquad (5.72.4)$$

In diesem Fall hat die Korrektion der Querkonduktanz nur geringe Bedeutung, und der Unterschied gegenüber der Charakteristik einer homogenen Leitung macht sich hauptsächlich durch die Wurzel im Nenner geltend.

Die Fortpflanzungskonstante der Pupinleitung wird gemäß Gl. (5.72.2)

$$\gamma = j\,\frac{2}{s_0}\,\arcsin\frac{W}{\omega_2} \tag{5.72.5}$$

Infolge der Kleinheit der Verluste kann für W nach Gl. (5.72.1) geschrieben werden:

$$W \approx \omega - j\,\frac{1}{2}\left[\frac{r+r_0}{l+l_0} + \frac{g'}{c}\right] = \omega - jK \tag{5.72.6}$$

und Gl. (5.72.5) wird dann

$$\gamma \approx j\,\frac{2}{s_0}\,\arcsin\frac{\omega}{\omega_2} + K\,\frac{d}{d\omega}\left(\frac{2}{s_0}\arcsin\frac{\omega}{\omega_2}\right) \tag{5.72.7}$$

Aus den Gl. (5.72.6) und (5.72.7) erhält man schließlich

$$\left.\begin{aligned}
\beta &\approx \frac{2}{s_0}\arcsin\frac{\omega}{\omega_2}\\[2mm]
\alpha &\approx \frac{1}{s_0\,\omega_2}\left[\frac{r+r_0}{l+l_0} + \frac{g'}{c}\right]\frac{1}{\sqrt{1-\left(\dfrac{\omega}{\omega_2}\right)^2}}
\end{aligned}\right\} \tag{5.72.8}$$

5.73. Die PLEIJELsche Formel für die Dämpfung der Pupinleitung.

Lit. 9.293.

Wird der Ausdruck für die korrigierte Querkonduktanz Gl. (5.64.3) in die Dämpfungskonstante Gl. (5.72.8) eingesetzt, so erhält man

$$\alpha \approx \frac{1}{s_0\,\omega_2}\left\{\frac{r+r_0}{l+l_0} + \frac{1}{c}\left[g - \frac{1}{6}\,\omega^2 c^2 r s_0^2\left(1 + 2\,\frac{lg}{rc}\right)\right]\right\}\frac{1}{\sqrt{1-\left(\dfrac{\omega}{\omega_2}\right)^2}}$$

was sich mit dem Ausdruck für ω_2 in Gl. (5.72.2) weiterhin wie folgt umwandeln läßt:

$$\alpha \approx \frac{\sqrt{(l+l_0)c}}{2}\left\{\frac{r_0 + r\left[1 - \dfrac{2}{3}\left(\dfrac{\omega}{\omega_2}\right)^2\right]}{l+l_0} + \right.$$

$$\left. + \frac{g}{c}\left[1 - \frac{4}{3}\,\frac{l}{l+l_0}\left(\frac{\omega}{\omega_2}\right)^2\right]\right\}\frac{1}{\sqrt{1-\left(\dfrac{\omega}{\omega_2}\right)^2}} \tag{5.73.1}$$

5.74. Die Gruppengeschwindigkeit.
Lit. 9.2037.

Damit die Wellengeschwindigkeit (oder Fortpflanzungsgeschwindigkeit einer Sinuswelle) Gl. (5.33.1) mit der Fortpflanzungsgeschwindigkeit eines über die Leitung geführten Stromes von beliebigem endlichen Zeitverlauf, der nach Gl. (1.53.1) einem kontinuierlichen Frequenzspektrum entspricht, übereinstimmt, müssen offensichtlich die Dämpfung und die Wellengeschwindigkeit von der Winkelfrequenz unabhängig und somit die Wellenkonstante dieser proportional sein. Wenn dies nicht der Fall ist, d. h. wenn die Leitung Verzerrungen hervorruft, so stellt die Wellengeschwindigkeit nur diejenige Geschwindigkeit dar, mit welcher eine stationäre Sinuswelle längs der Leitung wandert und welche außer durch die Fortpflanzung der Energie auch durch die längs der Leitung in den Kapazitäten und Induktivitäten aufgespeicherte Energie bestimmt wird. Es handelt sich somit in Wirklichkeit nicht um eine Fortpflanzung in physikalischem Sinne, sondern nur um die Beschreibung eines stationären, eingeschwungenen Zustandes.

Nach Gl. (5.72.8) ist bei einer Pupinleitung die Wellenkonstante nicht exakt proportional und die Dämpfungskonstante nicht völlig unabhängig von der Winkelfrequenz. Deshalb kann die physikalische Fortpflanzungsgeschwindigkeit in diesem Fall auch nicht aus Gl. (5.33.1) berechnet werden. In diesem Abschnitt soll daher eine allgemeiner anwendbare Formel abgeleitet werden. Es soll dabei die Fortpflanzung eines Wellenzuges längs einer beliebigen Leitung untersucht werden.

Nach den Gl. (1.53.1) und (1.54.1) kann ein Wellenzug wie folgt ausgedrückt werden:

$$\left.\begin{aligned} u_a &\approx \frac{B_n}{\pi} \int_0^\infty \frac{\sin\dfrac{T}{2}(\omega - \omega_B)}{\omega - \omega_B} \sin\omega t\, d\omega \\[2ex] \omega_B &= \frac{2\pi n}{T} \end{aligned}\right\} \qquad (5.74.1)$$

n Anzahl Perioden im Wellenzuge,
T Zeitdauer des Wellenzuges.

Die Dauer T des Wellenzuges wird so bemessen, daß die Schwingungsenergie hauptsächlich innerhalb eines kleinen Frequenzbereiches zwischen $\omega = \omega_B - \Delta$ und $\omega_B + \Delta$ zu liegen kommt (vgl. Abb. 1.5.4 unten). Gl. (5.74.1) kann deshalb folgendermaßen geschrieben werden:

$$u_a \approx \frac{B_n}{\pi} \int_{\omega_B - \Delta}^{\omega_B + \Delta} \frac{\sin\dfrac{T}{2}(\omega - \omega_B)}{\omega - \omega_B} \sin\omega t\, d\omega \qquad (5.74.2)$$

Nachdem der Wellenzug eine Leitung mit der komplexen Dämpfung

$$[\alpha + j\,\beta(\omega)]\,s$$

durchlaufen hat, wobei die Dämpfungskonstante α innerhalb des Frequenzbandes $\omega = \omega_B - \Delta$ und $\omega_B + \Delta$ wegen der Kleinheit von Δ praktisch genommen frequenzunabhängig ist, ändert sich der Wellenzug in Gl. (5.74.2) zu:

$$u_b \approx \frac{B_n\,e^{-\alpha s}}{\pi} \int\limits_{\omega_B - \Delta}^{\omega_B + \Delta} \frac{\sin\dfrac{T}{2}(\omega - \omega_B)}{\omega - \omega_B}\,\sin[\omega\,t - \beta(\omega)\,s]\,d\omega$$

oder

$$u_b \approx \frac{B_n\,e^{-\alpha s}}{\pi} \int\limits_{-\Delta}^{+\Delta} \frac{\sin\dfrac{T\,x}{2}}{x}\,\sin[(\omega_B + x)\,t - (\beta(\omega_B + x))\,s]\,dx \qquad (5.74.3)$$

Da

$$x \ll \omega_B$$

kann man schreiben

$$\left.\begin{aligned} \beta(\omega_B + x) &\approx \beta(\omega_B) + x\,\frac{d\beta}{d\omega} \\[2mm] \frac{d\beta}{d\omega} &\approx \text{konstant für } x = -\Delta \text{ bis } +\Delta \end{aligned}\right\} \qquad (5.74.4)$$

Nach den Gl. (5.74.3) und (5.74.4) wird dann

$$u_b \approx \frac{B_n\,e^{-\alpha s}}{\pi} \int\limits_{-\Delta}^{+\Delta} \frac{\sin\dfrac{T\,x}{2}}{x}\,\sin\left\{[\omega_B\,t - \beta(\omega_B)\,s] + x\left[t - \frac{d\beta}{d\omega}\,s\right]\right\}dx$$

oder

$$u_b \approx \frac{B_n\,e^{-\alpha s}}{\pi}\,2\sin[\omega_B\,t - \beta(\omega_B)\,s]\int\limits_{0}^{\Delta} \frac{\sin\dfrac{T\,x}{2}}{x}\,\cos x\left(t - \frac{d\beta}{d\omega}\,s\right)dx$$

$$(5.74.5)$$

Der Wellenzug besteht somit aus einer Sinuswelle mit der Winkelfrequenz ω_B, die mit dem Integral in Gl. (5.74.5) zu einem praktisch genommen endlichen Wellenzuge moduliert ist. Nach Gl. (5.33.1) pflanzt sich die Sinuswelle mit einer Geschwindigkeit

$$v_B = \frac{\omega_B}{\beta(\omega_B)} \qquad (5.74.6)$$

fort. Die Fortpflanzungsgeschwindigkeit der Modulationskurve dagegen ist

$$v = \frac{d\omega}{d\beta}, \qquad \omega = \omega_B \qquad (5.74.7)$$

Unter der „Gruppengeschwindigkeit" wird im folgenden die Geschwindigkeit in Gl. (5.74.7) verstanden, welche offensichtlich die Fortpflanzungsgeschwindigkeit eines aus einer Wellengruppe zusammengesetzten Wellenzuges und somit auch die Fortpflanzungsgeschwindigkeit der Energie ist. Für eine Leitung, die mit sogenannter „Phasenverzerrung" behaftet ist, ist die Gruppengeschwindigkeit frequenzabhängig, d. h. Wellenzüge mit verschiedenen Trägerwinkelfrequenzen ω_B pflanzen sich mit verschiedener Geschwindigkeit fort.

Aus den Gl. (5.72.8) und (5.74.7) wird die Gruppengeschwindigkeit für eine Pupinleitung

$$v = \frac{s_0}{2} \sqrt{\omega_2^2 - \omega^2} \qquad (5.74.8)$$

Aus Gl. (5.74.8) geht hervor, daß die Gruppengeschwindigkeit abnimmt, wenn sich die Winkelfrequenz ω der Grenzwinkelfrequenz ω_2 nähert. Für niedrige Frequenzen wird nach Gl. (5.74.8)

$$v \approx \frac{s_0\,\omega_2}{2}$$

oder nach Gl. (5.72.2)

$$v \approx \frac{1}{\sqrt{(l + l_0)\,c}} \qquad (5.74.9)$$

In Pupinkabelleitungen ist sowohl die Kapazität per Kilometer wie auch die vergrößerte Induktivität per Kilometer relativ groß. Nach Gl. (5.74.9) wird daher die Gruppengeschwindigkeit bei Pupinkabelleitungen besonders niedrig, verglichen mit anderen Leitungen.

5.75. Pupinisierung bei unbeständiger Querkonduktanz.

Bei der Pupinisierung von langen Freileitungen stellte es sich recht bald heraus, daß ihre Dämpfung stark von der Witterung abhängig ist. Die Erklärung hierfür ist recht einfach. Gemäß Abschnitt 5.13 ist die Primärkonstante g stark feuchtigkeitsabhängig, und ihr Einfluß auf die Dämpfungskonstante wächst nach Gl. (5.42.1), wenn die Primärkonstante l vergrößert wird. Aus diesem Grunde ist man davon abgekommen, lange Freileitungen aus blankem Draht zu pupinisieren.

5.76. Die Pupinisierungsstärke.

Die Vergrößerung der Leitungsinduktivität durch Pupinisierung ist jedoch mit folgenden Nachteilen verbunden, die natürlich zu berücksichtigen sind:

1. Durch den Ohmschen Widerstand der Pupinspulen erhöht sich auch der Ohmsche Widerstand der Leitung.

2. Nach Gl. (5.72.2) sinkt die Grenzwinkelfrequenz bei Beibehaltung des Pupinabstandes, d. h. unveränderter Anzahl Pupinspulen. Hierdurch verschmälert sich der Übertragungsbereich der Leitung in seiner Frequenzbreite, was eine wesentliche Einschränkung seiner Nutzanwendung bedeuten kann.

3. Nach Gl. (5.74.8) wird die Gruppengeschwindigkeit stärker frequenzabhängig, wenn die Grenzwinkelfrequenz sinkt. Dies verursacht eine Vergrößerung der Phasenverzerrung der Leitung, was bei langen Leitungen recht nachteilig sein kann.

4. Nach Gl. (5.74.9) verringert sich die Gruppengeschwindigkeit der Leitung, was bei langen Leitungen ebenfalls von Nachteil sein kann.

Das Dämpfungsminimum, welches sich bei Erhöhung der Leitungsinduktivität zur Erfüllung der Bedingung in Gl. (5.43.1) für die ideale Leitung nach HEAVISIDE ergibt, erweist sich glücklicherweise als recht flach. Die „Pupinisierungsstärke", d. h. die vergrößerte Induktivität

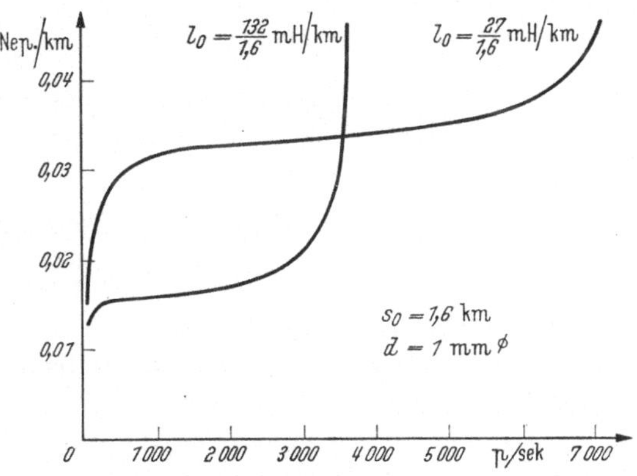

Abb. 5.7.3. Frequenzverlauf der Dämpfung einer Kabelleitung für verschiedene Pupinisierungsstärken.

per Kilometer liegt daher in der Regel erheblich unter der Bedingung für HEAVISIDES ideale Leitung und ist außerdem recht verschieden in ihrem numerischen Wert je nach der Anwendung der Leitung für langen oder kurzen Abstand.

Abb. 5.7.3 zeigt den Frequenzverlauf der Dämpfungskonstante für eine Stammkabelleitung von 1 mm Kupferdraht mit 1,6 km Pupinabstand, und zwar einerseits bei sogenannter „starker Pupinisierung" ($l_0 = 132/1,6$ mH/km) und andererseits bei sogenannter „schwacher Pupinisierung" ($l_0 = 27/1,6$ mH/km). Wie man sieht, gewinnt man bei starker Pupinisierung eine Dämpfungsherabsetzung innerhalb des Tonfrequenzgebietes, aber auf Kosten der Frequenzbreite des Übertragungsbereiches.

5.77. Die Pupinisierung der Phantomleitung.

Für die Pupinisierung sämtlicher drei Übertragungskreise in einem Adervierer verwendet man gewöhnlich das sogenannte „Dreispulensystem", das schematisch in Abb. 5.7.4 dargestellt ist. Jede Stammleitung wird dadurch pupinisiert, daß in die Doppelleitungen S_I und S_{II} die Pupinspulen S_I bzw. S_{II} eingefügt werden. Für die Pupinisierung der Phantomleitung schaltet man eine dritte Pupinspule F ein, die von den beiden Doppelleitungen S_I und S_{II} so umwunden ist,

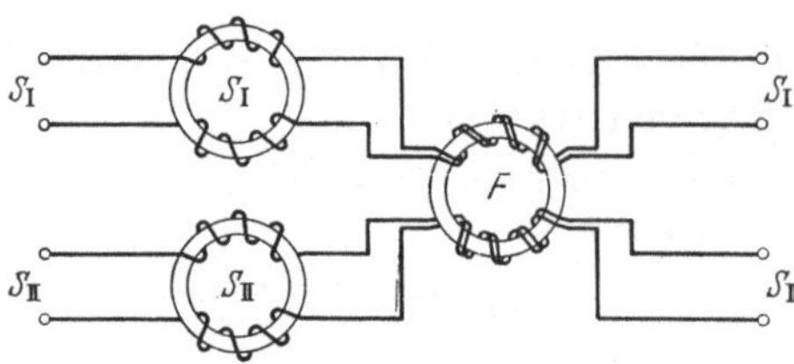

Abb. 5.7.4. Dreispulensystem.

daß jede Doppelleitung gleichsam einen einzigen Windungsdraht bildet, wie dies aus Abb. 5.7.4 ersichtlich ist.

Oft pupinisiert man die Phantomleitung so, daß sie die gleiche Dämpfungskonstante hat wie die Stammleitungen bei tieferen Frequenzen. Dadurch erhält die Phantomleitung in der Regel eine höhere Grenzwinkelfrequenz als die Stammleitungen.

5.78. Die Anpassungspupinisierung.

Lit. 9.2012 und 9.2046.

Da die Pupinleitung wie eine Tiefpaßfilterkette wirkt, kann sie an frequenzunabhängige Widerstandsendbelastungen durch Feinanpassungsvierpolnetze nach Abb. 4.4.5 annähernd spiegelangepaßt werden. Derartige Vierpolnetze können jedoch auch aus den Leitungskapazitäten und Pupinspulen mit parallelen Kondensatoren hergestellt werden, wie es Abb. 5.7.5 durch einige Beispiele schematisch erläutert. Die Zahlen oberhalb der Pupinspulen geben ihre Induktivitäten im Verhältnis zur Summe der Spuleninduktivitäten an. Die Zahlen seitlich der Pupinspulen bedeuten ihre Resonanzwinkelfrequenz, die durch die Zusammenschaltung mit den Kondensatoren entsteht, ausgedrückt im Verhältnis zur Grenzwinkelfrequenz ω_2. Die Zahlen unter den Pupinabschnitten schließlich beziehen sich auf ihre Länge im Verhältnis zur gesamten Leitungslänge. Die Pupinleitung Abb. 5.7.5 oben ist aus zwei gleichen dreiarmigen Halbgliedern nach Abb. 4.3.5 oben zusammengesetzt. In der Pupinleitung darunter sind zwischen die beiden dreiarmigen Halbglieder des obersten Schemas zwei gleiche, abgeleitete, zweiarmige Halbglieder eingeschaltet, während im 3. Schema zwei gleiche dreiarmige Grundhalbglieder zwischen den dreiarmigen Halbgliedern des obersten Schemas angeordnet sind. In Abb. 5.7.5 unten sind schließlich zwischen die zweiarmigen abgeleiteten Halbglieder des 2. Schemas n gewöhnliche Pupinabschnitte eingeschaltet. Benachbarte Gliederarme sind dabei miteinander verschmolzen. Die Dimensionierung entspricht den Parameterwerten in Gl. (4.43.1) oder Gl. (4.43.2).

Die Anpassungspupinisierung kann beispielsweise für eine reflexionsfreie Verlängerung einer nichtpupinisierten Freileitung mit einer kürzeren Pupinkabelleitung angewendet werden. Um hierbei auch den Phasenwinkel der Charakteristik zu berücksichtigen, macht man

$$\sqrt{\frac{r + j\,\omega\,l}{g + j\,\omega\,c}} = \sqrt{\frac{R + j\,\omega\,L}{G + j\,\omega\,C}} \qquad (5.78.1)$$

r, l, g und c Primärkonstanten der Freileitung,
R, L, G und C Gesamtwiderstand, -induktivität, -konduktanz und -kapazität
der Pupinleitung.

woraus sich folgende Dimensionierungsbedingungen ergeben:

$$\frac{l}{c} = \frac{L}{C}, \qquad \frac{r}{l} = \frac{R}{L}, \qquad \frac{g}{c} = \frac{G}{C} \qquad (5.78.2)$$

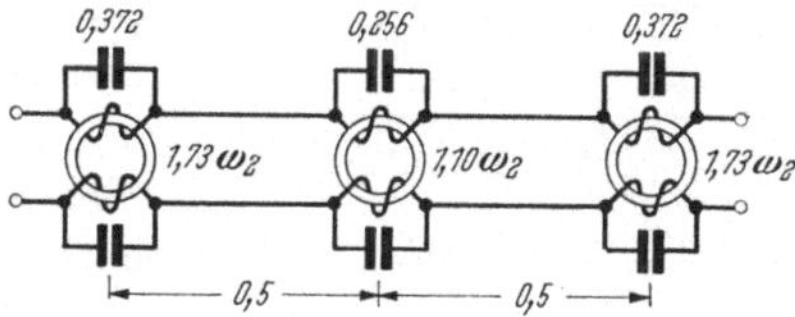

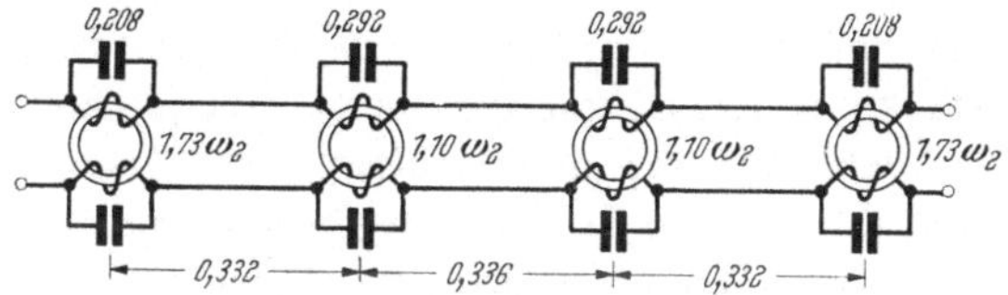

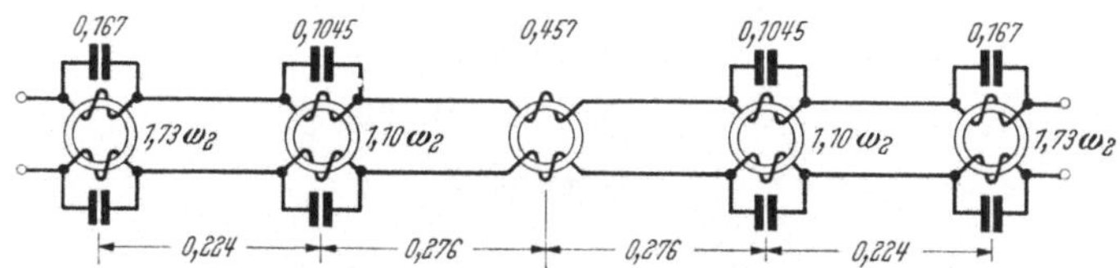

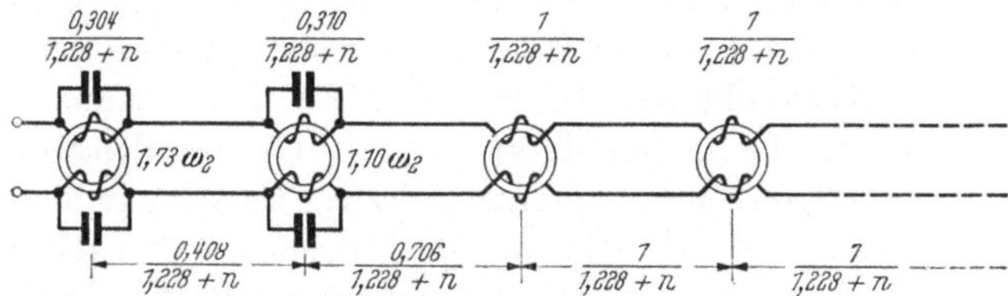

Abb. 5.7.5. Beispiele für Anpassungspupinisierung.

5.79. Anmerkung.

Von C. E. Krarup stammt der Vorschlag, die Primärkonstante l dadurch zu vergrößern, daß die Leitungsdrähte mit Eisendraht oder Eisenband umwickelt werden. Für diese Zwecke wendet man heutzutage nickellegiertes Eisen von hoher magnetischer Permeabilität und geringen Eisenverlusten an (Permalloy, Invariant, Perminvar usw.). Dieses Verfahren bringt aber gleichzeitig eine Vergrößerung der Primärkonstanten c und eine stärkere Erhöhung der Primärkonstanten r als bei der Pupinisierung mit sich. Andererseits entsteht aber keine Filterwirkung, welche den Übertragungsbereich in seiner Frequenzbreite begrenzen würde.

S. P. Thompson hat den Vorschlag gemacht, die Übertragungseigenschaften von Leitungen dadurch zu verbessern, daß man in gleichen Zwischenabständen s_0 gleiche Induktionsspulen zwischen die Leitungszweige einschaltet, wie dies in Abb. 5.7.6 schematisch gezeigt ist. Infolge der Parallelresonanz

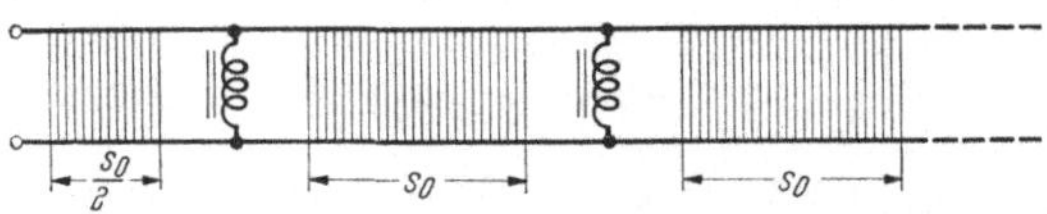

Abb. 5.7.6. Leitung nach Thompson.

der Querinduktivitäten und Querkapazitäten verringern sich nämlich die Ableitungsströme, was eine Verkleinerung der Dämpfungskonstante zur Folge hat. Dabei wird jedoch die Dämpfungskonstante verhältnismäßig stark frequenzabhängig, was zu unbequemen Verzerrungen führt. Außerdem will man aus praktischen Gründen metallische Verbindungen zwischen den beiden Leitungszweigen vermeiden. Deshalb hat die Thompson-Leitung keine praktische Anwendung gefunden, zumindest nicht für den ursprünglich beabsichtigten Zweck.

5.8. Ideale Leitungen.

Lit. 9.2022.

5.81. Definition der idealen Leitung.

Unter einer idealen Leitung versteht man eine verzerrungsfreie Leitung, d. h. eine Leitung, deren Dämpfungskonstante frequenzunabhängig und deren Wellenkonstante der Frequenz proportional ist. In Abschnitt 5.43 hat der Leser eine derartige Leitung, nämlich die ideale Leitung von Heaviside, bereits kennengelernt. Es gibt jedoch auch andere Möglichkeiten, die sich wie die ideale Leitung von Heaviside in Annäherung dadurch verwirklichen lassen, daß man auf einer homogenen Leitung diskontinuierlich verteilte Belastungen vorsieht.

Die idealen Leitungen haben eine besondere Bedeutung in der Praxis dadurch, daß sie bestimmte Richtlinien geben für die Dimensionierung von elektrischen Übertragungsverbindungen, die aus einer Vielzahl von Leitungen samt den dazwischenliegenden Stationsausrüstungen bestehen. Im folgenden wird nämlich gezeigt werden, daß Leitungen und Stationsausrüstungen so zusammenwirken können, daß die Verbindung als ideale Leitung funktioniert und somit verzerrungsfrei arbeitet.

5.82. Homogen verteilte Belastung.

Eine verlustfreie homogene Leitung ($r = 0$, $g = 0$) mit den Sekundärkonstanten nach Gl. (5.22.3)

$$\gamma = j\,\omega\,\sqrt{l\,c}\;, \qquad Z = \sqrt{\frac{l}{c}} \tag{5.82.1}$$

soll als Originalnetz für eine bm-Transformation dienen. Gemäß Tab. 3.21.1 und Gl. (5.82.1) werden dann die Sekundärkonstanten der bm-transformierten Leitung

$$\gamma = j\,\omega_{\mathrm{I}}\,b\,m\,\sqrt{l\,c}$$
$$Z = \psi\sqrt{\frac{l}{c}} \qquad\qquad \psi = \begin{cases} \sqrt{1 - \left(\dfrac{\omega_{\mathrm{I}}}{\omega}\right)^2} \\[2mm] \dfrac{1}{\sqrt{1 - \left(\dfrac{\omega_{\mathrm{I}}}{\omega}\right)^2}} \end{cases}$$
$$\omega_{\mathrm{I}}\,b\,m = \omega\sqrt{1 - \left(\frac{\omega_{\mathrm{I}}}{\omega}\right)^2}$$

oder

$$\gamma = \sqrt{-\omega^2\,l\,c + \omega_{\mathrm{I}}^2\,l\,c}$$
$$Z = \begin{cases} \sqrt{\dfrac{l}{c}}\,\sqrt{1 - \left(\dfrac{\omega_{\mathrm{I}}}{\omega}\right)^2} \\[3mm] \dfrac{\sqrt{\dfrac{l}{c}}}{\sqrt{1 - \left(\dfrac{\omega_{\mathrm{I}}}{\omega}\right)^2}} \end{cases} \tag{5.82.2}$$

Die beiden ψ-Alternativen ergeben offensichtlich zwei Leitungsalternativen mit gleicher Fortpflanzungskonstante, aber mit verschiedenen Charakteristiken.

Nach Tab. 3.21.1 wird eine Leitung durch die bm-Transformation so verändert, daß einem Längenelement ds der Leitung, das eine Längsinduktivität $l \cdot ds$ und eine Querkapazität $c \cdot ds$ besitzt, nach der ersten Alternative die Längsinduktivität in Serie mit einer „Längskapazität"

$$\frac{1}{\omega_{\mathrm{I}}^2\,l\,ds} \tag{5.82.3}$$

und nach der zweiten Alternative die Querkapazität parallel zu einer „Querinduktivität"

$$\frac{1}{\omega_{\mathrm{I}}^2\,c\,ds} \tag{5.82.4}$$

geschaltet wird. Infolge der bm-Transformation ist somit die Leitung homogen mit Längskapazität oder Querinduktivität belastet worden.

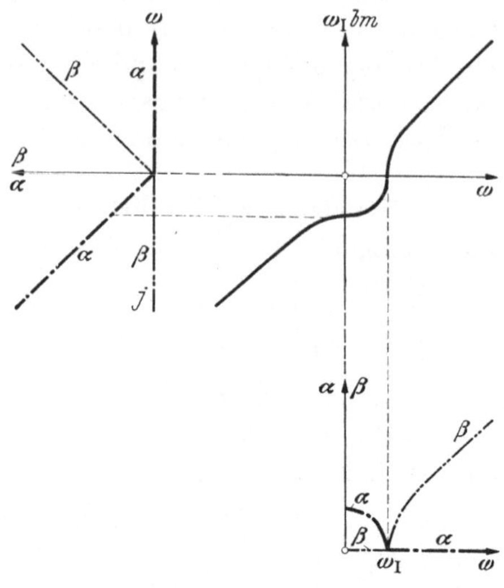

Abb. 5.8.1.
Graphische bm-Transformation der Dämpfungs- und Wellenkonstante einer Leitung.

Abb. 5.8.1 zeigt, wie man graphisch die Dämpfungs- und Wellenkonstante der bm-transformierten Leitung bestimmen kann.

5.83. Eintransformieren von Verlusten.

Mit den Frequenzfunktionen nach Gl. (3.61.2) kann man nun Verluste in die verlustfreie bm-transformierte Leitung hineintransformieren. Die Sekundärkonstanten der Gl. (5.82.2) verändern sich dabei zu

$$
\left.
\begin{aligned}
\gamma &= \sqrt{-W^2\,l\,c + \omega_I^2\,l\,c} \\[2mm]
Z &= \begin{cases}
\psi\sqrt{\dfrac{l}{c}}\sqrt{1-\left(\dfrac{\omega_I}{W}\right)^2} = \psi\,\dfrac{\gamma}{j\,W\,c} \\[4mm]
\dfrac{\psi\sqrt{\dfrac{l}{c}}}{\sqrt{1-\left(\dfrac{\omega_I}{W}\right)^2}} = \psi\,\dfrac{j\,W\,l}{\gamma}
\end{cases} \\[4mm]
W &= \omega\sqrt{\left(1+\dfrac{r}{j\,\omega\,l}\right)\left(1+\dfrac{g}{j\,\omega\,c}\right)} \\[4mm]
\psi &= \sqrt{\dfrac{1+\dfrac{r}{j\,\omega\,l}}{1+\dfrac{g}{j\,\omega\,c}}}
\end{aligned}
\right\}
\qquad (5.83.1)
$$

oder

$$\gamma = \sqrt{(r + j\,\omega\,l)\,(g + j\,\omega\,c) + \omega_{\mathrm{I}}^2\,l\,c}$$

$$Z = \left\{ \begin{array}{l} \dfrac{\gamma}{g + j\,\omega\,c} \\[2mm] \dfrac{r + j\,\omega\,l}{\gamma} \end{array} \right. \tag{5.83.2}$$

Im folgenden wird die komplexe Dämpfung einer derartigen s km langen Leitung mit

$$\gamma\,s = \sqrt{(\gamma_0\,s)^2 + \eta}$$
$$\gamma_0 = \sqrt{(r + j\,\omega\,l)\,(g + j\,\omega\,c)} \tag{5.83.3}$$
$$\eta = (\omega_{\mathrm{I}}\,s)^2\,l\,c$$

bezeichnet.

Durch die komplexe Transformation ist natürlich auch die Reaktanzbelastung der Leitung mit Verlusten behaftet.

5.84. Punktweise verteilte Belastung.

Wird die Belastung der bm-transformierten Leitung mit eintransformierten Verlusten je zur Hälfte an die beiden Leitungsendpunkte verlegt, so erhält man mit den Gl. (5.82.3) und (5.82.4) die Impedanz der konzentrierten Belastungen zu

$$\frac{1}{2}\,\psi\,\frac{\omega_{\mathrm{I}}^2\,l\,s}{j\,W} \quad \text{bzw.} \quad 2\psi\,\frac{j\,W}{\omega_{\mathrm{I}}^2\,c\,s}$$

W und ψ gemäß Gl. (5.83.1)

oder mit der Bezeichnung η in Gl. (5.83.3)

$$\frac{\eta}{2(g + j\,\omega\,c)\,s} \quad \text{bzw.} \quad \frac{2(r + j\,\omega\,l)\,s}{\eta} \tag{5.84.1}$$

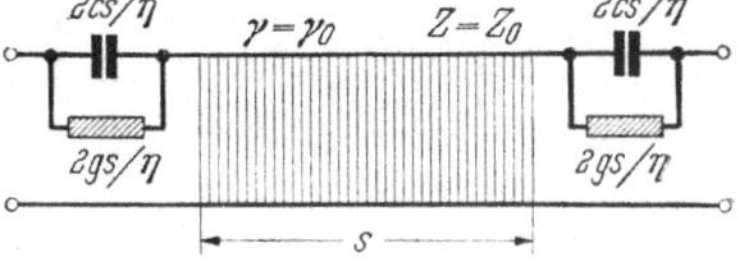

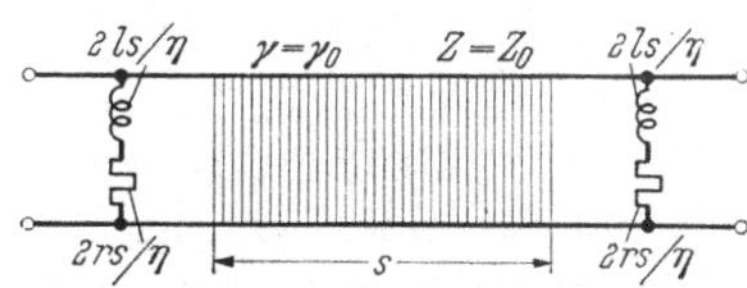

Abb. 5.8.2. Homogene Leitung mit punktweise verteilter Belastung.

Ferner werden nach den Gl. (5.22.3) oder (5.83.2) die Sekundärkonstanten der unbelasteten Leitung

$$\gamma_0 = \sqrt{(r + j\,\omega\,l)\,(g + j\,\omega\,c)}, \quad Z_0 = \sqrt{\frac{r + j\,\omega\,l}{g + j\,\omega\,c}} \tag{5.84.2}$$

Abb. 5.8.2 zeigt schematisch die beiden Leitungsalternativen nach der veränderten Belastungsverteilung.

15*

Für die Berechnung der resultierenden Fortpflanzungskonstante γ_x der Leitungen in Abb. 5.8.2 bestimmt man zunächst

$$Z_{k\frac{1}{2}} = \frac{\eta}{2\,(g+j\,\omega\,c)\,s} + Z_0 \,\mathrm{tgh}\,\frac{\gamma_0\,s}{2}$$

$$Z_{l\frac{1}{2}} = \frac{\eta}{2\,(g+j\,\omega\,c)\,s} + Z_0 \,\mathrm{coth}\,\frac{\gamma_0\,s}{2}$$

bzw.

$$\frac{1}{Z_{k\frac{1}{2}}} = \frac{\eta}{2\,(r+j\,\omega\,l)\,s} + \frac{1}{Z_0}\,\mathrm{coth}\,\frac{\gamma_0\,s}{2}$$

$$\frac{1}{Z_{l\frac{1}{2}}} = \frac{\eta}{2\,(r+j\,\omega\,l)\,s} + \frac{1}{Z_0}\,\mathrm{tgh}\,\frac{\gamma_0\,s}{2}$$

Mit Gl. (5.84.2) ergeben beide Alternativen

$$\mathrm{tgh}\,\frac{\gamma_x\,s}{2} = \sqrt{\frac{Z_{k\frac{1}{2}}}{Z_{l\frac{1}{2}}}} = \sqrt{\frac{\dfrac{\eta}{2\gamma_0\,s} + \mathrm{tgh}\,\dfrac{\gamma_0\,s}{2}}{\dfrac{\eta}{2\gamma_0\,s} + \mathrm{coth}\,\dfrac{\gamma_0\,s}{2}}}$$

was auch wie folgt geschrieben werden kann:

$$\sqrt{\frac{\cosh\gamma_x\,s - 1}{\cosh\gamma_x\,s + 1}} = \sqrt{\frac{\dfrac{\eta}{2\gamma_0\,s}\,\sinh\gamma_0\,s + \cosh\gamma_0\,s - 1}{\dfrac{\eta}{2\gamma_0\,s}\,\sinh\gamma_0\,s + \cosh\gamma_0\,s + 1}}$$

woraus sich nachstehende Beziehung ergibt:

$$\gamma_x\,s = \mathrm{arcosh}\left(\frac{\eta}{2\gamma_0\,s}\,\sinh\gamma_0 s + \cosh\gamma_0 s\right) \tag{5.84.3}$$

Die Fortpflanzungskonstante γ_x in Gl. (5.84.3) gilt natürlich nicht nur für eine Leitung, bei der lediglich die Endpunkte belastet sind, sondern ganz allgemein für eine Leitung, die als eine Spiegelkopplung mehrerer Leitungen nach Abb. 5.8.2 betrachtet werden kann, wobei s der Abstand zwischen den Belastungspunkten ist.

5.85. Der Belastungsfall nach EKELÖF.

In diesem Abschnitt sollen die komplexen Dämpfungen einer homogen und einer punktweise belasteten Leitung, die nach den Gl. (5.83.3) und (5.84.3) durch die Funktionen

$$y = \sqrt{x^2 + \eta}\,, \quad y = \mathrm{arcosh}\left(\frac{\eta}{2\,x}\,\sinh x + \cosh x\right) \tag{5.85.1}$$

bestimmt sind, miteinander verglichen werden. Zu diesem Zwecke wird $\cosh y$ als Reihe entwickelt, womit man folgende Beziehungen erhält:

$$
\begin{aligned}
\cosh \sqrt{x^2 + \eta} = 1 &+ \frac{\eta}{\lfloor 2} + \frac{\eta^2}{\lfloor 4} + \frac{\eta^3}{\lfloor 6} + \cdots \\
&+ \left[\frac{1}{\lfloor 2} + \frac{\eta}{2\lfloor 3} + \frac{\eta^2}{2\lfloor 5} + \frac{\eta^3}{2\lfloor 7} + \cdots \right] x^2 + \\
&+ \left[\frac{1}{\lfloor 4} + \frac{\eta}{2\lfloor 5} + \frac{\eta^2}{2\lfloor 7} + \frac{\eta^3}{2\lfloor 9} + \cdots \right] x^4 + \\
&+ \left[\frac{1}{\lfloor 6} + \frac{\eta}{2\lfloor 7} + \frac{\eta^2}{2\lfloor 9} + \cdots\cdots \right] x^6 + \\
&+ \left[\frac{1}{\lfloor 8} + \frac{\eta}{2\lfloor 9} + \cdots\cdots\cdots \right] x^8 + \cdots
\end{aligned}
$$

$$
\begin{aligned}
\frac{\eta}{2x} \sinh x + \cosh x = 1 &+ \frac{\eta}{2} + \\
&+ \left[\frac{1}{\lfloor 2} + \frac{\eta}{2\lfloor 3} \right] x^2 + \\
&+ \left[\frac{1}{\lfloor 4} + \frac{\eta}{2\lfloor 5} \right] x^4 + \\
&+ \left[\frac{1}{\lfloor 6} + \frac{\eta}{2\lfloor 7} \right] x^6 + \\
&+ \left[\frac{1}{\lfloor 8} + \frac{\eta}{2\lfloor 9} \right] x^8 + \cdots
\end{aligned}
$$

$$(5.85.2)$$

Aus Gl. (5.85.2) geht hervor, daß die Koeffizienten für die verschiedenen Potenzen von x in der zweiten Reihe gleich den beiden ersten Termen in den entsprechenden Koeffizienten der ersten Reihe sind. Die beiden Funktionen in Gl. (5.85.1) müssen folglich annähernd gleich sein, wenn η unter einem bestimmten Werte liegt. Die genauere Berechnung zeigt, daß

$$
\sqrt{x^2 + \eta} \approx \operatorname{arcosh}\left(\frac{\eta}{2x} \sinh x + \cosh x \right)
$$
$$
\eta \lesseqgtr 1
$$

$$(5.85.3)$$

Dies bedeutet, daß für $\eta \lesseqgtr 1$ die homogen und die punktweise belastete Leitung praktisch genommen die gleiche Fortpflanzungskonstante besitzen, und zwar selbst dann, wenn der Abstand zwischen den Belastungspunkten im letzteren Falle groß im Verhältnis zur Wellenlänge ist. Als erster hat dies S. EKELÖF speziell für Belastung mit Querinduktivitäten gezeigt. (Vgl. Lit. 9.082.)

5.86. Die ideale Leitung nach Svartholm.

Nach Gl. (5.83.2) besitzen bm-transformierte Leitungen mit eintransformierten Verlusten eine Dämpfungskonstante

$$\gamma = \sqrt{(r + j\,\omega\,l)\,(g + j\,\omega\,c) + \omega_{\mathrm{I}}^2\,l\,c} \qquad (5.86.1)$$

wo ω_{I} die Transformationswinkelfrequenz bei der bm-Transformation ist. Falls die Dämpfungskonstante Gl. (5.86.1) in der Form

$$\gamma = \alpha + j\,\omega\,\tau$$

geschrieben werden kann, wobei α und τ frequenzunabhängig sein sollen, ist die Leitung nach Abschnitt 5.43 verzerrungsfrei, d. h. ideal. Die Bedingung dafür, daß die homogen belastete Leitung ideal ist, ergibt sich also aus

$$\alpha + j\,\omega\,\tau = \sqrt{(r + j\,\omega\,l)\,(g + j\,\omega\,c) + \omega_{\mathrm{I}}^2\,l\,c}$$

oder

$$\alpha^2 + 2\,j\,\omega\,\tau\,\alpha - \omega^2\,\tau^2 = r\,g + \omega_{\mathrm{I}}^2\,l\,c + j\,\omega(l\,g + c\,r) - \omega^2\,l\,c$$

womit

$$\alpha^2 = r\,g + \omega_{\mathrm{I}}^2\,l\,c, \quad 2\,\tau\,\alpha = l\,g + c\,r, \quad \tau^2 = l\,c \qquad (5.86.2)$$

Eliminiert man aus Gl. (5.86.2) α und τ und löst die Gleichungen nach der Transformationswinkelfrequenz auf, so erhält man

$$\omega_{\mathrm{I}} = \frac{1}{2}\left| \frac{r}{l} - \frac{g}{c} \right| \qquad (5.86.3)$$

Die Leitung ist folglich ideal, wenn die Transformationswinkelfrequenz die Bedingung Gl. (5.86.3) erfüllt.

Eliminiert man aus den Gl. (5.86.1) und (5.86.3) die Transformationswinkelfrequenz ω_{I}, so erhält man die Dämpfungs- und Wellenkonstante der idealen Leitung sowie ihre Gruppengeschwindigkeit wie folgt:

$$\alpha = \frac{\sqrt{l\,c}}{2}\left[\frac{r}{l} + \frac{g}{c} \right], \quad \beta = \omega\,\sqrt{l\,c}, \quad v = \frac{1}{\sqrt{l\,c}} \qquad (5.86.4)$$

N. Svartholm hat als erster die Möglichkeit gezeigt, eine Leitung als ideale Leitung bei Belastung mit homogen verteilter Querinduktivität zu dimensionieren. (Vgl. Lit. 9.38.)

5.87. Andere Typen von idealen Leitungen.

Eine genauere Untersuchung zeigt, daß man ideale Leitungen nur durch bm-Transformationen aus einer verlustfreien Leitung nach Abschnitt 5.82 und einer nachfolgenden komplexen Transformation nach Abschnitt 5.83 herstellen kann. Dagegen hindert nichts die bm-Transformationen beliebig oft und mit beliebig gewählten Tranformationswinkelfrequenzen zu wiederholen. Man gelangt dann zu einer Fortpflanzungskonstante

$$\gamma = \sqrt{(r + j\omega l)(g + j\omega c) + l c \sum_{\nu = \mathrm{I,II,III}\ldots} \omega_\nu^2} \qquad (5.87.1)$$

Die Bedingungen für eine ideale Leitung sind in diesem Fall nach Gl. (5.86.3)

$$\sqrt{\sum_{\nu = \mathrm{I,II}\ldots} \omega_\nu^2} = \frac{1}{2}\left|\frac{r}{l} - \frac{g}{c}\right| \qquad (5.87.2)$$

was auch hier zu den Eigenschaften Gl. (5.86.4) führt. Gl. (5.87.2), welche die generellen Bedingungen für ideale Leitungen angibt, umfaßt auch die ideale Leitung von HEAVISIDE, nämlich den Fall, daß sämtliche Transformationswinkelfrequenzen gleich Null sind.

Diejenigen idealen Leitungen, die man mit höchstens drei bm-Transformationen erhalten kann, sind in Abb. 5.8.3 schematisch angegeben. Jedes Quadrat enthält die Darstellung einer idealen Leitung, wobei das obere bzw. untere Impedanzsymbol die gesamte Längsimpedanz bzw. Queradmittanz per Kilometer angibt.

Die oberste Leitung in Abb. 5.8.3 ist HEAVISIDES ideale Leitung. Nach einer bm-Transformation erhält man die in Abb. 5.8.3 an zweiter Stelle von oben dargestellten Leitungen, von denen die rechte die ideale Leitung von SVARTHOLM ist. Nach zwei bm-Transformationen ergeben sich zweimal zwei Leitungen, wie in Abb. 5.8.3 in der dritten Reihe von oben dargestellt. Wie man sieht, ist je eine dieser zweimal zwei Leitungen von dem gleichen Typ wie die Leitung, aus der sie hervorgegangen ist. Bei Fortsetzung des Verfahrens gilt dies als Regel. Eine jede bm-Transformation ergibt daher nur zwei neue Typen von idealen Leitungen. Nach drei bm-Transformationen erhält man als neue Leitungstypen die in Abb. 5.8.3 unten dargestellten. Man kann auf diese Weise unbegrenzt fortsetzen, wobei weiterhin neue, immer komplizierter werdende Leitungstypen entstehen.

Es ist zu beachten, daß man nach mehr als einer bm-Transformation unendlich viele Möglichkeiten für die Erfüllung der Bedingung von Gl. (5.87.2) hat, da die gleiche Summe durch die verschiedenste Wahl der Werte der einzelnen Transformationswinkelfrequenzen erzielt werden kann.

Es entsteht nunmehr die Frage, ob die neuen idealen Leitungen so dimensioniert werden können, daß auch hier die Belastungsimpedanzen punktweise längs der Leitung entsprechend dem von EKELÖF angegebenen Belastungsfall verteilt werden können. Dazu soll folgende Überlegung angestellt werden.

Nach der ersten bm-Transformation (mit $\eta < 1$) kann man nach Abschnitt 5.85 die homogen verteilte Belastung punktweise konzentrieren, ohne daß die Fortpflanzungskonstante dadurch nennenswert beeinflußt wird. Nach der zweiten bm-Transformation, die ebensogut

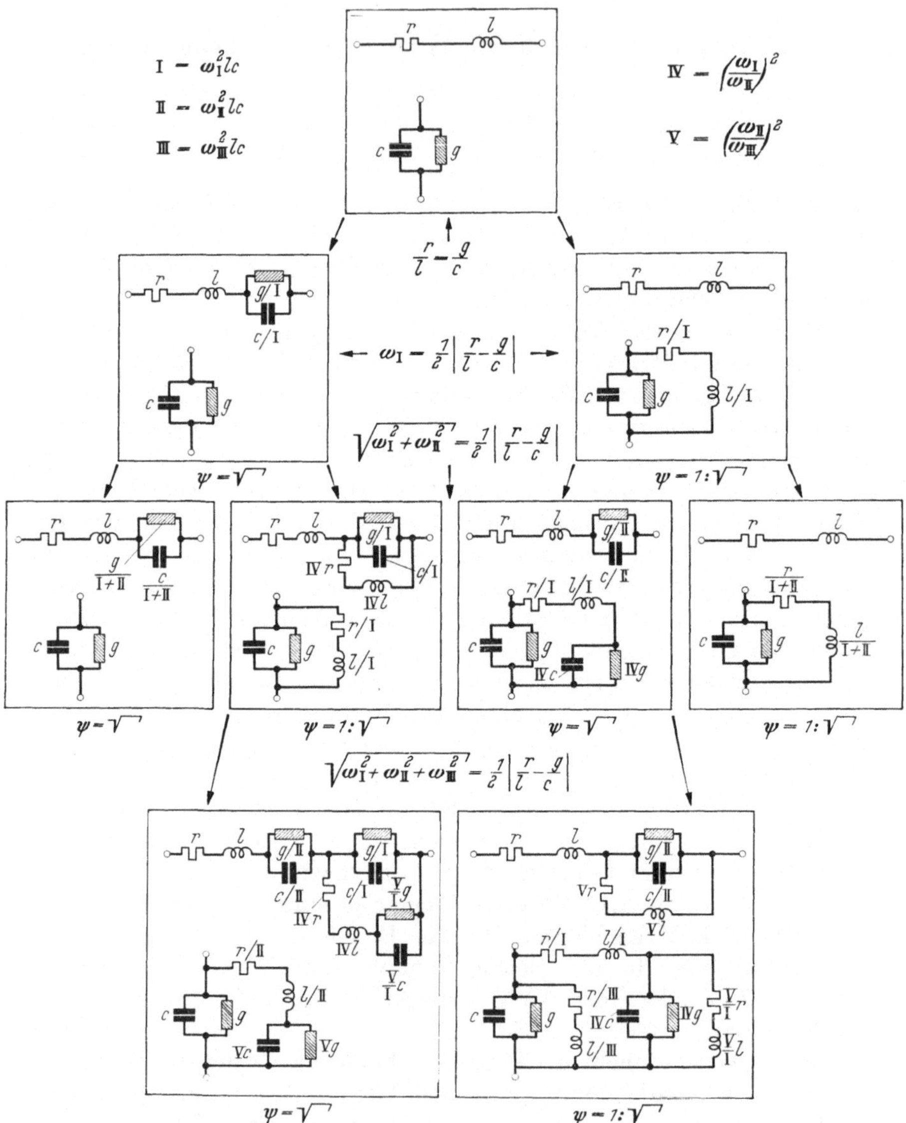

Abb. 5.8.3. Dimensionierung idealer Leitungen nach höchstens drei bm-Transformationen.

bei der punktweise wie bei der homogen belasteten Leitung ausgeführt werden kann, erfahren die punktweise verteilten Belastungen eine Veränderung, sie verbleiben jedoch punktweise verteilt. Außerdem erhält die Leitung eine neue homogen verteilte Belastung, die (fortfahrend unter der Voraussetzung $\eta < 1$) an den vorherigen oder neuen Belastungspunkten konzentriert werden kann. Dasselbe wiederholt sich bei den nachfolgenden bm-Transformationen. Unter Zugrundelegung des in Gl. (5.83.3) angegebenen Ausdruckes für η kann somit folgendes festgestellt werden: Bei sukzessiven bm-Transformationen einer Leitung mit den Transformationswinkelfrequenzen $\omega_\mathrm{I}, \omega_\mathrm{II}, \omega_\mathrm{III}$ usw., können, wenn die Bedingungen,

$$\left.\begin{aligned}
(\omega_\mathrm{I}\, s_\mathrm{I})^2\, l\, c &< 1 \\
(\omega_\mathrm{II}\, s_\mathrm{II})^2\, l\, c &< 1 \\
(\omega_\mathrm{III}\, s_\mathrm{III})^2\, l\, c &< 1 \\
\text{usw.} \qquad &
\end{aligned}\right\} \qquad (5.87.3)$$

erfüllt sind, die Belastungsimpedanzen von jeder Transformation an Punkten mit den betreffenden Zwischenabständen s_I, s_II, s_III usw. konzentriert werden.

Es ist somit nicht notwendig, die gesamte Belastungsimpedanz auf sämtliche vorhandenen Belastungspunkte in gleicher Stärke zu konzentrieren. Beispielsweise kann man eine leichte Belastung so verteilen, daß nur jeder übernächste oder jeder dritte der vorkommenden Belastungspunkte belastet ist.

5.9. Der Leitungstransformator.

5.91. Optimale Übersetzung.

Aus Abschnitt 5.11 ging hervor, daß Signalübertragungsleitungen an den Endpunkten gewöhnlich mit Transformatoren versehen sind, um damit zugleich Phantomleitungen zu ermöglichen. Ein derartiger „Leitungstransformator" wird auch dazu benutzt, um durch die Wahl des Übersetzungsverhältnisses, d. h. des Verhältnisses der Windungszahlen, die Leitung möglichst an ihre Endbelastung, die eine Stationsausrüstung oder eine andere Leitung

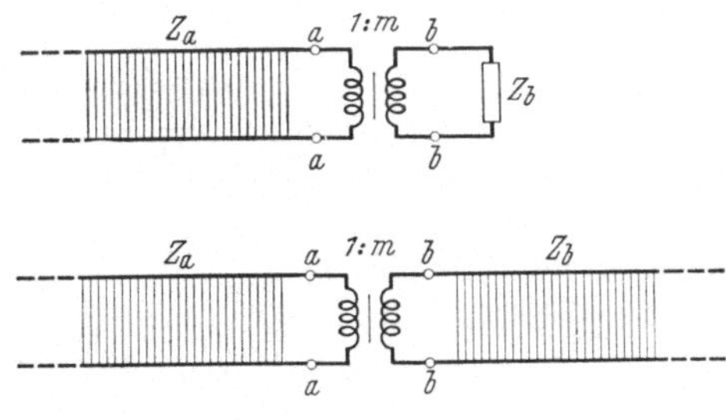

Abb. 5.9.1. Anpassung mit einem Leitungstransformator.

sein kann, spiegelanzupassen. In diesem Abschnitt soll die optimale Übersetzung bestimmt werden.

Abb. 5.9.1 zeigt schematisch eine Leitung mit der Charakteristik Z_a, die an eine Belastungsimpedanz Z_b oder eine andere Leitung mit der Charakteristik Z_b mit Hilfe eines Tranformators vom Übersetzungsverhältnis $1:m$ angepaßt ist. Der Einfachheit halber soll der Transformator als ideal angenommen werden, d. h. die Impedanz Z_b soll bei der Messung am Polpaar a $Z_b:m^2$ und die Impedanz Z_a bei ihrer Messung am Polpaar b $Z_a \cdot m^2$ sein.

Die Reflexionen kann man sich sowohl am Polpaar a wie am Polpaar b entstanden denken. Die komplexe Übergangsdämpfung nach Gl. (2.42.6) an den Polpaaren a und b wird nämlich

$$\Gamma_t = \ln \frac{1}{2} \left[\sqrt{\frac{Z_a}{Z_b:m^2}} + \sqrt{\frac{Z_b:m^2}{Z_a}} \right]$$

bzw.

$$\Gamma_t = \ln \frac{1}{2} \left[\sqrt{\frac{Z_a \cdot m^2}{Z_b}} + \sqrt{\frac{Z_b}{Z_a \cdot m^2}} \right]$$

was in beiden Fällen

$$\Gamma_t = \ln \frac{1}{2} \left[m \sqrt{\frac{Z_a}{Z_b}} + \frac{1}{m} \sqrt{\frac{Z_b}{Z_a}} \right] \tag{5.91.1}$$

ergibt. Aus Gl. (5.91.1) erhält man die Übergangsdämpfung

$$A_t = \ln \frac{1}{2} \left| m \sqrt{\frac{|Z_a|}{|Z_b|}}\, e^{j\frac{1}{2}(\sphericalangle Z_a - \sphericalangle Z_b)} + \frac{1}{m} \sqrt{\frac{|Z_b|}{|Z_a|}}\, e^{j\frac{1}{2}(\sphericalangle Z_b - \sphericalangle Z_a)} \right|$$

oder nach Umformung

$$A_t = \frac{1}{2} \ln \frac{1}{4} \left[m^2 \frac{|Z_a|}{|Z_b|} + \frac{1}{m^2} \frac{|Z_b|}{|Z_a|} + 2\cos(\sphericalangle Z_a - \sphericalangle Z_b) \right] \tag{5.91.2}$$

Um den optimalen Wert des Übersetzungsverhältnisses m zu bestimmen, berechnet man die Ableitung

$$\frac{dA_t}{dm} = \frac{1}{2} \frac{2m\frac{|Z_a|}{|Z_b|} - 2\frac{1}{m^3}\frac{|Z_b|}{|Z_a|}}{m^2\frac{|Z_a|}{|Z_b|} + \frac{1}{m^2}\frac{|Z_b|}{|Z_a|} + 2\cos(\sphericalangle Z_a - \sphericalangle Z_b)} = 0$$

Hieraus geht hervor, daß

$$A_t = A_{t\,\min} \quad \text{für} \quad m = \sqrt{\frac{|Z_b|}{|Z_a|}}$$

oder nach Gl. (5.91.2)

$$\left. \begin{array}{l} A_{t\,\min} = \dfrac{1}{2} \ln \dfrac{1}{2} [1 + \cos(\sphericalangle Z_a - \sphericalangle Z_b)] \\[2ex] 1:m = \sqrt{|Z_a|} : \sqrt{|Z_b|} \end{array} \right\} \tag{5.91.3}$$

5.92. Abhängigkeit der Übergangsdämpfung von der Anpassung.

Abb. 5.9.2 zeigt die mit Gl. (5.91.3) berechneten Kurven für die Übergangsdämpfung A_t als Funktion von $m^2 \frac{|Z_a|}{|Z_b|}$ bei $|(\angle Z_a - \angle Z_b)|$ gleich 0 und $\pi/4$. Wie ersichtlich, beträgt die Übergangsdämpfung nur einige hundertstel Neper selbst bei relativ großen Fehlanpassungen. Die Anpassung mit einem Leitungstransformator kann daher im allgemeinen gute Resultate geben, obgleich dabei Winkelunterschiede oder Verschiedenheiten der Frequenzabhängigkeit der Charakteristiken nicht berücksichtigt werden. Das Übersetzungsverhältnis m ist ja eine reelle, frequenzunabhängige Größe.

5.93. Negative Übergangsdämpfung.

Aus Abb. 5.9.2 ist zu entnehmen, daß die Übergangsdämpfung in gewissen Fällen negativ sein kann, was mit den in Abschnitt 4.44 angegebenen Ergebnissen in Übereinstimmung steht. Es mag vielleicht überraschend wirken, daß eine Reflexion einer längs der Leitung wandernden Sinuswelle den Energietransport längs der Leitung verbessern kann. Es sei deshalb auf den Abschnitt 5.74 verwiesen, in dem ausgeführt wurde, daß eine Sinuswelle nicht immer als eine Energiefortpflanzung

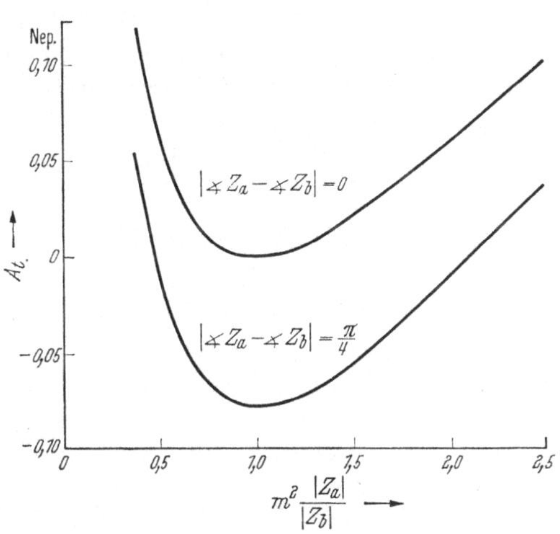

Abb. 5.9.2. Abhängigkeit der Übergangsdämpfung von der Anpassung.

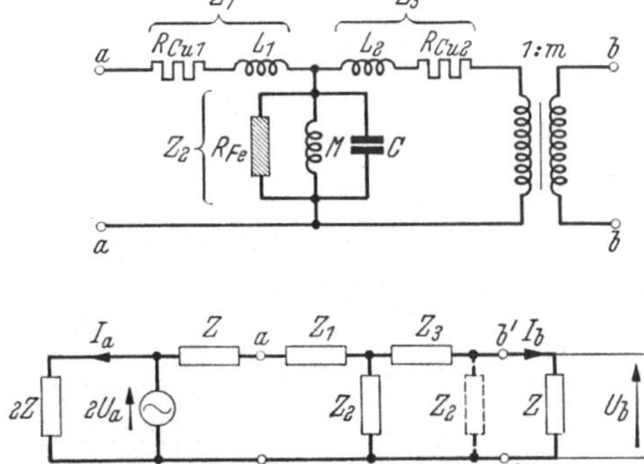

Abb. 5.9.3. Netzäquivalent für die Berechnung der Dämpfung des Leitungstransformators.

aufzufassen ist, sondern vielfach nur einen Ausdruck für einen stationär eingeschwungenen Zustand darstellt. Dies gilt speziell für mit Verzerrung behaftete Leitungen. Hierzu gehören solche Leitungen, deren

Charakteristik einen von Null verschiedenen Phasenwinkel besitzt. Die Bedingung für Verzerrungsfreiheit in Gl. (5.43.1) macht nämlich die Charakteristik rein reell, wie Gl. (5.43.4) zeigt.

5.94. Die Dämpfung des Transformators.

In Wirklichkeit kann ein Leitungstransformator nicht einfach durch einen idealen Transformator dargestellt werden, sondern dieser letztere muß mit einem T-Netz ergänzt werden, wie Abb. 5.9.3 oben schematisch zeigt. Die Impedanzelemente dieses T-Netzes haben folgende Bedeutung und Dimensionierung:

$$\left.\begin{array}{l} R_{\mathrm{Cu}\,1} = \text{Ohmscher Widerstand} \\ \quad L_1 = \text{Streuinduktivität} \end{array}\right\} \text{ der Windungen am Polpaar } a$$

$$\left.\begin{array}{l} R_{\mathrm{Cu}\,2} = \dfrac{1}{m^2}\,\text{Ohmscher Widerstand} \\[2mm] \quad L_2 = \dfrac{1}{m^2}\,\text{Streuinduktivität} \end{array}\right\} \text{ der Windungen am Polpaar } b$$

$$R_{\mathrm{Fe}} = \frac{1}{m}\,\text{Widerstand durch Eisenverluste}$$

$$M = \frac{1}{m}\,\text{gegenseitige Induktion}$$

$$C = \text{Windungskapazität am Polpaar } a + m^2 \cdot \text{Windungs-}$$
$$\text{kapazität am Polpaar } b$$

$$(5.94.1)$$

Diese Impedanzelemente gehen in die zwei Längsimpedanzen Z_1 und Z_3 sowie in die Querimpedanz Z_2 ein, wie Abb. 5.9.3 oben zeigt.

Unter der Annahme, daß

$$Z_a = \frac{1}{m^2}\,Z_b = Z = |Z| \tag{5.94.2}$$

kann die Dämpfung des Leitungstransformators an Hand des in Abb. 5.9.3 unten schematisch gezeigten Netzäquivalentes berechnet werden. In der Regel ist

$$\left.\begin{array}{l} |Z_1| \ll Z \\ |Z_2| \gg Z \\ |Z_3| \ll Z \end{array}\right\} \tag{5.94.3}$$

Die Querimpedanz Z_2 kann daher zum Polpaar b' verlegt werden, wie das gestrichelte Impedanzsymbol in Abb. 5.9.3 unten zeigt, ohne daß dadurch die Dämpfung nennenswert beeinflußt wird. Man erhält dann

$$\frac{U_a}{U_b}\frac{I_a}{I_b} = \frac{1}{2}\left[1 + \left(1 + \frac{Z_1 + Z_3}{Z}\right)\left(1 + \frac{Z}{Z_2}\right)\right] \approx 1 + \frac{Z_1 + Z_3}{2Z} + \frac{Z}{2Z_2} \tag{5.94.4}$$

Die komplexe Dämpfung des Transformators, die als

$$\Gamma = \ln \sqrt{\frac{U_a I_a}{U_b I_b}} \tag{5.94.5}$$

definiert ist, wird nach den Gl. (5.94.3) und (5.94.4)

$$\Gamma \approx \frac{Z_1 + Z_3}{2Z} + \frac{Z}{2Z_2} \tag{5.94.6}$$

Aus den Gl. (5.94.2) und (5.94.6) sowie Abb. 5.9.3 oben erhält man schließlich für die Dämpfung des Leitungstransformators

$$A \approx \frac{R_{\mathrm{Cu}\,1} + R_{\mathrm{Cu}\,2}}{2Z} + \frac{Z}{2\,R_{\mathrm{Fe}}} \tag{5.94.7}$$

Die Dämpfung kann somit aufgeteilt werden in eine Längsdämpfung, die von den Windungswiderständen abhängig ist, und eine Querdämpfung, die von dem Eisenverlustwiderstand abhängt. Die optimale Dimensionierung wird offensichtlich

$$\sqrt{(R_{\mathrm{Cu}\,1} + R_{\mathrm{Cu}\,2})\,R_{\mathrm{Fe}}} = Z \tag{5.94.8}$$

wodurch die Dämpfung in Gl. (5.94.7) zu einem Minimum wird.

6. Verstärker als Vierpolnetze.

6.1. Aktive und passive Vierpolnetze.

6.11. Die Spiegeleigenschaften des Verstärkers.

Ein Verstärker, der beispielsweise aus mehreren in Serie geschalteten Elektronenröhren besteht, besitzt ein Eingangspolpaar auf der Gitterseite der ersten Röhre und ein Ausgangspolpaar auf der Anodenseite der letzten Röhre. Der Verstärker kann daher als ein Vierpolnetz angesehen werden, das sich jedoch wesentlich von den bisher behandelten unterscheidet. Das Superpositionsprinzip nach Abschnitt 1.42 gilt nämlich nur in beschränktem Umfange, und das Reziprozitäts-

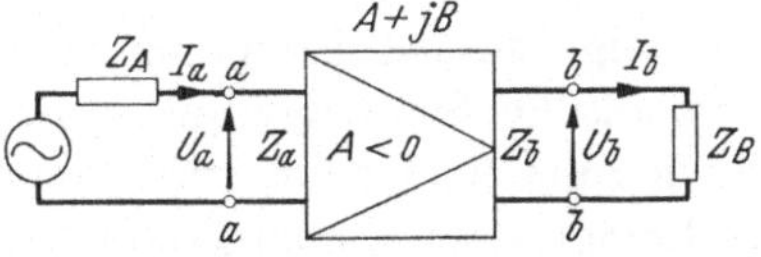

Abb. 6.1.1.
Darstellung des Verstärkers als Vierpolnetz.

theorem nach Abschnitt 2.15 gilt in diesem Falle überhaupt nicht. Denn in der einen Übertragungsrichtung erhält man eine Verstärkung, d. h. eine negative Dämpfung, während in der anderen Übertragungsrichtung eine unendliche positive Dämpfung vorhanden ist. Ferner ist die Impedanz an jedem der Polpaare unabhängig von der Belastung des entgegengesetzten Polpaares, so daß es daher nicht möglich ist, irgendwelche Spiegeleigenschaften des Verstärkers durch Kurzschluß- und Leerlaufmessungen zu bestimmen.

Für die Anpassung eines Verstärkers an Belastungsimpedanzen spielen jedoch die Eingangs- und Ausgangsimpedanz des Verstärkers die Rolle von Spiegelimpedanzen. Abb. 6.1.1 zeigt schematisch einen Verstärker mit dem Eingangs- und Ausgangspolpaar a bzw. b, die die Impedanzen Z_a bzw. Z_b haben und die von außen mit den Impedanzen Z_A bzw. Z_B belastet sind. Dieser Verstärker kann somit ganz oder teilweise spiegelangepaßt werden, indem man $Z_A = Z_a$ und (oder) $Z_B = Z_b$ macht. Man kann auch bei einem Verstärker von einer komplexen Spiegeldämpfung sprechen (wohlverstanden in seiner Übertragungsrichtung). Diese wird definiert als komplexe Betriebsdämpfung bei sowohl am Polpaar a wie am Polpaar b vorliegender Spiegelanpassung. Die Berechnung der komplexen Betriebsdämpfung des Verstärkers bei Fehlanpassung kann dann in der bekannten Weise ausgeführt werden, wobei die Rückwirkungsdämpfung stets gleich Null ist. Die komplexe Betriebsdämpfung besteht somit aus der oben definierten komplexen Spiegeldämpfung sowie aus zwei Übergangsdämpfungen (an jedem Polpaar einer), die in üblicher Weise von den betreffenden Fehlanpassungen abhängig sind.

6.12. Nichtlinearität.

Lit. 9.2030.

Ein Verstärker ist nur für kleine Schwingungsamplituden, die unter einer bestimmten Grenze liegen, annähernd linear. Wird dem Eingangspolpaar eine sinusförmige Spannung aufgedrückt, deren Amplitude diese Grenze nicht überschreitet, so sind Spannung und Strom an dem linear belasteten Ausgangspolpaar des Verstärkers praktisch genommen sinusförmig. Übersteigt dagegen die Amplitude die genannte Grenze, so weichen Spannung und Strom am Ausgangspolpaar von der Sinusform ab, behalten jedoch die Periodizität bei. Zu der dem Eingangspolpaar zugeführten Frequenz treten somit am Ausgangspolpaar noch harmonische Schwingungen hinzu. Wenn man jedoch von den Oberschwingungen absieht, kann man beim Vergleich der Spannung und des Stromes am Eingangspolpaar mit der Grundschwingung der Spannung und des Stromes am Ausgangspolpaar auch noch von einer komplexen Spiegeldämpfung beim Verstärker sprechen. Diese ist jedoch von der Schwingungsamplitude abhängig, und in der Regel wächst die reelle Dämpfung mit zunehmender Amplitude.

Im allgemeinen kommen harmonische Oberschwingungen auch in Spannung und Strom am Eingangspolpaar vor. Die komplexe Spiegeldämpfung bezieht sich dann auf die Grundschwingungen an sowohl dem Eingangs- wie dem Ausgangspolpaar des Verstärkers.

Die mangelnde Linearität bei einem Verstärker bedingt offensichtlich eine Verzerrung der verstärkten Schwingungen, die man „nichtlineare Verzerrung" nennt zum Unterschied von den früher behandelten Verzerrungen des Frequenzganges, den sogenannten „linearen Verzerrungen" (siehe z. B. Abschnitt 5.44).

6.13. Spiegelkopplung.

Aus den Abschnitten 6.11 und 6.12 dürfte zur Genüge hervorgehen, daß die Verstärker ganz allgemein in den Begriff Vierpolnetz einbezogen werden können. Da der Verstärker eine Energiequelle enthält, wird ein solches Vierpolnetz als „aktiv" bezeichnet zum Unterschied gegenüber den früher behandelten Vierpolnetzen, die man „passiv" nennt.

Die Berechnung der resultierenden Spiegeleigenschaften von mehreren spiegelgekoppelten aktiven und passiven Vierpolnetzen geschieht in be-

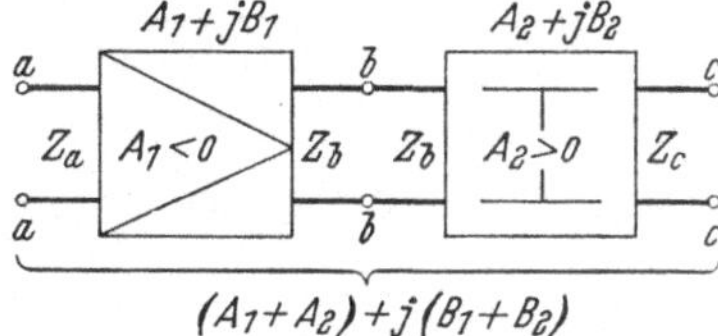

Abb. 6.1.2. Ein aktives Vierpolnetz in Spiegelkopplung mit einem passiven.

kannter Weise. Die Abb. 6.12 zeigt schematisch ein aktives Vierpolnetz, das mit einem passiven spiegelgekoppelt ist, wobei die komplexen Spiegeldämpfungen

$$A_1 + j B_1 \quad \text{bzw.} \quad A_2 + j B_2$$

sind. Die resultierende komplexe Spiegeldämpfung wird somit:

$$(A_1 + A_2) + j(B_1 + B_2) \tag{6.13.1}$$

Die Spiegelimpedanzen des resultierenden Vierpolnetzes werden gleich denen der Einzelnetze an den betreffenden Polpaaren, d. h. gleich Z_a und Z_c

6.14. Komplexe Spannungsdämpfung.

Im folgenden werden die Übertragungseigenschaften sowohl der aktiven wie der passiven Vierpolnetze in bestimmten Fällen durch die sogenannte „komplexe Spannungsdämpfung" ausgedrückt werden:

$$A' + j B' = \ln \frac{U_a}{U_b} \tag{6.14.1}$$

A' „Spannungsdämpfung",
B' „Spannungswinkel",
U_a ⎱ komplexe Effektivwerte der Grundschwingung am Eingangspolpaar a
U_b ⎰ bzw. Ausgangspolpaar b.

Gemäß der Definition der Betriebsdämpfung [Gl. (2.42.4)] ist die komplexe Betriebsdämpfung für ein beliebig belastetes Vierpolnetz, beispielsweise wie in Abb. 6.1.1:

$$A_d + j\,B_d = \ln\sqrt{\frac{U_a\,I_a}{U_b\,I_b}} \qquad (6.14.2)$$

Da aber

$$I_a = \frac{U_a}{Z_a}\,, \quad I_b = \frac{U_b}{Z_B}$$

ist, wird die komplexe Spannungsdämpfung aus den Gl. (6.14.1) und (6.14.2) zu

$$A' + j\,B' = A_d + j\,B_d + \ln\sqrt{\frac{Z_a}{Z_B}} \qquad (6.14.3)$$

6.2. Schwingungserzeugende Rückkopplung.

Lit. 9.2030.

6.21. Die Selbsterregungsbedingungen.

Lit. 9.2038.

Abb. 6.2.1 oben zeigt symbolisch ein aktives Vierpolnetz, das durch ein passives Vierpolnetz rückgekoppelt ist, d. h. die Polpaare a und b des ersteren sind direkt mit den Polpaaren d und c des letzteren verbunden. Unter bestimmten Bedingungen, die in diesem Abschnitt dargelegt werden, entstehen in dem geschlossenen Kreise Eigenschwingungen. Dies bedeutet, daß in einem beliebigen Querschnitt dieses Kreises, z. B. in der Verbindung zwischen den Polpaaren a und d, eine periodische Spannung besteht, deren Grundschwingung dort den komplexen Effektivwert U_a haben soll.

Es sei nun angenommen, daß die Verbindung zwischen den Polpaaren a und d unterbrochen ist. An das Polpaar a wird jetzt ein Generator angeschlossen, der diesem Polpaar genau dieselbe Spannung aufdrückt, die vorher in der Verbindung bestanden hat und deren Grundschwingung folglich den Effektivwert U_a besitzt. An das Polpaar d wird eine Belastungsimpedanz angeschlossen, die genau gleich der Eingangsimpedanz Z_a des aktiven Vierpolnetzes ist. Hierdurch entsteht am Polpaar d eine Spannung, deren Grundschwingung den komplexen Effektivwert U_d besitzen soll, wie Abb. 6.2.1 unten schematisch zeigt.

Es ist leicht einzusehen, daß die elektrischen Zustände in dem aktiven und in dem passiven Vierpolnetz in den beiden Fällen der Abb. 6.2.1 einander gleich sein müssen. Hieraus folgt unmittelbar die Bedingung

$$U_a = U_d \qquad (6.21.1)$$

Führt man die komplexen Spannungsdämpfungen

$$\ln \frac{U_a}{U_b} = A_1' + j\, B_1' \quad \text{für das aktive Vierpolnetz}$$
$$\ln \frac{U_b}{U_d} = A_2' + j\, B_2' \quad \text{für das passive Vierpolnetz}$$

(6.21.2)

ein, so kann die Bedingung der Gl. (6.21.1) auch geschrieben werden

$$(A_1' + A_2') + j(B_1' + B_2') = j\,n\,2\pi$$

oder

$$A_1' + A_2' = 0$$
$$B_1' + B_2' = n\,2\pi$$
$$n = 0 \quad \text{oder ganze Zahl}$$

(6.21.3)

Gl. (6.21.3) enthält die gesuchten Selbsterregungsbedingungen. Sie besagen, *daß längs des geschlossenen rückgekoppelten Kreises die Spannungsdämpfung gleich Null und der Spannungswinkel gleich Null oder einem ganzzahligen Vielfachen von 2π sein müssen.* Dasselbe gilt für die Stromdämpfung und den Stromwinkel, die in analoger Weise definiert werden.

Bei oberflächlicher Betrachtung könnte man meinen, daß die Selbsterregungsbedingungen nur durch reinen Zufall erfüllt werden. Dies ist jedoch keineswegs der Fall. Die resultierende Spannungsdämpfung und der resultierende Spannungswinkel sind nämlich von der Schwingungsamplitude und der Frequenz der Eigenschwingung abhängig. Falls es im Bereich der Möglichkeit liegt, wählt daher die Natur eine Schwingungsamplitude und eine Eigenschwingungsfrequenz, welche die Bedingungen von Gl. (6.21.3) erfüllen.

Oft kommt der Fall vor, daß die Schwingungsamplitude und die Eigenschwingungsfrequenz praktisch genommen lediglich durch die Spannungsdämpfung bzw. den Spannungswinkel bestimmt

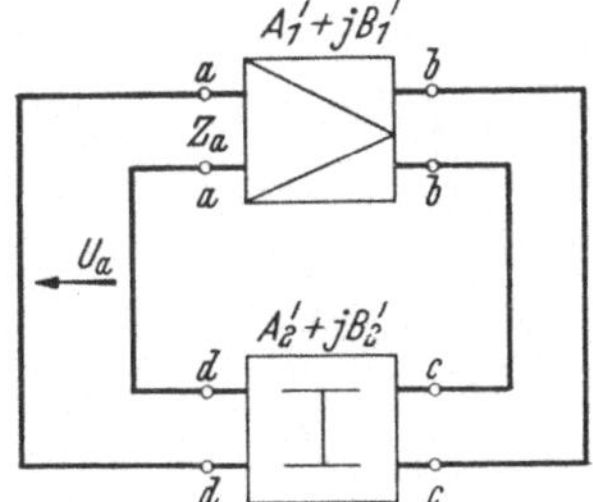

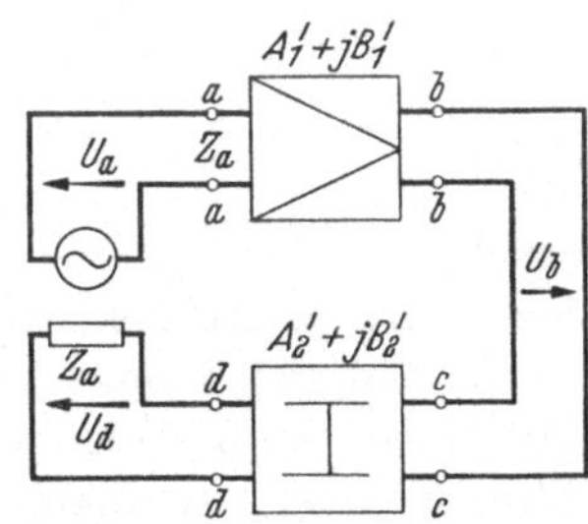

Abb. 6.2.1. Symbolische Darstellung der Selbsterregungsbedingungen.

werden. Sie können somit einfach mit Hilfe der ersten bzw. zweiten Bedingung der Gl. (6.21.3) bestimmt werden.

Im allgemeinen ist die Grundfrequenz der Eigenschwingung komplex mit einem zeitabhängigen imaginären Teil (vgl. Abb. 1.6.1). Nur in dem stationären Zustand ist der imaginäre Teil gleich Null. (Vgl. Lit. 9.25.)

6.22. Gute Generatoreigenschaften.

Von einem guten Röhrengenerator verlangt man unter anderem, daß der abgegebene Strom möglichst sinusförmig ist. Dabei sollen seine Stärke und Frequenz weitgehend unabhängig von der Güte und dem Verstärkungsgrad der Röhren sein, die z. B. auf Grund von Alterserscheinungen und Schwankungen der Röhrengleichspannungen recht

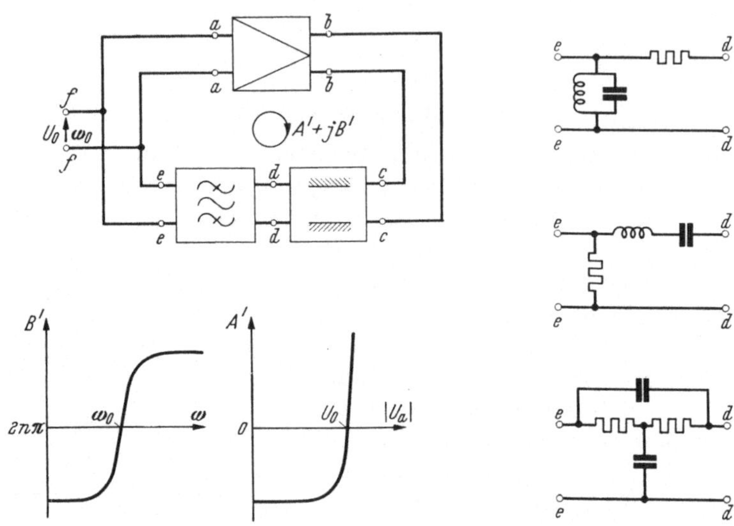

Abb. 6.2.2. Symbolisches Schema eines Generators.

Abb. 6.2.3.
Verschiedene Gliedertypen zur Stabilisierung der Generatorfrequenz.

erheblich variieren können. Abb. 6.2.2 zeigt symbolisch, wie man diese Forderungen erfüllen kann.

In Abb. 6.2.2 oben ist ein aktives Vierpolnetz a—b rückgekoppelt über einen Amplitudenbegrenzer c—d in Kaskade mit einem Bandpaßfilter d—e mit schmalem Paßband, in dessen Mitte die vorgegebene Generatorwinkelfrequenz ω_0 liegen möge. Der erzeugte Strom mit der effektiven Spannung U_0 werde am Polpaar f, welches direkt mit den Polpaaren a und e verbunden ist, abgenommen. Die resultierende Spannungsdämpfung A' und der Spannungswinkel B' längs des geschlossenen Rückkopplungskreises werden dann abhängig von der effektiven Spannung $|U_a|$ bzw. der Winkelfrequenz ω, wie die Kurven in Abb. 6.2.2 unten rechts bzw. links zeigen. Wie man sieht, schneiden diese Kurven die Abszissenachsen mit großer Steilheit, was durch den Amplitudenbegrenzer bzw. das Bandpaßfilter erzielt worden ist. Nach

Gl. (6.21.3) ist die Abszisse dieser Schnittpunkte gleich der effektiven Generatorspannung U_0 bzw. der Generatorwinkelfrequenz ω_0, da n in der Regel gleich Null ist.

Veränderungen im aktiven Vierpolnetz zeigen sich hauptsächlich in vertikalen Parallelverschiebungen der Kurven in Abb. 6.2.2 unten, was infolge der Steilheit der Kurven nur unbedeutende Änderungen von U_0 und ω_0 mit sich bringt. Offensichtlich ist der Generator um so stabiler, je größer die Steilheiten der Kurven sind.

Das Bandpaßfilter hat nicht nur die Aufgabe, die Generatorfrequenz zu stabilisieren, sondern es soll außerdem verhindern, daß die harmonischen Oberschwingungen, die im Amplitudenbegrenzer entstehen, zum Ausgangspolpaar f gelangen. Mit einem guten Filter kann man folglich eine gute Sinusform des Generatorstromes erzielen.

Häufig begnügt man sich mit dem amplitudenbegrenzenden Effekt, der bereits im aktiven Vierpolnetz vorhanden ist. Die Filterwirkung erreicht man gewöhnlich durch einen einzigen Parallel- oder Serienresonanzkreis mit einem Glied, wie es in Abb. 6.2.3 oben bzw. Mitte abgebildet ist, oder auch in vielen Fällen durch ein RC-Glied wie in Abb. 6.2.3 unten.

6.23. Verstärkungsmessung nach dem Rückkopplungsprinzip.

Lit. 9.2007, 9.2008 und 9.2038.

Die Selbsterregungsbedingungen nach Gl. (6.21.3) bieten eine Möglichkeit, die Verstärkung eines aktiven Vierpolnetzes durch Rückkopplung zu messen. Wie Abb. 6.2.4 symbolisch zeigt, wird hierbei das aktive Vierpolnetz a—b reflexionsfrei über ein rein dämpfendes Widerstandsnetz c—d, das mit einem rein phasendrehenden Reaktanznetz d—e spiegelgekoppelt ist, rückgekoppelt. Sowohl die Dämpfung im Widerstandsnetz wie auch die Phasendrehung im Reaktanznetz sind bekannt und regelbar. Man kann deshalb mit dem ersteren die Eigenschwingungsamplitude und mit dem letzteren die Eigenschwingungsfrequenz unabhängig voneinander regeln.

Im allgemeinen will man die Verstärkung bei sehr kleinen Schwingungsamplituden und für eine gegebene Frequenz messen. Zunächst wird die Meßfrequenz mit dem Vierpolnetz d—e eingestellt, worauf die Spiegeldämpfung A_2 des Vierpolnetzes c—d bis zur Grenze der Selbsterregung variiert wird, was z. B. mit einem Kopfhörer H (Abb. 6.2.4) mit hoher Impedanz abgehört werden kann. Da eine Fehlanpassung nicht vorliegt, wird nach Gl. (6.21.3) die Spiegelverstärkung des aktiven Vierpolnetzes

$$-A_1 = A_2 \qquad (6.23.1)$$

16*

Sollte die durch das Vierpolnetz d—e und den Kopfhörer H eingeführte reelle Dämpfung nicht vernachlässigbar sein, muß die Spiegeldämpfung A_2 entsprechend korrigiert werden.

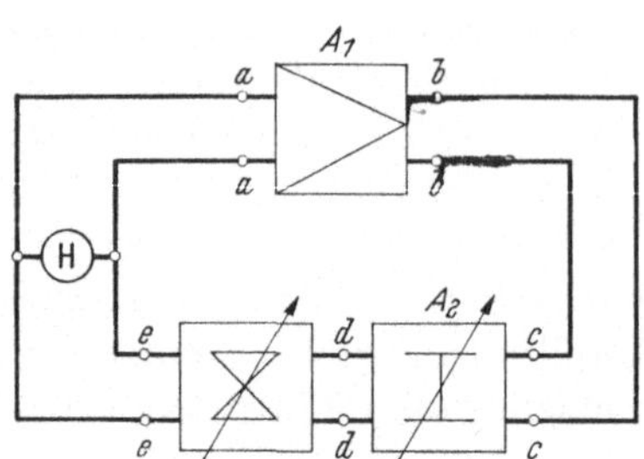

Abb. 6.2.4.
Symbolisches Schema der Verstärkungsmessung nach dem Rückkopplungsprinzip.

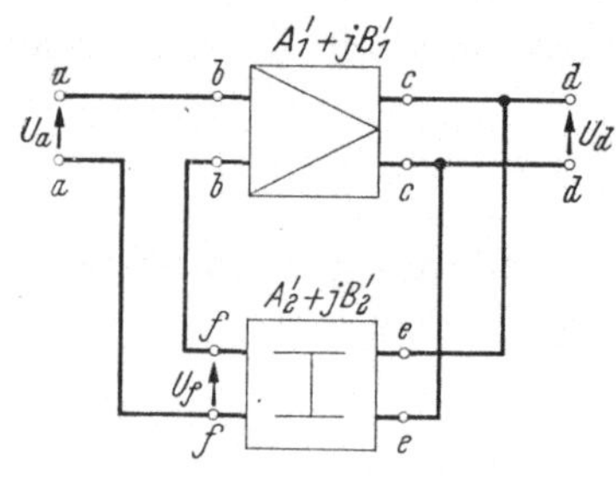

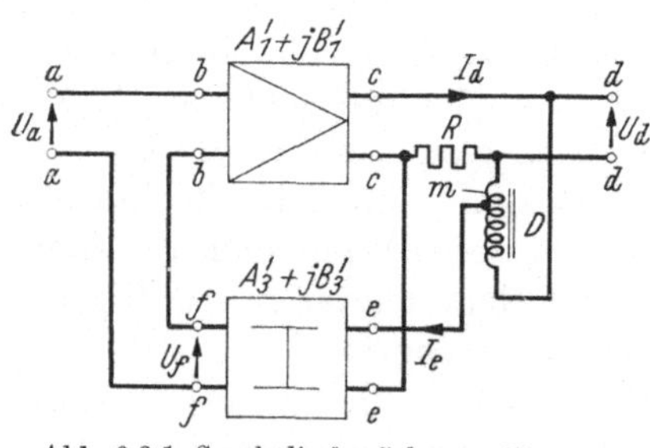

Abb. 6.3.1. Symbolische Schemas für gegengekoppelte Verstärker.

6.3. Die Gegenkopplung.

Lit. 9.032 und 9.2048.

6.31. Das Prinzip der Gegenkopplung.

Ein gegengekoppelter Verstärker besteht aus einem aktiven Vierpolnetz, das in solcher Weise rückgekoppelt ist, daß die Selbsterregungsbedingungen nach Gl. (6.21.3) nicht erfüllt werden können, obgleich die Spannungsdämpfung längs des geschlossenen Rückkopplungskreises in einem gewissen Frequenzgebiet einen großen negativen Wert besitzt. Die Gegenkopplung hat eine Verminderung der effektiven Verstärkung des Verstärkers zur Folge, andererseits aber den Vorteil, daß sie hinsichtlich der Stabilität und Verzerrungen erhebliche Verbesserungen mit sich bringt, was in diesem Abschnitt erläutert werden soll.

Abb. 6.3.1 oben zeigt symbolisch einen gegengekoppelten Verstärker mit dem Eingangs- und Ausgangspolpaar a bzw. d. Der Verstärker besteht aus einem aktiven Vierpolnetz b—c mit der komplexen Spannungsdämpfung

$$A_1' + j\,B_1', \quad A_1' < 0$$

und einem passiven Vierpolnetz e—f mit der komplexen Spannungsdämpfung

$$A_2' + j\,B_2', \quad A_2' > 0$$

Mit den in Abb. 6.3.1 oben angegebenen Spannungsbezeichnungen ergeben sich zwischen den Spannungen folgende Beziehungen:

$$\left. \begin{aligned} U_d &= (U_a - U_f)\,e^{-(A_1' + j\,B_1')} \\ U_f &= U_d\,e^{-(A_2' + j\,B_2')} \end{aligned} \right\} \qquad (6.31.1)$$

Eliminiert man die Spannung U_f aus den beiden Ausdrücken von Gl. (6.31.1), so erhält man nach einigen Umformungen:

$$U_d = U_a \frac{e^{A_2' + j B_2'}}{1 + e^{A_1' + A_2' + j(B_1' + B_2')}} \tag{6.31.2}$$

Die Dämpfung A_1 ist negativ, und zwar von etwa so großem Absolutwerte, daß

$$\left. \begin{array}{l} A_1' + A_2' = -4 \text{ bis } -5 \text{ Nep., d.h.} \\[2mm] e^{A_1' + A_2'} \approx 0,01 \end{array} \right\} \tag{6.31.3}$$

Da der zweite Term im Nenner der Gl. (6.31.2) neben 1 vernachlässigt werden kann, kann die Gleichung wie folgt geschrieben werden:

$$U_d \approx U_a \, e^{A_2' + j B_2'} \tag{6.31.4}$$

Aus Gl. (6.31.4) geht hervor, daß die effektive Verstärkung

$$F \approx A_2' \tag{6.31.5}$$

wird. Sie ist folglich lediglich durch die Spannungsdämpfung des passiven Vierpolnetzes bestimmt.

Wenn man bedenkt, daß der Verstärkungsexponent $-A_1'$ durch einen Röhrenverstärker bestimmt wird, welcher auf Grund der gekrümmten Röhrencharakteristiken nicht linear ist und dessen Verstärkungseigenschaften außerdem mit den Röhrengleichspannungsänderungen und Alterungserscheinungen schwanken, während demgegenüber der Dämpfungsexponent A_2' durch vollkommen lineare und stabile Elemente, wie Widerstände, Spulen und Kondensatoren, bestimmt ist, sieht man unmittelbar folgendes ein: Da der effektive Verstärkungsexponent [Gl. (6.31.5)] praktisch genommen von $-A_1'$ unabhängig und nur von A_2' abhängig ist, muß er nahezu vollkommen linear und stabil sein. Die linearisierende und stabilisierende Wirkung der Gegenkopplung wächst in gleichem Maße, wie der zweite Term im Nenner der Gl. (6.31.2) gegenüber 1 vernachlässigt werden kann, und im gleichen Grade ist mit anderen Worten die Ausgangsspannung U_d durch die Eingangsspannung U_a entsprechend dem Ausdruck Gl. (6.31.4) festgelegt.

6.32. Gemischte Strom- und Spannungsgegenkopplung.

Lit. 9.2048.

Man kann die Spannung für das gegengekoppelte passive Vierpolnetz auf verschiedene Weise von der Ausgangsseite des aktiven Vierpolnetzes entnehmen und erhält dadurch entsprechend verschiedene effektive Ausgangsimpedanzen am Ausgangspolpaar des gegengekoppelten Verstärkers. Dies soll an Hand des in Abb. 6.3.1 unten symbolisch gezeigten gegengekoppelten Verstärkers erläutert werden.

Wie ersichtlich, wird die Spannung für das passive Vierpolnetz e—f (Abb. 6.3.1 unten) von einem Widerstand R und dem m-ten Teil der Windungen der Drossel D entnommen. Es sei angenommen, daß die Dimensionierung so ist, daß

$$I_e \ll I_d \tag{6.32.1}$$

Die Rückkopplungsspannung wird dann

$$U_f \approx [R\,I_d + m\,U_d]\,e^{-(A_3' + j\,B_3')} \tag{6.32.2}$$

wobei nach Gl. (6.31.1) und Abb. 6.3.1

$$\left.\begin{aligned} A_3' + j\,B_3' &= A_2' + j\,B_2' + \ln\left(\frac{R}{Z_D} + m\right) \\ Z_D &= \frac{U_d}{I_d} \end{aligned}\right\} \tag{6.32.3}$$

Aus den Gl. (6.31.1), (6.31.3) und (6.31.4) geht hervor, daß

$$U_a - U_f \approx U_a\,e^{A_1' + A_2' + j(B_1' + B_2')} \approx 0{,}01\;U_a\,e^{j(B_1' + B_2')}$$

d. h.

$$U_a \approx U_f \tag{6.32.4}$$

Deshalb kann Gl. (6.32.2) geändert werden in:

$$U_a \approx [R\,I_d + m\,U_d]\,e^{-(A_3' + j\,B_3')} \tag{6.32.5}$$

Bei der Messung der Ausgangsimpedanz des Verstärkers am Ausgangspolpaar d ist

$$\left.\begin{aligned} \text{bei}\quad U_a &= 0 \\ U_d &= U_m\ \text{Meßspannung} \\ -I_d &= I_m\ \text{Meßstrom} \\ Z_d &= U_m/I_m\ \text{gesuchte Ausgangsimpedanz} \end{aligned}\right\}\ \text{am Polpaar}\ d \tag{6.32.6}$$

Das Minuszeichen beim Strom I_d bedeutet, daß die Strom-Spannungswelle sich ins Innere des Verstärkers fortpflanzt. Werden die Werte der Gl. (6.32.6) in Gl. (6.32.5) eingesetzt, so erhält man schließlich

$$Z_d \approx \frac{R}{m} = \text{reell} \tag{6.32.7}$$

Man kommt somit zu dem bemerkenswerten Resultat, daß die Ausgangsimpedanz des Verstärkers Z_d praktisch genommen nur von dem linearen und stabilen Verhältnis zwischen dem Widerstand R und dem Übersetzungsverhältnis m abhängig ist. Auch hinsichtlich der Ausgangsimpedanz verhält sich somit der gegengekoppelte Verstärker wie ein lineares und stabiles Vierpolnetz.

Man kann folgende drei Fälle von Gegenkopplung unterscheiden:

$$\left.\begin{aligned} &R > 0,\ m = 0,\ Z_d = \infty,\ \text{,,Stromgegenkopplung``,} \\ &R = 0,\ m > 0,\ Z_d = 0,\ \text{,,Spannungsgegenkopplung``,} \\ &R > 0,\ m > 0,\ 0 < Z_d < \infty,\ \text{,,gemischte Strom- und Spannungs-} \\ &\qquad\qquad\qquad\qquad\qquad\qquad\quad\text{gegenkopplung``.} \end{aligned}\right\} \tag{6.32.8}$$

Die Ausgangsimpedanz Z_d kann somit innerhalb der weitesten Grenzen gewählt werden.

6.33. Die Stabilitätsbedingungen.

Es läßt sich nicht verhindern, daß in einem gegengekoppelten Verstärker jeweils eine der beiden Selbsterregungsbedingungen der Gl. (6.21.3) erfüllt ist. Hinsichtlich der Gefahr der Selbsterregung erfordert die Stabilität des Verstärkers jedoch nur, daß die beiden Bedingungen nicht gleichzeitig, d. h. für ein und dieselbe Frequenz, erfüllt sind. Eine Vergrößerung der Amplitude führt im allgemeinen eine Erhöhung der Spannungsdämpfung A' mit sich, jedoch keine Änderung des Spannungswinkels B' längs des geschlossenen Rückkopplungskreises. Die Spannungsdämpfung für sehr kleine Amplituden muß daher

$$A_i' \leqq A'$$ (6.33.1)

sein, und nach Gl. (6.21.3) können dann die Stabilitätsbedingungen wie folgt ausgedrückt werden:

$$
\begin{aligned}
&\text{Wenn } A_i' < 0, && \text{muß } \ 0 < B' < 2\pi \ \text{ sein} \\
&\text{Wenn } B' = n\,2\pi, && \text{muß } \qquad A_i' > 0 \ \text{ sein}
\end{aligned}
\right\}
$$ (6.33.2)

Für den Nutzfrequenzbereich eines gegengekoppelten Verstärkers gilt gewöhnlich

$$B' \approx \pi$$ (6.33.3)

und man kann nicht verhindern, daß für sehr tiefe und für sehr hohe Frequenzen ein Zuschuß von $\pm \pi$ entsteht. Für diese Frequenzen muß daher

$$A_i' > 0$$ (6.33.4)

sein.

6.34. Die Widerstandskopplungsleiter.

Lit. 9.2047.

In einem gegengekoppelten Verstärker können in den Schaltungsanordnungen zwischen den Röhren schädliche Spannungswinkel entstehen. In einer üblichen Widerstandskopplung nach Abb. 6.3.2 oben links, die aus einem Anodenwiderstand R_A, einem Kopplungskondensator C und einem Gitterableitungswiderstand R_G besteht, entstehen große Spannungswinkel, wenn die Frequenz so niedrig wird, daß die Impedanz des Kondensators C von der gleichen Größenordnung wie der Gitterableitungswiderstand ist. Um die Spannungswinkel zu verringern, ersetzt man zweckmäßigerweise die gewöhnliche Widerstandskopplung durch eine „Widerstandskopplungsleiter", wie Abb. 6.3.2 oben rechts zeigt. Diese ist gewissermaßen aus zwei Widerstandskopplungen zusammengesetzt, deren Bereiche der ausgesprochenen Frequenzabhängigkeit jedoch innerhalb verschiedener Frequenzgebiete liegen.

Wird die Widerstandskopplungsleiter wie folgt dimensioniert:

$$R_A \ll R_G, \quad \alpha R_A \ll \gamma R_G, \quad \beta C \gg C \left.\right\}$$
$$\text{und dabei beispielsweise} \quad \alpha = 16, \quad\quad \beta = 20, \quad\quad \gamma = 1 \left.\right\} \quad (6.34.1)$$

so kann ihre komplexe Spannungsdämpfung nach dem Schema von Abb. 6.3.2 Mitte links berechnet werden. Das Resultat der ausgeführten Berechnungen wird in Abb. 6.3.2 unten durch die ausgezogene Kurve, welche die Spannungsdämpfung

$$A' = \ln \frac{|U_a|}{|U_b|}$$

als Funktion des Spannungswinkels

$$|B'| = \left| \measuredangle \underline{U_a} - \measuredangle \underline{U_b} \right|$$

darstellt, veranschaulicht. Die gestrichelte Kurve zeigt das entsprechende Resultat für eine gewöhnliche Widerstandskopplung.

Wenn beispielsweise der Spannungswinkel auf 1 Rad. ansteigt, so erhöht sich die Spannungsdämpfung für den Fall der Widerstandskopplungsleiter um 2 Nep., bei einer gewöhnlichen Widerstandskopplung jedoch nur um 0,6 Nep. In einem dreistufigen, rückgekoppelten Röhrenverstärker, bei dem zwischen die Röhren selbst und in die Rückkopplungsverbindung je eine Widerstandskopplungsleiter (also insgesamt drei) geschaltet ist, sind

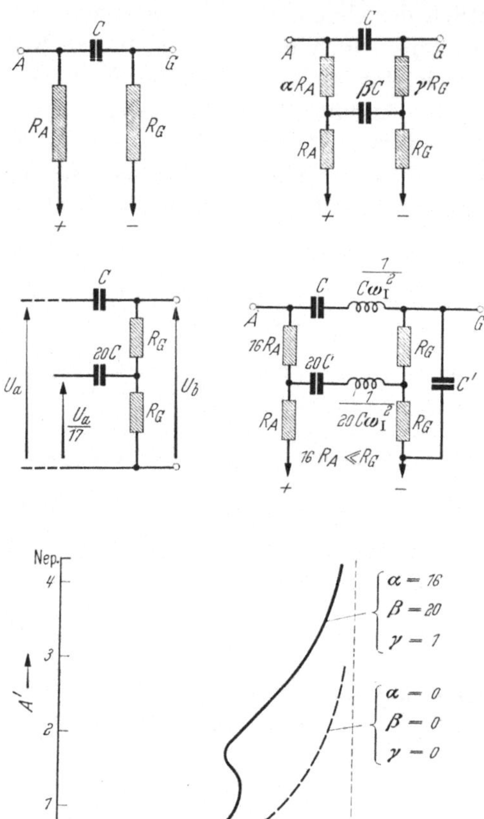

Abb. 6.3.2. Widerstandskopplungsleiter.

somit in den geschlossenen Rückkopplungskreis 6 Nep. eingeführt, bevor der Spannungswinkel den gefährlichen Wert von $\pm \pi$ erreicht, während es sich bei gewöhnlichen Widerstandskopplungen nur um 1,8 Nep. handeln würde. Man kann folglich bei Verwendung von Widerstandskopplungsleitern mit einer Überschußverstärkung von 4 bis 5 Nep.

gemäß Gl. (6.31.3) arbeiten, was bei gewöhnlicher Widerstandskopplung ganz ausgeschlossen wäre.

Durch en-Transformation der Widerstandskopplungsleiter, wie Abb. 6.3.2 Mitte rechts schematisch zeigt, wird der Nutzfrequenzbereich in seiner Frequenzlage verschoben mit der Transformationswinkelfrequenz ω_I als geometrischem Mittel der Grenzwinkelfrequenzen. Die ausgezogene Kurve in Abb. 6.3.2 unten gilt auch in diesem Falle, und zwar sowohl für die Frequenzen unterhalb wie oberhalb des Nutzfrequenzbereiches.

Um die Windungskapazitäten der Längsspulen unschädlich zu machen, wird eine sehr kleine Querkapazität C' zugeschaltet, wie aus Abb. 6.3.2 Mitte rechts zu ersehen ist.

6.35. Dämpfungskorrektion.

Nach Gl. (6.31.5) kann die Verstärkung eines gegengekoppelten Verstärkers innerhalb bestimmter Grenzen beliebig frequenzabhängig gemacht werden, indem ein Korrektionsglied in das rückgekoppelte passive Vierpolnetz eingeführt wird. Wie aus der Kurve in Abb. 2.6.2 unten zu ersehen ist, ist der Spiegelwinkel des Korrektionsgliedes bei den kritischen tiefsten und höchsten Frequenzen glücklicherweise klein, und dieser Sachverhalt ändert sich nicht bei beliebigen Direkttransformationen. Auch für die übrigen Frequenzen nimmt der Spiegelwinkel keine gefährlichen Werte an. Dies geht aus der Kurve in Abb. 6.3.3 hervor, die die maximalen Absolutwerte des Spiegelwinkels als Funktion der maximalen Korrektionsdämpfung angibt und die auch bei beliebigen Direkttransformationen keine Veränderung erfährt und somit generell für alle Korrektionstypen gilt. (Vgl. Lit. 9.032.)

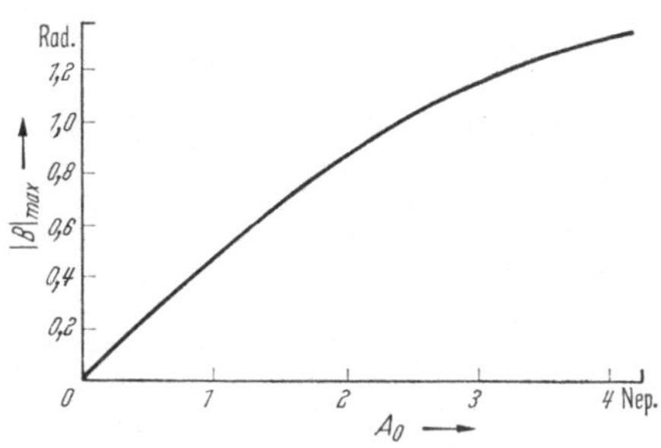

Abb. 6.3.3.
Beziehung zwischen maximalem Spiegelwinkelwert und maximaler Korrektionsdämpfung.

6.4. Der Zweiwegverstärker.
Lit. 9.2008.

6.41. Gabelschaltungen.

Für die Herstellung eines Zweiwegverstärkers, d. h. eines in beiden Übertragungsrichtungen verstärkenden aktiven Vierpolnetzes, muß man sogenannte „Gabelschaltungen" verwenden, deren Wirkungsweise in diesem Abschnitt erläutert werden soll.

Abb. 6.4.1 oben zeigt schematisch eine Gabelschaltung, die aus einer idealen Differentialdrossel D besteht, von der vier Polpaare a, b, c und d ausgehen. Jeweils zwei Polpaare werden mit Impedanzen gemäß den in Tab. 6.41.1 angegebenen vier Alternativen belastet, und von den beiden andern Polpaaren aus kann man dann die Gabelschaltung als ein Vierpolnetz betrachten. Berechnet man die Kurzschluß- und Leerlaufimpedanzen dieses Vierpolnetzes, so erhält man die in Tab. 6.41.1 angegebenen Resultate. Es wird dem Leser empfohlen, die Berechnungen selbst durchzuführen.

Tab. 6.41.2 zeigt die diesen Impedanzen entsprechenden Spiegeleigenschaften. Bei der Berechnung der komplexen Spiegeldämpfung ist zu beachten, daß

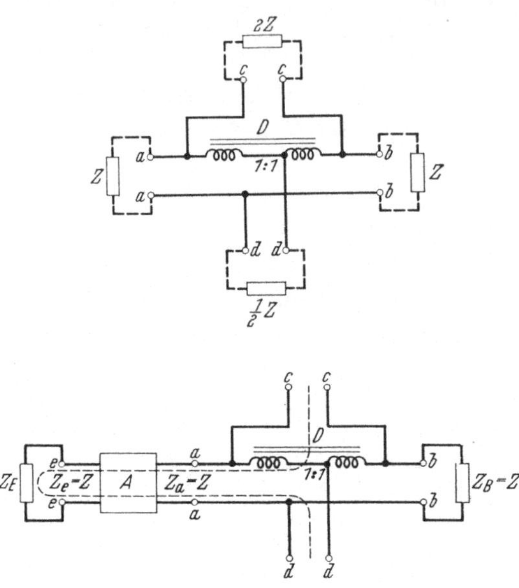

Abb. 6.4.1. Differentialdrossel in Gabelschaltung.

$$\operatorname{artgh} \frac{1}{3} = \ln \sqrt{2} \quad (6.41.3)$$

Aus Tab. 6.41.2 geht hervor, daß für die in Tab. 6.41.1 angegebenen Belastungsimpedanzen Spiegelanpassung an sämtlichen Polpaaren vorliegt. Ferner zeigt sich, daß die Dämpfung zwischen den Polpaaren c und d unendlich groß wird, was sich daraus erklärt, daß diese Polpaare in je einer Diagonale einer abgeglichenen Brücke liegen. Ist die Brückenabgleichung dagegen mehr oder minder gestört, so tritt eine entsprechende Übertragung auch zwischen den Polpaaren c und d ein. Die Dämpfung zwischen diesen Polpaaren kann dann durch folgende Überlegung bestimmt werden.

Abb. 6.4.1 zeigt unten schematisch eine Gabelschaltung, welche an den Polpaaren b und a mit einer Belastungsimpedanz von $Z_B = Z$ bzw. einem symmetrischen Vierpolnetz mit der Spiegelimpedanz $Z_a = Z_e = Z$ und der Dämpfung A belastet ist. Das Außenpolpaar e des Vierpolnetzes sei nun wie angegeben mit einer Impedanz $Z_F \neq Z$ belastet. Dann kann sich zwischen den Polpaaren c und d eine Strom-

Spannungswelle entsprechend der gestrichelten Linie in Abb. 6.4.1 unten fortpflanzen. Diese Welle erfährt eine Dämpfung von

$\ln \sqrt{2}$ zwischen den Polpaaren c und a

A zwischen den Polpaaren a und e

$\ln \left| \dfrac{Z_E + Z}{Z_E - Z} \right|$ am Polpaar e

A zwischen den Polpaaren e und a

$\ln \sqrt{2}$ zwischen den Polpaaren a und d

Tabelle 6.41.1.

Übertragungs-weg	Belastungs-impedanzen	Kurzschluß-impedanzen	Leerlauf-impedanzen
$a - b$	$Z_C = 2Z$ $Z_D = \dfrac{1}{2}Z$	$Z_{ka} = Z$ $Z_{kb} = Z$	$Z_{la} = Z$ $Z_{lb} = Z$
$a - c$	$Z_B = Z$ $Z_D = \dfrac{1}{2}Z$	$Z_{ka} = \dfrac{1}{3}Z$ $Z_{kc} = \dfrac{2}{3}Z$	$Z_{la} = 3Z$ $Z_{lc} = 6Z$
$a - d$	$Z_B = Z$ $Z_C = 2Z$	$Z_{ka} = \dfrac{1}{3}Z$ $Z_{kd} = \dfrac{1}{6}Z$	$Z_{la} = 3Z$ $Z_{ld} = \dfrac{3}{2}Z$
$c - d$	$Z_A = Z$ $Z_B = Z$	$Z_{kc} = 2Z$ $Z_{kd} = \dfrac{1}{2}Z$	$Z_{lc} = 2Z$ $Z_{ld} = \dfrac{1}{2}Z$

Tabelle 6.41.2.

Weg	Spiegelimpedanz		$\Gamma = A$ Neper
$a - b$	$Z_a = Z$	$Z_b = Z$	∞
$a - c$	$Z_a = Z$	$Z_c = 2Z$	$\ln \sqrt{2}$
$a - d$	$Z_a = Z$	$Z_d = \dfrac{1}{2}Z$	$\ln \sqrt{2}$
$c - d$	$Z_c = 2Z$	$Z_d = \dfrac{1}{2}Z$	∞

Die gesamte Dämpfung zwischen den Polpaaren c und d wird somit

$$A_{c-d} = \ln \left| \frac{Z_E + Z}{Z_E - Z} \right| + \ln 2 + 2\,A \qquad (6.41.4)$$

Läßt man nun das Vierpolnetz a—e verschwinden, d. h.

$$A \to 0, \quad Z_A \to Z_E \neq Z$$

so wird die Dämpfung zwischen den Polpaaren c und d nach Gl.(6.41.4)

$$A_{c-d} = \ln \left| \frac{Z_A + Z}{Z_A - Z} \right| + \ln 2 \qquad (6.41.5)$$

Im Falle der Brückenabgleichung, d. h. für $Z_A = Z$, wird somit die Dämpfung A_{c-d} unendlich groß in Übereinstimmung mit den Angaben in Tab. 6.41.2.

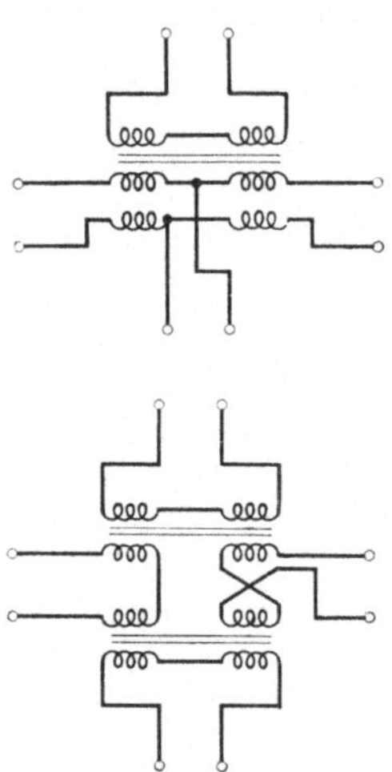

Abb. 6.4.2. Transformatoren in Gabelschaltung.

In gewissen Fällen ist eine Spiegelanpassung an den Polpaaren a und b (Abb. 6.4.1 oben) bei Belastung der Polpaare c und d mit beliebigen Impedanzen Z_C und Z_D gefordert. Man muß also die Spiegelimpedanzen an den Polpaaren a und b für diese Belastung berechnen. Betrachtet man die Gabelschaltung als ein T-Differentialglied nach Abschnitt 2.58, so erhält man unmittelbar die gesuchten Spiegelimpedanzen

$$Z_a = Z_b = \sqrt{Z_C\,Z_D} \qquad (6.41.6)$$

Die Belastung in Tab. 6.41.1 ergibt sich dabei als Spezialfall.

Die Gabelschaltungen werden oft aus einem oder zwei Transformatoren gebildet, wie es Abbildung 6.4.2 schematisch zeigt. Die Übersetzungsverhältnisse der Transformatoren bieten hierbei bessere Anpassungsmöglichkeiten, als dies bei der Differentialdrossel in Abb. 6.4.1 der Fall ist. Abb. 6.4.2 zeigt auch, wie man eine Gabelschaltung mit Hinblick auf die Symmetrie der Leitungszweige abgleichen kann.

Es bereitet keine Schwierigkeit, ein Übersetzungsverhältnis $1:m$ der Differentialwicklung (wobei $m \neq 1$) zu verwenden. Die Gabelschaltung erhält dann in Analogie zu Tab. 6.41.2 die in Tab. 6.41.7 angegebenen Spiegeleigenschaften.

6.42. Das Prinzip des Zweiwegverstärkers.

Abb. 6.4.3 zeigt symbolisch eine Zweiwegverstärkeranordnung mit den Polpaaren a und b. Die Verstärkung in Richtung von a nach b und von b nach a erfolgt mit je einem üblichen Einwegverstärker e—f

bzw. $g—h$ mit den Dämpfungen A_1 bzw. A_2. Diese Verstärker sind an die Polpaare a und b über zwei Gabelschaltungen angeschlossen, wie Abb. 6.4.3 zeigt, um damit Eigenschwingungen innerhalb des geschlos-

Tabelle 6.41.7.

Weg	Spiegelimpedanz		$\Gamma = A$ Neper
$a - b$	$Z_a = Z$	$Z_b = m\,Z$	∞
$a - c$	$Z_a = Z$	$Z_c = (1 + m)\,Z$	$\ln \sqrt{1 + m}$
$a - d$	$Z_a = Z$	$Z_d = \dfrac{m}{1 + m}\,Z$	$\ln \sqrt{\dfrac{1 + m}{m}}$
$c - d$	$Z_c = (1 + m)\,Z$	$Z_d = \dfrac{m}{1 + m}\,Z$	∞

senen Kreises zu verhindern. Nach den Selbsterregungsbedingungen der Gl. (6.21.3) und dem Dämpfungsausdruck in Gl. (6.41.5) wird nämlich der Verstärker vollständig stabil, wenn

$$\ln \left| \frac{Z_A + Z_C}{Z_A - Z_C} \right| + \ln \left| \frac{Z_B + Z_D}{Z_B - Z_D} \right| + \ln 4 + A_1 + A_2 > 0 \qquad (6.42.1)$$

Hohe Verstärkungen $-A_1$ und $-A_2$ erfordern somit eine sehr gute Brückenabgleichung der Gabelschaltungen, d. h. die Impedanzen Z_C und Z_D müssen in sehr guter Näherung gleich Z_A bzw. Z_B sein.

Die Spiegelverstärkungen zwischen den Polpaaren a und b werden nach Tab. 6.41.2

$$\left.\begin{array}{l} -A_1 - \ln 2 \quad \text{in Richtung von } a \text{ nach } b, \\ -A_2 - \ln 2 \quad \text{in Richtung von } b \text{ nach } a. \end{array}\right\} \qquad (6.42.2)$$

Die Gabelschaltungen verursachen somit einen Verstärkungsverlust von

$$\ln 2 = 0{,}693 \text{ Neper} \qquad (6.42.3)$$

6.43. Das Prinzip der Leitungsnachbildung (Leitungsbalance).

Lit. 9.2008.

Gewöhnlich verwendet man den Zweiwegverstärker zur Kompensierung der Dämpfung in langen Leitungen. Die Polpaare a und b (Abb. 6.4.3) sind dabei an je eine Leitung von so großer Dämpfung angeschlossen, daß ihre Eingangsimpedanz praktisch genommen gleich ihrer Charakteristik ist, d. h. eventuelle Reflexionen an dem andern Endpunkt der betreffenden Leitung haben einen vernachlässigbaren

Einfluß auf die Eingangsimpedanz. In diesem Fall muß also die Leitungsnachbildung in der Weise erfolgen, daß sie den gleichen Verlauf wie die Leitungscharakteristik annimmt.

Die Impedanz eines Zweipolnetzes von endlicher Anzahl von Impedanzelementen kann jedoch nie einen Wurzelausdruck enthalten wie die Leitungscharakteristik, und daher ist auf diesem Wege nur eine näherungsweise Nachbildung innerhalb eines begrenzten Frequenzbereichs möglich. Dagegen kann eine Leitungscharakteristik exakt durch Spiegelimpedanzen eines aus einer endlichen Anzahl von Impedanzelementen zusammengesetzten Vierpolnetzes nachgebildet werden. Hierauf basiert eine Methode für die Dimensionierung von Leitungsnachbildungen, welche in diesem

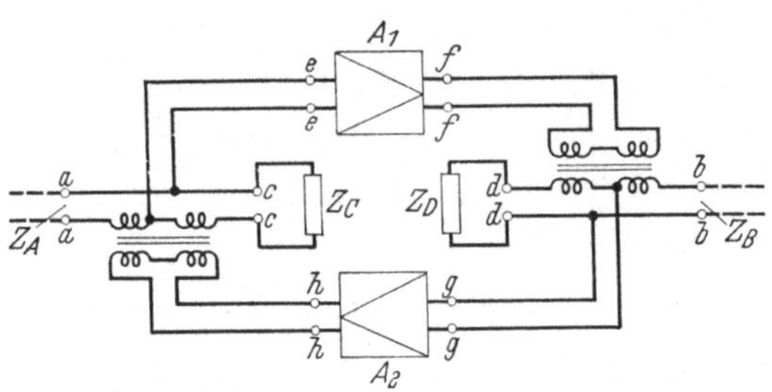

Abb. 6.4.3. Symbolisches Schema eines Zweiwegverstärkers.

Abschnitt im Prinzip erläutert werden soll.

Abb. 6.4.4 zeigt symbolisch eine Gabelschaltung für die Leitungsnachbildung. Die Polpaare a und b sind an eine Leitung mit der Charakteristik Z bzw. an ein Vierpolnetz mit der Spiegelimpedanz $Z_b = Z$ und der Spiegeldämpfung A angeschlossen, wobei das Außenpolpaar e des Vierpolnetzes mit der Spiegelimpedanz Z_e mit einem Ohmschen Widerstand R_E belastet ist. Die Gabelschaltung ist an den Polpaaren c und d durch je ein Filter c—f bzw. d—g mit der Betriebsdämpfung A_{dc} bzw. A_{dd} verlängert. Durch Reflexionen am Polpaar e entsteht ein Übertragungs-

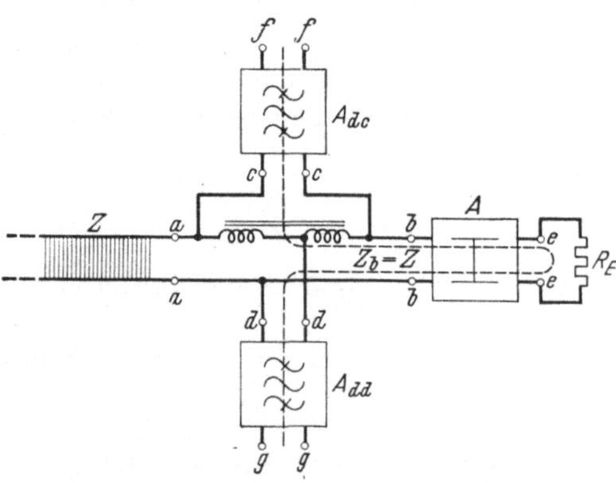

Abb. 6.4.4. Symbolisches Schema zur Erläuterung des Prinzips der Leitungsnachbildung.

weg zwischen den Polpaaren f und g längs der gestrichelten Linie in Abb. 6.4.4. Die Dämpfung zwischen diesen Polpaaren, die so groß wie möglich sein soll, wird offensichtlich

$$A_{dc} + A_{dd} + 2A + \ln\left|\frac{Z_e + R_E}{Z_e - R_E}\right| + \ln 2 \qquad (6.43.1)$$

Die Dämpfung auf den Übertragungswegen a—f und a—g, die innerhalb des Nutzfrequenzbereiches möglichst klein sein soll, wird

$$A_{dc} + \ln \sqrt{2} \quad \text{bzw.} \quad A_{dd} + \ln \sqrt{2} \qquad (6.43.2)$$

Aus den Gl. (6.43.1) und (6.43.2) geht hervor, daß innerhalb des Nutzfrequenzbereiches, wo die Dämpfungen A_{dc} und A_{dd} klein sind, $2\,A$ groß oder (und) $Z_e \approx R_E$ sein muß. Diese Bedingung braucht jedoch nicht für Frequenzen erfüllt zu sein, die außerhalb des Nutzfrequenzbereiches liegen, wo die Dämpfungen A_{dc} und A_{dd} durchaus groß sein dürfen.

Für die Dimensionierung einer Leitungsnachbildung muß man somit ein Vierpolnetz wählen, dessen eine Spiegelimpedanz gleich der nachzubildenden Charakteristik ist. Innerhalb des Nutzfrequenzbereiches soll seine Spiegeldämpfung groß oder (und) seine zweite Spiegelimpedanz möglichst resistiv und frequenzunabhängig sein. Als Maß für die Güte der Leitungsnachbildung wird die „Balancedämpfung"

$$2A + \ln \left| \frac{Z_e + R_E}{Z_e - R_E} \right| \qquad (6.43.3)$$

benutzt, welche im Nutzfrequenzbereich einen bestimmten vorgegebenen Wert nicht unterschreiten darf.

Aus Gl. (6.41.6) geht hervor, daß die Eingangsimpedanzen der Gabelschaltung in Abb. 6.4.4 an den Polpaaren a und b für alle Frequenzen resistiv und frequenzunabhängig gemacht werden können, und zwar dadurch, daß man die Filter c—f und d—g einschließlich ihrer Endbelastungsimpedanzen Z_F bzw. Z_G zueinander invers macht.

6.44. Leitungsnachbildungen für niedrige Frequenzen.

Der mathematische Ausdruck für eine Leitungscharakteristik kann nach Gl. (5.22.3) geschrieben werden als

$$Z = \sqrt{\frac{r}{g}} \; \sqrt{\frac{1 + j\,\omega\,l/r}{1 + j\,\omega\,c/g}} \qquad (6.44.1)$$

r, l, g und c Primärkonstanten der Leitung.

In der Regel ist

$$\frac{l}{r} \ll \frac{c}{g}$$

Daher kann man für ω-Werte unterhalb einer gewissen Grenze mit guter Annäherung Gl. (6.44.1) ändern in

$$Z = \sqrt{\frac{r}{g}} \; \frac{1}{\sqrt{1 + j\,\omega\,(c/g - l/r)}} \approx \sqrt{\frac{r}{g}} \qquad (6.44.2)$$

Für die Dimensionierung einer Leitungsnachbildung, die den gleichen Verlauf wie die Charakteristik Gl. (6.44.1) haben soll, kann als Vierpolnetz (b—e in Abb. 6.4.4) ein überbrücktes T-Glied wie in Abbildung 6.4.5 oben gewählt werden. Die Kurzschluß- und Leerlaufimpedanz für das halbe Glied werden offensichtlich

$$\left.\begin{aligned} Z_{k\frac{1}{2}} &= \frac{1}{\dfrac{1}{R} + j\,\omega\,C} \\[2mm] Z_{l\frac{1}{2}} &= R + j\,\omega\,L \end{aligned}\right\} \tag{6.44.3}$$

und damit seine Spiegelimpedanz

$$Z_a = Z_b = R\sqrt{\frac{1 + j\,\omega\,L/R}{1 + j\,\omega\,C\,R}} \tag{6.44.4}$$

Diese Impedanz soll die Leitungscharakteristik Gl. (6.44.1) nachbilden, und die Dimensionierungsbedingungen werden mithin

$$\left.\begin{aligned} R &= \sqrt{\frac{r}{g}} \\[2mm] \frac{L}{R} &= \frac{l}{r} \\[2mm] C\,R &= \frac{c}{g} \end{aligned}\right\} \quad \text{oder} \quad \left.\begin{aligned} R &= \sqrt{\frac{r}{g}} \\[2mm] L &= \frac{l}{\sqrt{r\,g}} \\[2mm] C &= \frac{c}{\sqrt{r\,g}} \end{aligned}\right\} \tag{6.44.5}$$

Falls der Nutzfrequenzbereich sich nur auf tiefe Frequenzen erstreckt, kann nach den Gl. (6.44.2) und (6.44.5) das Vierpolnetz in Abb. 6.4.5 oben ziemlich reflexionsfrei an einen Widerstand R am Polpaar e angepaßt werden. Ferner kann die Spule durch eine Verringerung der Kapazität des Kondensators ersetzt werden, wie es das zweite Schema von oben in Abb. 6.4.5 zeigt. Nach der Zusammenlegung der beiden rechten Widerstände und der Einführung der Dimensionierungsbedingungen der Gl. (6.44.5) erhält man das in Abb. 6.4.5 an zweiter Stelle von unten dargestellte Schema der Leitungsnachbildung.

Für die Bewertung der Güte dieser letzteren Leitungsnachbildung berechnet man ihre Balancedämpfung nach Gl. (6.43.3). Hierbei berechnet man zunächst die komplexe Spiegeldämpfung des Vierpolnetzes, die nach Gl. (6.44.3)

$$\Gamma = 2\operatorname{arcoth}\sqrt{\frac{Z_{l\frac{1}{2}}}{Z_{k\frac{1}{2}}}} = 2\operatorname{arcoth}\sqrt{(R + j\,\omega\,L)\left(\frac{1}{R} + j\,\omega\,C\right)}$$

wird oder mit Gl. (6.44.5)

$$\Gamma = 2\operatorname{arcoth}\sqrt{\left(1 + j\,\omega\,\frac{l}{r}\right)\left(1 + j\,\omega\,\frac{c}{g}\right)}$$

Für kleine ω-Werte wird also

$$\Gamma \approx 2 \operatorname{arcoth}\left[1 + j\,\frac{\omega\,l}{2r} + j\,\frac{\omega\,c}{2g}\right] = \ln\frac{4}{j\,\omega\,(l/r + c/g)}$$

und damit

$$A \approx \ln\frac{4}{\omega\,(l/r + c/g)} \qquad (6.44.6)$$

Die Reflexionsdämpfung am Polpaar e in Abb. 6.4.5 ergibt sich zu

$$A_r = \ln\left|\frac{\sqrt{\dfrac{r}{g}}\,\sqrt{\dfrac{1 + j\,\omega\,l/r}{1 + j\,\omega\,c/g}} + \sqrt{\dfrac{r}{g}}}{\sqrt{\dfrac{r}{g}}\,\sqrt{\dfrac{1 + j\,\omega\,l/r}{1 + j\,\omega\,c/g}} - \sqrt{\dfrac{r}{g}}}\right|$$

$$\approx \ln\left|\frac{1 + j\,\omega\,l/2r + 1 + j\,\omega\,c/2g}{1 + j\,\omega\,l/2r - 1 - j\,\omega\,c/2g}\right|$$

d. h. also

$$A_r \approx \ln\frac{4}{\omega\,|l/r - c/g|} \qquad (6.44.7)$$

Aus den Gl. (6.43.3), (6.44.6) und (6.44.7) erhält man damit die Balancedämpfung

$$2A + A_r \approx 2\ln\frac{4}{\omega\,(l/r + c/g)}$$

$$+ \ln\frac{4}{\omega\,|l/r - c/g|} \qquad (6.44.8)$$

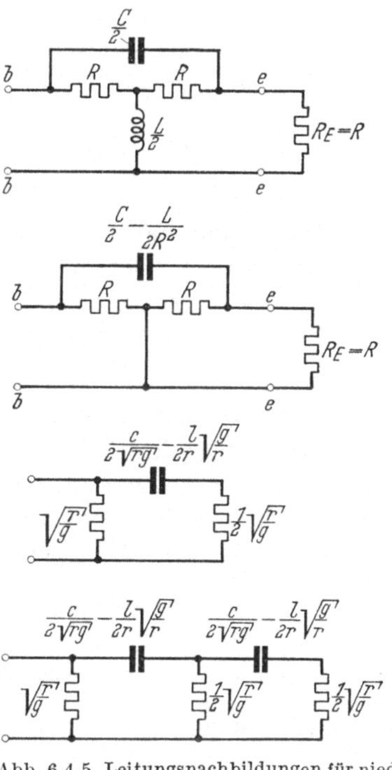

Abb. 6.4.5. Leitungsnachbildungen für niedrige Frequenzen.

Sollte diese Balancedämpfung nicht ausreichen, so bildet man das Vierpolnetz aus zwei Gliedern an Stelle von einem, was eine Leitungsnachbildung ergibt, wie sie in Abb. 6.4.5 unten schematisch dargestellt ist. Die Balancedämpfung dieser Nachbildung ist

$$4A + A_r \approx 4\ln\frac{4}{\omega\,(l/r + c/g)} + \ln\frac{4}{\omega\,|l/r - c/g|} \qquad (6.44.9)$$

Die Leitungsnachbildungen, die in Abb. 6.4.5 unten und an zweiter Stelle von unten dargestellt sind, lassen sich noch dadurch vereinfachen, daß man den Widerstand rechts durch einen Kurzschluß ersetzt. Dies bedeutet eine Totalreflexion am Polpaar e in Abb. 6.4.5, wodurch die Reflexionsdämpfung gleich Null wird, d. h. der zweite Term in den Gl. (6.44.8) und (6.44.9) verschwindet.

6.45. Leitungsnachbildungen für hohe Frequenzen.

Der mathematische Ausdruck für eine Leitungscharakteristik kann nach Gl. (5.22.3) auch wie folgt geschrieben werden:

$$Z = \sqrt{\frac{l}{c}}\,\sqrt{\frac{1 + r/j\,\omega\,l}{1 + g/j\,\omega\,c}} \qquad (6.45.1)$$

r, l, g und c Primärkonstanten der Leitung

In der Regel ist

$$\frac{r}{l} \gg \frac{g}{c}$$

Für ω-Werte oberhalb einer gewissen Grenze kann man daher mit guter Annäherung Gl. (6.45.1) ersetzen durch:

$$Z = \sqrt{\frac{l}{c}}\;\frac{1}{\sqrt{1 + (g/c - r/l)/j\,\omega}} \approx \sqrt{\frac{l}{c}} \qquad (6.45.2)$$

Für die Dimensionierung einer Leitungsnachbildung, die den gleichen Verlauf wie die Charakteristik Gl. (6.45.1) haben soll, kann als Vierpolnetz $b—e$ in Abb. 6.4.4 ein überbrücktes T-Glied (siehe Abb. 6.4.6 oben) gewählt werden. Die Kurzschluß- und Leerlaufimpedanz für das halbe Glied werden offensichtlich

$$\left.\begin{aligned} Z_{k\frac{1}{2}} &= \frac{R}{1 + R/j\,\omega\,L} \\ Z_{l\frac{1}{2}} &= R(1 + 1/j\,\omega\,c\,R) \end{aligned}\right\} \qquad (6.45.3)$$

und seine Spiegelimpedanz ist folglich

$$Z_a = Z_b = R\,\sqrt{\frac{1 + 1/j\,\omega\,C\,R}{1 + R/j\,\omega\,L}} \qquad (6.45.4)$$

Diese Impedanz soll die Leitungscharakteristik Gl. (6.45.1) nachbilden. Die Dimensionierungsbedingungen werden demnach:

$$R = \sqrt{\frac{l}{c}}\,, \quad L = \frac{\sqrt{l\,c}}{g}\,, \quad C = \frac{\sqrt{l\,c}}{r} \qquad (6.45.5)$$

Im Falle, daß der Nutzungsfrequenzbereich hoch liegt, kann nach den Gl. (6.45.2) und (6.45.5) das Vierpolnetz in Abb. 6.4.6 oben ziemlich reflexionsfrei an einen Widerstand R am Polpaar e angepaßt werden. Ferner kann die Spule auch in diesem Falle durch eine Verringerung der Kapazität des Kondensators ersetzt werden, wie es das zweite Schema von oben in Abb. 6.4.6 zeigt. Nach der Zusammenlegung der beiden Widerstände rechts sowie der Einführung der Dimensionierungsbedingungen der Gl. (6.45.5) erhält man das in Abb. 6.4.6 an zweiter Stelle von unten dargestellte Schema der Leitungsnachbildung.

In Analogie zu Abschnitt 6.44 erhält man als Balancedämpfung dieser Nachbildung

$$2A + A_r \approx 2\ln\frac{4\omega}{r/l + g/c} + \ln\frac{4\omega}{|r/l - g/c|} \qquad (6.45.6)$$

Sollte diese Balancedämpfung nicht ausreichen, so nimmt man eine Leitungsnachbildung, die aus zwei Gliedern besteht, wie dies schematisch in Abb. 6.4.6 unten gezeigt ist. Diese hat die Balancedämpfung

$$4A + A_r \approx 4\ln\frac{4\omega}{r/l + g/c} + \ln\frac{4\omega}{|r/l - g/c|} \qquad (6.45.7)$$

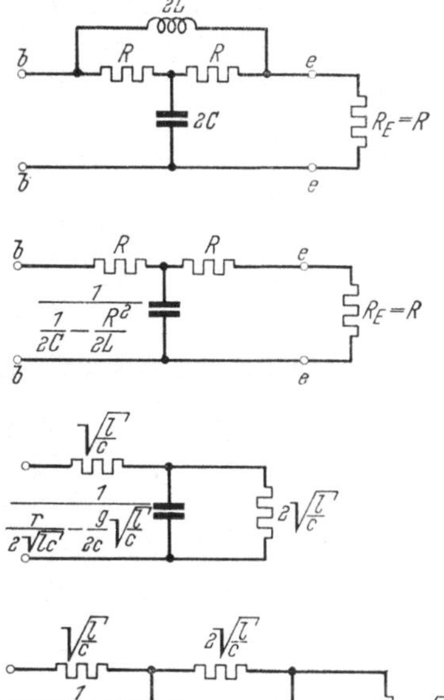

Auch in diesem Falle können die in Abb. 6.4.6 unten und an zweiter Stelle von unten dargestellten Leitungsnachbildungen vereinfacht werden, indem man den rechten Widerstand ganz fortfallen läßt und an dieser Stelle die Leitung unterbricht. Hierdurch verschwindet die Reflexionsdämpfung in den Balancedämpfungen der Gl. (6.45.6) und (6.45.7).

Bisweilen will man jedoch die Balancedämpfung auch bei tieferen Frequenzen berechnen, für die die vorgenommenen Annäherungen nicht mehr berechtigt sind. Die

Abb. 6.4.6.
Leitungsnachbildungen für hohe Frequenzen.

Berechnungen müssen dann mit folgenden exakten Ausdrücken durchgeführt werden:

$$A = \text{arcoth}\ \frac{\sqrt{\left[1+\left(\frac{r}{\omega l}\right)^2\right]\left[1+\left(\frac{g}{\omega c}\right)^2\right]}+1}{2\sqrt[4]{\left[1+\left(\frac{r}{\omega l}\right)^2\right]\left[1+\left(\frac{g}{\omega c}\right)^2\right]}\cos\frac{1}{2}\left(\text{arctg}\frac{r}{\omega l}+\text{arctg}\frac{g}{\omega c}\right)}$$

$$A_r = \text{arcoth}\ \frac{\sqrt{1+\left(\frac{r}{\omega l}\right)^2}+\sqrt{1+\left(\frac{g}{\omega c}\right)^2}}{2\sqrt[4]{\left[1+\left(\frac{r}{\omega l}\right)^2\right]\left[1+\left(\frac{g}{\omega c}\right)^2\right]}\cos\frac{1}{2}\left(\text{arctg}\frac{r}{\omega l}-\text{arctg}\frac{g}{\omega c}\right)}$$

$$(6.45.8)$$

6.46. Die Leitungsnachbildung für einen großen Frequenzbereich.

Abb. 6.4.7 zeigt schematisch eine Leitungsnachbildung, die sowohl für tiefe und hohe wie auch dazwischenliegende Frequenzen anwendbar ist. Ihr Vierpolnetz besteht aus zwei spiegelgekoppelten Gliedern, wie sie in den Abbildungen 6.4.5 oben und 6.4.6 oben bereits benutzt wurden und die nach den Gl. (6.44.5) bzw. (6.45.5) dimensioniert sind.

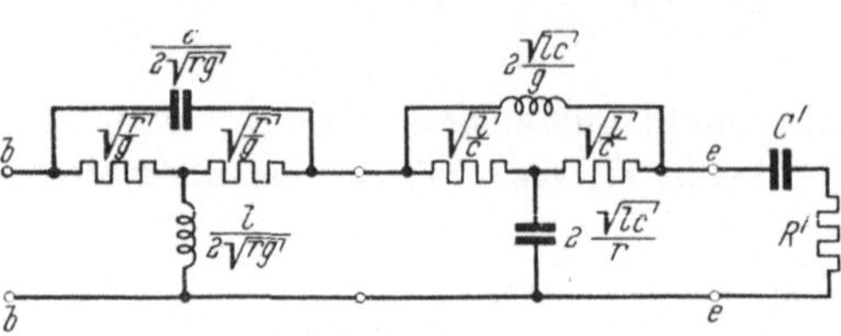

Abb. 6.4.7.
Leitungsnachbildung für einen großen Frequenzbereich.

Die komplexe Dämpfung des Vierpolnetzes wird dann gemäß den Gl. (6.44.3), (6.44.5), (6.45.3) und (6.45.5)

$$\Gamma = \operatorname{arcoth} \sqrt{(1 + j\,\omega\,l/r)\,(1 + j\,\omega\,c/g)} +$$
$$+ \operatorname{arcoth} \sqrt{(1 + r/j\omega l)\,(1 + g/j\omega c)} \qquad (6.46.1)$$

Führt man folgende Bezeichnungen ein:

$$\omega_0 = \sqrt{\frac{r\,g}{l\,c}}, \quad K = \sqrt{\frac{g\,l}{r\,c}} \qquad (6.46.2)$$

so kann Gl. (6.46.1) in nachstehender Form geschrieben werden:

$$\Gamma = \operatorname{arcoth} \sqrt{\left(1 + j\,\frac{\omega}{\omega_0}\,K\right)\left(1 + j\,\frac{\omega}{\omega_0}\,\frac{1}{K}\right)} +$$
$$+ \operatorname{arcoth} \sqrt{\left(1 - j\,\frac{\omega_0}{\omega}\,K\right)\left(1 - j\,\frac{\omega_0}{\omega}\,\frac{1}{K}\right)} \qquad (6.46.3)$$

Aus Gl. (6.46.3) erhält man die Dämpfung des Vierpolnetzes

$$A = \frac{1}{2}\left[\operatorname{arcoth} \sqrt{\left(1 + j\,\frac{\omega}{\omega_0}\,K\right)\left(1 + j\,\frac{\omega}{\omega_0}\,\frac{1}{K}\right)} + \right.$$
$$+ \operatorname{arcoth} \sqrt{\left(1 - j\,\frac{\omega_0}{\omega}\,K\right)\left(1 - j\,\frac{\omega_0}{\omega}\,\frac{1}{K}\right)} +$$
$$+ \operatorname{arcoth} \sqrt{\left(1 - j\,\frac{\omega}{\omega_0}\,K\right)\left(1 - j\,\frac{\omega}{\omega_0}\,\frac{1}{K}\right)} +$$
$$\left. + \operatorname{arcoth} \sqrt{\left(1 + j\,\frac{\omega_0}{\omega}\,K\right)\left(1 + j\,\frac{\omega_0}{\omega}\,\frac{1}{K}\right)}\right] \qquad (6.46.4)$$

Hieraus sieht man, daß die Dämpfung von der Form

$$A = f\left(\frac{\omega}{\omega_0}\right) + f\left(\frac{\omega_0}{\omega}\right) \qquad (6.46.5)$$

ist. Bildet man davon die Ableitung nach der Winkelfrequenz ω, so erhält man

$$\frac{dA}{d\omega} = \frac{df\left(\dfrac{\omega}{\omega_0}\right)}{d\left(\dfrac{\omega}{\omega_0}\right)} \frac{1}{\omega_0} - \frac{df\left(\dfrac{\omega_0}{\omega}\right)}{d\left(\dfrac{\omega_0}{\omega}\right)} \frac{\omega_0}{\omega^2} \qquad (6.46.6)$$

Das bedeutet, daß die Dämpfung nach Gl. (6.46.4) für $\omega = \omega_0$ einen Minimumwert von

$$A_{\min} = \operatorname{arcoth} \sqrt{(1 + jK)\left(1 + j\frac{1}{K}\right)} +$$

$$+ \operatorname{arcoth} \sqrt{(1 - jK)\left(1 - j\frac{1}{K}\right)}$$

besitzt oder nach Umformung

$$\left.\begin{aligned} A_{\min} &= \operatorname{arcoth} \frac{1 + K + K^2}{\sqrt{2}\,\sqrt{K + K^3}} \\ \omega &= \omega_0 \end{aligned}\right\} \qquad (6.46.7)$$

Um eine große Balancedämpfung zwischen den tiefen und hohen Frequenzen zu erhalten, wird das Vierpolnetz in Abb. 6.4.7 am Polpaar e für $\omega = \omega_0$ spiegelangepaßt, d. h. die Endbelastung dimensioniert man mit

$$R' + \frac{1}{j\,\omega_0\,C'} = \sqrt{\frac{r + j\,\omega_0\,l}{g + j\,\omega_0\,c}} \qquad (6.46.8)$$

Auf diese Weise erhält man eine hohe Balancedämpfung innerhalb eines sehr großen Frequenzbereiches, welche nur durch die Frequenzabhängigkeit der Primärkonstanten und die Unvollkommenheiten der Impedanzelemente begrenzt ist.

6.47. Nachbildungen einer Pupinleitung.

Lit. 9.14, 9.2008 und 9.2039.

Nach Gl. (5.72.4) ist der Ausdruck für die Charakteristik einer Pupinleitung

$$Z = \sqrt{\frac{r + r_0 + j\omega\,(l + l_0)}{g' + j\,\omega\,c}} \;\frac{1}{\sqrt{1 - \left(\dfrac{\omega}{\omega_2}\right)^2}} \qquad (6.47.1)$$

Sieht man von den Verlusten ab, so kann man schreiben

$$Z = \sqrt{\frac{l + l_0}{c}} \;\frac{1}{\sqrt{1 - \left(\dfrac{\omega}{\omega_2}\right)^2}}$$

und man sieht daraus, daß die Charakteristik durch die Grundspiegelimpedanz eines Tiefpaßfilters, dessen Paßband den Nutzfrequenzbereich umfaßt, nachgebildet werden kann. Das Vierpolnetz zur Pupinleitungsnachbildung muß daher ein Tiefpaßfilter sein, das die gleiche Grenzwinkelfrequenz wie die Pupinleitung hat, und die eine seiner Spiegelimpedanzen muß eine Grund-u-Impedanz [vgl. Gl. (4.11.3)] sein. Da die Spiegeldämpfung des Filters innerhalb des Paßbandes in jedem Fall unbedeutend ist, kann die Balancedämpfung lediglich durch die Reflexionsdämpfung erhalten werden. Deshalb muß die zweite Spiegelimpedanz des Filters m-abgeleitet sein, so daß sie annähernd an einen Ohmschen Widerstand innerhalb des hauptsächlichen Paßbandes spiegelangepaßt werden kann.

Abb. 6.4.8 oben zeigt schematisch die erstmalig von HOYT angegebene und nach ihm benannte Nachbildung einer Pupinleitung. Die m-abgeleitete Spiegelimpedanz des eingerahmten Filters hat den Ausdruck

$$\sqrt{\frac{l+l_0}{c}}\;\frac{\sqrt{1-\left(\dfrac{\omega}{\omega_2}\right)^2}}{1-0{,}62\left(\dfrac{\omega}{\omega_2}\right)^2}$$

und die Reflexionsdämpfung in Gl. (6.43.3) wird somit

$$A_r' = \ln\left|\frac{\sqrt{1-\left(\dfrac{\omega}{\omega_2}\right)^2}+\left[1-0{,}62\left(\dfrac{\omega}{\omega_2}\right)^2\right]}{\sqrt{1-\left(\dfrac{\omega}{\omega_2}\right)^2}-\left[1-0{,}62\left(\dfrac{\omega}{\omega_2}\right)^2\right]}\right| \tag{6.47.2}$$

Die Verluste in den Reaktanzelementen des Filters sind in der Regel relativ klein. Aus diesem Grunde wird ein besonderer Kreis hinzugefügt, der aus einer Kapazität mit einem parallelen Ohmschen Widerstand besteht, wie Abb. 6.4.8 oben zeigt, um mit ihm die Verluste der Leitung nachzubilden. Die Dimensionierung geschieht entsprechend der Leitungsnachbildung im dritten Schema in Abb. 6.4.6, die nach Gl. (6.45.6) eine Reflexionsdämpfung von

$$A_r'' = \ln\frac{4\,\omega}{|r/l - g'/c|} \tag{6.47.3}$$

hat.

Die Reflexionsdämpfungen der Gl. (6.47.2) und (6.47.3) beziehen sich auf Reflexionen, die in der Hauptsache in zwei verschiedenen Frequenzgebieten liegen. Die Balancedämpfung wird daher

$$\geqq \ln\frac{1}{e^{-A_r'} + e^{-A_r''}} \tag{6.47.4}$$

In Ausnahmefällen ist die Reflexionsdämpfung nach Gl. (6.47.2) nicht ausreichend, und man nimmt dann ein Tiefpaßfilter mit einer doppelt m-abgeleiteten Spiegelimpedanz, wodurch nach Abschnitt 4.43 eine erheblich bessere Anpassung an einen Ohmschen Widerstand ermöglicht wird, als dies bei einer einfach m-abgeleiteten Spiegelimpedanz der Fall ist. Abb. 6.4.8 zeigt unten schematisch eine Pupinleitungsnachbildung mit einem Filter, das aus einem m-abgeleiteten Halbglied

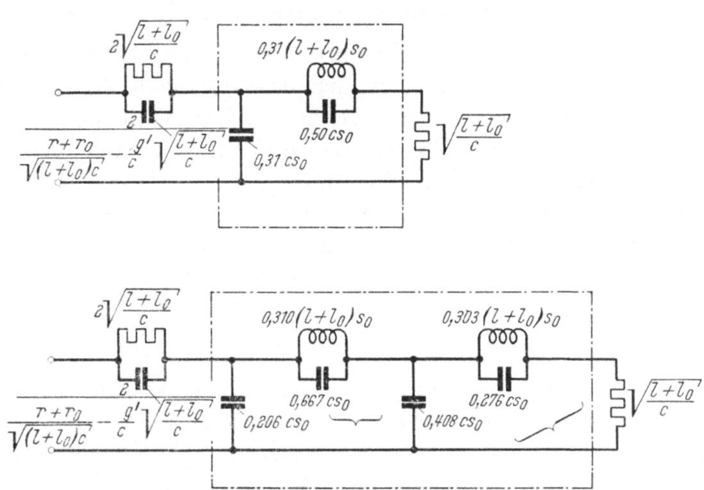

Abb. 6.4.8. Pupinleitungsnachbildungen.

und einem dazu spiegelgekoppelten angeglichenen abgeleiteten Halbglied zusammengesetzt ist.

Arbeitet man mit einer Anpassungspupinisierung (siehe Abschn. 5.78) so können natürlich die Leitungsnachbildungen entsprechend den in Abschn. 6.45 behandelten einfachen Beispielen ausgeführt werden.

6.48. Anmerkung.

Aus der unteren Gabelschaltung der Abb. 6.4.1 ging hervor, daß man die Dämpfung zwischen den Polpaaren c und d mit $2A$ erhöhen kann durch Einführung des Vierpolnetzes a—e mit der Dämpfung A. Es könnte daher die Frage auftauchen, ob es möglich wäre, die Stabilität einer Zweiwegleitungsverstärker-Anordnung dadurch zu verbessern, daß man zwischen sie und die Leitungen dämpfende Vierpolnetze einschaltet. Diese Vierpolnetze würden jedoch in die Leitungen Dämpfungen einführen, die wiederum durch Verstärkung kompensiert werden müßten. Man sieht leicht ein, daß diese Erhöhung der Verstärkung in den beiden Übertragungsrichtungen genau gleich der Vergrößerung der Dämpfung zwischen den Polpaaren c und d in Abb. 6.4.1 wird, was aber bedeutet, daß die Stabilität unverändert bleibt.

7. Kontinuierlich inhomogene Übertragungsleitungen als Vierpolnetze.

Lit. 9.2026.

7.1. Die Herleitung von Äquivalenten.

7.11. Aufstellung der Differentialgleichungen.

Im folgenden sollen die Übertragungseigenschaften einer Leitung behandelt werden, deren Primärkonstanten sich längs der Leitung kontinuierlich ändern. Der Einfachheit halber soll angenommen werden, daß die Leitung verlustfrei ist, da ja Verluste nachträglich durch eine komplexe Transformation eingeführt werden können. Es wird ferner angenommen, daß sich die Primärkonstanten l und c in der Weise ändern, daß die Sekundärkonstanten für ein Längenelement dx der Leitung folgenden Ausdruck annehmen:

$$j\,\omega\sqrt{\overline{l\,c}} = \gamma_0 \,; \quad \sqrt{\frac{l}{c}} = Z_0\,\varphi^2(x) \qquad (7.11.1)$$

wobei γ_0 und Z_0 unabhängig von der Längenkoordinate x sind. Die Lageabhängigkeit der Primärkonstanten ist somit ganz in die dimen-

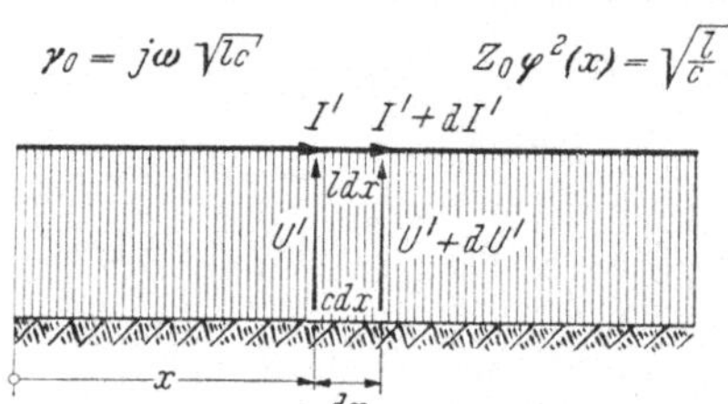

Abb. 7.1.1. Spannung und Strom längs einer kontinuierlich inhomogenen Einzelleitung.

sionslose Funktion $\varphi(x)$ verlegt worden. Das vorliegende Problem erfährt durch diese Annahmen in Wirklichkeit keine Einschränkung, denn man kann die Bedeutung von x so verallgemeinern, daß man unter x nicht die Längenvariable selbst sondern eine geeignete Funktion derselben versteht.

Mit den Spannungs- und Strombezeichnungen in Abb. 7.1.1., die schematisch die Leitung darstellt, erhält man offensichtlich die Beziehungen:

$$\begin{aligned} dU' &= -j\,\omega\,l\,dx\,I' \\ dI' &= -j\,\omega\,c\,dx\,U' \end{aligned}\Big\}$$

oder mit Gl. (7.11.1)

$$\frac{dU'}{dx} = -\gamma_0 Z_0 \varphi^2 I' \,; \quad \frac{dI'}{dx} = -\frac{\gamma_0}{Z_0 \varphi^2}\,U' \qquad (7.11.2)$$

Aus Gründen, die aber erst aus Abb. 7.1.2 und dem zugehörigen Text voll verständlich werden, sollen nun die Spannung U' und der Strom I' durch

$$U = \frac{U'}{\varphi} \,; \quad I = \varphi\,I' \qquad (7.11.3)$$

ersetzt werden. Also wird

$$U' = \varphi\, U\; ;\quad I' = \frac{I}{\varphi}$$

$$\frac{dU'}{dx} = U\frac{d\varphi}{dx} + \frac{dU}{dx}\,\varphi = \left[\frac{dU}{dx} + U\frac{d\ln\varphi}{dx}\right]\varphi$$

$$\frac{dI'}{dx} = I\frac{d\,(1/\varphi)}{dx} + \frac{dI}{dx}\frac{1}{\varphi} = \left[\frac{dI}{dx} - I\frac{d\ln\varphi}{dx}\right]\frac{1}{\varphi}$$

Mit diesen Ausdrücken wird Gl. (7.11.2)

$$\frac{dU}{dx} + U\frac{d\ln\varphi}{dx} = -\gamma_0 Z_0 I$$

$$\frac{dI}{dx} - I\frac{d\ln\varphi}{dx} = -\frac{\gamma_0}{Z_0} U$$

$$(7.11.4)$$

Weiterhin ergibt sich durch Ableitung der Gl. (7.11.4) nach x

$$\frac{d^2 U}{dx^2} + \frac{dU}{dx}\frac{d\ln\varphi}{dx} + U\frac{d^2\ln\varphi}{dx^2} = -\gamma_0 Z_0\frac{dI}{dx}$$

$$\frac{d^2 I}{dx^2} - \frac{dI}{dx}\frac{d\ln\varphi}{dx} - I\frac{d^2\ln\varphi}{dx^2} = -\frac{\gamma_0}{Z_0}\frac{dU}{dx}$$

woraus man in Verbindung mit Gl. (7.11.4) die Differentialgleichungen für die Spannung U und den Strom I in folgender Form erhält:

$$\frac{d^2 U}{dx^2} = \left[\gamma_0^2 + \left(\frac{d\ln\varphi}{dx}\right)^2 - \frac{d^2\ln\varphi}{dx^2}\right] U$$

$$\frac{d^2 I}{dx^2} = \left[\gamma_0^2 + \left(\frac{d\ln\varphi}{dx}\right)^2 + \frac{d^2\ln\varphi}{dx^2}\right] I$$

$$(7.11.5)$$

7.12. Geeignete Inhomogenitätsbedingungen.

Setzt man $\varphi = 1$, so wird die Leitung offensichtlich homogen, und nach den Gl. (7.11.3) und (7.11.5) werden dann die Differentialgleichungen für Spannung und Strom

$$\frac{d^2 U'}{dx^2} = \gamma_0^2\, U'\; ;\quad \frac{d^2 I'}{dx^2} = \gamma_0^2\, I' \tag{7.12.1}$$

Die Funktion φ soll nun so gewählt werden, daß die inhomogene Leitung in bestmöglichem Maße an die homogene Leitung angenähert wird. Zu diesem Zwecke werden die beiden folgenden Ansätze ausprobiert:

$$\frac{d^2 U}{dx^2} = \text{Konstante} \cdot U\; ;\quad \frac{d^2 I}{dx^2} = \text{Konstante} \cdot I \tag{7.12.2}$$

Setzt man nun mit diesen Ansätzen

$$y = \frac{d\ln 1/\varphi}{dx}\quad \text{bzw.}\quad y = \frac{d\ln\varphi}{dx.} \tag{7.12.3}$$

in Gl. (7.11.5) ein, so erhält man für beide Ansätze die gleiche Beziehung

$$y^2 + \frac{dy}{dx} = K^2 = \text{konstant} \tag{7.12.4}$$

oder

$$x = \int \frac{dy}{K^2 - y^2} = \frac{1}{K} \operatorname{artgh} \frac{y}{K} - h$$

wobei h eine Integrationskonstante ist. Also wird

$$y = K \operatorname{tgh} K(x + h) \tag{7.12.5}$$

Mit den Gl. (7.12.3) und (7.12.5) wird daher

$$\left.\begin{array}{c} \ln 1/\varphi \\ \ln \varphi \end{array}\right\} = K \int\limits_0^x \operatorname{tgh} K(x + h)\, dx = \ln \frac{\cosh K(x + h)}{\cosh K h}$$

oder

$$\left.\begin{array}{c} 1/\varphi \\ \varphi \end{array}\right\} = \frac{\cosh K(x + h)}{\cosh K h} \tag{7.12.6}$$

Da φ und x reelle Größen sind, muß h rein reell sein. K dagegen kann entweder rein reell oder rein imaginär sein. Damit ergeben sich die vier folgenden Alternativen:

$$\left.\begin{array}{l} \varphi = \dfrac{\cosh |K|\,(x + h)}{\cosh |K|\, h} \\[2ex] \varphi = \dfrac{\cosh |K|\, h}{\cosh |K|\,(x + h)} \end{array}\right\} K = |K| \\[3ex] \left.\begin{array}{l} \varphi = \dfrac{\cos |K|\,(x + h)}{\cos |K|\, h} \\[2ex] \varphi = \dfrac{\cos |K|\, h}{\cos |K|\,(x + h)} \end{array}\right\} K = j\,|K| \quad\quad\quad (7.12.7)$$

deren Werte mit den beiden Freiheitsgraden $|K|$ und h den gegebenen Bedingungen angepaßt werden können. Durch diese Ausdrücke kann man sowohl Maxima und Minima als auch Neigungen und Krümmungen verschiedenster Art darstellen. Es zeigt sich allgemein, daß sich die Abhängigkeit der φ-Alternativen von x in Gl. (7.12.7) gut an die verschiedenen praktisch vorkommenden Fälle anpassen läßt.

7.13. Homogene endbelastete Äquivalente.

Aus der Inhomogenitätsbedingung Gl. (7.12.5) ergeben sich mit den Gl. (7.11.5), (7.12.3) und (7.12.4) die beiden Alternativen:

$$\frac{d^2 U}{dx^2} = (\gamma_0^2 + K^2)\, U\,; \quad \frac{d^2 I}{dx^2} = (\gamma_0^2 + K^2)\, I \tag{7.13.1}$$

deren Lösungen mit der Bezeichnung

$$\gamma = \sqrt{\gamma_0^2 + K^2} \qquad (7.13.2)$$

folgende Form haben:

$$\left.\begin{matrix} U \\ I \end{matrix}\right\} = A\,e^{\gamma x} + B\,e^{-\gamma x} \qquad (7.13.3)$$

Bildet man die Ableitung von Gl. (7.13.3), so erhält man unter Berücksichtigung der Gl. (7.11.4), (7.12.3) und (7.12.5) folgende Gleichungen

$$\left.\begin{aligned} A\,\gamma\,e^{\gamma x} - B\,\gamma\,e^{-\gamma x} - U\,K\,\mathrm{tgh}\,K(x+h) &= -\gamma_0 Z_0 I \\ A\,\gamma\,e^{\gamma x} - B\,\gamma\,e^{-\gamma x} - I\,K\,\mathrm{tgh}\,K(x+h) &= -\frac{\gamma_0}{Z_0}\,U \end{aligned}\right\}$$

oder mit den Bezeichnungen

$$Z = \left\{\begin{aligned} &Z_0\,\frac{\gamma_0}{\gamma} \\ &Z_0\,\frac{\gamma}{\gamma_0} \end{aligned}\right.$$

$$z_x = \left\{\begin{aligned} &Z_0\,\frac{\gamma_0}{K}\,\mathrm{coth}\,K(x+h) \\ &Z_0\,\frac{K}{\gamma_0}\,\mathrm{tgh}\,K(x+h) \end{aligned}\right\} \qquad (7.13.4)$$

$$z_0 = \left\{\begin{aligned} &Z_0\,\frac{\gamma_0}{K}\,\mathrm{coth}\,K\,h \\ &Z_0\,\frac{K}{\gamma_0}\,\mathrm{tgh}\,K\,h \end{aligned}\right.$$

$$A\,e^{\gamma x} - B\,e^{-\gamma x} = \left\{\begin{aligned} &Z\left(\frac{1}{z_x}\,U - I\right) \\ &\frac{1}{Z}\,(z_x I - U) \end{aligned}\right. \qquad (7.13.5)$$

Wenn für $x = 0$

$$I = I_0; \quad U = U_0$$

ist, wird nach Gl. (7.13.3) und (7.13.5)

$$A + B = \left\{\begin{matrix} U_0 \\ I_0 \end{matrix}\right.$$

$$A - B = \left\{\begin{aligned} &Z\left(\frac{1}{z_0}\,U_0 - I_0\right) \\ &\frac{1}{Z}\,(z_0 I_0 - U_0) \end{aligned}\right\} \qquad (7.13.6)$$

womit

$$A = \begin{cases} \dfrac{1}{2}\left(U_0 + \dfrac{1}{z_0}\,Z\,U_0 - Z\,I_0\right) \\[2mm] \dfrac{1}{2}\left(I_0 + z_0\dfrac{1}{Z}\,I_0 - \dfrac{1}{Z}\,U_0\right) \end{cases}$$

$$B = \begin{cases} \dfrac{1}{2}\left(U_0 - \dfrac{1}{z_0}\,Z\,U_0 + Z\,I_0\right) \\[2mm] \dfrac{1}{2}\left(I_0 - z_0\dfrac{1}{Z}\,I_0 + \dfrac{1}{Z}\,U_0\right) \end{cases} \tag{7.13.7}$$

Die gesuchten Gleichungssysteme für die Spannung U_s und den Strom I_s am Leitungsquerschnitt $x = s$ mit der Spannung U_0 und dem Strom I_0 für $x = 0$ als Anfangsbedingung erhält man durch Einsetzen der Ausdrücke für A und B aus Gl. (7.13.7) in die Gl. (7.13.3) und (7.13.5) für $x = s$. Man erhält da für die Gleichungssysteme die beiden Alternativen

$$\begin{cases} U_s = U_0 \cosh \gamma s - Z\left(I_0 - \dfrac{1}{z_0}\,U_0\right)\sinh \gamma s \\[2mm] I_s - \dfrac{1}{z_s}\,U_s = -\dfrac{1}{Z}\,U_0 \sinh \gamma s + \left(I_0 - \dfrac{1}{z_0}\,U_0\right)\cosh \gamma s \\[4mm] I_s = I_0 \cosh \gamma s - \dfrac{1}{Z}\,(U_0 - z_0\,I_0)\sinh \gamma s \\[2mm] U_s - z_s\,I_s = -Z\,I_0 \sinh \gamma s + (U_0 - z_0\,I_0)\cosh \gamma s \end{cases} \tag{7.13.8}$$

Vergleicht man die Gl. (7.13.8) mit den Grundgleichungen der homogenen Leitung [Gl. (5.23.4)], so findet man, daß man sie gleichsam als eine homogene Leitung mit den Endbelastungsimpedanzen z_0 und z_s betrachten kann, wie es Abb. 7.1.2 oben schematisch zeigt.

Geht man nun auf die wirkliche Spannung U' und den wirklichen Strom I' entsprechend den Beziehungen der Gl. (7.11.3) zurück, so bedeutet dies lediglich die Einführung eines idealen Transformators mit dem Übersetzungsverhältnis $1:m$, wie es Abb. 7.1.2 Mitte schematisch zeigt. Diese Vierpolnetze sind somit äquivalent den kontinuierlich inhomogenen Leitungen, die schematisch in Abb. 7.1.2 unten gezeigt sind. Die mathematischen Ausdrücke für die in Abb. 7.1.2 angegebenen Größen sind unter den entsprechenden Netzschemas zusammengestellt.

Werden nun Verluste durch eine komplexe Transformation mit Gl. (3.61.2) eingeführt, so bedeutet dies nur, daß die Beziehungen in Gl. (7.11.1) gegen

$$\begin{cases} \sqrt{(r + j\,\omega\,l)(g + j\,\omega\,c)} = \gamma_0 \\[3mm] \sqrt{\dfrac{r + j\,\omega\,l}{g + j\,\omega\,c}} = Z_0\,\varphi^2(x) \end{cases} \tag{7.13.9}$$

auszutauschen sind, wobei r und g in gleicher Weise lageabhängig sind wie l bzw. c.

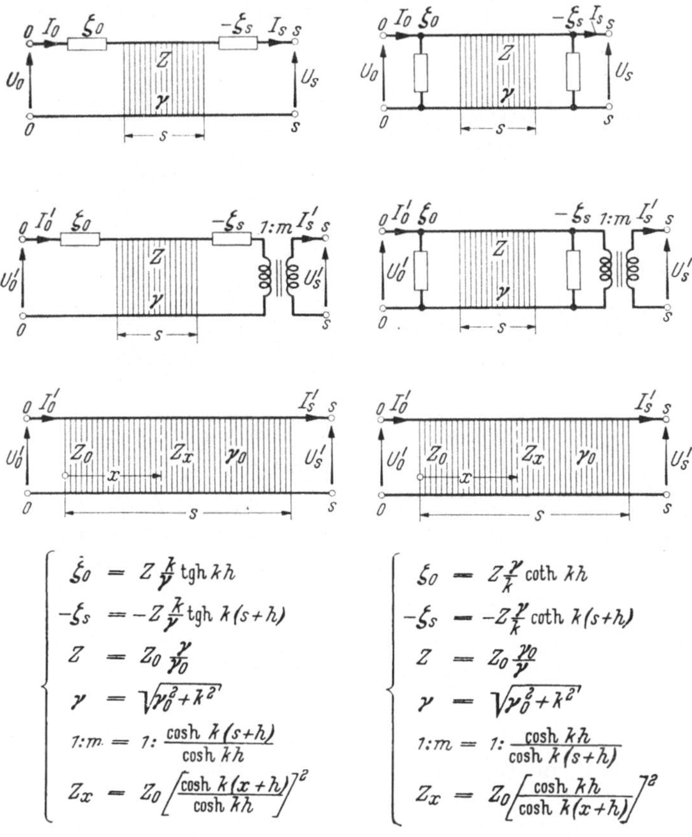

$$\begin{cases}
\dot{\xi}_0 & = Z\,\frac{k}{\gamma}\,\mathrm{tgh}\,k h \\[4pt]
-\xi_s & = -Z\,\frac{k}{\gamma}\,\mathrm{tgh}\,k(s+h) \\[4pt]
Z & = Z_0\,\frac{\gamma}{\gamma_0} \\[4pt]
\gamma & = \sqrt{\gamma_0^2 + k^2} \\[4pt]
1:m & = 1:\dfrac{\cosh k(s+h)}{\cosh k h} \\[6pt]
Z_x & = Z_0\left[\dfrac{\cosh k(x+h)}{\cosh k h}\right]^2
\end{cases}
\qquad
\begin{cases}
\xi_0 & = Z\,\frac{\gamma}{k}\,\coth k h \\[4pt]
-\xi_s & = -Z\,\frac{\gamma}{k}\,\coth k(s+h) \\[4pt]
Z & = Z_0\,\frac{\gamma_0}{\gamma} \\[4pt]
\gamma & = \sqrt{\gamma_0^2 + k^2} \\[4pt]
1:m & = 1:\dfrac{\cosh k h}{\cosh k(s+h)} \\[6pt]
Z_x & = Z_0\left[\dfrac{\cosh k h}{\cosh k(x+h)}\right]^2
\end{cases}$$

Abb. 7.1.2.
Kontinuierlich inhomogene Leitungen und ihre homogenen, endbelasteten Äquivalente.

7.2. Vergleiche mit *bm*-transformierten Leitungen.
7.21. Generelle Äquivalenz.

Werden die Endbelastungsimpedanzen z_0 und $-z_s$ sowie der ideale Transformator mit dem Übersetzungsverhältnis $1:m$ in den Äquivalenten der Abb. 7.1.2 Mitte entfernt, so erhält man die in Abb. 7.2.1 oben schematisch gezeigten Leitungen. Wird dieselbe Operation an den kontinuierlich inhomogenen Leitungen Abb. 7.1.2 unten durchgeführt, d.h., führt man die Endbelastungsimpedanzen $-z_0$ und z_s sowie einen idealen Transformator mit dem Übersetzungsverhältnis $m:1$ ein, so erhält man die in Abb. 7.2.1 unten schematisch angegebenen Vierpolnetze. Diese müssen also äquivalent mit den entsprechenden Leitungen in Abbildung 7.2.1 oben sein.

Ein Vergleich der Sekundärkonstanten der Leitungen in Abb. 7.2.1 oben mit den Sekundärkonstanten Gl. (5.83.2) zeigt, daß die genannten

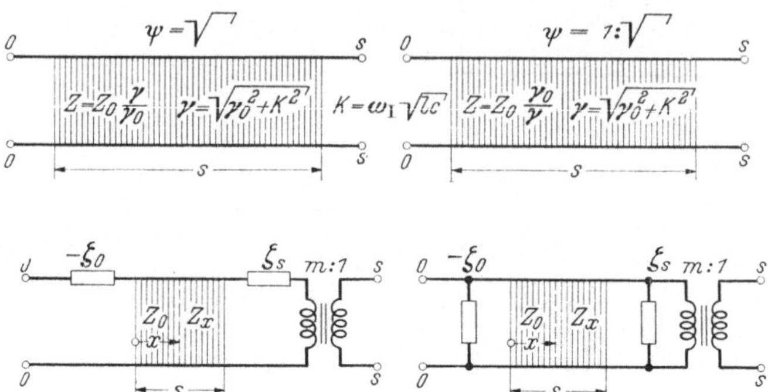

Abb. 7.2.1. bm-transformierte homogene Leitungen und ihre Äquivalente aus kontinuierlich inhomogenen, endbelasteten Leitungen.

Leitungen durch eine bm-Transformation aus einer homogenen verlustfreien Leitung und anschließender komplexer Transformation mit den Frequenzfunktionen in Gl. (3.61.2) erhalten werden können. Nach Gl. (5.83.3) und (7.13.2) muß dabei die Transformationswinkelfrequenz

$$\omega_{\mathrm{I}} = \frac{K}{\sqrt{l\,c}} = \frac{1}{s}\sqrt{\frac{\eta}{l\,c}} \qquad (7.21.1)$$

sein. Es besteht somit ein deutlicher Zusammenhang zwischen der bm-Transformation und der kontinuierlichen Inhomogenität.

7.22. Kapazitive Längs- und induktive Querbelastung.

Aus den mathematischen Ausdrücken in Abb. 7.1.2 geht hervor, daß der Transformator wegfällt, die beiden Endbelastungsimpedanzen einander gleich werden und die kontinuierliche Inhomogenität symmetrisch wird, wenn man die Konstante

$$h = -\frac{s}{2} \qquad (7.22.1)$$

wählt. Nach Gl. (7.13.9) erhält man dann mit dem Wert der Primärkonstanten r, l, g und c für $\varphi = 1$ aus den Vierpolnetzen in Abb. 7.2.1 unten die in Abb. 7.2.2 schematisch dargestellten. In Abb. 7.2.2 wird auch die Lageabhängigkeit der entsprechenden Charakteristiken durch die unter den Netzschemas dargestellten Kurven veranschaulicht.

Nach den Abschnitten 5.82 und 5.83 sind die Vierpolnetze in Abbildung 7.2.2 oben und unten exakt äquivalent mit einer homogenen Leitung, die mit einer verlustfreien Längskapazität bzw. Querinduktivität homogen belastet ist. Diese Leitungen waren ja unter der Bedingung in Gl. (5.85.3) approximativ äquivalent mit den Vierpolnetzen in Abb. 5.8.2 oben bzw. unten. Dies wird durch Abb. 7.2.2 bestätigt. Mit der Bedingung der Gl. (5.85.3) wird unter Berücksichtigung von Gl. (7.21.1)

$$\eta = K^2 s^2 \leqq 1 \qquad (7.22.2)$$

und damit

$$\left.\begin{aligned}
\cosh \frac{K\,s}{2} &\approx 1 \\[1em]
p = \frac{1}{K \operatorname{tgh} \dfrac{K\,s}{2}} &\approx \frac{2}{K^2 s} = \frac{2s}{\eta}
\end{aligned}\right\}$$

$$(7.22.3)$$

d. h. die Vierpolnetze in den Abbildungen 5.8.2 und 7.2.2 sind approximativ gleich.

7.23. Verwirklichung von exakt idealen Leitungen.

In Abschnitt 5.8 wurde gezeigt, daß ideale Leitungen unter anderem dadurch entstehen können, daß eine homogene Leitung mit Längskapazität oder Querinduktivität homogen belastet wird. Eine solche Belastung kann jedoch physikalisch nur annäherungsweise unter bestimmten Bedingungen verwirklicht werden. Eine kontinuierlich inhomogene Leitung läßt sich dagegen physikalisch verwirklichen, z. B. durch eine kontinuierliche Veränderung des Drahtabstandes und Drahtdurchmessers. Da bei einer kontinuierlich inhomogenen Leitung eine punktweise Belastung nach Abschnitt 7.22 so wirken kann, als ob die Leitung exakt homogen belastet wäre, bietet diese Leitung die Möglichkeit, exakt ideale Leitungen physikalisch zu verwirklichen. Außer den Dimensionierungen nach Abb. 7.2.2 muß dabei die Bedingung der Gl. (5.86.3) erfüllt werden.

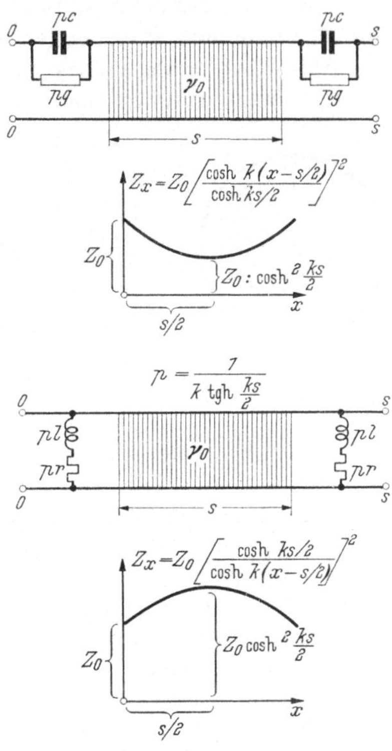

Abb. 7.2.2. Exakte Nachbildungen von $b\,m$-transformierten homogenen Leitungen.

7.3. Eindringungsphänomen in zylindrischen Leitern.

7.31. Der Skineffekt.

In stromführenden Leitern tritt bei genügend hoher Frequenz der sogenannte „Skineffekt" auf, d. h. der Strom wird gegen die Oberfläche des Leiters zusammengedrängt. In den folgenden Abschnitten soll dieses Phänomen eingehender behandelt werden.

Abb. 7.3.1 oben rechts und links zeigt den Längs- und Querschnitt eines zylindrischen Leiters mit dem Querschnittsradius r_0.

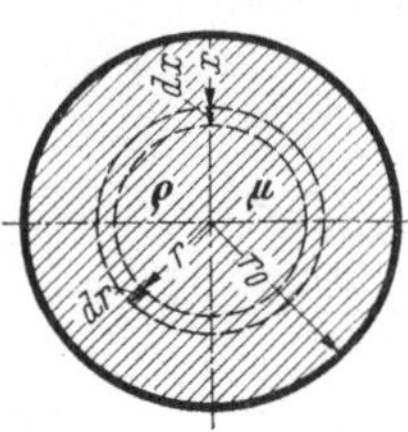
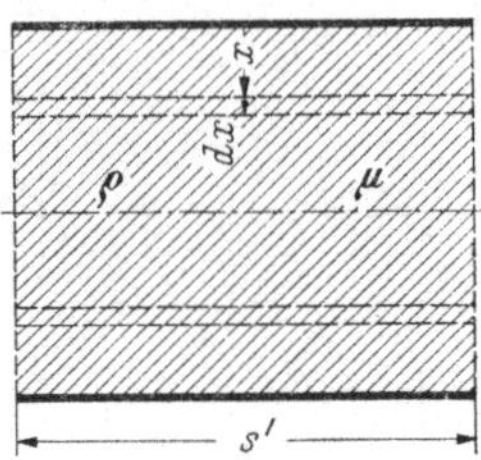

Von dem Leiter soll nun ein kurzes Stück von der Länge s' zwischen zwei Querschnitten betrachtet werden, wobei s' klein im Verhältnis zur Wellenlänge sein soll.

Die elektrischen Kraftlinien innerhalb des Leiters sind praktisch genommen gerade Linien parallel zur Zylinderachse, wobei die elektrische Feldstärke von der Entfernung r von der Achse abhängt. Das elektrische Feld bewirkt in einer mit dem Leiter konzentrischen Zylinderschale vom Radius r und der Dicke dr einen Strom

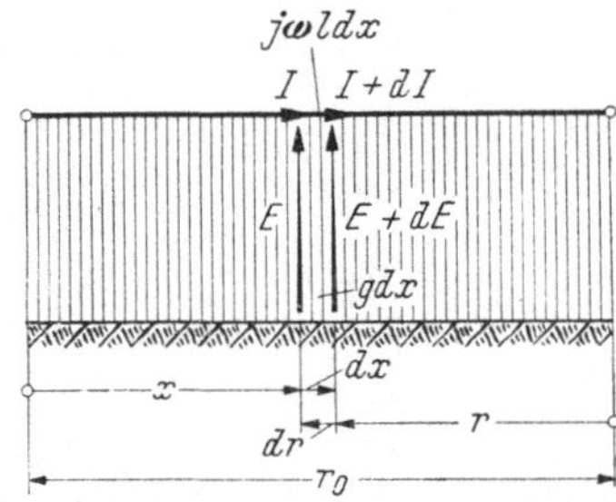

Abb. 7.3.1. Die Behandlung des Eindringungsphänomens in einem zylindrischen Leiter als Fortpflanzung in einer kontinuierlich inhomogenen Leitung.

$$dI = E\, s' \frac{2\pi r\, dr\, \lambda}{s'}$$

wobei

$$(7.31.1)$$

$$\frac{dI}{dr} = g\, E\,; \quad g = 2\pi r\, \lambda\,; \quad \lambda = \text{spezifische Leitfähigkeit in 1/Ohm m}$$

Die magnetischen Kraftlinien innerhalb des Leiters sind zur Zylinderachse konzentrische Ringe, wobei die magnetische Feldstärke vom Radius r abhängt. Der toroidförmige Magnetfluß mit dem Radius r und der Querschnittsoberfläche $s'\, dr$ umschließt den Strom $I(r)$ und entspricht nach Gl. (1.31.3) der Induktivität

$$l\, s'\, dr = \frac{\mu\, s'\, dr}{2\pi r}$$

$$l = \text{Längsinduktivität/km}$$

d. h. die Umlaufspannung längs dem Rande des Querschnitts ist

$$s'\,dE = j\,\omega\,l\,s'\,dr\,I$$

und damit

$$\frac{dE}{dr} = j\,\omega\,l\,I\;;\quad l = \frac{\mu}{2\pi\,r} \tag{7.31.2}$$

Wird die Variable r in den Gl. (7.31.1) und (7.31.2) durch

$$x = r_0 - r$$

ersetzt, so erhält man statt dessen

$$\frac{dI}{dx} = -\,g\,E\;;\quad \frac{dE}{dx} = -\,j\,\omega\,l\,I \tag{7.31.3}$$

Ein Vergleich zwischen den Gl. (7.11.2) und (7.31.3) zeigt, daß die Strom- und Spannungsverteilung innerhalb des Leiters der Fortpflanzung einer Strom-Spannungswelle von der Oberfläche des Leiters zu seiner Mitte hin entspricht. Es wird dabei

$$\left.\begin{aligned}
\gamma_0\,Z_0\,\varphi^2 &= j\,\omega\,l\\[4pt]
\frac{\gamma_0}{Z_0\,\varphi^2} &= g
\end{aligned}\right\}$$

und damit

$$\left.\begin{aligned}
\gamma_0 &= \sqrt{j\,\omega\,l\,g}\\[4pt]
Z_0\,\varphi^2 &= \sqrt{\frac{j\,\omega\,l}{g}}
\end{aligned}\right\} \tag{7.31.4}$$

oder unter Berücksichtigung von Gl. (7.31.1) und (7.31.2)

$$\left.\begin{aligned}
\gamma_0 &= \sqrt{j\,\omega\,\mu\,\lambda} = \sqrt{\frac{\omega\,\mu\,\lambda}{2}} + j\sqrt{\frac{\omega\,\mu\,\lambda}{2}}\\[6pt]
Z_0 &= \frac{1}{2\pi\,r_0}\sqrt{\frac{j\,\omega\,\mu}{\lambda}} = \frac{1}{2\pi\,r_0}\left[\sqrt{\frac{\omega\,\mu}{2\,\lambda}} + j\sqrt{\frac{\omega\,\mu}{2\,\lambda}}\right]\\[6pt]
\varphi &= \frac{1}{\sqrt{1 - \dfrac{x}{r_0}}}
\end{aligned}\right\} \tag{7.31.5}$$

Die Strom-Spannungswelle pflanzt sich somit in einer kontinuierlich inhomogenen Leitung in der Weise fort, wie dies Abb. 7.3.1 unten schematisch zeigt. Nach Gl. (7.31.5) wächst die Dämpfung der Leitung mit zunehmender Winkelfrequenz ω, wodurch der Strom in der Mitte des Leiters immer kleiner wird und somit das Phänomen des schon eingangs beschriebenen Skineffekts auftritt.

Aus dem Gesagten dürfte deutlich hervorgehen, daß physikalisch gesehen ein Eindringen einer von außen kommenden elektromagne-

tischen Energie in den Leiter stattfindet, wo sie in Wärmeenergie umgewandelt wird. Der Skineffekt kann daher als ein „Eindringungsphänomen" bezeichnet werden.

7.32. Die Nachbildung der Inhomogenität.

Da das Eindringungsphänomen als äquivalent mit der Fortpflanzung
in einer kontinuierlich inhomogenen Leitung anzusehen ist, kann es
mathematisch mit Hilfe der Äquivalente der Abb. 7.1.2 behandelt
werden. Man muß dazu die φ-Funktion aus Gl. (7.31.5) näherungsweise
durch einen der Ausdrücke aus
Gl. (7.12.7) nachbilden. Für diesen
Zweck paßt der oberste Ausdruck in
Gl. (7.12.7), der dem in Abb. 7.1.2
Mitte links dargestellten Äquivalent
entspricht.

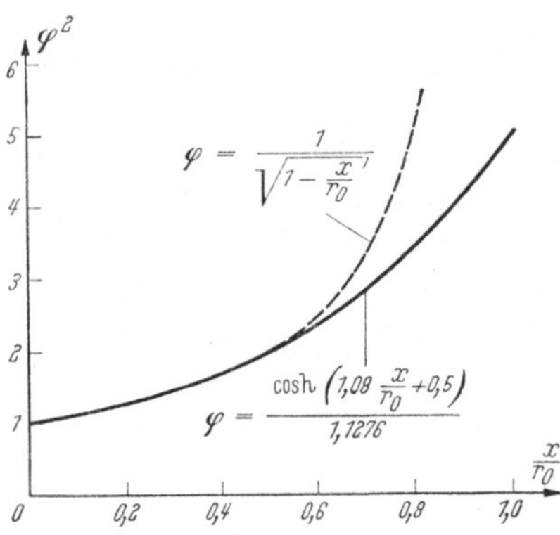

Abb. 7.3.2. Nachbildung der φ-Funktion.

Das Problem besteht folglich in
der Bestimmung der Konstanten h
und K dieses Ausdruckes, und zwar
so, daß er innerhalb des wesentlichen x-Bereiches mit dem φ-Aus-
druck der Gl. (7.31.5) übereinstimmt.
Der wesentlichste x-Bereich liegt
aber bei $x=0$, da dieses Gebiet das
größte Leitvermögen besitzt und
auch bei ausgeprägtem Skineffekt stets ein wirksames Leitvermögen
behält. Die Beziehungen

$$\varphi = \frac{\cosh K(x+h)}{\cosh K h} \left.\begin{array}{c} \\ \\ \\ \end{array}\right\}$$
$$\varphi = \frac{1}{\sqrt{1 - \dfrac{x}{r_0}}} \qquad\qquad (7.32.1)$$

sind folglich für x-Werte in der Nähe von Null einander anzugleichen.

Für $x = 0$ werden beide φ-Ausdrücke in Gl. (7.32.1) gleich Eins.
Damit auch ihre Ableitungen einander gleich werden, muß man

$$2 K r_0 = \coth K h \qquad\qquad (7.32.2)$$

setzen. Nimmt man

$$K h = 0,5$$

so wird aus Gl. (7.32.2)

$$K = \frac{1}{2 r_0} \coth 0,5 = \frac{1,08}{r_0} \left.\begin{array}{c} \\ \\ \end{array}\right\}$$
$$\cosh K h = \cosh 0,5 = 1,1276 \qquad\qquad (7.32.3)$$

und damit

$$\varphi = \frac{\cosh\left(1{,}08\,\dfrac{x}{r_0} + 0{,}5\right)}{1{,}1276} \qquad (7.32.4)$$

Wie Abb. 7.3.2 zeigt, fällt dieser Ausdruck praktisch genommen mit dem Wurzelausdruck innerhalb des Gebietes $x = 0$ bis $x = 0{,}5\, r_0$ zusammen, das $^3/_4$ des Leitvermögens des Leiters umfaßt.

7.33. Widerstand und Reaktanz des Leiters.

Wenn die Frequenzen so hoch sind, daß der Skineffekt auftritt, wirkt der Leiter nicht mehr als ein rein Ohmscher Widerstand, sondern als eine komplexe Impedanz, die nachstehend berechnet werden soll. Diese Impedanz, die durch das Verhältnis zwischen der Spannung längs der Oberfläche des Leiters und dem totalen Strom, d. h. durch das Verhältnis Es zu I für $x = 0$, bestimmt wird, entspricht offensichtlich der Eingangsimpedanz am Polpaar o des in Abb. 7.1.2 Mitte links dargestellten Äquivalents. Hierbei entsteht jedoch die Frage, wie das Äquivalent am Polpaar s belastet werden soll. Da bei $x = r_0$ der Strom $I = 0$ ist, dürfte es die einfachste Lösung sein, das Polpaar s offen zu lassen. Das hindert nicht, daß die Länge des Äquivalents $s \neq r_0$ sein kann, womit ein weiterer Freiheitsgrad gewonnen wird.

Die Impedanz des Leiters erhält man also damit, daß man einfach die Leerlaufimpedanz des obigen Äquivalents berechnet.

$$\left.\begin{aligned} Z_l &= z_0 + Z \coth \gamma s; \quad \gamma = \sqrt{\gamma_0^2 + K^2} \\ Z &= Z_0\,\frac{\gamma}{\gamma_0}; \quad z_0 = Z\,\frac{K}{\gamma}\,\operatorname{tgh} K\,h \end{aligned}\right\} \qquad (7.33.1)$$

Nach Gl. (7.31.5) ist jedoch

$$\gamma_0 = \sqrt{j}\,\frac{q}{r_0}; \quad Z_0 = \sqrt{j}\,\frac{q}{2\pi\, r^2_0\lambda}; \quad q = r_0\sqrt{\omega\mu\lambda} \qquad (7.33.2)$$

womit

$$\left.\begin{aligned} \gamma &= \sqrt{j\left(\frac{q}{r_0}\right)^2 + K^2} \\ Z &= \frac{1}{2\pi\, r_0\lambda}\sqrt{j\left(\frac{q}{r_0}\right)^2 + K^2} \\ z_0 &= \frac{1}{2\pi\, r_0\lambda}\,K\,\operatorname{tgh} K\,h \end{aligned}\right\} \qquad (7.33.3)$$

Setzt man die Ausdrücke aus Gl. (7.33.3) in den Ausdruck für die Leerlaufimpedanz der Gl. (7.33.1) ein, so erhält man

$$Z_l = \frac{1}{2\pi\, r_0\lambda}\left[K\,\operatorname{tgh} K\,h + \sqrt{j\left(\frac{q}{r_0}\right)^2 + K^2}\,\coth s\sqrt{j\left(\frac{q}{r_0}\right)^2 + K^2}\right] \qquad (7.33.4)$$

Für $\omega = 0$ ist nach Gl. (7.33.2) $q = 0$, und die Leerlaufimpedanz Gl. (7.33.4) wird dann

$$Z_{l0} = \frac{K}{2\pi r_0 \lambda}\ [\operatorname{tgh} K h + \coth K s] \qquad (7.33.5)$$

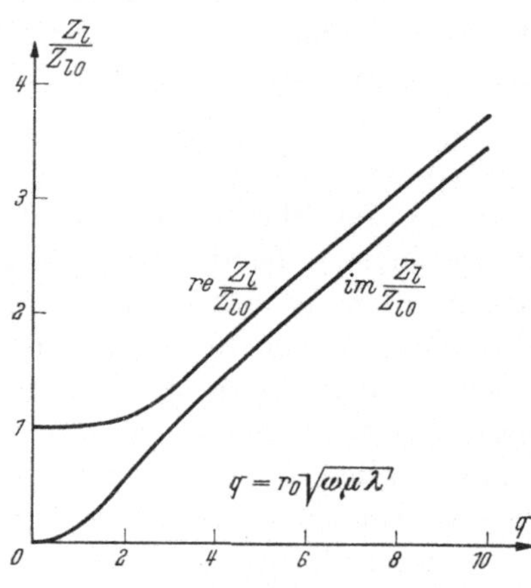

Abb. 7.3.3. Widerstand und Reaktanz eines zylindrischen Leiters, bezogen auf seinen Gleichstromwiderstand

Z_{l0} ist aber der Gleichstromwiderstand des Leiters per Meter, d. h. es ist

$$Z_{l0} = \frac{1}{\pi r_0^2 \lambda} \qquad (7.33.6)$$

Die Bedingung der Gl. (7.33.6) kann durch den Freiheitsgrad s erfüllt werden, der aus den Gl. (7.32.2), (7.32.3), (7.33.5) und (7.33.6) zu

$$s = \frac{1}{K}\operatorname{arcoth}\frac{3}{2 r_0 K}$$
$$= \frac{r_0}{1,08}\operatorname{arcoth}\frac{3}{2 \cdot 1,08}$$

wird oder

$$s = 0,84\,r_0 \qquad (7.33.7)$$

Ferner wird nach den Gl. (7.32.2), (7.32.3) und (7.33.7)

$$\frac{1}{2}r_0 K \operatorname{tgh} K h = \frac{1}{4}\ ; \quad s\,K = 0,907\ ; \quad \frac{r_0 K}{2} = 0,54$$

womit sich folgendes Verhältnis zwischen den Leerlaufimpedanzen der Gl. (7.33.4) und (7.33.5) ergibt:

$$\frac{Z_l}{Z_{l0}} = \frac{1}{4} + 0,54\sqrt{1 + j\left(\frac{q}{1,08}\right)^2}\coth 0,907\sqrt{1 + j\left(\frac{q}{1,08}\right)^2} \qquad (7.33.8)$$

Zerlegt man diesen Ausdruck in die reelle und die imaginäre Komponente, so erhält man nachstehende Berechnungsformeln:

$$\operatorname{re}\frac{Z_l}{Z_{l0}} = \frac{1}{4} + 0,54\,\frac{A \sinh 1,814\,A + B \sin 1,814\,B}{\cosh 1,814\,A - \cos 1,814\,B}$$

$$\operatorname{im}\frac{Z_l}{Z_{l0}} = 0,54\,\frac{B \sinh 1,814\,A - A \sin 1,814\,B}{\cosh 1,814\,A - \cos 1,814\,B}$$

$$A = \sqrt{\frac{1}{2}\left[\sqrt{1 + \left(\frac{q}{1,08}\right)^2} + 1\right]}$$

$$B = \sqrt{\frac{1}{2}\left[\sqrt{1 + \left(\frac{q}{1,08}\right)^2} - 1\right]}$$

$$(7.33.9)$$

Die Resultate der mit den Formeln in Gl. (7.33.9) ausgeführten Berechnungen sind in Abb. 7.3.3 dargestellt. (Vgl. Lit. 9.15.)

7.34. Die Eindringtiefe.

Bei stark ausgeprägtem Skineffekt ist die Dämpfung in dem Äquivalent so groß, daß seine Leerlaufimpedanz nach Gl. (7.33.4) praktisch genommen

$$Z_l = \frac{1}{2\pi r_0 \lambda}\left[K\,\mathrm{tgh}\,K\,h + \sqrt{j\left(\frac{q}{r_0}\right)^2 + K^2}\right] \qquad (7.34.1)$$

wird. Außerdem wird q nach Gl. (7.33.2) so groß, daß die Leerlaufimpedanz der Gl. (7.34.1) weiterhin vereinfacht werden kann zu

$$Z_l = \frac{1}{2\pi r_0 \lambda}\left[\frac{1}{\sqrt{2}}\,\frac{q}{r_0} + j\,\frac{1}{\sqrt{2}}\,\frac{q}{r_0}\right] \qquad (7.34.2)$$

Mit dem Ausdruck für q nach Gl. (7.33.2) ergibt sich ihre reelle Komponente zu

$$\mathrm{re}\,Z_l = \frac{1}{2\pi r_0 \lambda}\sqrt{\frac{\omega\,\mu\,\lambda}{2}} \qquad (7.34.3)$$

Als Maß für die Eindringung verwendet man die Eindringtiefe δ, die durch die Gleichung

$$\mathrm{re}\,Z_l = \frac{1}{2\pi r_0 \delta \lambda} \qquad (7.34.4)$$

definiert ist. Aus den Gl. (7.34.3) und (7.34.4) ergibt sich die Eindringtiefe zu

$$\delta = \sqrt{\frac{2}{\omega\,\mu\,\lambda}}\ \mathrm{m} \qquad (7.34.5)$$

7.35. Die Schirmdämpfung von Metallmänteln.

Bei stark ausgeprägtem Skineffekt hat ein zylindrischer Metallmantel eine effektive elektromagnetische Schirmwirkung, d. h. er verhindert, daß von außen oder von innen kommende elektromagnetische Wellen durch ihn ins Innere hinein- bzw. aus ihm herausdringen. Falls die Dicke s des Mantels relativ klein zum Zylinderradius ist, kann er als eine am entfernteren Polpaar offene homogene Leitung mit der komplexen Spiegeldämpfung $\gamma_0 s$ behandelt werden. Wählt man als Maß der Abschirmung das logarithmische Verhältnis zwischen den axialen Spannungen längs der Eingangs- und der Ausgangsoberfläche des Mantels und berücksichtigt man dabei, daß diese Dämpfung groß ist, so wird die Schirmdämpfung

$$\gamma_0 s - \ln 2\ \mathrm{Nep.} \qquad (7.35.1)$$

oder nach Gl. (7.33.2)

$$s\sqrt{\frac{\omega\,\mu\,\lambda}{2}} - \ln 2\ \mathrm{Nep.} \qquad (7.35.2)$$

und schließlich mit Gl. (7.34.5)

$$\frac{s}{\delta} - 0,7 \text{ Nep.} \qquad (7.35.3)$$

Bei der Berechnung der Schirmdämpfung von einer größeren Zahl verschiedener, konzentrisch ineinanderliegender zylindrischer Metallmäntel kann man offensichtlich ein Äquivalent benutzen, das aus einer größeren Zahl in Kaskade geschalteter, verschiedener Vierpolnetze besteht. (Vgl. Lit. 9.291.)

8. Vierpoltheoretische Behandlung der elektromagnetischen Strahlung.

8.1. Die Strahlung längs einer Doppelleitung.

Lit. 9.05 und 9.293.

8.11. Das elektromagnetische Feld der Doppelleitung.

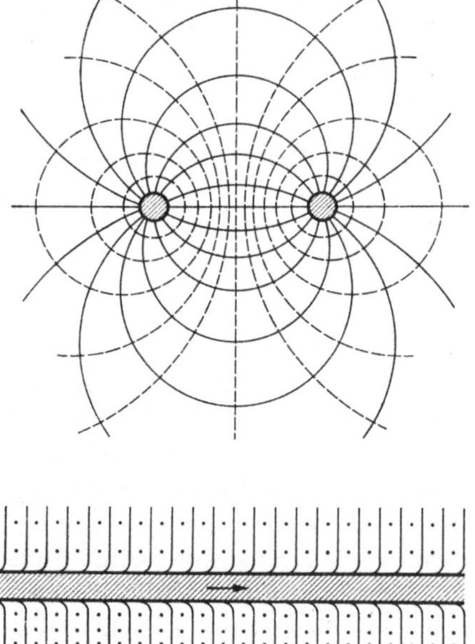

Die Spannung und der Strom längs einer Doppelleitung sind von einem elektrischen bzw. einem magnetischen Feld in der Umgebung des Leiters begleitet. Die radialen elektrischen und kreisförmigen magnetischen Kraftlinien von jedem der Leiter setzen sich dabei so zusammen, wie dies in dem in Abb. 8.1.1 oben gezeigten Querschnitt der Doppelleitung durch die ausgezogenen bzw. gestrichelten Linien angegeben ist.

Die elektrischen Kraftlinien liegen jedoch nicht vollständig in der zu den Leitungen senkrechten Querschnittsebene. Es entsteht nämlich infolge des Spannungsabfalls in der Leitung eine kleine elektrische Feldkomponente in ihrer Längsrichtung, wodurch die elektrischen Kraftlinien in nächster Nähe der Leiteroberfläche eine

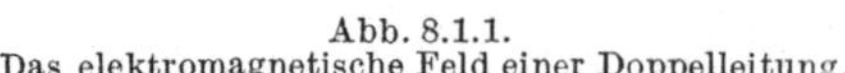

Abb. 8.1.1.
Das elektromagnetische Feld einer Doppelleitung.

Abbeugung erfahren, wie dies der Längsschnitt in Abb. 8.1.1 unten zeigt.

8.12. Das Theorem von Poynting.

Träger der Energie, die über eine Leitung geführt wird, ist ihr elektromagnetisches Feld. Nach dem Theorem von Poynting erfolgt die Energiestrahlung in einer sowohl zu den elektrischen wie auch zu den magnetischen Kraftlinien senkrechten Richtung. Die hauptsächliche Energiestrahlung verläuft folglich parallel zur Leitung.

Auf Grund der Abbeugung der elektrischen Kraftlinien an der Leiteroberfläche wird ein Teil der Energie auch gegen die Leiter hin gestrahlt und dringt somit in diese ein und wird dort in Wärmeenergie umgesetzt. Vergleiche das Resultat in Abschnitt 7.31.

Da die elektrische und die magnetische Feldstärke proportional der Spannung bzw. dem Strom der Leitung sind, ist die Strahlungsleistung proportional dem Produkt dieser beiden Feldstärken.

8.13. Die Fortpflanzungsgeschwindigkeit in verlustfreien Leitungen.

In diesem Abschnitt soll die Fortpflanzungsgeschwindigkeit längs verlustfreier Leitungen, die sich im leeren Raum befinden, berechnet werden. Da eine verlustfreie Leitung verzerrungsfrei ist, wird in diesem Fall die Gruppengeschwindigkeit gleich der Wellengeschwindigkeit und somit nach Gl. (5.33.1)

$$v = \frac{\omega}{\beta} = \frac{1}{\sqrt{l\,c}} \qquad (8.13.1)$$

In einer verlustfreien Leitung ist aber die spezifische Leitfähigkeit $\lambda = \infty$ und daher nach Gl. (7.34.5) die Eindringtiefe $\delta = 0$. Der Anteil der Induktivität l, der vom Magnetfluß innerhalb des Leiters herrührt, muß deshalb gleich Null sein. Da die Leiter von Vakuum umgeben sind, werden nach den Gl. (1.31.3) und (1.21.2)

$$\left.\begin{array}{l} \mu = \mu_0 = 0{,}4\,\pi\ \mu\mathrm{H/m} \\ \varepsilon = \varepsilon_0 = 10^3/36\pi\ \mathrm{pF/m} \end{array}\right\} \qquad (8.13.2)$$

Unter den obigen Bedingungen gilt für die Doppelleitung nach den Gl. (1.34.1) und (1.24.1)

$$l = 0{,}4\ln\frac{2D}{d}\ \mu\mathrm{H/m}\ ; \quad c = \frac{10^3}{36}\,\frac{1}{\ln\dfrac{2D}{d}}\ \mathrm{pF/m} \qquad (8.13.3)$$

für die Phantomleitung nach den Gl. (1.35.1) und (1.25.1)

$$l = 0{,}2\ln\frac{D}{d}\ \mu\mathrm{H/m}\ ; \quad c = \frac{10^3}{18}\,\frac{1}{\ln\dfrac{D}{d}}\ \mathrm{pF/m} \qquad (8.13.4)$$

für die Zylinderleitung nach den Gl. (1.32.1) und (1.22.1)

$$l = 0{,}2 \ln \frac{D}{d} \,\mu\text{H/m} \; ; \quad c = \frac{10^3}{18} \frac{1}{\ln \dfrac{D}{d}} \,\text{pF/m} \qquad (8.13.5)$$

und schließlich für die Kegelleitung nach den Gl. (1.33.1) und (1.23.1)

$$\left. \begin{array}{l} l = 0{,}2 \,(\operatorname{arsinh} \cot \varphi_1 - \operatorname{arsinh} \cot \varphi_2)\, \mu\text{H/m} \\[2mm] c = \dfrac{10^3}{18} \dfrac{1}{\operatorname{arsinh} \cot \varphi_1 - \operatorname{arsinh} \cot \varphi_2} \,\text{pF/m} \end{array} \right\} \qquad (8.13.6)$$

In sämtlichen vier Fällen der Gl. (8.13.3), (8.13.4), (8.13.5) und (8.13.6) wird offensichtlich

$$l\,c = \frac{10^{-10}}{9} \,\text{HF/km}^2 \qquad (8.13.7)$$

Setzt man diesen Wert in Gl. (8.13.1) ein, so erhält man für alle vier Fälle die Fortpflanzungsgeschwindigkeit von

$$v = 300\,000 \text{ km/sec} \qquad (8.13.8)$$

die mit der Lichtgeschwindigkeit übereinstimmt. Das bestätigt somit, daß die Energieübertragung längs einer elektrischen Leitung durch eine elektromagnetische Strahlung von gleicher Natur wie die Lichtstrahlung erfolgt.

8.2. Sphärische elektromagnetische Wellen[1].

Lit. 9.2034.

8.21. Die Primärkonstanten der Kegelleitung.

Abb. 8.2.1 zeigt den Längsschnitt einer unendlich langen passiven Leitung, deren Leitungszweige durch zwei leitende Kegel mit gemeinsamer Achse und Spitze und den Öffnungswinkeln $2\varphi_1$ bzw. $2(\pi - \varphi_2)$ gebildet werden. Es sei angenommen, daß die Leitung verlustfrei ist und die elektrischen Ströme somit nur längs der Oberfläche der Kegelleiter fließen. Zwischen den Kegelspitzen, die das Eingangspolpaar der Leitung bilden, wird die punktförmig gedachte EMK des Senders eingeschaltet, die eine elektromagnetische Welle zwischen den Kegeln hervorruft, zwischen denen Vakuum sein soll. Nach den Abschnitten 1.23 und 1.33 bestehen die elektrischen und magnetischen Kraftlinien aus Kreisbogen bzw. Kreisen. Die elektromagnetische Welle erhält daher eine sphärische Form mit in Fortpflanzungsrichtung wachsendem Radius. Nach dem Theorem von

---

[1] Die Ableitung der in den Abschnitten dieses Kapitels enthaltenen Formeln basiert größtenteils auf theoretischen Betrachtungen an Hand von Gedankenexperimenten, die praktisch nicht ohne weiteres realisierbar sind.

POYNTING erfolgt somit die Energiestrahlung radial von der gemeinsamen Spitze aus, und die Beibehaltung der spärischen Form der Welle ist eine Folge der Richtungsunabhängigkeit der Fortpflanzungsgeschwindigkeit.

Aus den Gl. (1.23.1) und (1.33.1) geht hervor, daß bei einer Kegelleitung Kapazität und Induktivität per Längeneinheit längs den Kegelerzeugenden gerechnet konstant sind. Die Kegelleitung ist somit elektrisch vollständig homogen. Bezeichnet man mit ϱ den Kegelradius bei der Koordinate ξ (deren Achse mit der Kegelachse mit der Kegelspitze als Koordinatenanfangspunkt zusammenfalle), so erhält man die aus Abb. 8.2.1 zu ersehenden Beziehungen

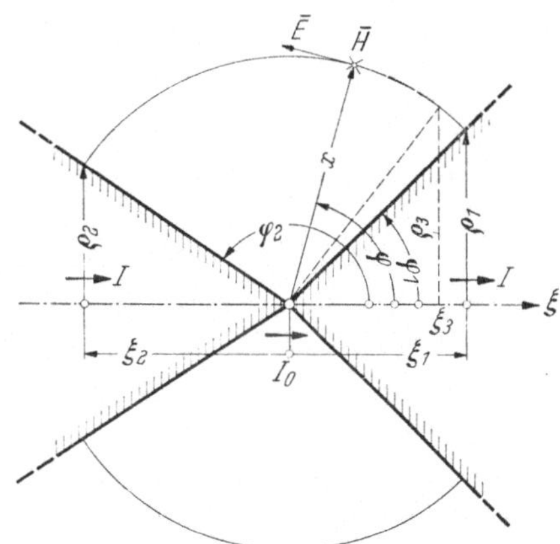

Abb. 8.2.1. Längsschnitt einer Kegelleitung.

$$\varphi_1 = \text{arctg}\,\frac{\varrho_1}{\xi_1}\;;\quad \varphi_2 = \text{arctg}\,\frac{\varrho_2}{\xi_2}$$

$$(8.21.1)$$

Mit Gl. (8.21.1) ergeben sich aus den Gl. (1.33.1) und (1.23.1) die folgenden Primärkonstanten der Kegelleitung:

$$l = 0{,}2\left(\text{arsinh}\,\frac{\xi_1}{\varrho_1} - \text{arsinh}\,\frac{\xi_2}{\varrho_2}\right)\mu\text{H/m} \left.\begin{array}{c}\\[2em]\\[2em]\end{array}\right\}$$

$$c = \frac{10^3}{18}\,\frac{1}{\text{arsinh}\,\dfrac{\xi_1}{\varrho_1} - \text{arsinh}\,\dfrac{\xi_2}{\varrho_2}}\,\text{pF/m}$$

$$(8.21.2)$$

8.22. Die Sekundärkonstanten der Kegelleitung.

Da angenommen wird, daß die Kegelleitung verlustfrei ist, werden ihre Sekundärkonstanten

$$Z = \sqrt{\frac{l}{c}}\;;\quad \gamma = j\,\omega\,\sqrt{l\,c} \qquad (8.22.1)$$

was mit Gl. (8.21.2)

$$Z = 60\left(\text{arsinh}\,\frac{\xi_1}{\varrho_2} - \text{arsinh}\,\frac{\xi_2}{\varrho_2}\right)\Omega \left.\begin{array}{c}\\[2em]\\[2em]\end{array}\right\}$$

$$(8.22.2)$$

$$\gamma = j\,\frac{1}{3}\,\omega\,10^{-8}\,\text{Rad/m}$$

ergibt.

Denkt man sich nun den Raum zwischen den beiden Kegelleitern in Abb. 8.2.1 durch eine unendlich dünne Kegelschale mit dem Öffnungswinkel arctg ϱ_3/ξ_3 in zwei mit ihren Eingangspolpaaren in Serie geschaltete Kegelleitungen unterteilt, so erhält man für die Charakteristik dieser beiden Kegelleitungen folgende Ausdrücke:

$$Z_1 = 60 \left(\operatorname{arsinh}\frac{\xi_1}{\varrho_1} - \operatorname{arsinh}\frac{\xi_3}{\varrho_3}\right) \Bigg|$$

$$Z_2 = 60 \left(\operatorname{arsinh}\frac{\xi_3}{\varrho_3} - \operatorname{arsinh}\frac{\xi_2}{\varrho_2}\right) \Bigg|$$

d. h.

$$Z = Z_1 + Z_2 \tag{8.22.3}$$

wie auch anzunehmen war.

8.23. Das elektromagnetische Feld der Kegelleitung.

Den Raum zwischen den beiden Kegelleitern in Abb. 8.2.1 kann man sich in eine unendliche Anzahl Elementarkegel aufgeteilt denken, die aus unendlich dünnen Elektroden in den konischen Äquipotentialflächen mit dem gegenseitigen Abstand $x\,d\varphi$ bestehen (vgl. Abschn. 1.23) und damit gleichsam unendlich viele in Reihe geschaltete Elementarkegelleitungen bilden. Jede Elementarkegelleitung wird von einem Strom I durchflossen. Da aber jede Elektrode für zwei benachbarte Elementarkegelleitungen gemeinsam ist und infolgedessen von zwei gleichen, aber entgegengesetzt gerichteten Strömen durchflossen wird, sind die Elektroden stromlos. Ihre Einfügung oder Fortnahme ändert somit nichts an dem elektrischen Zustand der in Abb. 8.2.1 dargestellten Kegelleitung.

Die mit dem komplexen effektiven Strom I verknüpften komplexen effektiven elektrischen und magnetischen Feldstärken $\overline{E}$ bzw. $\overline{H}$ im Abstand x von der Kegelspitze und unter dem Winkel φ zur Kegelachse (s. Abb. 8.2.1) kann man sich als zu einem Element dx einer Elementarkegelleitung gehörig denken. Die Spannung an diesem Element wird dann

$$\overline{E}\,x\,d\varphi = d(I\,Z) = I\,dZ$$

womit

$$\overline{E} = \frac{I}{x}\frac{dZ}{d\varphi}$$

oder nach den Gl. (8.21.1) und (8.22.2) mit $\varphi = \varphi_2$

$$\overline{E} = \frac{60}{x \sin \varphi} I \tag{8.23.1}$$

Ferner wird nach den Gl. (1.31.2) und (1.31.3) die Induktivität für das betrachtete Leitungselement

$$\frac{\mu_0 \overline{H}\, x\, d\varphi\, dx}{I} = \frac{\mu_0 x\, d\varphi\, dx}{2\pi\, x \sin \varphi}$$

womit

$$\bar{H} = \frac{1}{2\pi\,x\,\sin\varphi}\,I \qquad (8.23.2)$$

Mit den Bezeichnungen

$$I_0 = I \quad \text{für} \quad x = 0\,; \quad v = 3\cdot 10^8\,\text{m/sek}$$

wird nach Gl. (8.22.2)

$$I = I_0\,e^{-j\,\frac{\omega}{v}\,x} \qquad (8.23.3)$$

was in die Gl. (8.23.1) und (8.23.2) eingesetzt folgendes ergibt:

$$\left.\begin{aligned}
\bar{E} &= \frac{60}{x\,\sin\varphi}\,I_0\,e^{-j\,\frac{\omega}{v}\,x}\ \text{Volt/m} \\[2ex]
\bar{H} &= \frac{1}{2\pi\,x\,\sin\varphi}\,I_0\,e^{-j\,\frac{\omega}{v}\,x}\ \text{Amp/m}
\end{aligned}\right\} \qquad (8.23.4)$$

8.24. Ersatz der Kegelform durch eine längs einer Leitung verteilte EMK.

Abb. 8.2.2 zeigt den Längsschnitt einer Kegelleitung, bei welcher der eine Kegel (K_2) der Vereinfachung halber als Ebene angenommen ist. Hierdurch wird nämlich in Gl. (8.22.2)

$$\operatorname{arsinh}\frac{\xi_2}{\varrho_2} = 0 \qquad (8.24.1)$$

und der Index 1 für ϱ_1 und ξ_1 kann wegfallen. Der andere Kegel (K_1) soll zum Teil aus einer unendlich dünnen konischen Schale entsprechend den gestrichelten Linien $K_1 - K_1$ in Abb. 8.2.2 bestehen. Es sei nun angenommen, daß sich längs der Kegelleitung, die durch die Kegel K_1 und K_2 gebildet wird, eine sphärische elektromagnetische Welle fortpflanzt. Diese ist von einem Strom begleitet, der bei der Koordinate ξ gleich I sein soll.

Innerhalb der Kegelschale K_1 befinde sich noch ein Kegelstumpf K_3, der zusammen mit der Kegelschale K_1 eine zweite

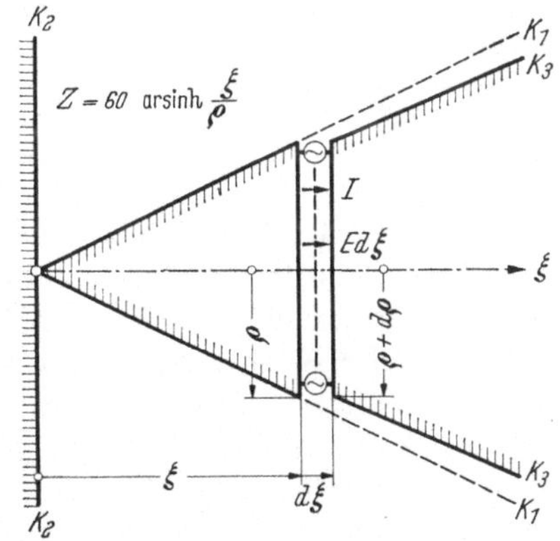

Abb. 8.2.2. Ersatz der Kegelform durch eine über den Querschnitt angreifende EMK.

Kegelleitung bildet. Auch in dieser soll sich eine sphärische Welle fortpflanzen, die von einer längs der Leiterstrecke $d\xi$ eingeführten und über den ganzen Leiterquerschnitt wirksamen EMK $E\,d\xi$ herrührt, die so bemessen sein soll, daß der diese Welle begleitende

Strom bei der Koordinate ξ ebenfalls gleich I ist. Ist der Unterschied zwischen den Kegeln K_1 und K_3 verschwindend klein, so ist sein Einfluß auf die Art der Ausbildung der Welle an der Anfangsstelle auch verschwindend klein.

Die von den beiden Wellen herrührenden Ströme in der Kegelschale K_1 sind somit gleich groß, aber entgegengerichtet. Die Kegelschale ist daher stromlos und kann folglich entfernt werden, ohne daß sich am elektrischen Zustande etwas ändert. Die beiden Wellen vereinigen sich dabei zu einer einzigen sphärischen Welle.

Nach Gl. (8.22.3) ist die Charakteristik der Kegelleitung $(K_1 K_3)$ gleich der Differenz der Charakteristiken der Kegelleitungen $(K_2 K_3)$ und $(K_2 K_1)$. Diese Differenz dZ soll aber nach den obigen Annahmen differentiell klein werden. Sie kann dann aus Gl. (8.22.2) unter Berücksichtigung von Gl. (8.24.1) bestimmt werden:

$$\frac{dZ}{d\xi} = \frac{d}{d\xi}\left(60 \operatorname{arsinh} \frac{\xi}{\varrho}\right)$$

was

$$\frac{dZ}{d\xi} = \frac{60}{\sqrt{\xi^2 + \varrho^2}}\left(1 - \frac{\xi}{\varrho}\frac{d\varrho}{d\xi}\right) \tag{8.24.2}$$

ergibt.

Für den der Kegelleitung $(K_1 K_3)$ durch die EMK $E d\xi$ aufgedrückten Strom I muß

$$E\, d\xi = I\, dZ$$

sein, was andererseits

$$\frac{dZ}{d\xi} = \frac{E}{I} \tag{8.24.3}$$

ergibt.

Eliminiert man $dZ/d\xi$ aus den Gl. (8.24.2) und (8.24.3), so erhält man

$$E = I\, \frac{60}{\sqrt{\xi^2 + \varrho^2}}\left(1 - \frac{\xi}{\varrho}\frac{d\varrho}{d\xi}\right) \text{Volt/m} \tag{8.24.4}$$

Mit dieser Gleichung hat man die Bedingungen für den Ausgleich einer kontinuierlichen Abweichung des Leiters von der Kegelform durch eine kontinuierlich verteilte EMK per m E, und man erreicht also mit dieser EMK-Verteilung, daß sich eine sphärische Welle längs dieses Leiters ungestört fortpflanzen kann. Wie man sieht, wird für einen exakten Kegel der zweite Term in der Klammer der Gl. (8.24.4) gleich Eins, und folglich wird $E = 0$ in diesem Fall, wie es auch sein muß. Falls $\varrho \neq 0$ bei $\xi = 0$ ist, wird die ursprünglich im Koordinatenanfangspunkt konzentrierte EMK kurzgeschlossen, und die sphärische Welle wird dann lediglich durch die kontinuierlich verteilte EMK E hervorgerufen. Mit den Beziehungen

$$\left.\begin{aligned} x &= \sqrt{\xi^2 + \varrho^2} \\ \beta &= \frac{\omega}{v} = \text{Wellenkonstante} \end{aligned}\right\} \tag{8.24.5}$$

ergeben die Gl. (8.23.3) und (8.24.4) die fundamentalen Gleichungen

$$I = I_0\, e^{-j\beta\, \sqrt{\xi^2 + \varrho^2}}\ \text{Amp}$$
$$E = \frac{60}{\sqrt{\xi^2 + \varrho^2}}\left(1 - \frac{\xi}{\varrho}\,\frac{d\varrho}{d\xi}\right) I_0\, e^{-j\beta\, \sqrt{\xi^2 + \varrho^2}}\ \text{Volt/m}\ \Bigg\}\quad (8.24.6)$$

8.25. Sphärische Wellen längs eines Leitungsdrahtes.

Ersetzt man die Kegelform durch eine Zylinderform mit Hilfe von kontinuierlich verteilter EMK nach Gl. (8.24.6), so wird

$$\frac{d\varrho}{d\xi} = 0 \qquad\qquad (8.25.1)$$

Wird ferner angenommen, daß der Zylinderradius ϱ so klein ist, daß

$$\begin{aligned}\cos\beta\varrho &\approx 1\\ \sin\beta\varrho &\approx 0\\ \frac{\sin\beta\,\sqrt{\xi^2 + \varrho^2}}{\sqrt{\xi^2 + \varrho^2}} &\approx \frac{\sin\beta\,\xi}{\xi}\end{aligned}\Bigg\}\quad (8.25.2)$$

so geht Gl. (8.24.6) über in

$$I = I_0\, e^{-j\beta\,|\xi|}\ \text{Amp}$$
$$E = 60\, I_0\left(\frac{\cos\beta\,\xi}{\sqrt{\xi^2 + \varrho^2}} - j\,\frac{\sin\beta\,\xi}{\xi}\right)\text{Volt/m}\ \Bigg\}\quad (8.25.3)$$

Gl. (8.25.3) gibt somit die Bedingungen für die Fortpflanzung einer sphärischen Welle längs eines geraden, zylindrischen Leitungsdrahtes an. Im Wellenzentrum, das bei $\xi = 0$ liegt und das im folgenden als „Pol" der Welle bezeichnet werden soll, wird nach Gl. (8.25.3)

$$I = I_0\ \text{Amp}$$
$$E = \frac{60}{\varrho}\, I_0\,(1 - j\,\beta\,\varrho)\,\text{Volt/m}\ \Bigg\}\quad (8.25.4)$$

I_0 wird im folgenden als „Polstrom" der Welle bezeichnet.

8.3. Die Strahlung eines Tripols.

Lit. 9.2034.

8.31. Der resultierende Strom des Tripols.

Auf einem geraden zylindrischen Leitungsdraht L—L (Abb. 8.3.1 oben) werden drei sphärische Wellen superponiert, deren Pole sich in den Punkten I, II und III befinden sollen. Der Abstand zwischen den benachbarten Polen soll s sein, und der Koordinatenanfangspunkt für die ξ-Koordinate werde in den Punkt II gelegt. Der resultierende

Strom I_ε wird dann nach Gl. (8.25.3) bei den in Abb. 8.3.1 oben angegebenen Polströmen

$$I_\varepsilon = I_0\, e^{-j\beta|\xi+s|} - I_0'\, e^{-j\beta|\xi|} + I_0\, e^{-j\beta|\xi-s|} \qquad (8.31.1)$$

Die Relation zwischen den Polströmen soll dabei durch folgende Bedingung festgelegt werden:

$$I_\varepsilon = 0 \quad \text{für} \quad \xi = \pm\,s$$

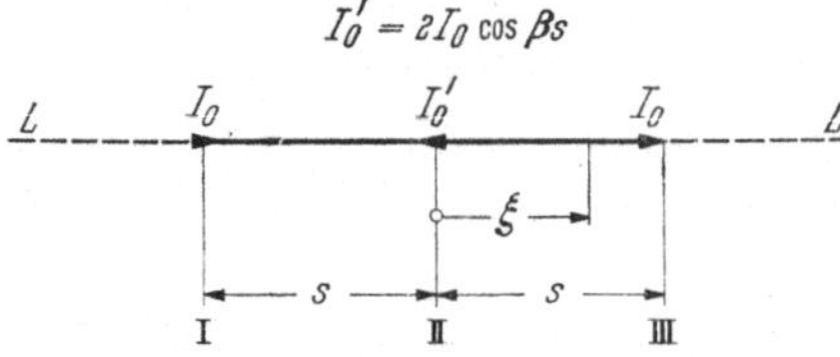

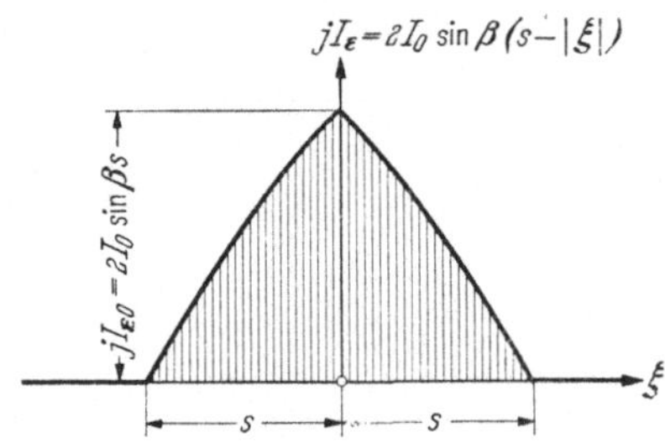

Abb. 8.3.1 Der Tripol und seine Stromkurve.

Führt man diese Bedingung in Gl. (8.31.1) ein, so erhält man

$$I_0(e^{-j2\beta s} + 1) - I_0'\, e^{-j\beta s} = 0$$

oder

$$I_0' = 2\,I_0 \cos\beta\,s \qquad (8.31.2)$$

Mit der in Exponentialform geschriebenen Bedingung Gleichung (8.31.2) wird Gl. (8.31.1):

$$I_\varepsilon = I_0\,[e^{-j\beta|\xi+s|} - e^{-j\beta|\xi|+j\beta s}$$
$$- e^{-j\beta|\xi|-j\beta s} + e^{-j\beta|\xi-s|}]$$

Aus diesem Ausdruck ergibt sich:

$$\left.\begin{array}{l} I_\varepsilon = -j\,2\,I_0 \sin\beta(s - |\xi|) \\[4pt] \quad\text{für} \; -s \leqq \xi \leqq s \\[8pt] I_\varepsilon = 0 \quad \text{für} \; -s \geqq \xi \; \text{und} \; \xi \geqq s \end{array}\right\} \qquad (8.31.3)$$

Die Teile des Leiters links von Punkt I und rechts von Punkt III in Abb. 8.3.1 oben sind somit stromlos und können daher entfernt werden, ohne daß dadurch eine Änderung im elektrischen Zustand der Anordnung eintritt. In diesem Fall kann sich also die Welle ungehindert fortpflanzen, wenn nur eine endliche Leitungsstrecke von der Länge $2s$ vorhanden ist.

Die Kombination von drei sphärischen Wellen wie in Abb. 8.3.1 oben mit der Bedingung der Gl. (8.31.2) wird „Tripol" genannt.

Für $\xi = 0$ erhält man aus Gl. (8.31.3)

$$I_{\varepsilon 0} = -j\,2\,I_0 \sin\beta\,s \qquad (8.31.4)$$

$I_{\varepsilon 0}$ wird der „Mittstrom" des Tripols genannt.

Aus Gl. (8.31.3) geht hervor, daß entsprechend dem Stromdiagramm in Abb. 8.3.1 unten der resultierende Strom I_ε aus einer stehenden Stromwelle besteht, welche aus zwei sinusförmigen Kurven zusammengesetzt ist und gegenüber dem Polstrom I_0 eine Phasenverschiebung von $-\pi/2$ besitzt. Im Spezialfalle $\beta\,s = \pi/2$ verschwindet nach Gl. (8.31.2) die mittlere sphärische Welle, und die stehende Stromwelle hat dann den Verlauf einer einzigen Cosinuskurve.

Ein Knick in der Sinusform der stehenden Stromwelle, die sich längs des Leiters ausbildet, deutet stets auf das Vorhandensein eines Wellenzentrums an der betreffenden Stelle.

8.32. Die imaginäre Komponente der EMK.

In diesem Abschnitt soll die imaginäre Komponente der EMK.-Verteilung für einen Tripol berechnet werden. Diese ist in Phase mit dem resultierenden Strom und bestimmt somit die erzeugte Leistung. Gemäß Gl. (8.25.3) und der Bedingung Gl. (8.31.2) wird die imaginäre Komponente

$$\operatorname{im} E_\varepsilon = -j\,60\,I_0\,\beta \left[\frac{\sin\beta\,(\xi+s)}{\beta\,(\xi+s)} - 2\cos\beta\,s\,\frac{\sin\beta\,\xi}{\beta\,\xi} + \right.$$
$$\left. + \frac{\sin\beta\,(\xi-s)}{\beta\,(\xi-s)} \right] \text{Volt/m} \tag{8.32.1}$$

Für den Spezialfall, daß βs und $\beta\xi$ relativ klein sind, kann die eckige Klammer in Gl. (8.32.1) wie folgt geschrieben werden:

$$1 - \frac{\beta^2(\xi+s)^2}{6}\dots - 2\left[1 - \frac{\beta^2 s^2}{2}\dots\right]\left[1 - \frac{\beta^2\xi^2}{6}\dots\right] +$$
$$+ 1 - \frac{\beta^2(\xi-s)^2}{6}\dots \approx \frac{2}{3}\,\beta^2\,s^2$$

Dies eingesetzt in Gl. (8.32.1) ergibt:

$$\operatorname{im} E_\varepsilon \approx -j\,40\,I_0\,\beta^3\,s^2 \tag{8.32.2}$$

Die imaginäre Komponente der EMK ist also in diesem Fall praktisch genommen unabhängig von der Koordinate ξ.

8.33. Die vom Tripol ausgestrahlte Leistung.

Da der Leiter eine unendliche Leitfähigkeit besitzen soll und folglich keine Energie absorbieren kann, muß die vom Tripol erzeugte Leistung von ihm ausgestrahlt werden. Die Strahlungsleistung wird somit

$$P = \int\limits_{-s}^{+s} |I_\varepsilon|\,|\operatorname{im} E_\varepsilon|\,d\xi \tag{8.33.1}$$

Für den Spezialfall, daß $\beta\xi$ verhältnismäßig klein ist, wird die Strahlungsleistung nach den Gl. (8.31.3), (8.32.2) und (8.33.1)

$$P \approx 2 \int_0^s 2\,I_0 \sin\beta\,(s-\xi)\,40\,I_0\,\beta^3\,s^2\,d\xi = 160\,I_0^2\,\beta^2\,s^2(1-\cos\beta\,s)$$

oder
$$P \approx 80\,I_0^2\,(\beta\,s)^4\ \mathrm{Watt} \qquad (8.33.2)$$

Da β proportional der Frequenz ist, wächst offensichtlich die Strahlungsleistung sehr schnell mit zunehmender Frequenz. (Vgl. Lit. 9.01.)

8.34. Die reelle Komponente der EMK.

Nach Gl. (8.25.3) und der Bedingung Gl. (8.31.2) wird die reelle Komponente der resultierenden EMK in einem Tripol

$$\mathrm{re}\,E_\varepsilon = 60\,I_0 \left[\frac{\cos\beta\,(\xi+s)}{\sqrt{(\xi+s)^2+\varrho^2}} - 2\cos\beta\,s\,\frac{\cos\beta\,\xi}{\sqrt{\xi^2+\varrho^2}} + \right.$$
$$\left. + \frac{\cos\beta\,(\xi-s)}{\sqrt{(\xi-s)^2+\varrho^2}} \right]\ \mathrm{Volt/m} \qquad (8.34.1)$$

Da diese EMK gegenüber dem resultierenden Strom I_ε nach Gl. (8.31.3) um $\pi/2$ phasenverschoben ist, entspricht ihr die nachstehende längs der Leitung kontinuierlich verteilte Reaktanz:

$$X = -j\,\frac{\mathrm{re}\,E_\varepsilon}{I_\varepsilon} = \frac{30}{\sin\beta\,(s-|\xi|)} \left[-\frac{\cos\beta\,(\xi+s)}{\sqrt{(\xi+s)^2+\varrho^2}} + \right.$$
$$+ 2\cos\beta\,s\,\frac{\cos\beta\,\xi}{\sqrt{\xi^2+\varrho^2}} - \frac{\cos\beta\,(\xi-s)}{\sqrt{(\xi-s)^2+\varrho^2}} \left. \right]\ \Omega/\mathrm{m} \qquad (8.34.2)$$

die für $|\xi| \geqq s$ unendlich groß wird.

Bei $\xi = 0$ ist die Reaktanz induktiv und von erheblichem Betrag, der für $s > \varrho$ weitgehend durch den Leiterdurchmesser $2\,\varrho$ bestimmt wird. Ist dieser relativ klein, so wird

$$X \approx 60\,\frac{\cot\beta\,s}{\varrho}\ \Omega/\mathrm{m} \quad \text{für} \quad \xi = 0 \qquad (8.34.3)$$

Für $\beta s = \pi/2$ wird
$$X \approx 0 \quad \text{für} \quad \xi = 0$$

Die induktive Reaktanz in der Mitte des Leiters wirkt offensichtlich wie eine Abstimmungsreaktanz, die verschwindet, wenn die Länge des Leiters $2s$ gleich einer halben Wellenlänge π/β wird. Für den Halbwellenleiter ist die Reaktanz nach Gl. (8.34.1) kapazitiv längs der ganzen Länge mit einem Minimum in der Mitte und den Werten unendlich an den Endpunkten.

8.35. Das elektromagnetische Feld des Tripols.

Das elektromagnetische Feld einer sphärischen Welle ist nach Gl. (8.23.4) und (8.24.5)

$$\bar{E} = \frac{60}{x \sin \varphi}\, I_0\, e^{-j\beta x}\ \text{Volt/m}$$

$$\bar{H} = \frac{1}{2\pi\, x \sin \varphi}\, I_0\, e^{-j\beta x}\ \text{Amp/m}$$

$$(8.35.1)$$

Das elektromagnetische Feld eines Tripols ergibt sich nun durch Superposition der Felder von seinen drei sphärischen Wellen. Mit den in Abb. 8.3.2 angegebenen Bezeichnungen und unter Berücksichtigung der Beziehung

$$x \sin \varphi = x' \sin \varphi' = x'' \sin \varphi'' \qquad (8.35.2)$$

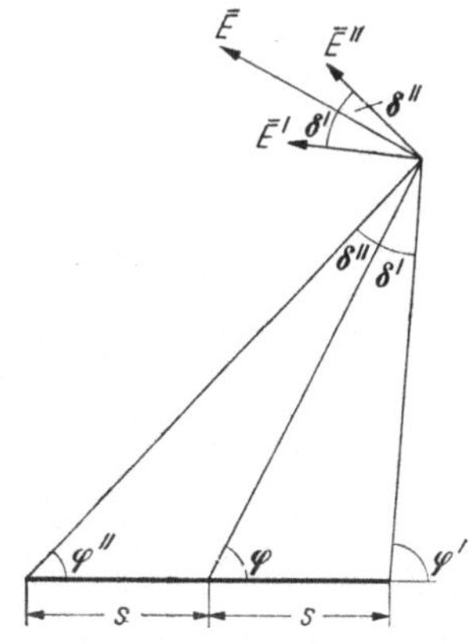

Abb. 8.3.2.
Das elektrische Feld des Tripols.

erhält man für die resultierenden Felder aus den Gl. (8.31.2) und (8.35.1) die nachstehenden Ausdrücke:

$$\left.\begin{aligned}
\bar{E}_{\varepsilon\varphi} &= \frac{60\, I_0}{x \sin \varphi}\left[e^{-j\beta x'}\cos \delta' + e^{-j\beta x''}\cos \delta'' -\right.\\
&\qquad\left. - 2\cos \beta\, s\, e^{-j\beta x}\right]\text{Volt/m}\\[4pt]
\bar{E}_{\varepsilon x} &= \frac{60\, I_0}{x \sin \varphi}\left[e^{-j\beta x'}\sin \delta' - e^{-j\beta x''}\sin \delta''\right]\text{Volt/m}\\[4pt]
\bar{H}_{\varepsilon} &= \frac{I_0}{2\pi\, x \sin \varphi}\left[e^{-j\beta x'} + e^{-j\beta x''} - 2\, e^{-j\beta x}\cos \beta\, x\right]\text{Amp/m}
\end{aligned}\right\} \quad (8.35.3)$$

Der Index x gibt die radiale und der Index φ die dazu senkrechte Komponente an. In Gl. (8.35.3) ist

$$\left.\begin{aligned}
x' &= x\sqrt{1 + \left(\frac{s}{x}\right)^2 - 2\,\frac{s}{x}\cos \varphi}\\[4pt]
x'' &= x\sqrt{1 + \left(\frac{s}{x}\right)^2 + 2\,\frac{s}{x}\cos \varphi}\\[4pt]
\delta' &= \operatorname{arccot}\left(\cot \varphi - \frac{s}{x \sin \varphi}\right) - \varphi\\[4pt]
\delta'' &= -\operatorname{arccot}\left(\cot \varphi + \frac{s}{x \sin \varphi}\right) + \varphi
\end{aligned}\right\} \quad (8.35.4)$$

8.4. Die Abhängigkeit der Strahlung von der Stromfläche.

8.41. Das elektromagnetische Feld eines kurzen Tripols.

Zur Untersuchung der Feldgleichungen (8.35.3) für den Spezialfall, daß s sehr klein ist, wird folgende Reihenentwicklung vorgenommen:

$$e^{-j\beta x}\sqrt{1+\left(\frac{s}{x}\right)^2\pm 2\frac{s}{x}\cos\varphi} = e^{-j\beta x}\ \times$$

$$\times\left[1\mp j\,\beta\,s\,\cos\varphi - j\frac{\beta\,s^2}{2\,x}\sin^2\varphi - \frac{(\beta\,s)^2}{2}\cos^2\varphi\ldots\right]$$

$$y = \operatorname{arccot}\left(\cot\varphi \pm \frac{s}{x\sin\varphi}\right) - \varphi = \mp\frac{s}{x}\sin\varphi +$$

$$+ \left(\frac{s}{x}\right)^2\sin\varphi\cos\varphi\ldots$$

$$\cos y = 1 - \frac{1}{2}\left(\frac{s}{x}\right)^2\sin^2\varphi \mp 2\left(\frac{s}{x}\right)^3\sin^2\varphi\cos\varphi\ldots$$

$$\sin y = \mp\frac{s}{x}\sin\varphi + \left(\frac{s}{x}\right)^2\sin\varphi\cos\varphi \mp \frac{1}{6}\left(\frac{s}{x}\right)^3\sin^3\varphi\ldots$$

$$\tag{8.41.1}$$

Setzt man die Ausdrücke der Gl. (8.41.1) unter Vernachlässigung der höheren Potenzen in Gl. (8.35.3) ein, so erhält man

$$\overline{E}_{\varepsilon\varphi} \approx 60\,I_0\frac{\beta\,s^2}{x}\,e^{-j\beta x}\left(-j\frac{1}{x} - \frac{1}{\beta\,x^2} + \beta\right)\sin\varphi\ \text{Volt/m}$$

$$\overline{E}_{\varepsilon x} \approx 60\,I_0\frac{2\beta\,s^2}{x}\,e^{-j\beta x}\left(-j\frac{1}{x} + \frac{1}{\beta\,x^2}\right)\cos\varphi\ \text{Volt/m}$$

$$\overline{H}_\varepsilon \approx \frac{1}{2\pi}\,I_0\frac{\beta\,s^2}{x}\,e^{-j\beta x}\left(-j\frac{1}{x} + \beta\right)\sin\varphi\ \text{Amp/m}$$

$$\tag{8.41.2}$$

oder wenn man den Polstrom I_0 durch den Mittstrom [Gl. (8.31.4)]

$$I_{\varepsilon 0} \approx -j\,2\,I_0\,\beta\,s \tag{8.41.3}$$

ersetzt:

$$\overline{E}_{\varepsilon\varphi} \approx 30\,I_{\varepsilon 0}\,s\,e^{-j\beta x}\left(\frac{1}{j\,\beta\,x^3} + \frac{1}{x^2} + j\frac{\beta}{x}\right)\sin\varphi\ \text{Volt/m}$$

$$\overline{E}_{\varepsilon x} \approx -60\,I_{\varepsilon 0}\,s\,e^{-j\beta x}\left(\frac{1}{j\,\beta\,x^3} + \frac{1}{x^2}\right)\cos\varphi\ \text{Volt/m}$$

$$\overline{H}_\varepsilon \approx \frac{1}{4\pi}\,I_{\varepsilon 0}\,s\,e^{-j\beta x}\left(\frac{1}{x^2} + j\frac{\beta}{x}\right)\sin\varphi\ \text{Amp/m}$$

$$\tag{8.41.4}$$

Bei kleinem s kann Gl. (8.31.3) wie folgt geschrieben werden:

$$I_\varepsilon = -j\,2\,I_0\,\beta(s - |\xi|)\quad \text{für}\quad -s \leqq \xi \leqq s$$

$$I_\varepsilon = 0 \quad \text{für}\quad -s \geqq \xi\quad \text{und}\quad \xi \geqq s$$

$$\tag{8.41.5}$$

Demnach hat der resultierende Strom für kleines s praktisch genommen eine dreieckförmige Verteilung, wie Abb. 8.4.1 oben zeigt. Das Produkt $I_{\varepsilon 0}\,s$ in den Feldgleichungen (8.41.4) stellt geometrisch die in

Abb. 8.4.1 oben schraffiert gezeichnete Fläche dar, die für den Fall des Elementar-Tripols zugleich die Stromfläche bedeutet, von der man bei der Berechnung der Fernwirkung von Antennen ausgeht.

8.42. Die Hertzschen Feldgleichungen.

Die Feldgleichungen (8.41.4) gelten jedoch ganz allgemein für eine beliebig begrenzte Stromfläche, wenn nur ihre Ausdehnung längs des Leiters so klein im Verhältnis zur Entfernung des Aufpunktes ist, daß sein Abstand x von sämtlichen von der Stromfläche umfaßten Punkten des Leiters als gleich angenommen werden kann. Dies beruht darauf, daß man sich eine beliebig begrenzte Stromfläche, wie z. B. in Abb. 8.4.1 unten, aus vielen sich zur Hälfte überlappenden Elementar-Tripolstromflächen zusammengesetzt denken kann, wie dies in Abb. 8.4.1 veranschaulicht ist.

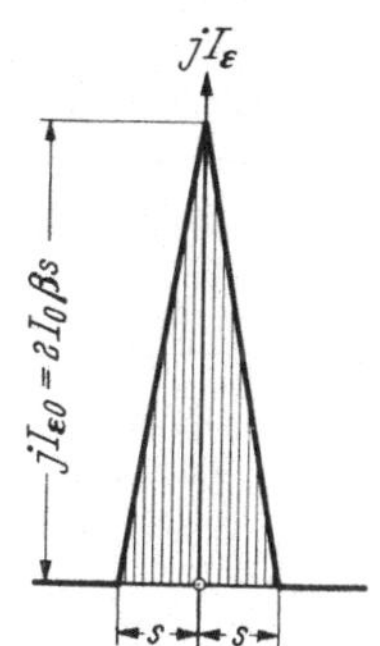

Für den Grenzfall $s \to ds$ werden die Gl. (8.41.4) exakt und ergeben in symbolischer Form die bekannten Hertzschen Feldgleichungen für einen strahlenden „Dipol" mit dem „Dipolmoment" $I_{\varepsilon0}s$. Die Hertzschen Dipole stellen nebeneinanderliegende rechteckige Stromflächen dar, die offensichtlich das gleiche Resultat ergeben müssen wie die Tripole.

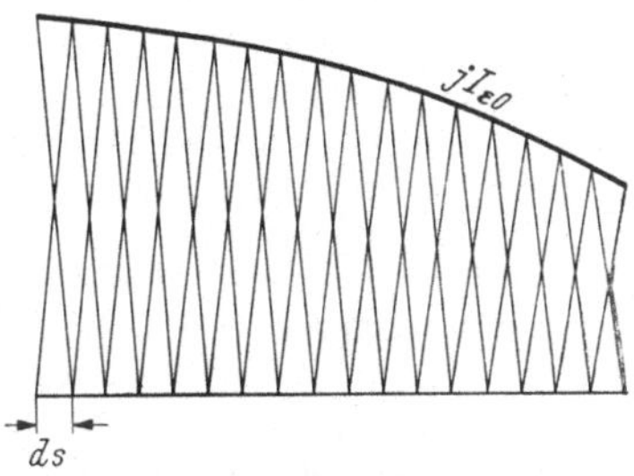

Abb. 8.4.1. Elementar-Tripole.

Da sowohl die elektrische wie auch die magnetische Feldstärke proportional der Stromfläche ist, wird die ausgestrahlte Leistung proportional dem Quadrat der Stromfläche. (Vgl. Lit. 9.23.)

9. Literaturverzeichnis.

9.01 ABRAHAM, M.: Die elektrischen Schwingungen um einen stabförmigen Leiter, behandelt nach der MAXWELLschen Theorie. Ann. Phys. Lpzg. Bd. 66 (1898) S. 436.

9.02 ANDERSSON, E.: Beräkningsmetod för dämpningsutjämnare. Tekn. Medd. K. Telegr.-styr. Bd. 18 (1938) S. 150.

9.03 BODE, H. W.

9.031 —, A method of impedance correction. Bell Syst. techn. J. Bd. 9 (1930) S. 794.

9.032 —, Relations between attenuation and phase in feedback amplifier design. Bell Syst. techn. J. Bd. 19 (1940) S. 421.

9.04 BRANDT, W.: Elektrische Weiche. Elektr. Nachr.-Techn. Bd. 13 (1936) S. 111.

9.05 BREISIG, F.: Theoretische Telegraphie. Braunschweig: Friedr. Vieweg & Sohn 1924.

9.06 CAUER, W.

9.061 —, Siebschaltungen. Berlin: VDI-Verlag 1931.

9.062 —, Elektrische Weichen. Mix & Genest-Nachr. Bd. 9 (1937) S. 75.

9.07 DAVID, P.: Les filtres électriques. Paris: Gauthier-Villars & Cie. 1926.

9.08 EKELÖF, S.

9.081 —, Einige einfache Impedanztransformationen von elektrischen Netzwerken und deren Anwendung auf Wellenfilter. Elektr. Nachr.-Techn. Bd. 12 (1935) S. 100.

9.082 —, The transients of an inductively shunted electric transmission line. Ericsson-Techn. Bd. 5 (1937) S. 107 und 161.

9.09 FOSTER, M.: A reactance theorem. Bell Syst. techn. J. Bd. 3 (1924) S. 259.

9.10 GLOWATSKI, E.: Entwurf und Beispiele symmetrischer Siebschaltungen nach der Methode von W. CAUER. Elektr. Nachr.-Techn. Bd. 10 (1933) S. 377 und 404.

9.11 HAYASHI, K.: Fünfstellige Tafeln der Kreis- und Hyperbelfunktionen. Berlin-Leipzig: Walter de Gruyter & Co. 1931.

9.12 HEAVISIDE, O.: Electromagnetic theory. London: Ernest Benn Limited 1893.

9.13 HORTON, J. W.: Vacuum tube oscillators — a graphical method of analysis. Bell Syst. techn. J. Bd. 3. (1924) S. 508.

9.14 HOYT, R. S.: Impedance of loaded lines and design of simulating and compensating networks. Bell Syst. techn. J. Bd. 3 (1924) S. 414.

9.15 JAHNKE, E., u. F. EMDE: Funktionstafeln mit Formeln und Kurven. Leipzig und Berlin: B. G. Teubner 1909.

9.16 JAUMANN, A.: Über die Eigenschaften und die Berechnung der mehrfachen Brückenfilter. Elektr. Nachr.-Techn. Bd. 9 (1932) S. 243.

9.17 JOHNSON, K. S., and T. E. SHEA: Mutual inductance in wave filters with an introduction on filter design. Bell Syst. techn. J. Bd. 4 (1925) S. 52.

9.18 KENNELLY, A. E.: Artificial electric lines. London: Mc. Graw-Hill Book Co. 1917.

9.19 KÜPFMÜLLER, K.

9.191 —, Über Beziehungen zwischen Frequenzcharakteristik und Ausgleichsvorgängen in linearen Systemen. Elektr. Nachr.-Techn. Bd. 5 (1928) S. 18.

9.192 —, Einführung in die theoretische Elektrotechnik, 4. Aufl. Berlin/Göttingen/Heidelberg: Springer 1952.

9.20 LAURENT, T.

9.2001 —, Matematisk behandling av inhomogeniteter hos en pupinkabel. Tekn. Medd. K. Telegr.-styr. Bd. 4 (1924) S. 65.

9.2002 —, En impedansmätbrygga för direkt uppmätning av amplituden och tangenten för halva fasvinkeln. Tekn. Medd. K. Telegr.-styr. Bd. 5 (1925) S. 25.

9.2003 —, Direkt mätning av ledningsdämpning hos pupinkablar med brygga. Tekn. Medd. K. Telegr.-styr. Bd. 5 (1925) S. 32.

9.2004 —, Über das Nebensprechen und andere damit zusammenhängende Erscheinungen. Elektr. Nachr.-Techn. Bd. 5 (1928) S. 179.

9.2005 —, Om överhörning och därmed sammanhängande problem. Ericsson-Rev. Bd. 5 (1928) S. 129.

9.2006 —, Om impedans och impedansmätningar samt beskrivning av Svenska Radioaktiebolagets impedansmätare. Ericsson-Rev. Bd. 7 (1930) S. 94.

9.2007 —, Svenska Radioaktiebolagets rörprovare. Ericsson-Rev. Bd. 7 (1930) S. 217.

9.2008 —, Ericsson-koncernens standard-två-trådsförstärkare. Ericsson-Rev. Bd. 8 (1931) S. 229.

9.2009 —, A selective echo suppressor. Ericsson-Techn. Bd. 2 (1934) S. 3.

9.2010 —, Théorie et application pratique des demicellules à trois branches pour filtres électriques. Ericsson-Techn. Bd. 2 (1934) S. 69.

9.2011 —, Transformation fréquentielle des lignes artificielles correctrices d'affaiblissement. Ericsson-Techn. Bd. 3 (1935) S. 15.

9.2012 —, Méthode de pupinisation de cables permettant de reproduire l'impédance caractéristique des circuits aériens. Ericsson-Techn. Bd. 3 (1935) S. 43.

9.2013 —, Nytt inom filtertekniken. Ericsson-Rev. Bd. 12 (1935) S. 156.

9.2014 —, Le filtre zig-zag — un nouveau filtre passe-band trouvé à l'aide des transformations fréquentielles. Ericsson-Techn. Bd. 4 (1936) S. 3.

9.2015 —, Beräkning av passiva linjära impedansnät medelst frekvenstransformationer. Tekn. Tidskr. E Bd. 66 (1936) S. 109.

9.2016 —, Die Berechnung von passiven linearen Impedanznetzen mittels Frequenzwandlung. Elektr. Nachr.-Techn. Bd. 13 (1936) S. 365.

9.2017 —, Frekvenstransformationernas tillämpning på Heavisides expansionsteorem. Ericsson-Rev. Bd. 14 (1937) S. 40.

9.2018 —, Calcul des processus non stationnaires à l'aide des transformations fréquentielles. Ericsson-Techn. Bd. 5 (1937) S. 59.

9.2019 —, Calcul général des affaiblissements de filtres à l'aide des transformations fréquentielles. Ericsson-Techn. Bd. 5 (1937) S. 87.

9.2020 —, Le commutateur de fréquences multiples — une nouvelle méthode pour le raccordement des filtres séparateurs dans un appareillage terminal à fréquence porteuse. Ericsson-Techn. Bd. 6 (1938) S. 93.

9.2021 —, New principles for practical computation of filter attenuations by means of frequency transformations. Ericsson-Techn. Bd. 7 (1939) S. 57.

9.2022 —, Frequency transformations of transmission lines. Ericsson-Techn. Bd. 7 (1939) S. 75.

9.2023 —, Transformation fréquentielle des réseaux d'impédances correcteurs d'affaiblissement. Ericsson-Techn. Bd. 7 (1939) S. 99.

9.2024 —, Matematisk behandling av kontinuerligt inhomogena ledningar medelst ekvivalenter samt exempel på metodens användning för olika praktiska problem. Tekn. Medd. K. Telegr.-styr. Bd. 20 (1940) S. 113.

9.2025 —, Nya användningsområden för frekvenstransformationerna. Ericsson-Rev. Bd. 17 (1940) S. 64.

9.2026 —, Om kontinuerligt inhomogena ledningar. Tekn. Medd. K. Telegr.-styr. Bd. 20 (1940) S. 186. (Ergänzende Mitteilung.)

9.2027 —, Frekvenstransformationerna — Ett teletekniskt universalmedel. Tekn. Tidskr. E Bd. 70 (1940) S. 193.

9.2028 —, Beräkning av löptidskorrigerande nät medelst frekvenstransformationer. Ericsson-Rev. Bd. 18 (1941) S. 29.

9.2029 —, En enkel metod för beräkning av fasvridande reaktansfyrpoler. Tekn. Medd. K. Telegr.-styr. Bd. 21 (1941) S. 15; Ergänzende Mitteilung Bd. 21 (1941) S. 96.

9.2030 —, Negativ återkoppling. Populär Radio Bd. 13 (1941) S. 103.

9.2031 —, Mångarmade filterlänkar. Tekn. Medd. K. Telegr.-styr. Bd. 21 (1941) S. 143.

9.2032 —, Ny typ avgreningsfilter. Ericsson-Rev. Bd. 19 (1942) S. 19.

9.2033 —, Växelströmsteorie. Stockholm: Telefonaktiebolaget L. M. Ericsson 1943.

9.2034 —, Matematisk behandling av radioantenner medelst ideell fördelning av emk utefter en cylindrisk ledare. Tekn. Medd. K. Telegr.-styr. Bd. 23 (1943) S. 75.

9.2035 —, Förlusternas inflytande på elektriska filters egenskaper. Tekn. Tidskr. E. Bd. 73 (1943) S. 170.

9.2036 —, Praktisk bestämning av driftdämpning genom korrektion av spegeldämpning. Tekn. Medd. K. Telegr.-styr. Bd. 24 (1944) S. 193.

9.2037 —, Beräkning av insvängningsförlopp i elektriska filter. Tekn. Medd. K. Telegr.-styr. Bd. 27 (1947) S. 55.

9.2038 —, Mätanordning för uppmätning och kontrollering av förstärkningsförmågan hos elektriska förstärkare. Svenskt pat. Nr. 73433 (28. 3. 1928).

9.2039 —, Linjebalansering vid pupinkablar. Svenskt pat. Nr. 75811 (5. 7. 1929).

9.2040 —, Elektriskt nät för kompensering av linjär distortion i telefonledningar, Svenskt pat. Nr. 77272 (12. 3. 1931).

9.2041 —, Impedansnät. Svenskt pat. Nr. 78318 (18. 11. 1929), Miterfinder M. Vos.

9.2042 —. Ekospärranordning. Svenskt pat. Nr. 81525 (19. 1. 1932).

9.2043 —, Tillägg till Svenskt pat. Nr. 77272; Svenskt pat. Nr. 81654 (8. 4. 1933).

9.2044 —. Tillägg till Svenskt pat. Nr. 78318; Svenskt pat. Nr. 82623 (17. 4. 1930).

9.2045 —, Elektrisk fyrpolig filterlänk. Svenskt pat. Nr. 83923 (17. 11. 1933).

9.2046 —, Tillägg till Svenskt pat. Nr. 83923; Svenskt pat. Nr. 86684 (15. 11. 1934).

9.2047 —, Anordning vid elektriska förstärkare. Svenskt pat. Nr. 89266 (19. 9. 1935).

9.2048 —, Anordning vid förstärkare med stark negativ återkoppling. Svenskt pat. Nr. 94932 (4. 6. 1936).

9.2049 —, Bandpassfilterkedja sammansatt av till varandra reflexionsfritt anpassade halvlänkar. Svenskt pat. Nr. 97408 (19. 11.1935).

9.2050 —, Anordning för separering av växelströmmar av olika frekvens. Svenskt pat. Nr. 100604 (13. 7. 1938).

9.2051 —, Anordning för separering av växelströmmar av olika frekvenser. Svenskt pat. Nr. 102834 (24. 11. 1938).

9.2052 —, Elektrisk frekvensfilteranordning. Svenskt pat. Nr. 105875 (13. 7. 1938).

9.2053 —, Elektrisk filteranordning. Svenskt pat. Nr. 106017 (23. 5. 1941).

9.2054 —, The Design of Zig-Zag Filters. Ericsson-Techn. Bd. 20 (1953) S. 83.

9.21 MATSUMAE, S., u. A. MATSUMOTO: Doppelfilter. Elektr. Nachr.-Techn. Bd. 11 (1934) S. 172.

9.22 MAYER, H. F.: Über die Dämpfung von Siebketten im Durchlässigkeitsbereich. Elektr. Nachr.-Techn. Bd. 2 (1925) S. 335.

9.23 MÖLLER, H. G.: Die physikalischen Grundlagen der Hochfrequenztechnik, 3. Aufl. Bd. I vom Lehrbuch der drahtlosen Nachrichtentechnik, herausgegeben von N. VON KORSHENEWSKY und W. T. RUNGE. Berlin/ Göttingen/Heidelberg: Springer 1955.

9.24 NEOVIUS, G.: New methods of filter design by means of frequency transformations. Stockholm: K. Tekn. Högsk. handl. 1946.

9.25 NYQUIST, H.: Regeneration theory. Bell Syst. techn. J. Bd. 11 (1932) S. 126.

9.26 PAYNE, E. B.: Impedance correction of wave filters. Bell Syst. techn. J. Bd. 9 (1930) S. 770.

9.27 PETERSON, E., J. G. KREER u. L. A. WARE: Regeneration theory and experiment. Bell Syst. techn. J. Bd. 13 (1934) S. 680.

9.28 PETERSON, V.: Determination of attenuation minima in electric wave filters. Ericsson-Techn. Bd. 6 (1938) S. 61.

9.29 PLEIJEL, H.

9.291 —, Beräkning av motstånd och självinduktion hos en ledare omgiven med metallmantel. Uppsala: Akademisk avhandling 1906.

9.292 —, Teoretisk telefoni — Växelströmsteorie. Stockholm: K. Telegr.-styr. 1912.

9.293 —, Telefonledningars elektriska egenskaper. Stockholm: K. Telegr.-styr. 1923.

9.294 —, En metod att beräkna dämpningen hos ett bandfilter, som är godtyckligt sammansatt av motstånd, induktanser, kapacitanser och transformatorer. Ericsson-Rev. Bd. 8 (1931) S. 152.

9.295 —, Dämpningen hos ett bandfilter i en dubbelpunkt. Ericsson-Rev. Bd. 8 (1931), S. 285; Mitverfasser S. KRUSE.

9.30 POL, B. VAN DER: Ein Satz über elektrische Netzwerke mit einer Anwendung auf Filter. Elektr. Nachr.-Techn. Bd. 11 (1934) S. 233.

9.31 RYBNER, J.

9.311 —, Cirkeldiagrammer i firpolteorier. København: Jul. Gjellerups Forlag 1947.

9.312 —, Nomograms of Complex Hyperbolic Functions. København: Jul. Gjellerups Forlag 1947.

9.32 SCOWEN, F.: Electric wave filters. London: Chapman & Hall Ltd. 1945

9.33 SELACH, E., u. M. ZIMBALISTY: Symmetrische F-Filter. Elektr.Nachr.-Techn. Bd. 12 (1935) S. 243. Ergänzende Mitteilung Bd. 13 (1936) S. 73.

9.34 SHEA, T. E.

9.341 —, Transmission networks and wave filters. New York: D. van Nostrand Company 1929.

9.342 —, siehe 9.17.

9.343 —, US-Pat. Nr. 1636152 (20. 8. 1925).

9.35 STERKY, H.: Methods of computing and improving the complex effective attenuation, load impedances and reflexion coefficients of electric wave filters. Ericsson-Techn. Bd. 1 (1933) S. 33.

9.36 STRECKER, F.: Über die Ortskurven der Scheinwiderstände elektrischer Netzwerke in Abhängigkeit von der Frequenz. Wiss. Veröff. Siemens-Konz. Bd. 6 (1928) S. 67.

9.37 STÅLEMARK, R.: Theory and application of a new eight-terminal network. Ericsson-Techn. Bd. 3 (1935) S. 57.

9.38 SVARTHOLM, N.: Distortionless transmission on inductively shunted transmission lines. Ericsson-Techn. Bd. 6 (1938) S. 13.

9.39 TÖLKE, F.: Praktische Funktionenlehre, Bd. I, 2. Aufl. Berlin/Göttingen/Heidelberg: Springer 1950.

9.40 WAGNER, K. W.

9.401 —, Die Theorie des Kettenleiters nebst Anwendung. Arch. Elektrotechn. Bd. 3 (1915) S. 315.

9.402 —, Spulen und Kondensatorleitungen. Arch. Elektrotechn. Bd. 8 (1919) S. 61.

9.403 —, Kettenleiter und Wellensiebe. Elektr. Nachr.-Techn. Bd. 5 (1928) S. 1.

9.404 —, Operatorenrechnung. Leipzig: Johann Ambrosius Barth 1940.

9.41 ZOBEL, O. J.

9.411 —, Theory and design of uniform and composite electric wave-filters. Bell Syst. techn. J. Bd. 2 (1923) S. 1.

9.412 —, Transmission characteristics of electric wave-filters. Bell Syst. techn. J. Bd. 3 (1924) S. 567.

9.413 —, Distortion correction in electrical circuits with constant resistance recurrent networks. Bell Syst. techn. J. Bd. 7 (1928) S. 438.

9.414 —, Extensions to the theory and design of electric wave-filters. Bell Syst. techn. J. Bd. 10 (1931) S. 284.